硬质合金生产原理和质量控制

周书助　编著

北　京

冶金工业出版社

2024

内 容 提 要

全书共分 12 章，主要内容包括：硬质合金的发展与应用；硬质合金原料粉末性能的表征；硬质合金物理力学性能和组织结构的表征；钨冶金工艺与质量控制；金属钴粉和钨粉的制备与质量控制；碳化物粉末的制备与质量控制；混合料制备与质量控制；模压成型与质量控制；硬质合金其他成型方法；硬质合金烧结基本理论；硬质合金烧结设备和烧结工艺；废硬质合金的回收利用。

本书既可供从事金属材料、非金属材料和粉末冶金专业的师生参考使用，还可供从事相关专业的工程技术人员参考使用。

图书在版编目（CIP）数据

硬质合金生产原理和质量控制/周书助编著. —北京：冶金工业出版社，2014.8（2024.6 重印）

ISBN 978-7-5024-6621-3

Ⅰ.①硬… Ⅱ.①周… Ⅲ.①硬质合金—生产工艺 ②硬质合金—质量控制 Ⅳ.①TG135

中国版本图书馆 CIP 数据核字（2014）第 170523 号

硬质合金生产原理和质量控制

出版发行	冶金工业出版社	电　话	（010）64027926
地　　址	北京市东城区嵩祝院北巷 39 号	邮　编	100009
网　　址	www.mip1953.com	电子信箱	service@ mip1953.com

责任编辑　郭冬艳　美术编辑　彭子赫　版式设计　孙跃红
责任校对　王永欣　责任印制　窦　唯
北京富资园科技发展有限公司印刷
2014 年 8 月第 1 版，2024 年 6 月第 7 次印刷
787mm×1092mm 1/16；19 印张；459 千字；287 页
定价 39.00 元

投稿电话　（010）64027932　投稿信箱　tougao@cnmip.com.cn
营销中心电话　（010）64044283
冶金工业出版社天猫旗舰店　yjgycbs.tmall.com
（本书如有印装质量问题，本社营销中心负责退换）

序

硬质合金是现代先进制造业不可缺少的重要材料，广泛作为刀具、钻具、耐磨零部件的涂层材料等，在军工、航空航天、机械加工、冶金、石油钻井、矿山工具、电子通讯和建筑等领域有着非常广泛的应用。国外先进硬质合金生产公司注重硬质合金材料的基础理论研究，从原材料粉末制取、混合料制备、压制成形、烧结、涂层技术、硬质合金刀具的设计及集成制造和产品应用开发等方面不断创新，涌现出先进的硬质合金生产装备和技术，极大地推动了硬质合金生产水平和产品质量的提高。我国是世界上钨资源最丰富的国家，是硬质合金生产大国，但还不是硬质合金生产强国，迫切需要加强硬质合金研发、生产人才培养与教育，不断提高自主研发能力、生产技术、装备水平和产品质量。

周书助博士20多年来一直耕耘在我国硬质合金科研、生产和教学一线，先后在株洲硬质合金厂、湖南工业大学和株洲钻石刀具股份有限公司从事硬质合金的相关工作，对当今硬质合金先进技术和发展趋势有较深的了解。周博士先后承担或参与了与硬质合金相关的国家"863"、国家支撑项目和国家科技重大专项等多项科研项目，并获得多项省市级科研成果奖励。

本书全面和系统地介绍了当前先进的硬质合金生产技术原理、产品质量控制方法、硬质合金性能表征方法和硬质合金生产装备。本书具有以下特点：

（1）应用了材料学的基础理论，应用相图分析解决硬质合金生产中的问题和控制方法。

（2）以配料计算为控制基础，应用了碳平衡修正系数、球磨因子、球磨时效因子、烧损系数、收缩修正系数等硬质合金生产和质量控制的新概念。

（3）一些较新技术和较新生产装备的介绍。本书紧扣硬质合金生产的质量控制主题，内容系统丰富，是近20年来硬质合金生产技术方面较好的专业参考书。本书对我国从事硬质合金科研和生产的相关人员有着较重要的参考价值，将有助于促进我国硬质合金的科研和生产水平的提高。

中国工程院院士 周克崧

2014 年 5 月

前　言

号称"工业牙齿"的硬质合金虽然产业不大，但要想成为制造业大国却离不开它，要想成为制造业强国更离不开它。因此，硬质合金被称为"世界工具，财富利器"。

自硬质合金诞生至今已有上百年的发展历史，我国硬质合金也经历了从无到有，从小到大的发展过程。我国是世界上钨资源最丰富的国家，其储量、产量和产品销售量均居世界之首。储量占世界总储量的65%，年消耗金属钨约9万吨，硬质合金产量接近3万吨，世界钨工业所消耗的80%以上的钨资源都是来自中国。我国是硬质合金生产的大国，但还不是硬质合金生产的强国。

世界硬质合金生产技术的发展具有以下特点：

（1）基础理论研究不断深化，材料性能与组织表征技术不断进步；

（2）应用领域不断扩大，如高速切削、高温合金等难加工材料、深海石油钻探、大功率机械化采掘等；

（3）新技术的出现，如配料计算、超细粉体的制备、新的涂层技术等；

（4）硬质合金生产装备的提升，如喷雾干燥、精密成型、低压烧结等。

近些年来，国内一直缺少一本全面介绍硬质合金生产新技术的教科书和参考资料，业内很多老专家也作了很大的努力，但这些材料还基本上是以前苏联老工艺为基础，不能反映世界硬质合金生产技术、生产装备技术的最新发展。

本书全面和系统地介绍了最新的硬质合金生产技术原理、产品质量控制方法、产品应用和硬质合金生产装备。本书的主要内容有硬质合金的发展和应用、硬质合金原料粉末和合金性能与组织结构的表征、钨冶金工艺与质量控制、钨钴金属粉末和碳化物粉末的制备与质量控制、混合料的制备和质量控制、模压成型和质量控制、注射成型、挤压成型和冷等静压—割型等成型方法和质量控制、硬质合金烧结理论和烧结设备与工艺、废旧硬质合金的回收和利用等。

本书既可供金属材料、无机非金属材料、粉末冶金等相关专业的师生参考使用，还可作为相关企业员工的培训教材、专业技术人员参考书。

在本书的编写过程中得到了各方面领导和专家的大力支持和无私的帮助。广州有色研究院周克崧院士，株洲硬质合金集团的杨伯华董事长、原总工程师张荆门教授级高工、原副总工程师胡茂中、文映湘教授级高工、萧玉麟教授级高工、张俊熙教授级高工、王社权教授级高工等，美国犹他大学房志刚教授，清华大学潘伟教授，厦门钨业吴冲浒教授级高工，北京有色金属研究总院林晨光教授，北京工业大学宋晓艳教授，华南理工大学匡同春教授，中国矿业大学邓富铭教授，中南大学杜勇教授等，特别是来自生产一线的国内硬质合金生产和设备制造方面的高级专家姜文伟、颜练武、彭卫珍、欧阳亚非、陈响明、陈利、谢文、陈青林、樊国锋、张建明、吴向忠、卢国谱、许云灿等，他们为本书提供了很多宝贵资料、意见和建议，在此深表感谢。我的研究生罗成、鄢玲利、兰登飞等为本书的文字输入和图片整理付出了辛勤劳动。

本书在编写过程中参考了大量的文献资料，由于编写的时间比较长，参考文献没有一一列出，在此也深表感谢。

加强硬质合金研发、生产人才培养与教育，放弃粗放型生产模式，走技术型内涵发展的道路，不断提高研发能力，生产技术，装备水平，产品质量。让我们为我国成为硬质合金制造强国而奋斗！

由于作者水平有限，加之时间仓促，书中不妥之处，恳请广大读者批评指正。

编　者

2014 年 5 月

目 录

1 硬质合金的发展与应用

1.1 硬质合金发展概述

1.1.1 硬质合金概述

硬质合金是由难熔金属硬质化合物和黏结金属或合金，用粉末冶金方法生产的复合材料；它是一种金属陶瓷。难熔金属硬质化合物通常是指元素周期表第Ⅳ、Ⅴ、Ⅵ族中的过渡元素（钨、钛、钽、铌、铬、钒、钼、锆、铪）的碳化物、氮化物、硼化物和硅化物。硬质合金中广泛使用的是碳化钨、碳化钛、碳化钽和碳化铌。这些碳化物的共同特点是：熔点高、硬度高、化学稳定性好、热稳定性好。黏结金属最好的是钴，其次是镍和铁。硬质合金具有下列的优点和特点：

（1）高硬度、高耐磨性及较高的高温硬度。硬质合金的室温硬度可以达到 HRA 94，高温硬度 600℃时超过高速钢的常温硬度，1000℃时超过碳钢的常温硬度。

（2）高弹性模量，通常为 390~690GPa。

（3）高抗压强度，可高达 6GPa。

（4）某些硬质合金有很好的化学稳定性。耐酸、耐碱，甚至在 600~800℃下也不发生明显氧化。

（5）较小的热膨胀系数；导热系数与铁及其合金接近。

（6）冲击韧性比较低。

1.1.2 硬质合金发展历程

19 世纪末叶，人们为了寻找新的材料来取代高速钢，以进一步提高金属切削速度、降低加工成本和解决灯泡钨丝的拉拔等问题，开始了对硬质合金的研究。早期的工作主要是着眼于各种难熔化合物，特别是碳化钨的研究。从 1893 年以来，德国科学家就利用三氧化钨和糖在电炉中一起加热到高温的方法制取出碳化钨，并试图利用其高熔点、高硬度等特性来制取拉丝模等，以便取代金刚石材料，但由于碳化钨脆性大，易开裂和韧性低等原因，一直未能得到工业应用。

进入 20 世纪 20 年代，德国科学家施律太尔（Schröter）研究发现纯碳化钨不能适应拉拔过程中所形成的激烈的应力变化，只有把低熔点金属加入 WC 中才能在不降低硬度的条件下，使毛坯具有一定的韧性。经过一年时间的努力，施律太尔于 1923 年首先提出了用粉末冶金的方法，即将碳化钨与少量的铁族金属（铁、镍、钴）混合，然后压制成型并在高于 1300℃温度下于氢气中烧结来生产硬质合金的专利。他在专利中提出的工艺，实质上就是目前仍有厂家在采用的 WC-Co 硬质合金生产工艺。1923 年德国的 krupp 公司正式成批生产这种合金，并以 widia（类似金刚石）的商标在市场上销售。

随后美国、奥地利、瑞典、日本和其他一些国家也相继生产硬质合金，于是硬质合金生产技术开始迅速发展。

起初，人们以为WC-Co硬质合金能加工成各种材料，但很快发现，在加工钢材时，这种合金很容易因扩散磨损而损坏。1929年德国科学家研究发现，用两种以上的碳化物组成的固溶体比用单一的碳化物作为硬质合金的基体更为优越，并提出了有关固溶体应用的专利。同年，德国的krupp公司开始生产WC-TiC-Co的合金。1932年美国根据schröter及其同事的专利，也研究出WC-TiC-Co合金。不久科学家又研究出WC-TiC-TaC-Co合金，从而使钢材加工问题得到妥善解决。

第二次世界大战后，由于改进了车床的动力和刚性，切削量增大，人们开始研究可转位硬质合金刀具。使用这种刀具无需焊接，可随时调换刀头，刀杆可长期使用，其经济效果十分显著，1953年12月可转位刀片问世，是硬质合金工业的重大进展之一。

20世纪60年代末期，西德krupp公司成功地研制了涂层硬质合金，它的出现是硬质合金生产技术的又一重大进展。这种用化学气相沉积的方法，在普通的硬质合金刀片表面涂上薄薄的一层硬质化合物（如TiC、TiN等）而得到的涂层刀片，在高速下切削铸铁和钢材时，可以比未涂层的硬质合金刀片寿命增加好几倍，而且切削速度可以提高25%～30%左右，因此，它不久就获得了广泛的工业应用。目前，世界上在所出售的可转位刀具中有一大半是涂层硬质合金。

随着科学技术的发展，硬质合金的用途愈来愈广泛，人们对硬质合金的性能要求也愈来愈高。因此在硬质合金领域除开展一些基础理论研究外，更多精力是集中在生产技术和工艺装备的改进创新上，以便能获得更多更好的产品。60年代末期研究开发并引入硬质合金生产领域中的热等静压技术，是硬质合金科研的一项重大成果。用这种方法生产的合金，其孔隙度极低，断裂韧性和抗冲击性均有很大提高。70年代移植到硬质合金生产领域中的喷雾干燥技术也是一项重大的科研成果，应用这种方法能获得质量稳定、流动性好、压制性能优良的粉末粒料，加上不断推出的精度高、自动化程度高的自动压力机，使混合粒料备到压坯成型，工艺流程缩短、产品精度提高，并可实现连续化、自动化生产，有力地推动了可转位刀片的高质量生产。

进入20世纪80年代以来，世界硬质合金工业发展的突出特点是：一方面，涂层硬质合金发展迅速，其产量大幅度增加，应用领域不断扩大。著名硬质合金生产厂家如山特维克公司、肯纳公司、依斯卡等的涂层刀片生产已占可转位刀片的85%以上。同时在涂层技术方面也取得了较大进展，在进一步改进和完善传统的高温化学气相沉积方法的同时，还研制成功并推广应用了中温化学气相沉积方法以及各种物理气相沉积方法和兼有物理及化学气相沉积特点的等离子体化学气相沉积方法等。此外，在硬质合金涂层基体方面，不仅研制出各种加工用的涂层专用基体，而且日本、瑞典等国还最先开发出带富钴层或脱β的涂层基体，从而明显地提高了涂层硬质合金的强度，扩大了涂层硬质合金的应用范围。另一方面，70年代初出现超细合金，最早是山特维克的R19，接着美国、日本的一些公司也相继推出超细硬质合金牌号。随着电子工业、机械加工工业的迅速发展，推动超细硬质合金在80年代迅速发展，质量不断提高、产量不断扩大。1984年前后，日本住友电气公司试制出了双高的AF1合金，硬度RA93.0，强度5000MPa，创世界之最。随后美国、瑞典、德国等著名厂家也都相继开发出性能越来越好的超细硬质合金。

20 世纪 80 年代研制成功并迅速普及的低压热等静压技术是硬质合金生产技术领域中突破性的进展，从而使低成本地生产十分接近理论致密度的硬质合金产品成为现实。自 1989 年美国超高压公司研制成功的第一台低压热等静压设备问世以来，该技术就取得了异常迅速的发展，这种设备几乎遍及世界各地，我国硬质合金厂家也开始普遍使用，对整个硬质合金质量的提高起到重要作用。

进入 20 世纪 80 年代，世界硬质合金工业发展的另外一个特点是，硬质合金制品正在向精密化、小型化方向发展，出现了微型麻花钻头、点阵打印针、精密工模具等高新技术产品。切削工具尺寸精度的要求也越来越高，有的先进厂家已淘汰 U 级硬质合金刀片精度标准；与此同时许多硬质合金模具尺寸精度已达到微米级、超微米级；加之设备、生产线的自动化、智能化，推动硬质合金工业不断朝着更新、更高的领域发展。

1.2　硬质合金分类及用途

商业上通常按产品的用途分为：切削刀片、矿用合金、耐磨合金。硬质合金的分类及用途，国内有关书本、杂志、资料中表述不十分规范，通常按合金成分进行分类，用途表述则比较分散。

1.2.1　硬质合金分类

按照合金的成分及组织，可以分为如下 8 类。

1.2.1.1　WC-Co 类合金

这类合金被称为 YG 类牌号合金，WC-Co 合金的正常组织为由多角形 WC 相和黏结相 Co 组成的两相合金。有时在切削刀片或拉伸模中加入 2% 以下的其他（钽、铌、铬、钒）碳化物作为添加剂，以提高工具的使用寿命。但这并不改变合金的基本使用性能，仍属于 WC-Co 类合金。这类合金与含钴量相同的其他硬质合金比较，具有最高的抗弯强度、抗压强度、冲击韧性和弹性模数，以及较小的线膨胀系数。

按照碳化钨晶粒，这类合金通常分为粗晶、中晶和细晶三类。随着被加工材料和硬质合金生产工艺的发展，WC-Co 合金的 WC 晶粒向超粗、超细两端有了很大的发展。

A　中晶合金

按照德国粉末冶金协会和 ISO/TC190 技术委员会正在研究的硬质合金晶粒度分类标准，中晶合金的 WC 晶粒度为 $1.3 \sim 2.5 \mu m$。按照含钴量，这类合金可以分为低钴、中钴和高钴合金三种。低钴合金通常含钴 3%~8%，主要用于制造切削刀片以加工铸铁、有色金属、非金属和部分耐热合金、钛合金、不锈钢等难加工材料。还用于制造各种拉伸模、压模、普通和特殊的耐磨件（如顶锤），以及地质钻探中旋转钻进的钻头和截煤齿。其中含钴较高的粗晶合金也可用于软岩层冲击回转钻进的钻头。中钴合金（含钴 10%~15%）主要用于中硬及硬岩层冲击回转钻进的钻头和某些冲击负荷不高的冲压模具以及特殊耐磨零件。高钴合金（含钴量大于 15%）则主要用作冲击负荷较大的冷镦模、冷锻模、冲压模和轧辊等。

典型牌号的主要成分、用途及金相组织分别示于表 1-1 和图 1-1。

表 1-1   中晶合金典型牌号的成分及用途

成 分	用 途
WC-3Co	具有良好的耐磨性，适合制作小规格拉丝模、喷嘴，铸铁、有色金属的精加工和半精加工
WC-6Co	适合铸铁、有色金属及合金与非金属材料连续性切削时的精车、半精车、小断面精车、粗车螺纹，并能作钢，有色金属的钻孔等
WC-8Co	具有较好的韧性和相适的耐磨性，主要用于线材、棒材加工用的拉制模。同时也适合铸铁、有色金属及其合金与非金属材料不平整表面和间断切削时的粗车、精刨、精铣，一般孔和深孔的钻孔、扩孔及制作刀具等
WC-10Co	常用于拉伸模具，及用作耐磨易损件
WC-12Co	常用于拉伸模具，及用作耐磨易损件
WC-15Co	具有优良的强度和韧性，适合制作拉制模具，耐磨零件及冲压配件和硬质合金自动压力机用模模芯等

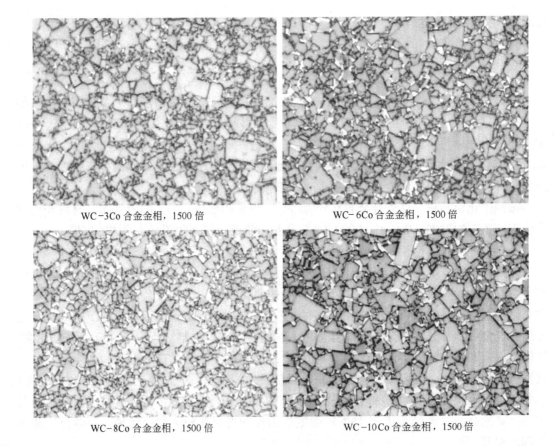

WC-3Co 合金金相，1500 倍   WC-6Co 合金金相，1500 倍

WC-8Co 合金金相，1500 倍   WC-10Co 合金金相，1500 倍

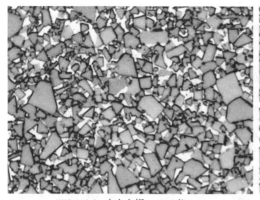
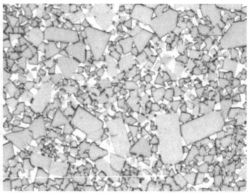

WC-12Co 合金金相，1500 倍　　　　　　　　　　WC-15Co 合金金相，1500 倍

图 1-1　中晶合金典型牌号金相照片

B　细晶合金

细晶合金的 WC 晶粒度为 0.8~1.3μm。典型牌号的主要成分、用途及金相组织分别示于表 1-2 和图 1-2。

表 1-2　细晶合金典型牌号的成分及用途

成　分	用　途
WC-3Co	具有良好的耐磨性，适合制作小规格拉丝模、喷嘴，铸铁、有色金属及其合金的精车，精镗等
WC-6Co	适合冷硬铸铁、合金铸铁、耐热钢、合金钢的加工，亦适合普通铸铁的精加工及制作耐磨零件
WC-8Co	适用于铸铁及有色金属的粗加工，也适用于不锈钢的粗加工和半精加工

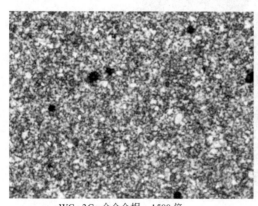
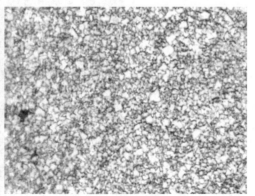

WC-3Co 合金金相，1500 倍　　　　　　　　　　WC-6Co 合金金相，1500 倍

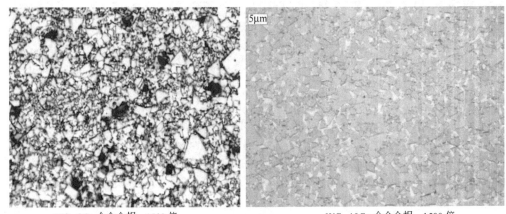

WC-8Co 合金金相，1500 倍　　　　　　WC-10Co 合金金相，1500 倍

图 1-2　细晶合金典型牌号金相照片

C　粗晶合金

粗晶合金的 WC 晶粒度为 $2.5 \sim 6.0\mu m$。典型牌号的主要成分、用途及金相组织分别示于表 1-3 和图 1-3。

WC-8Co 合金金相，1500 倍　　　　　　WC-10Co 合金金相，1500 倍

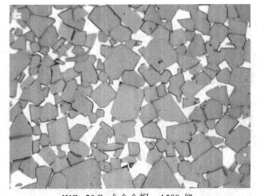

WC-20Co 合金金相，1500 倍

图 1-3　粗晶合金典型牌号金相照片

表1-3 粗晶合金典型牌号的成分及用途

成 分	用 途
WC-8Co	适合地质勘探钻具、煤田采掘用轻型电钻镐齿，中、小型规格冲击钻的球齿，旋转勘探钻具合金片
WC-10Co	适用于冲击回转钻具的球齿、钎片，凿进中硬岩层和硬岩层
WC-20Co	适于制作标准件、轴承、工具等行业用的冷镦、冷冲、冷压模具；弹头和弹壳的冲压模具

D 亚微及超细硬质合金

目前投入商业生产的亚微及超细硬质合金主要由亚微及超细 WC、Co 粉及适量晶粒长大抑制剂（主要是 Cr_3C_2、VC）制备而成，其晶粒度为 0.2~0.8μm。

由于亚微及超细硬质合金具有的独特性能，被广泛用于印刷电路板的微钻和微铣，高性能硬质合金整体刀具；加工印刷线路板，塑料和聚四氟乙烯，碳纤维和石墨材料，纸张，木材及树脂叠片材料，强化玻璃纤维和树脂填充的陶瓷，铸铁，碳钢，不锈钢和耐热钢，镍基合金和宇航用钛合金等。现正向高性能模具板材、拉丝模等领域扩展，并有望进入更多传统硬质合金的应用领域。亚微及超细硬质合金典型牌号金相组织见图1-4，用途如表1-4所示。

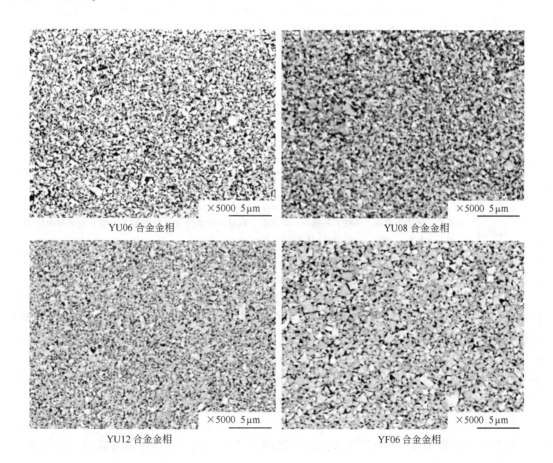

YU06 合金金相   ×5000   5μm

YU08 合金金相   ×5000   5μm

YU12 合金金相   ×5000   5μm

YF06 合金金相   ×5000   5μm

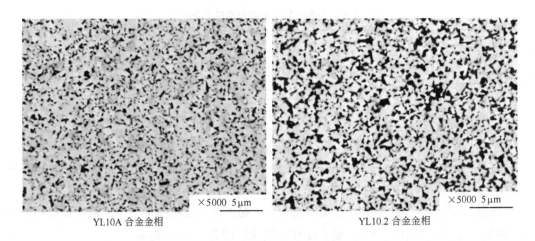

YL10A 合金金相　　　　　　　　　　YL10.2 合金金相

图 1-4　亚微及超细硬质合金典型牌号金相照片

表 1-4　亚微及超细硬质合金典型牌号用途

牌　号	用　途
YU06	适用于玻璃纤维、木材、塑料、铝镁合金等材料的加工。推荐用于制作各种硬质合金整体工具和 PCB 微钻、微铣刀，是制作加工 PCB 微铣刀的首选
YU08	适用于加工玻璃纤维制品、木材、塑料、纸、黄铜等材料。推荐用于制作 φ0.3 ~ 0.8mmPCB 用微钻及硬质合金冲模、冲头等
YU12	适用于钛合金，耐热合金，不锈钢，淬硬钢，灰口铸铁，玻璃纤维增强塑料等材料的加工。推荐用于制作各种规格的立铣刀、球头铣刀等硬质合金工具，具有比 YL10.2 更高的硬度和强度
YF06	适用于加工铝镁合金、塑料、塑料王以及碳纤维、铁基合金等复合材料。推荐用于制作 φ3.2 ~ 6.3mmPCB 大直径钻头、φ0.8 ~ 3.2mmPCB 微钻、微铣刀和铰刀等 PCB 硬质合金工具及加工铝镁合金的整体刀具
YL10A	适用于制作铸铁、铝合金、非金属材料的钻削、铣削和铰削及钢件的钻削用硬质合金整体刀具
YL10.2	适用于普钢、铸铁、不锈钢、耐热钢、镍基及钛合金等材料的加工。推荐用于麻花钻头、立铣刀、丝锥、枪钻等通用整体工具材料

E　超粗晶合金

超粗晶硬质合金是指 WC 平均截线晶粒度大于 6μm 的硬质合金，是理想的用于冲击负荷大的凿岩工具和金属冷加工模具，如冷镦模、冷锻模等，以及热加工工具，如钢的热轧轧辊等。低钴超粗晶硬质合金可用于极端工况条件下软岩的连续开采（如采煤、采铁矿），现代化公路、桥梁的连续作业（如挖路、铺路）以及地下工程盾构施工，还可用于聚晶金刚石球齿的基体。具有优异的热传导性、抗热冲击性和抗热疲劳性。图 1-5 是某公司生产的超粗晶硬质合金组织结构，晶粒度为 8μm，该合金用于盾构刀具。

1.2.1.2　WC-TiC-Co 类合金

这类合金被称为 YT 类牌号合金，Ti 一般都以 (Ti，W)C 固溶体的方式加入。与 WC-

Co 合金比较，这类合金具有较高的抗氧化性，在切削过程中形成"月牙洼"的倾向较小，因而在长切屑材料的加工中采用高速切削时，有较高的刀具寿命。其缺点是强度较 WC-Co 合金低。

这类合金主要用作切削刀片。它通常按照碳化钛的含量分为低钛、中钛和高钛合金三种。低钛合金一般含碳化钛 4%～6%，含钴 9%～15%，强度最高，用于冲击负荷较大的碳钢和合金钢的粗切削加工（钢锭剥皮，有冲击负荷的切削、刨削等）。中钛合金一般含

图 1-5 盾构刀具用超粗硬质合金组织结构

碳化钛 10%～20%，含钴 6%～8%，用于冲击负荷很小的碳钢和合金钢的切削加工。高钛合金一般含碳化钛 25%～40%，含钴 4%～6%。由于强度太低，用途有限，这类合金已被其他牌号所替代。

WC-TiC-Co 合金正常组织为由多角形 WC 相、近圆形或卵形（Ti，W)C 相和黏结相组成的三相合金。

典型 WC-TiC-Co 合金的成分、用途及金相组织分别见表 1-5 和图 1-6。

表 1-5 WC-TiC-Co 合金典型牌号的成分及用途

成 分	ISO 分类号	用 途
WC-5TiC-10Co	P30	适于钢、铸钢在不利条件下的中低速粗加工
WC-14TiC-8Co	P20	适于钢、铸钢在中速条件下的半精加工或粗加工
WC-15TiC-6Co	P10	适于碳素钢与合金钢，连续切削时的半精车及精车，间断切削时精车，旋风车丝，连续面的半精铣与精铣，孔的粗扩与精扩
WC-30TiC-4Co	P05	适于碳素钢与合金钢工件的精加工。如精车、精镗、精扩等

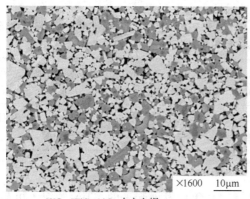

WC-5TiC-10Co 合金金相

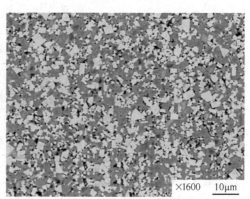

WC-14TiC-8Co 合金金相

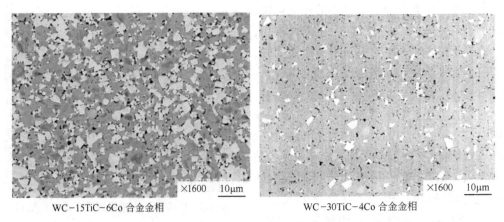

WC-15TiC-6Co 合金金相　　　　　　　　WC-30TiC-4Co 合金金相

图 1-6　WC- TiC-Co 合金典型牌号金相照片

1.2.1.3　WC-TiC-TaC(Nb,C)-Co 类合金

这类合金主要被称为 YW 类牌号合金，WC-TiC-Co 合金通常只能加工普通钢材，而加入(Ta,Nb)C 的 WC-TiC-(Ta,Nb)C-Co 合金不但可以切削普通钢材，而且可以加工高合金钢、不锈钢、合金铸铁等难加工材料，是一种通用性较好的合金，与 WC-TiC-Co 合金相比，WC-TiC-(Ta,Nb)C -Co 合金具有更高抗弯强度和高温硬度、更好的高温抗氧化性和抗热震性，因而常常具有较高的刀具寿命。因此，在工业发达的国家里，后者早已被前者替代。并且，碳化钛含量不高，[TiC+TaC(Nb,C)]通常小于 10%（质量分数），这类合金既可加工钢材，也可加工铸铁，因而有"通用"合金之称。所谓"通用"，是指这类合金加工钢材时耐磨性比 WC-Co 合金高得多，但加工铸铁时效率没有比 WC-Co 合金降低很多；而不是说它在这两种情况的效率都分别与专用的 WC-TiC-Co 合金或 WC-Co 合金完全相同。

这类合金通常含碳化钛 5%~15%，碳化钽（碳化铌）2%~10%，钴 5%~15%，其余为碳化钨。

WC-TiC-(Ta,Nb)C-Co 合金金相组织与 WC-TiC-Co 合金相似，其典型成分的金相组织见图 1-7，主要用途见表 1-6。

表 1-6　WC-TiC-(Ta,Nb)C-Co 合金典型牌号的成分及用途

成　　　分	ISO 分类号	用　　　途
WC-6TiC-4(Ta,Nb)C-6Co	M10	适于中速条件下半精加工不锈钢、高强度镍铬钼钢、铸钢、铸铁和普通钢材
WC-6TiC-4(Ta,Nb)C-8Co	M20	适于锰钢、铸钢、不锈钢、耐热合金钢、普通钢、普通铸铁在中低速中等切屑断面的连续粗加工
WC-6TiC-9(Ta,Nb)C-8.5Co	P25	适于碳素钢、铸钢、高锰钢、高强度钢及合金钢的铣削，也适于刨削和车削

1.2.1.4　碳氮化钛基类合金

它是在碳化钛基硬质合金的基础上于 20 世纪 70 年代发展起来的。TiN 的引入可显著细化硬质相的晶粒。与 TiC 基合金相比，Ti(C, N) 基合金有着更高的室温和高温硬度和

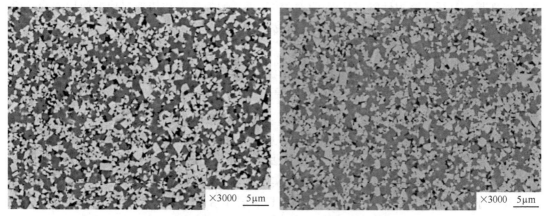

WC-6TiC-4(Ta,Nb)C-6Co 合金金相   WC-6TiC-4(Ta,Nb)C-8Co 合金金相

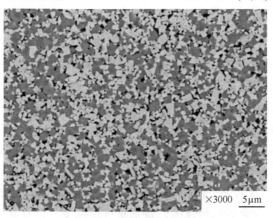

WC-6TiC-9(Ta,Nb)C-8.5Co 合金金相

图 1-7 WC-TiC-(Ta,Nb)C-Co 合金典型牌号金相照片

抗弯强度，更好的抗氧化性能和抗月牙洼磨损性能。金属切削加工中应用范围已从精车到半精车以至铣削；在日本，它已达到切削刀片的 30%，欧洲达 20%，而且还在不断地发展。

为了区别于碳化钨基硬质合金，人们习惯于把它叫做金属陶瓷。

1.2.1.5 钢结硬质合金

钢结硬质合金是一种以钢做黏结相，以碳化物做硬质相的硬质合金材料。钢结硬质合金的基本特点是：可以在退火态进行机械加工，然后在淬火态使用。这样，就可以用它生产形状相当复杂的零件，而零件的使用寿命又接近普通硬质合金。淬火后它具有与高钴的 WC-Co 合金相近（甚至稍高）的硬度，却有较高的抗弯强度。由于资源丰富，原料价廉，合金的加工成本较低，因而有着显著的经济意义。目前主要用作模具和耐磨零件。

1.2.1.6 涂层硬质合金

在普通硬质合金表面涂有耐磨性更高的单层或多层难熔金属硬质化合物或铝的氧、氮化物以及硼和硅的碳、氮化物的称为涂层硬质合金。在硬质合金基体上涂上更硬的表面层，既提高了它的表面硬度，提高其抗磨料磨损性能；又提高了它的抗黏刀和抗氧化性能，提高其抗月牙洼磨损性能。从而可以成倍地提高切削速度和切削刀片的使用寿命。涂层硬质合金目前主要用于金属切削加工的可转位刀片、整体铣刀和钻头。

1.2.1.7 功能梯度合金

为了改善合金的使用性能，可以采用特殊工艺，使合金由表及里形成有规律的不同组织和（或）成分。对一块 WC-Co 合金而言，它可以由表及里形成含碳量和含钴量各不相同的三个区域：表层、过渡区和中心区。对一块 WC-TiC(Ti, N)-TaC-Co 合金而言，它可以由表及里形成钛（β相）含量和钴含量各不相同的三个区域：表层、过渡区和中心区。目前梯度 WC-Co 合金主要用于凿岩钻齿，其表层含钴量相对低，过渡区含钴量相对高，中心区含 η 相而含钴量接近合金实际配钴量。梯度 WC-TiC(Ti, N)-TaC-Co 合金主要用于涂层可转位刀片的基体，其特点是表层无 β 相，中心区的成分和组织符合配制的标准。

1.2.1.8 其他硬质合金

（1）无黏结剂硬质合金。它通常含有 0.2%（质量分数）左右的钴。其金相组织中很难显现黏结相，所以叫做"无黏结剂"的。它目前主要用于切割钢材，所谓"水刀"的喷嘴。这种合金虽然耐磨性很高，但强度很低。这就限制了它的应用范围。

（2）无磁合金。镍是顺磁性金属，在脱离磁场以后的剩磁（矫顽力）比钴显著的小。如果能适当地控制合金的含碳量，可以做到几乎无剩磁。因此，它适合于用作压制磁性粉末的压模。也可以用作腐蚀性不强的耐磨零件，如圆珠笔尖。但是它的强度低于相应的 WC-Co 合金。

（3）耐腐蚀合金。为了进一步提高合金的耐腐蚀性，可以用铬替代黏结剂中的部分镍。这样，还可以提高合金的拉伸强度，特别是抗弯强度。铬存在于黏结相中，也存在于这种合金的 WC 相中。这使得它可以抵御大多数有机酸和无机酸的腐蚀。所以 WC-Cr$_3$C$_2$-Ni 硬质合金适用于任何要求的耐腐蚀的场合。不过，由于抗弯强度仍低于 WC-Co 合金，它的应用范围也是非常有限的。

1.2.2 硬质合金用途

硬质合金具有一系列的优良性能，用途十分广泛，随着时间推移用途还在不断扩大。

（1）切削工具。硬质合金可用作各种各样的切削工具。我国切削工具的硬质合金用量约占整个硬质合金产量的三分之一，目前仍以焊接刀具为主，而数控刀具用硬质合金仅占 20%左右，并在快速的增长。此外还有整体硬质合金钻头，整体硬质合金小圆锯片，硬质合金微钻等切削工具。

（2）地质矿山工具。地质矿山工具同样是硬质合金的一大用途。我国地矿用硬质合金约占硬质合金生产总量的 30%左右，主要用于冲击凿岩用钎头、地质勘探用钻头、矿山油田用潜孔钻、牙轮钻以及截煤机截齿、建材工业冲击钻等。

（3）模具。用作各类模具的硬质合金约占硬质合金生产总量的 8%左右，有拉丝模、冷镦模、冷挤压模、热挤压模、热锻模、成型冲模以及拉拔管芯棒，如长芯棒、球状芯棒、浮动芯棒等，近十几年轧制线材用各类硬质合金轧辊用量增速很快，我国轧辊用硬质合金已占硬质合金生产总量的 3%。

（4）结构零件。用硬质合金作结构零件的制品很多，如旋转密封环、压缩机活塞、车床顶头、磨床心轴、轴承轴颈等。

（5）耐磨零件。用硬质合金制成的耐磨零件有喷嘴、导轨、柱塞、球、轮胎防滑钉、铲雪机板等。

（6）耐高压高温用腔体。最重要的用途就是生产合成金刚石用的顶锤、压缸等制品；顶锤、压缸用硬质合金已占我国硬质合金生产总量的9%。

其他用途：硬质合金用途越来越广，近几年已在民用领域中不断扩展，如表链、表壳、高级箱包的拉链头、硬质合金商标等。

1.3　硬质合金工业的发展及市场

1.3.1　中国硬质合金工业发展简史

新中国建立初期，国内仅有大连钢厂和上海灯泡厂附带生产极少量的硬质合金。国家"一五"期间建设了株洲硬质合金厂，20世纪60~70年代中期筹建了自贡硬质合金厂和南昌硬质合金厂，初步奠定了我国硬质合金工业的基础。到1973年全国大大小小硬质合金生产厂家超过150家，产量达到4263t，80年代初期，由150多家急剧减少至不到40家。硬质合金产量由最高4263t，猛降到1981年的1960t。90年代初，全国硬质合金年产量突破5000t大关，生产厂家达到60家左右。进入21世纪初，全国硬质合金产量突破万吨大关，生产厂家超过150家。近年来全国硬质合金生产厂家和产量还在急剧增加，大小厂家超过500家左右，产量2万~3万吨，超过世界总产量的三分之一，是名副其实的第一硬质合金生产大国。硬质合金生产品种基本齐全，出口量逐年增加。

我国硬质合金的发展已形成较完整的生产、科研体系，在株洲硬质合金集团公司拥有第一家硬质合金国家重点实验室，在厦门钨业拥有国家钨材料工程技术研究中心。我国钨冶炼和制粉生产的工艺和装备水平已达到国际先进水平。现在硬质合金生产过程中的高效球磨、喷雾干燥制粒、高精度全自动压力机、真空烧结、压力烧结、研磨、涂层、高精度模具制造等一系列先进装备和工艺技术已在不同生产厂家得到不同程度的应用。

1.3.2　中国硬质合金发展存在的问题

（1）近年来全国硬质合金生产厂家和产量还在急剧增加，这种发展潜在的忧虑是可想而知的。首先是研发投入少，创新能力差，高档产品的研发能力薄弱，有自主知识产权的原创性成果比较少，企业技术改造也因此难以得到强有力的技术支撑；高校和研究院所与工厂的实际脱节；国家对传统高技术的硬质合金基础研究投入严重不足。

（2）装备档次不高，差距大。应用于硬质合金研发和生产的高档专用设备主要依赖进口，国产同类设备还有一定的差距，有能力购置进口设备的厂家很少，就是国内大厂因种种原因应用先进设备的数量也很有限，给研发和生产带来很大困难。

（3）合金生产与工具生产脱节。国外硬质合金大厂往往也是工具生产大厂，非常有利于硬质合金工具的开发。我国由于历史原因，硬质合金生产与工具制造属于冶金和机械两个系统管理，导致本密不可分的两部分生产长期脱节，严重影响硬质合金工具及深加工配套产品发展，目前情况正朝着好的方向发展，但长期留下的问题，不可能短时间得到彻底解决。

（4）无序竞争十分严重。我国硬质合金工业同其他许多产业一样，由于行业间没有建立起优胜劣汰的机制、制止不公平竞争机制等，出于部门、地区的利益，硬质合金企业盲目发展，低水平重复建设现象十分严重。加之这种竞争又往往都挤在中、低档产品这个有限空间中，致使产量急剧膨胀，价格战烽烟四起。低效企业支配资源，造成企业效益低下，严重影响行业的技术进步，严重削弱高档高附加值产品的开发能力。

（5）产业经济效益低下。因上述各方面原因，我国硬质合金工业虽然规模大，但高附加值及配套产品少，像高性能合金、涂层产品、特殊异型制品、金属陶瓷、精密硬质合金数控刀具等高档产品量少且质量不高，由于中低档硬质合金产品价值只有高档产品价值的几分之一甚至几十分之一，所以我国硬质合金厂家效益普遍不高。根据市场调查，国外几家优秀企业在中国硬质合金市场的占有率按产量计算不到我国合金产量的 1.5%，而按销售收入计算，则超过了我国硬质合金销售收入的 12.5%。

1.3.3　世界硬质合金市场

硬质合金号称工业的"牙齿"，自 1923 年问世以来，迄今已有 80 多年的历史。在 1947 年，世界硬质合金产量还只有 1600t，但到了 1967 年，世界硬质合金产量就已达到 11000t，到 1981 年时，世界硬质合金产量已达到 25000t。现今世界硬质合金产量已超过 4 万吨。

中国的硬质合金产量约 2 万~3 万吨，世界硬质合金产量的增长主要来自中国。而中国的增长基本全是中、低档产品，高附加值产品的生产仍稳稳地掌握在发达国家手中。

世界硬质合金市场的格局可基本划分为北美市场、西北欧市场、东欧市场、亚洲市场及非洲、南美等其他市场，其基本情况分述如下：

（1）北美市场：北美硬质合金生产国主要是美国，加拿大的产量很少，仅 100 多吨。美国是最发达的国家，年自产硬质合金约 6500t，仍需大量进口方能满足需求，加拿大自产少，进口量较大。据分析美国年出口硬质合金约 500 多吨，而进口硬质合金超过 1000t，加上加拿大年进口 500 多吨，北美市场纯进口硬质合金超过 1500t/a。

（2）西北欧市场：西北欧的瑞典、德国、奥地利、卢森堡、英、法等国家都生产硬质合金。世界上比较著名的硬质合金生产厂都集中在这里。西北欧约年产硬质合金 7500 多吨，其中瑞典 3500 多吨，90% 的产品均进入国际市场，奥地利、卢森堡约 2400 多吨，80% 产量进入国际市场，其他国家除少量出口外自用为主，且还进口上述国家的产品，所以整个西北欧提供给国际市场的硬质合金约 5000 多吨。

（3）东欧市场：东欧市场也是一个较大的市场，该市场的硬质合金产量约 6500t 左右，其中苏联产量约 5000 多吨，其他国家如波兰约 600t、捷克约 300t、罗马尼亚约 180t、匈牙利约 100t、保加利亚约 100t、前南斯拉夫约 150t。东欧市场虽然自身的产量较大，但生产技术并不先进，高档产品满足不了需求，估计每年进口量在 500 多吨。

（4）亚洲市场：亚洲除中国外，主要是日本、以色列、韩国、印度等国家生产硬质合金，其中日本产量约 3500t，以色列约 300t，印度和韩国共约 1500t。亚洲除日、韩、以色列等经济较发达国家外，其他国家技术并不先进。中国是中、低档硬质合金的主要供应国，每年约提供世界硬质合金市场 2000 多吨硬质合金，日本、以色列硬质合金水平较高，每年约有 500t 硬质合金提供国际市场，近年来韩国的硬质合金技术和生产发展很快。

此外，非洲、南美洲很少生产硬质合金，主要依靠进口，其市场流通量约 800t。

综上所述，世界硬质合金市场的总流通量约 7000 余吨，市场流通饱和，竞争激烈。中国正逐步成为世界中低档硬质合金的供应国，而高档硬质合金的供应，仍主要掌握在发达国家，特别是西北欧、美国、日本、以色列等国手中。中国要成为硬质合金生产强国，必须在高档硬质合金生产上寻找突破口。

我国使用硬质合金的各行各业技术水平和装备差异很大，不同档次质量的硬质合金都在中国市场上流通，且竞争十分激烈。

进入中国市场的国外硬质合金以高档硬质合金数控刀片为主，这些刀片往往与工具配套。除数控刀片外，高性能硬质合金棒材是另一种打入中国市场的国外硬质合金产品，特别是微钻用细棒材和整体刀具用棒材。其他进入中国市场的国外硬质合金还有少量高速线材轧辊、大压缸、大顶锤和少量异型制品，目前国外硬质合金在中国市场的总量约 200t/a。高档硬质合金及其配套的高精密工具蕴藏着 10 倍，甚至几十倍于普通硬质合金的经济效益。这一部分硬质合金及配套工具是国外先进硬质合金生产企业的优势产品，且具有垄断技术之势。

1.4　硬质合金技术发展趋势及研究开发重点

1.4.1　高精度高性能硬质合金及配套刀具

由于刀具，特别是刀具材料的进步，促进了机床业的发展，反过来新型机床对刀具提出了更高的要求。在机械加工中，采用价格昂贵的数控机床、加工中心，必须靠高性能的刀具，高速、高效和高精度地完成加工任务才能取得良好的经济效益。据有关资料报道，1 台加工中心，平均配备 100 把以上具有多个品种、规格的刀具。1 台加工中心配备的全部刀具以金额计，刀具费用可达加工中心价格的 30%。一般情况下，1 台数控机床年均消耗刀具费用为机床价格的 12% 左右。因此，工业发达国家都高度重视刀具技术的发展。当今能满足上述工艺要求的高精度、高性能硬质合金刀片及配套刀具的需求继续处于强劲上升势头，从而带动相关技术不断进步。以数控涂层刀片为例，从最初的 CVD 为主到目前的 CVD、PVD、PCVD 共存，涂层基体不断更新，涂层种类也从单一化合物涂层，向多元复杂化合物涂层发展，涂层数也从几层到十几层，纳米涂层的涂层数可达百层，因此其使用寿命可达普通 CVD 涂层合金刀片 4 倍以上。此外，金刚石涂层、CBN 涂层等都以其高技术含量和高附加值越来越受到世界各大公司的追求，部分产品已经推向市场。

硬质合金切削刀片的槽型设计、硬质合金刀具结构和形状的设计目前还是比较新的课题，基础研究比较缺乏，特别是针对一些具体的被加工材料的槽型开发，如：高温合金、钛合金、铝合金等，针对一些加工领域的刀具开发，如：航空发动机、汽车发动机等。好的刀片槽型配合好的刀具结构不仅能提高加工效率，改善加工件的表面质量，还可以提高硬质合金刀片的寿命和利用率。以色列的伊斯卡（ISCAR）公司研发的"霸王刀"就是成功的典范，它带动了公司的品牌和效益的极大提升。

1.4.2　超细和纳米硬质合金开发

由于高精度、高性能硬质合金整体刀具需求的不断发展，以及因信息技术革命带来集成电路集成度的不断提高对线路板微细孔加工的要求越来越高。以硬质合金微钻为例，其

直径小的已达 $\phi 0.1mm$，打印针尺寸也达到 $\phi 0.8mm$。此类材料要求高硬度的同时还要求高强度，HRA93.5 的硬质合金其强度可超过 5000MPa。这种需求有力推动超细、纳米硬质合金的开发，其研究领域十分丰富，包括纳米级 WC、纳米级 WC-Co 复合粉末以及相关其他难熔金属碳化物、固溶体等制粉技术的研究；纳米硬质合金生产工艺技术及相关设备的研究；合金纳米涂层技术及设备的研究；纳米粉末和纳米合金分析、检测技术研究；以及相关的基础理论研究等。

1.4.3　功能梯度材料

硬质合金的高硬度和高韧性不能同时达到，两者的高度统一是研究人员追求的目标。近几年研究人员通过研究硬质合金贫 C 结构，在可控气氛下烧结以达到黏结相的分布按需要呈梯度结构，使硬质合金高硬度和韧性获得更好统一。该技术已经越来越多地应用于凿岩工具、顶锤、涂层刀片基体等生产中，使合金的性价比明显提高。已经研究出表面 TiC 或 Ti（C，N）相对富集，WC 颗粒向中心迁移特殊结构的金属陶瓷刀片。

1.4.4　发展新型工具材料

金属陶瓷、非金属陶瓷和超硬工具材料尽管不属于硬质合金范畴，但由于其具有极其优异的性能，尤其是在某些方面明显优于硬质合金并可在一定的范围内取代硬质合金。因此这些材料的发展将有利于硬质合金工具材料的延伸，有利于钨、钴、钽等重要战略资源的合理使用。在部分特殊材料加工以及高速精加工中，金属陶瓷、非金属陶瓷刀具、立方氮化硼、聚晶金刚石和金刚石涂层刀具等在国外已经得到快速发展和应用。研究正朝着超细纳米结构、晶须（纤维）增韧复合陶瓷、带压烧结新技术应用等方面发展。目前世界上许多国家都加紧对这类材料的研究开发和推广应用。根据资料报道，在日本金属陶瓷刀具已占可转位刀具的三分之一。随着钨、钴资源越来越稀少，金属陶瓷无疑是未来的一个非常有前景的发展方向。

1.4.5　硬质合金净成型技术

所谓硬质合金净成型技术包括高精度模压技术、挤压成型技术、注射成型技术、粉末轧制技术、粉浆浇注技术等。这些技术与硬质合金的加工高效以及应用领域不断拓展紧密相关。双螺旋孔挤压就是成功的一类产品。注射成型技术能制造出形状复杂，且非常接近产品最终尺寸的产品，在硬质合金整体螺旋铣刀、整体球形铣刀、整体合金钻头，特别在装饰用硬质合金，如表链、表壳、钓鱼坠子、高档纽扣，以及部分形状复杂硬质合金制品开发等应用越来越多。净成型技术研究涉及研究内容也很多，特别是成型剂以及成型剂去除技术、模具设计制造技术等。该技术的深入研究，将对硬质合金许多产品高效生产以及应用领域不断拓宽起到促进作用。

1.4.6　硬质合金生产技术和工艺装备不断创新

近年来许多新技术、新装备不断涌现，诸如高温自蔓燃合成技术、等离子体制粉新技术、复合粉末制取技术、高效搅拌球磨技术、混合料质量精密控制技术、精密成型技术、微波烧结技术、生产工艺精确控制技术、压力烧结技术、等静压技术、新型化学和物理气相沉积涂层技术及其装备，以及硬质合金各种强化处理技术等。这些技术正在或有可能在硬质合金生产中得到推广应用。随着时间的推移，硬质合金新的生产技术和工艺装备还将不断得到创新。

1.4.7 硬质合金基础理论研究

国外硬质合金技术发展迅速，是与基础理论研究的扎实、深入分不开的。我国因体制、经费、研发力量等各方面原因研究工作非常薄弱，原创性研究成果不多。为尽量缩小与国外差距，近期要加快研究粉末的显微特性对粉体材料的物理力学性能的影响，实现原料粉末产品质量加速升级；研究材料组分、显微结构对材料使用性能的影响，建立相应的新材料数据库，切实提高新产品自主开发能力；研究合金烧结过程的致密化和物质迁移的控制规律，烧结热力学、动力学、多元相图，以加速开发梯度功能材料、复合材料；研究硬质合金槽型系列化和牌号优化，迅速形成有中国知识产权的高性能切削刀具系列产品；硬质合金各种刀具的磨损和失效机理等。基础理论研究是战略性重要措施，虽难以急功近利，但确是振兴我国硬质合金工业不可缺少的工作。

1.4.8 CIMS 在硬质合金制造中的应用

CIMS 是英文 Computer/Contemporary Integrated Manufacturing Systems 的缩写，直译就是计算机/现代集成制造系统。计算机集成制造——CIM 的概念最早是由美国学者哈林顿博士提出的。

CIMS 定义：CIMS 是通过计算机硬软件，并综合运用现代管理技术、制造技术、信息技术、自动化技术、系统工程技术，将企业生产全部过程中有关的人、技术、经营管理三要素及其信息与物流有机集成并优化运行的复杂大系统，可实现优化工业设计和流程再造。

CIM 是信息时代组织，管理企业生产的一种哲理，是信息时代新型企业的一种生产模式。按照这一哲理和技术构成的具体实现便是计算机集成制造系统即 CIMS。国外著名公司已用计算机集成技术改造传统的管理模式，即从市场预测与分析、合同签订、产品设计、加工制造、物质供应、质量保证、产品销售，直到售后服务等各个环节有机地结合起来，形成高度自动化、总体最优化的计算机一体化智能营销——生产系统，同时传统生产中的舟皿装卸、压制、半检、干燥、烧结、工艺控制等几乎所有制造工序上的操作可由智能机器人担任，使产品精度和材料性能的稳定完全处于受控状态，从而提高了产品质量的可靠性和生产效率，为生产优质、高性能硬质合金提供了强有力的保证。

我国硬质合金工业在上述领域的研究开发还有较大差距，必须加倍努力迎头赶上，使我们由钨资源大国变成钨加工的强国。

2 硬质合金原料粉末性能及表征

2.1 粉末材料的特性及表征方法

2.1.1 粉末材料的特性及基本的概念

粉末体，简称粉末，是由大量的粉末颗粒组成的一种分散体系。粉末通常指尺寸小于 1mm 的离散颗粒的集合体。而颗粒则是不易用普通分离方法再分的，组成粉末的单个体。由若干个颗粒黏结在一起而构成的聚合体则称之为团粒。颗粒本身又可能是由若干个晶粒组成的。它们之间的关系如图 2-1 所示。

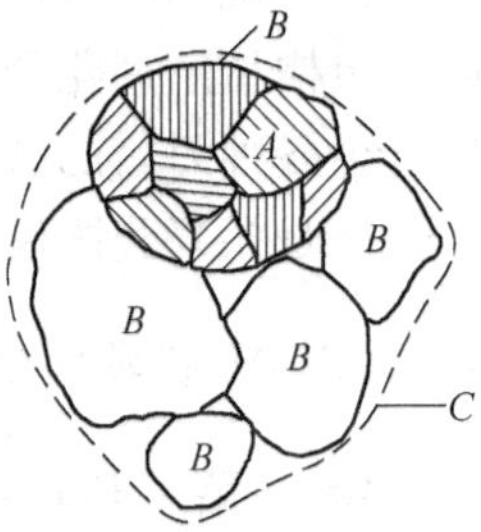

图 2-1　粉末团粒
A—晶粒；B—颗粒；C—团粒

粉末材料的性能可分为：

（1）单颗粒的性质：

1）由粉末材料本身决定的性质，它包括粉末材料晶体的点阵结构、粉末颗粒的真密度、熔点、塑性、弹性、电磁性能、化学成分等。

2）由粉末生产方法所决定的性质。包括粉末的粒度、有效密度、粉末颗粒形貌、晶粒结构、点阵缺陷、颗粒内吸附气体含量、颗粒活性等。

（2）粉末体的性质。它包括平均粒度、粒度组成、比表面积、松装密度、摇实密度、流动性、颗粒间的摩擦状态等。

（3）粉末的孔隙性质。粉末的颗粒内和颗粒间都存在孔隙，因此经常用总孔隙体积 P、颗粒间的孔隙体积 P_1、颗粒内孔隙体积 $P_2 = P - P_1$、颗粒间的孔隙数量 n、平均孔隙大小 P_1/n、孔隙大小的分布、孔隙形状等来描述。孔隙体积与粉末体的表观体积之比称为孔隙度 θ。

（4）粉末的工艺性能。粉末是由大量的颗粒及颗粒之间的空隙构成的集合体。因此在工艺上还常用粉末的流动性、松装密度、摇实密度、压缩性、成型性等来描述粉末的工艺性能。

2.1.2 粉末的主要性能及表征方法

2.1.2.1 粉末的化学成分

粉末的化学成分包括粉末的主要成分、少量的杂质成分和痕量的杂质成分。例如，碳化钨粉中的钨、碳，钴粉中的钴含量为主要的成分；铁、氧等为它们的少量杂质成分，少量杂质成分因粉末种类、生产方法不同而不同；主要成分和少量杂质成分由化学分析的方法表征。痕量的杂质成分主要来自生产粉末的原料，一般用光谱分析来表征，用 ppm 浓度表示。

2.1.2.2 粉末粒度及粒度组成

A 粉末粒度的相关概念

（1）粒径。颗粒的直径叫做粒径，一般以微米或纳米为单位来表示粒径大小。

（2）等效粒径。当一个颗粒的某一物理特性与同质球形颗粒相同或相近时，我们就用该球形颗粒的直径来代表这个实际颗粒的直径。大多数情况下粒度仪所测的粒径是一种等效意义上的粒径，根据不同的测量方法，等效粒径可具体分为下列几种：

1）等效体积径：即与所测颗粒具有相同体积的同质球形颗粒的直径。激光法所测粒径一般认为是等效体积径。

2）等效沉速粒径：即与所测颗粒具有相同沉降速度的同质球形颗粒的直径。重力沉降法、离心沉降法所测的粒径为等效沉速粒径，也叫 Stokes 径。

3）等效电阻径：即在一定条件下与所测颗粒具有相同电阻的同质球形颗粒的直径。库尔特法所测的粒径就是等效电阻粒径。

4）等效投影面积径：即与所测颗粒具有相同的投影面积的球形颗粒的直径。图像法所测的粒径即为等效投影面积直径。

（3）D_{50}。也叫中位径或中值粒径，这是一个表示粒度大小的典型值，该值准确地将总体划分为两等份，也就是说有 50% 的颗粒超过此值，有 50% 的颗粒低于此值。如果一个样品的 $D_{50} = 5\mu m$，说明在组成该样品的所有粒径的颗粒中，大于 $5\mu m$ 的颗粒占 50%，小于 $5\mu m$ 的颗粒也占 50%。

（4）最频粒径。是频率分布曲线的最高点对应的粒径值。设想这是一般的正态分布或高斯分布，则平均值，中值和最频值将恰好处在同一位置。但是，如果这种分布是双峰分布，则平均直径几乎恰恰在这两个峰的中间；甚至实际上并不存在具有该粒度的颗粒。中值直径靠近两个分布中较高的那个分布，因为这是把分布精确地分成两等份的点。最频值将位于最高曲线顶部对应的粒径。由此可见，平均值、中值和最频值有时是相同的，有时是不同的，这取决于样品粒度分布的形态。

（5）D_{97}。是指累计分布百分数达到 97% 时对应的粒径值。它通常被用来表示粉体粗端粒度指标，是粉体生产和应用中一个被重点关注的指标。

B 常用的粒度测试方法

常用的粒度测试方法有筛分法、显微镜（图像）法、重力沉降法、离心沉降法、库尔特（电阻）法、激光衍射/散射法、电镜法、超声波法、透气法等。

硬质合金原料粉末的粒径（粒度）指的是粉末的平均粒度。常用空气透过法（Fsss）、氮吸附法（BET）。空气透过法（Fsss）一般用来表征微米级粉末，超细粉末（粉末粒径应在 $0.2 \sim 0.6\mu m$ 之间）一般用氮吸附法（BET）表征。粉末粒度组成由专门的仪器表征，测量粒度组成的同时也可以计算出粉末的平均粒度。纳米粉末（粉末粒径不大于 $0.1\mu m$）是目前材料研究与开发的热点，但十分遗憾的是对纳米材料的表征和测试方法仍然在沿用非纳米粉末材料的表征和测试方法。目前认为唯一可以测定悬浮体中纳米颗粒尺寸分布的方法是激光动态散射法，可测定 3 纳米到几个微米的颗粒，此方法准确度的关键是粉体在水介质中的分散技术。还有 X 射线小角度散射库尔特计数器法、电子显微镜法。有些仪器利用测定 Zeta 电位，可测定 $2 \sim 3000nm$ 的纳米颗粒粒度。

2.1.2.3　粉末的形貌

粉末的形貌包括粉末的形状、表面结晶状态和表面缺陷。粉末的形貌一般用光学显微镜和电子显微镜进行观察，对于粉末粒度在 1μm 左右及以下的粉末，特别是超细及纳米粉体只能用扫描电子显微镜，甚至透射电子显微镜进行观察，探测纳米尺度表面或界面的物理或化学性质。用图像分析软件可以分析粉末的晶粒度及粒度组成。超细粉末的分散和透射电子显微镜观察样品的制备，都是超细粉末形貌观察中的难点和关键因素。

2.2　原料粉末化学成分的分析

硬质合金化学分析方法已经建立了一套国际标准，许多国家都相应地等同或等效采用了国际标准。我国硬质合金化学分析方法采用的步伐比国际标准的步伐慢，但是对企业来说，为了满足硬质合金生产与科研的需求，可以直接采用国际标准、国家标准，也可以制定高于国际标准和国家标准的分析方法。

2.2.1　滴定法

2.2.1.1　滴定法原理

滴定分析法是将一种已知准确浓度的试剂溶液，用滴定管滴加到待测物质溶液中，直到化学反应完成为止，依据试剂与待测物质间的化学计量关系，通过测量消耗已知浓度试剂溶液的体积，求得待测组分的含量，故又称为容量分析。

滴定法的关键在于化学计量点的准确判断。当滴加的滴定剂的物质的量与待测物质的物质的量，正好符合化学反应式表示的化学计量关系时的这一点，称为化学计量点。在化学计量点时，反应往往没有人可察觉的外部特征，必须借助于指示剂变色或其他物理化学方法来确定。这时确定的化学计量点又称之为滴定终点。

基于各种类型的反应建立起来的滴定分析主要有酸碱滴定法、络合滴定法、氧化还原滴定法和沉淀滴定法。

硬质合金化学分析方法中采用的滴定法主要有：钨精矿中锡、钙、锰、铁的测定；钴及氧化钴中钴、锰的测定；金属钨中铈的测定；硬质合金混合料中铬、钴的测定等等。

硬质合金中钴的分析，国际标准和国家标准分析方法都是采用电位滴定法。将样品用硫酸、硫酸铵溶解，在强氨性介质中，用过量的铁氰化钾（$K_3[Fe(CN)_6]$）将钴氧化成三价状态。用硫酸钴溶液以电位滴定法返滴过量的铁氰化钾，通过计算可知样品中的钴含量。该方法是以氧化还原反应为基础的滴定法，其滴定终点的判断采用了电位滴定仪。电位滴定仪由指示电极（铂电极）、参比电极（甘汞电极或钨电极）与试样溶液组成电池，观察滴定过程中指示电极电位的变化。在化学计量点附近，由于被滴定物质质量分数发生突变，所以指示电极的电位产生突跃，由此可确定滴定终点。滴定时用磁力搅拌器搅拌溶液，以加快反应速度尽快达到平衡。

2.2.1.2　混合料中钴、镍含量化学分析方法

试料用酸浸出，分离钨后在 pH＝5~6 时，加入过量的 EDTA（乙二胺四乙酸二钠）标准溶液，二甲酚橙为指示剂，用锌标准溶液返滴定过量的 EDTA，据此计算出镍和钴的含量。在氨性溶液中，用过硫酸铵氧化钴为高价，形成高价钴氨络离子（此络离子不被

EDTA 络合），据此单独测得镍的含量。用钴和镍的含量减去其镍量即可得出钴含量。应用范围为 1.00%~30.00% 的钴、镍量的测定。

按式（2-1）计算镍的百分含量：

$$Ni(\%) = \frac{(c \cdot V_2 - c_1 \cdot V_3) \times 0.05869}{m} \times 100 \qquad (2-1)$$

钴含量的计算：钴的含量从钴、镍合量中减去镍量（镍的换算因素：1% 的镍 = 1.0041% 的钴）而得出。按公式（2-2）计算钴、镍的合量。

$$合量(\%) = \frac{(c \cdot V_4 - c_1 \cdot V_5) \times 0.05893}{m} \times 100 \qquad (2-2)$$

式中　c——EDTA 标准溶液的实际浓度，mol/L；

　　　c_1——锌标准溶液浓度，mol/L；

　　　V_2——测镍时加入的 EDTA 标准溶液体积，mL；

　　　V_3——测镍时消耗锌标准溶液体积，mL；

　　　V_4——测合量时加入 EDTA 标准溶液体积，mL；

　　　V_5——测合量时消耗锌标准溶液体积，mL；

0.05869——1.00mL EDTA 标准溶液[$c(EDTA) = 1.000$mol/L]相当于镍的质量，g/mol；

0.05893——1.00mL EDTA 标准溶液[$c(EDTA) = 1.000$mol/L]相当于钴的质量，g/mol；

　　　m——试料质量，g。

2.2.2　气体元素碳、氧分析法

碳在金属碳化物和硬质合金中主要以化合物的形式存在，还有少量以游离碳形式存在。金属及其碳化物粉末中的氧，有可能以溶解态、氧化物相的形式存在，也可能以分子形式（如 O_2、H_2O 等）被吸附于粉末表面。

为了对固体试样中气体元素进行分析，首先要把试样中的气体元素释放出来。硬质合金气体元素分析中提取气体的方法一般多采用载气加热熔融法。依载气气氛和溶剂的不同，又可分为氧化熔融提取和还原熔融提取法。分析碳一般采用氧化熔融提取法，用氧气为载体，试料中碳在高温下与氧作用，生成 CO_2 释放出来。而分析试料中氧一般采用还原熔融提取法，这时采用在石墨坩埚中加热，载气常用 Ar、He 等惰性气体。载气的作用是能排除反应容器中的空气等杂质气体，使试样能在纯净的气氛中加热反应，并将释放出的待测气体导出反应容器，送入气体分析器进行检测。而用 O_2 和 H_2 作为载气时，它们还作为氧化剂和还原剂直接参与提取反应。

碳化物中的总碳含量可采用燃烧-重量法或燃烧-气体容量法测定。

2.2.2.1　重量法原理

在高温、纯氧气流中，将碳氧化为二氧化碳，如有必要，可添加助熔剂。生成的二氧化碳由氧气带到已恒量的吸收瓶中被烧碱石棉/过氯酸镁吸收器中吸收，产生的 H_2O 由过氯酸镁吸收，测定烧碱石棉的增量，其值即为生成的二氧化碳量。助熔剂为金属锡、金属铜或氧化铜、金属铁等。

$$C + O_2 \longrightarrow CO_2 \qquad (2-3)$$

$$2NaOH + CO_2 \longrightarrow Na_2CO_3 + H_2O \qquad (2-4)$$

2.2.2.2　仪器

一般实验室仪器是由一个带有燃烧管的电炉、一个净化系统以及一个二氧化碳吸收系统组成的。如果需要得到适当纯度的氧，也可以使用一个氧气净化系统。

仪器要用密封的连接管连接在一起。仪器如图 2-2 所示。

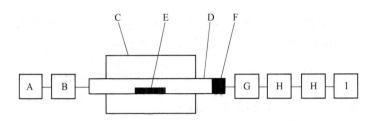

图 2-2　重量法测定总碳含量的原理示意图

图中，A—氧气源：带有压力调节阀；B—流量计；C—电炉：带合适的温度控制装置，炉温可达 1350℃；D—燃烧管：由无细孔的耐火材料制成，管子内径为 18~30mm，长度至少为 650mm，操作过程中燃烧管末端温度应不超过 60℃；E—舟皿：由耐火材料制成，应预先在试验温度下，于氧气流中处理 10min 或在 800~1000℃ 灼烧 1h，舟皿尺寸：长 80~100mm，宽 12~14mm，深 8~9mm，经过预处理的舟皿要保存在干燥器中，干燥器的磨口表面和盖子不应涂润滑脂；F—二氧化硅棉的塞子；G—干燥瓶：内装无水高氯酸镁；H—吸收瓶：内装烧碱石棉和少量无水高氯酸镁，吸收瓶式样见图 2-3；I—吸收瓶：反向与 H 连接，以防止二氧化碳和空气中潮气的引入。

2.2.2.3　取样

试样必须是具有代表性的均匀样品。对于块状试样，在不影响试样化学成分的材料制成的研钵中，将试样研碎成粉末，并通过 180μm 的筛子。取两份或三份试样进行分析。

2.2.2.4　结果

总碳量的质量分数以 C 计，数值用 % 表示，按式 (2-5) 计算：

$$C(\%) = \frac{m_2 - m_1}{m_0} \times 0.2729 \times 100 \quad (2\text{-}5)$$

式中　m_1——空白试验测得的二氧化碳量，g；

　　　m_2——燃烧试样测得的二氧化碳量，g；

　　　m_0——试样量，g；

0.2729——二氧化碳换算成碳的换算系数。

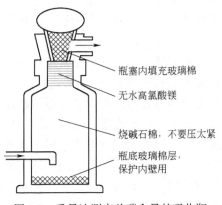

图 2-3　重量法测定总碳含量的吸收瓶

瓶塞内填充玻璃棉
无水高氯酸镁
烧碱石棉，不要压太紧
瓶底玻璃棉层，保护内壁用

以合格测定值的算数平均值为最终结果，精确至 0.01%（质量分数）。

管式炉燃烧重量法虽然分析速度较慢，但它是一种绝对方法，无需标样，准确度高，在硬质合金特别是碳化钨中总碳的分析中占有重要地位。

2.2.2.5 气体容量法

试样在高温氧气流中燃烧，试样中的碳被氧化成 CO_2，由氧气载气导入量气管内，测定混合气体 CO_2 和 O_2 的体积，再用水准瓶（或压缩空气）将混合气体压入装有 KOH 溶液的吸收器中进行吸收，$CO_2 + 2KOH = K_2CO_3 + H_2O$。而剩余的气体（氧气）再转入量气管中，测量其体积，前后体积之差即为反应生成的 CO_2 体积。根据测量时的温度和大气压力，可换算成标准气压和标准温度下的 CO_2 体积，据此则可计算出试样中的碳含量。气体容量法主要用于金属碳化物及它们与黏结金属的混合料中总碳或经分离后的游离碳测定。

2.2.2.6 游离碳测定

用适当试剂（硝酸（$\rho = 1.20g/mL$），氢氟酸（$\rho = 1.15g/mL$），蒸馏水或同等纯度的水）溶解试料，而游离碳不溶。过滤以除去溶液，沉淀为游离碳。然后将沉淀完全转入瓷舟中并烘干。测量范围：0.02% ~ 0.5%。

2.2.3 气体杂质分析

2.2.3.1 氧、氮分析仪测定氧、氮量

用于 WC、（W，Ti）C、TaC、NbC、（Ta，Nb）C 等粉末试样中氧、氮量的测定，可选用 EMGA-620W 氧/氮分析仪，测定范围为 $w(O)$：0.0001% ~ 1.00%，$w(N)$：0.0001% ~ 0.50%。

分析时称取两份试料进行独立测定，并精确至 0.0001g。试样置于氦气流并经高温脱气的石墨坩埚中，加热熔融，其中的氧和碳作用生成一氧化碳，氮和氢热分解生成氮气和氢气释出。载气中的一氧化碳由红外检测器（NDIR）测量后，经氧化铜转化炉，一氧化碳变成二氧化碳，氢气变成水蒸气，流经碱石棉，高氯酸镁被去除，氮气由热导检测器（TCD）测量。电脑的操作界面显示氧、氮分析结果，并储存在数据文件中。可由打印机打印出分析结果。

2.2.3.2 脉冲加热——库仑滴定法测定氧量

脉冲加热——库仑滴定法可用于硬质合金、碳化物、混合料等中氧含量的测定。测定范围：0.001% ~ 3.00%。

仪器可选用国产 KLS-405 型脉冲库仑定氧仪。在纯净的氩气流中，以低电压大电流加热置于石墨坩埚中的试料，试料在熔融和渗碳过程中氧和碳发生作用，生成的一氧化碳被氩气载入 600℃ 的氧化铜炉，转化为二氧化碳，然后由氩气流载入电解杯中，被已知 pH 值（pH = 9.5）的高氯酸钡溶液吸收，导致吸收液的 pH 值降低。然后对吸收液通以恒定的脉冲电流进行电解，即进行库仑滴定，使溶液的 pH 值恢复至原来的数值（pH = 9.5）。由电解时消耗的脉冲电量数，按式（2-6）计算试样中氧的含量。

$$O(\%) = \frac{0.5 \times 10^{-6} \times (A - B)}{m} \times 100 \tag{2-6}$$

式中　　A——测定试样时的脉冲计数；

　　　　B——空白脉冲计数；

　　　　m——试料量，g；

　　0.5×10^{-6}——每个脉冲计数相当于氧的质量，g。

2.2.4 分光光度法

2.2.4.1 分光光度法介绍

物质对光的吸收是物质与辐射能相互作用的一种形式，只有当入射光子的能量与吸收物质分子的不同能级之间的能量差相等时才会被有效地吸收。而物质分子的能级由分子的组成和结构决定。

分光光度法（吸光光度法）是光谱法中的一类，是根据物质对不同波长的单色光的吸收程度不同而对物质进行定性和定量分析的方法。当一束平行的单色光通过均匀、非散射的溶液时，溶液对光的吸收程度与溶液的浓度和液层的厚度的乘积成正比。这就是著名的朗伯-比尔定律。分光光度法要使用的仪器称为分光光度计。分光光度计基本上由光源、单色器、吸收池、检测系统四部分组成。

可见光源常使用钨灯和卤钨灯。单色器的色散元件有玻璃、石英棱镜和光栅。吸收池的材料有玻璃和石英两种。检测器则通常有光电池、光电管及光电倍增管等。常用的分光光度计有 72 型、721 型和 751 型。

该方法具有仪器价格便宜、操作简便、灵敏度高、准确度好的优点，一般测定含量可低至 $10^{-4}\%\sim10^{-5}\%$。在硬质合金化学分析方法中，分光光度法占有很重要的地位。像钨精矿中 SiO_2、Mo、P、As、Cu；钴中 Cu、Ni、Fe、P、As、Si；钨及钨化合物中 P、Zr；硬质合金混合料中 Ti、Fe、W 等都采用分光光度法分析。在钨、钼分析方法国家标准中，许多微量元素如 Bi、Sn、Sb、As、Fe、Co、Ni、Cu、Al、Si、Ca、Mg、Ti、V、Cr、Mn、P、Mo、W 等也都是采用分光光度法测定的。

2.2.4.2 铁含量测定

铁含量测定参照国家标准（GB/T 223.70—2008）进行。测定范围 0.0005%~0.10%。试样经硫酸-硫酸铵分解，以柠檬酸络合钨，在 pH = 7 时，用盐酸羟胺还原铁，铁（Ⅱ）与邻二氮杂菲生成橙红色络合物，测量其吸光度。

移取 0.00mL、1.00mL、2.00mL、3.00mL、4.00mL、5.00mL、6.00mL 铁标准溶液（$\rho = 10$ μg/mL），分别置于一组 50 mL 容量瓶中，测量吸光度，减去试剂空白的吸光度。以铁量为横坐标，吸光度为纵坐标，绘制工作曲线。

按式（2-7）计算铁的质量分数：

$$Fe(\%) = \frac{m_1}{m} \times 100 \tag{2-7}$$

式中 m_1——从工作曲线上查得的铁量，g；

m——试样量，g。

2.2.5 原子吸收光谱法

在原子跃迁过程中，从激发态直接跃迁至基态的发射谱线称为共振线。在原子吸收光谱分析中，光源所发射的特征电磁辐射线（共振线），被基态原子吸收而使辐射强度减弱。因此，原子吸收光谱分析是利用待测元素的基态原子对特征电磁辐射的吸收程度进行的一种测定。

原子吸收光谱仪主要由光源、原子化器、分光系统和检测系统四个部分组成。光源的作用是发射基态原子吸收所需要的共振线。空心阴极灯是一种理想的光源，一般是用待测元素的纯金属制成，阳极为一个钨棒。灯内充惰性气体，在灯的两极加上一定的电压与电流时，空心阴极灯辉光放电并通过电子的跃迁发射出该元素灯的共振线。原子化器的作用是将待测元素转化为基态原子。原子化器分为火焰原子化器和非火焰原子化器两种类型。火焰原子化器常用的火焰有两种：空气-乙炔火焰和一氧化二氮（N_2O）-乙炔火焰。后者的温度比前者高，达到 2750℃ 时，可测定高熔点及易形成难解离化合物的元素，火焰法可测元素总数达 70 余种。非火焰原子化器主要有石墨炉电热原子化器、金属电热原子化器、氢化物原子化器等。分光系统的主要部件是光栅，其作用是将待测元素的共振线与其他谱线分开。检测系统是将待测光信号转换为电信号并进行放大和读数的装置，主要包括光电倍增管、放大器及读数装置等。现代的原子吸收光谱仪，配有计算机和机械手，所有的分析程序全部由计算机的设计程序自动完成。原子吸光谱分析的特点是灵敏度高、选择性好、干扰因素少、测定快速、简便。

硬质合金化学分析方法的国际标准和国家标准中大量采用了原子吸收光谱分析法。钨精矿中 Cu；钴中 Fe、Mn、Ni、Cu；钨及钨化合物中 K、Na、Fe、Mn、Ni、Cu、Co、Li；硬质合金中 Co、Zn、K、Na、Ca、Mg、Fe、Ni、Mn、Mo、Ti、V、Cr 等均可用原子吸收光谱法分析。

2.2.6 原子发射光谱法

2.2.6.1 原子发射光谱分析

原子发射光谱分析是一种利用待测元素的原子或离子激发后跃迁回低能级（或基态）时发射的电磁辐射的波长及其强度进行定性和定量分析的方法。

利用元素的特征光谱线中的灵敏线（又称最后线）是否出现及其强度（黑度）的大小，可以判断该元素的存在与否及大致的含量范围，这就是用发射光谱定性的方法。为了确定谱线的波长及元素，常使用谱线图及光谱线波长表。谱线图以铁光谱作为波长标准，在铁谱线之间标出各种不同元素灵敏线的位置。《光谱线波长表》列出了 87 种元素的共约十万余条谱线。若样品中未知元素的谱线与谱图中已标明的某元素谱线重合，则该元素就有可能存在，一般有两条以上的灵敏线出现时，就基本上可以确定该元素存在。根据摄谱条件和谱线的黑度，可大概估计出该元素的含量范围。但准确的含量，应辅以其他的分析方法准确测定。

发射光谱的分析仪器类型较多，主要由激发光源、分光系统和检测系统三部分组成。原子发射光谱仪检测色散后光谱线的强度一般采用照相测光和光电测光两种方法。前一种检测系统称为摄谱仪，后一种系统称为光电直读光谱仪。

摄谱仪是以光谱感光板记录分析物光谱，再分别以映谱仪（投影仪）和测微光度计对光谱影像进行分析的发射光谱法。该法的主要优点是可同时记录所有光谱并可长期保存，仪器价格较廉，但操作较繁琐费时。

光电直读光谱仪是用光电倍增管等光电转换器件直接将光信号转换成电流信号并放大、记录下来。由于光电倍增管具有灵敏度高、线性响应范围宽、响应时间短等优点，所以光电直读光谱仪与摄谱仪相比，具有分析速度快、精密度高、可测含量范围广、操作简便及自动化程度高等特点。但仪器较昂贵，测定方法不如摄谱法灵活。光电直读光谱仪有单道扫描和多分析通道两种类型，各有优缺点，要根据分析样品的具体情况选定。

原子发射光谱分析具有选择性高，可同时或连续测定数十种元素，最多可连续测定70种元素，方法简便快速；检测能力高，大多数元素的检出限为 $0.1 \sim 100 ng/mL$ 或 $0.01\mu g/g$；对低含量元素的测定准确度符合要求；线性范围宽，如电感耦合等离子体（ICP）光谱法可达 $4 \sim 6$ 个数量级；可测定所有天然存在的元素达到78种，并且可直接分析固体、粉末和液体试样。因此在硬质合金分析方法中，发射光谱法占有很大的比重。钨及钨化合物、钴、复式碳化物（如 WC-TiC、TaC-NbC 等）中的杂质元素大多可用发射光谱法测定。测定中常用的仪器为：直流电弧摄谱仪、直流电弧直读光谱仪、直流等离子体（DCP）（直读）光谱仪、电感耦合等离子体（ICP）（直读）光谱仪。

2.2.6.2 痕量杂质分析

采用载体分馏法，以火花直读光谱仪进行测定。将试样转化成氧化物，用一定量的碳粉和氧化镓、碳酸锂混合磨匀作为载体，直流电弧阳极激发，直读光谱测定。各杂质元素的分析线及测定范围见表2-1。

表 2-1 各杂质元素的分析线及测定范围

测定元素	分析线/nm	测定范围/%
Mo	313.26	0.01 ~ 0.63
Si	251.43	0.003 ~ 0.050
Co	345.35	0.001 ~ 0.050
Ca	393.37	0.006 ~ 0.050
Al	308.22	0.001 ~ 0.050
Cr	425.43	0.001 ~ 0.050
Fe	305.91	0.04 ~ 0.090
Mg	278.14	0.002 ~ 0.050
Mn	293.31	0.001 ~ 0.050
Na	330.23	0.004 ~ 0.080
Ni	305.08	0.001 ~ 0.050
Pb	283.31	0.0001 ~ 0.0050
Bi	306.77	0.0001 ~ 0.0050
Sn	317.50	0.0001 ~ 0.0050

2.2.7　X 荧光光谱法

当试样受到强烈的 X 射线辐照时，其中各组分元素的原子受到激发而产生次级的特征 X 射线，称为荧光 X 射线。不同元素具有波长不同的特征 X 射线，而各谱线的强度又与元素的含量呈一定的关系，故测定待测元素的次级特征 X 射线（荧光 X 射线）的波长和强度，就可进行定性和定量分析。

荧光 X 射线的波长（λ）与元素的原子序数（Z）有如下关系：$\lambda = K(Z-S)^{-2}$。这就是著名的莫斯莱（Mosely）定律，式中 K 和 S 是常数，只要测出荧光 X 射线的波长，就可知道元素的种类。从谱线的强度可对该元素进行定量分析。

X 射线荧光光谱仪由激发源、分光系统和探测系统三部分组成。X 射线管是通用的激发源。它的阴极是钨丝做成的灯丝，阳极则是用导电导热性能极好且熔点较高的铜材制成，其表面镀以所需的阳极靶材料，如 Cu、Ni、Sc、Ag、Co、Fe、Cr、Mo、Rh、W、Au 等纯金属，窗口采用对 X 射线吸收很小的金属铍箔制成。分光系统由准直器和色散元件组成。色散元件是分析晶体，一般是用氟化锂（LiF）、石英、Ge 或其他的晶体加工而成，利用晶体的衍射现象使不同波长的荧光 X 射线分开。探测系统由探测器和记录系统组成，探测器有流气式正比计数管和闪烁计数管两种，记录系统则把探测器接收的脉冲信号进一步放大、甄别，然后进行计数测量。并据此进行定性与定量分析。现代化的 X 荧光光谱仪，只要将试样装入样品室后，所有工作程序完全由计算机控制，测量完全自动化。X 荧光光谱仪也分为单道扫描式和多道式两种。

X 荧光光谱法具有分析的元素多，可测定 $Z \geqslant 5$ 的所有元素；测定的范围宽，可测定从 10^{-4}% 到 90% 以上的含量范围；荧光 X 射线谱比较简单，谱线干扰少，对化学性质相近的元素，如稀土、稀有、铂系元素分析，可不必进行复杂的分离；分析样品可不受破坏，是一种快速简便的无损分析方法。但 X 荧光光谱仪价格昂贵，推广应用受到一定限制。

分析硬质合金混合料和碳化物固溶体中 Co、Ti、Nb、Ta；顶锤锌熔料中 Zn、Fe、Ti、Si、Ca、Mg、Al；TiO_2 中 Ti、Fe、Si、S、P；铸造 WC 中 Mo、Nb、Ta、Ni、Co、Fe、Cr、V、Ti、Si 等均可用 X 荧光光谱法分析。

2.2.8　耦合等离子体质谱分析法（ICP-MS）

质谱法是一种在电磁场的作用下对带电荷离子进行分离和分析的方法。它是基于元素（离子）的质荷比（质量与电荷的比值，m/e）和该元素离子的相对强度来进行材料定性、定量分析的方法。无机试样必须经过气化、电离形成离子才能用质谱法进行分析。ICP 因其优异的性能成为无机物分析理想的离子源。样品溶液经过雾化由载气送入 ICP 焰炬中，去溶，电离后分别通过采样锥、截取锥进入三级真空系统，再经离子透镜聚焦进入质量分析器按离子的质荷比进行分离，进入离子检出系统由二次电子倍增器的计数，计算元素的含量。

ICP-MS 由 ICP 进样系统、离子提取系统（接口）、离子聚焦系统（离子透镜）、离子分离与检出系统五个部分组成。

ICP-MS 在难熔金属和硬质合金分析中的应用，正在愈来愈受到重视和关注。由于 ICP 光源的高温能使钨钼和硬质合金原料中杂质元素被充分激发，且采用质谱法分析，故其检测限很低，对高纯钨、钼中微量杂质元素的分析，是一种十分可靠的分析法。采用 ICP-MS 辅以其他分析方法，可以分析纯度为 5N 的钨粉。

2.3　粉末粒度和粒度组成及颗粒形貌的表征

2.3.1　粉末粒度的测定

2.3.1.1　费氏法（Fsss）

费氏法属于空气透过法。其基本原理是：假定粉末为粒度均一，表面光滑无孔的球状颗粒，在恒定气体压力下，气体透过粉末的阻力（压力降）与粉末粒度的大小呈某种指数关系。粉末粒度越粗，这种阻力越小。建立此法的三个条件（假设），实际粉末是不存在的。实际粉末的形状和粒度分布与假设的条件相差越大就越不准确。显然，它不适用于树枝状粉末。但是，实践证明，对于同一工艺生产的形状不太复杂的粉末，它具有相对的准确性。因此得到广泛而有效的应用。

根据上述原理，经过了一系列的实验，建立了粉末费氏粒度公式（2-8）。

$$d_{vs} = \frac{60000}{14} \sqrt{\frac{\eta C L^2 \rho M^2 F}{(AL\rho - M)^3 (p - F)}} = c \sqrt{\frac{L^2 \rho M^2 F}{(AL\rho - M)^3 (p - F)}} \tag{2-8}$$

式中　　d_{vs}——粉末费氏粒度，μm；

η——空气黏度，g/（cm·s）；

C——针阀的通导率，cm^3/（s·cmH_2O）；

c——仪器常数（c 定义为 $\frac{60000}{14}\sqrt{\eta C}$），$cm^{3/2}$；

L——粉末试样层的高度，cm；

ρ——粉末试样的真密度，g/cm^3；

M——粉末试样的质量，g；

A——粉末试样层的横断面积，cm^2；

p——空气进入粉末试样前的压力，cmH_2O（1cmH_2O = 9.807Pa）；

F——空气通过粉末试样后的压力，cmH_2O。

取粉末试样的质量与其真密度的值相等，即 $M = \rho$，有公式（2-9）。

$$L = \frac{1}{A(1 - \varepsilon)} \tag{2-9}$$

式中，ε 为粉末试样层的孔隙度。

式（2-9）代入式（2-8）得式（2-10）。

$$d_{vs} = \frac{cL}{(AL - 1)^{3/2}} \sqrt{\frac{F}{p - F}} \tag{2-10}$$

取 $A = 1.267cm^2$，代入式（2-9）得式（2-11）。

$$L = \frac{0.7893}{1 - \varepsilon} \tag{2-11}$$

取 $p = 50\text{cmH}_2\text{O}$，$c = c_1 = 3.8\text{cm}^{3/2}$（即为校准好一挡后的结果），由式（2-10）和式（2-11）变换得式（2-12）。

$$\frac{F}{2} = \cfrac{1}{\cfrac{0.3598 \times (1 - \varepsilon)}{d_{\text{vs}}^2 \cdot \varepsilon^3} + 0.04} \tag{2-12}$$

取 $c = c_2 = 7.6\text{cm}^{3/2}$（即为校准好二挡后的结果），由式（2-12）算出的 d_{vs} 应乘以 2 才是粒度值。

根据式（2-11）和式（2-12）使计算图表化。为此，绘制出粒度读数板。以孔隙度为横坐标（其范围为 0.4~0.8，分度间隔为 0.005），以试样高度为纵坐标，按式（2-11）作出一根试样高度线，供压制试样用。另以 $F/2$ 为纵坐标，按式（2-12）作出一组粒度曲线。对于与试样高度相应的试样孔隙度，根据压力计前臂的水位高度 $F/2$，在读数板上读数（当用一挡时，为直接读数；当用二挡时，读数应乘以 2 才是粒度值）。

费氏仪主要由空气泵、调压阀、试样管、针阀、粒度读数板等设备组成，还包括如多孔塞、粉末漏斗、试样管橡皮支承座等附件设备。费氏仪装置简图见图 2-4。

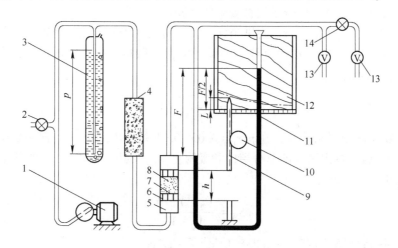

图 2-4 费氏仪装置简图

1—空气泵；2—调压阀；3—稳压管；4—干燥剂管；5—试样管；6—多孔塞；7—滤纸垫；8—试样；9—齿条；10—手轮；11—压力计；12—粒度读数板；13—针阀；14—换挡阀

2.3.1.2 气体吸附法（BET）

硬质合金粉末测定其比表面积和粉末粒径的气体吸附法常采用氮气吸附法。氮吸附法以被测试样为吸附剂，氮气为吸附质。众所周知，粉末的比表面积是指 1g 质量的粉末所具有的总表面积，对表面致密的粉末来说，其粒度愈细，比表面积愈大，反之比表面积愈小。所以比表面积在一定程度上可以表示粉末粒度的大小，由比表面积可换算出粉末的粒径。但它的前提条件仍然是假设粉末颗粒为球形。

氮吸附法的原理是 B·E·T 原理（即由 Brunauer、Emmett 和 Teller 提出的气体在固体表面的多层吸附理论）。该原理的推导过程比较复杂，只要记住 BET 理论是氮吸附法的基础即可。利用已知气体分子大小，在低温和真空状态下对粉末的物理吸附，而且假设气体分子是均匀的，并且是单层吸附在粉末的表面。根据 BET 公式算出单分子层的吸附量，进而计算吸附气体的分子数，因为每一吸附质分子所占据的面积是固定的，对氮气而言，每个分子的吸附面积为 $16.2 \times 19^{-20} m^2$。从而计算出粉末的比表面积。由于被吸附的试样质量是已知的，则可求出粉末的比表面积 S_W。若假设粉末为球形，由球形公式便可算出粉末的平均粒度。

BET 等温吸附公式的适用范围限于氮气的相对压力 $p/p_0 = 0.05 \sim 0.35$ 时，则 BET 方程为：

$$\frac{p}{V(p_0 - p)} = \frac{1}{V_m \cdot C} + \frac{(C - 1) \cdot \left(\frac{p}{p_0}\right)}{V_m \cdot C} \tag{2-13}$$

式中 p——吸附平衡时氮气的压力；

p_0——吸附温度 T 时氮的饱和蒸气压；

C——与吸附质和吸附剂的种类及吸附温度有关的常数；

V——被吸附的氮气体积；

V_m——吸附质氮气以单分子层被吸附的体积。

由式（2-13）以 $p/V(p_0 - p)$ 为纵坐标，以 p/p_0 为横坐标作图，将得到一条斜率为 $(C-1)/V_m \cdot C$，截距为 $1/V_m \cdot C$ 的直线。实验证实，一般情况下，C 值很大，即截距很小，故式（2-13）可简化为：

$$V_m = \frac{p_0 - p}{p_0} \cdot V \tag{2-14}$$

这就是 BET 单点吸附公式，在 $p/p_0 = 0.05 \sim 0.35$ 范围内测出一个平衡吸附量 V 与相应的平衡压力 p，就可算出试样的单分层饱和吸附量 V_m，利用粉末的比表面积公式计算出粉末的比表面 S_W。

$$S_W = \frac{V_m \cdot \gamma \cdot N}{V_0 \cdot W} \tag{2-15}$$

式中 N——阿佛伽德罗常数，6.023×10^{23} 分子·g/mol；

γ——一个吸附分子所占据的面积，对于氮气分子通常取 $16.2 \times 10^{-20} m^2$；

V_0——理想气体在标准状态下的摩尔体积，其值为 $22410 cm^3$·g/mol；

W——试样质量，g。

由式（2-15）得：

$$S_W = \frac{4.35}{W} \cdot V_m \tag{2-16}$$

或 $$S_V = S_W \cdot \rho \tag{2-17}$$

式中 S_W——粉末重量比表面积，m^2/g；

S_V——粉末体积比表面积，m^2/cm^3；

ρ——粉末的真密度，g/cm^3。

根据比表面积与平均粒度的公式可计算平均粒度 d：

$$d = \frac{6 \times 10^{-4}}{S_W \cdot \rho} \quad (\mu m) \tag{2-18}$$

氮吸附法测定比表面积与颗粒的平均粒度，可以解决超细粉末的测试问题。测试范围一般为 $0.01 \sim 4\mu m$。

粉末颗粒粒度与粒度分布的测试方法很多，但是大多方法给出的都是"等效粒径"，因此试图用一种方法测量各种各样粉末的粒度是不现实的，必需根据工艺的要求，根据粉末的形状、颗粒尺寸范围、粉末的物理化学性质等选择合理的测试方法，才能达到预期的目的。

2.3.2 粉末粒度分布

不同粒径的颗粒分别占粉体总量的百分比叫做粒度分布。常见的粒度分布的表示方法有：

（1）表格法：用列表的方式表示粒径所对应的百分比含量。通常有区间分布和累计分布。

（2）图形法：用直方图和曲线等图形方式表示粒度分布的方法。

为了表示粒度分布，在粒度测试过程中要从小到大（或从大到小）分成若干个粒径区间，这些粒径区间叫做粒级。

每个粒径区间间隔内颗粒相对的、表示该区间含量的一系列百分数，叫做频率分布。表示小于（或大于）某粒径的一系列百分数称为累计分布，累计分布是由频率分布累加得到的。

颗粒"聚团"是指多个颗粒黏附到一起成为"团粒"的现象。"聚团"的主要原因是颗粒所带的电荷、水分、范德华力等表面能相互作用的结果。颗粒越细，其表面能越大，"聚团"的机会就越多。

在通常情况下，粒度分布测试就是要得到颗粒在单体状态下的分布状态，而粉体中的颗粒常常有"聚团"现象，因此要进行分散处理。粒度测试方法有激光法、沉降法、筛分法、电阻法、图像法等。在粒度测试中不需要对样品进行分散的方法有费氏法（测平均粒度）、超声波法、X 射线小角散射法等。

为使颗粒处于单体状态，在进行粒度测试前要对样品进行分散处理。湿法粒度测试的分散方法有润湿、搅拌、超声波、分散剂等，这些方法往往同时使用。干法粒度测试的分散方法是颗粒在高速运动中自身的旋转、颗粒之间的碰撞、颗粒与器壁之间的碰撞等。

2.3.2.1 沉降法粒度测试原理——Stokes 定律

沉降法是通过测量颗粒在液体中的沉降速度来反映粉体粒度分布的一种方法。我们知道，在液体中大颗粒沉降速度快，小颗粒沉降速度慢。沉降速度与粒径的数量关系可以从下面的 Stokes 定律的数学表达式得到：

$$v = \frac{(\rho_s - \rho_f)g}{18\eta}D^2 \tag{2-19}$$

从 Stokes 定律中可以看到，颗粒的沉降速度与粒长的平方成正比，可见在重力沉降中颗粒越细沉降速度越慢。比如在相同条件下，两个颗粒的粒径比为 10∶1，那么这两个颗粒的沉降速度之比为 100∶1。

为了加快细颗粒的沉降速度，缩短测试时间，提高测试精度，许多沉降仪引入了离心沉降手段来加快细颗粒的沉降速度。离心状态下粒径与沉降速度的关系为：

$$v_c = \frac{(\rho_s - \rho_f)\omega^2 r}{18\eta}D^2 \tag{2-20}$$

这就是离心状态下的 Stokes 定律。式中，ω 为离心机角速度；r 为颗粒到轴心的距离。由于离心机转速较高，$\omega^2 r$ 远远大于重力加速度 g，因此同一个颗粒在离心状态下的沉降速度 v_c 将远远大于重力状态下的沉降速度 v，这就是离心沉降可以缩短测试时间的原因。

2.3.2.2　沉降法粒度测试原理——比尔定律

从 Stokes 定律可知，只要测到颗粒的沉降速度，就可以得到该颗粒的粒径了。在实际测量过程中，直接测量颗粒沉降速度是很困难的，因此在沉降法粒度测试过程中，常常用透过悬浮液光强的变化率来间接地反映颗粒的沉降速度。那么，光强的变化率与粒径之间的关系是怎样的呢？比尔定律给出了某时刻的光强与粒径之间的数量关系：

$$\lg(I_i) = \lg(I_0) - k\int_0^\infty n(D)D^2\mathrm{d}D \tag{2-21}$$

这样我们就可以通过测试某时刻的光强来得到光强的变化率，再通过计算机的处理就可以得到粒度分布了。

沉降法测试的优点是操作简便，仪器可以连续运行，价格低，准确性和重复性较好，测试范围较大；缺点是测试时间较长，操作比较复杂。

2.3.2.3　电阻法（库尔特）颗粒计数器粒度测试原理

电阻法（库尔特）颗粒计数器粒度测试原理是小孔电阻原理，如图 2-5 所示，小孔管浸泡在电解液中，小孔管内外各有一个电极，电流通过孔管壁上的小圆孔从阳极流到阴极。小孔管内部处于负压状态，因此管外的液体将流动到管内。测量时将颗粒分散到液体中，颗粒就跟着液体一起流动。当其经过小孔时，小孔的横截面积变小，两电极之间的电阻增大，电压升高，产生一个电压脉冲。当电源是恒流源时，可以证明在一定的范围内脉冲的峰值正比于颗粒体积。仪器只要测出每一个脉冲的峰值，即可得出各颗粒的大小，统计出粒度的分布。

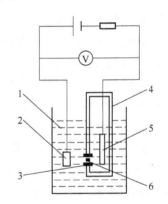

图 2-5　电阻法颗粒计数器原理图

1—电解液；2—阳电极；3—小孔；
4—小孔管；5—阴电极；6—颗粒

库尔特法的优点是操作简便，可测出颗粒总数，等效概念明确，速度快，准确性好；缺点是只适合分布范围较窄的样品。

2.3.2.4　激光粒度分布测定

A　激光粒度分布测定原理

依据米氏（Mie）理论，颗粒在激光光束的照射下，会产生散射，其散射光的角度与颗粒的粒径相关；颗粒越大，其散射光的角度越小，颗粒越小，其散射的角度越大。通过适当的光路配置（傅里叶透镜），同样大的粒子所散射的光落在同样的位置，所以散射光的强度反映同样大的粒子所占总体积的相对比例。散射光在探测器测量出它的位置信息及强度信息，通过仪器内置的数学程序转化记录下散射光数据，同时计算出某一粒度颗粒相对于总体积的百分比，从而得出粒度的体积分布。激光粒度分布测定装置原理图如图2-6所示。

米氏散射理论是描述全角度（360°）光散射规律的理论，并且考虑了物质本身的光学特性（折射率），因而这种理论更全面和严密。根据进样的不同，可分为干法测试设备和湿法测试设备。

B 英国马尔文激光粒度分布仪

MS2000激光粒度分析仪，见图2-7，英国马尔文激光粒度分布仪如图2-8所示。

（1）主要特点：粒度测试范围：0.02~2000μm；扫描速度：1000次/s。优点是操作简便，测试速度快，测试范围大，重复性和准确性好，可进行在线测量和干法测量。缺点是结果受分布模型影响较大，仪器造价较高。

（2）结果分析。

$$d(0.1) = 1.824\mu m \qquad d(0.5) = 4.320\mu m \qquad d(0.9) = 9.961\mu m$$

（3）送样要求：1）必须提供所需测试样品的光学参数（折射率、吸收率）或主要成分；2）必须提供样品的分散条件。

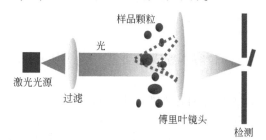

图2-6 激光粒度分布测定装置原理图

图2-7 MS2000激光粒度分析仪

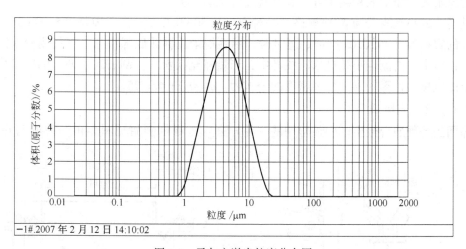

图2-8 马尔文激光粒度分布图

2.3.3 粉末颗粒形貌

粉末颗粒形貌是粉末重要的特征，既反映了粉末的性能，也反映粉末生产工艺和生产过程中粉末晶粒的形核和长大的热力学和动力学；粉末颗粒形貌对粉末的成型性能、烧结性能和烧结后合金的性能很重要，甚至会产生决定性的影响。

粉末的颗粒形貌有近球形、针状、片状、树枝状等多种形状。

粉末的形貌特征要通过显微镜来观察，细微的特征必须要放大到很高倍数。因此，除特别粗的粉末外，粉末形貌特征的观察必须在电镜下观察。电镜下观察，不仅可以得到粉末的大小、粉末粒度的分布，还可以观察到粉末晶粒结晶状态方面的细微特征。

显微镜法是一种最基本也是最实际的测量方法，常用于对其他测量方法的校验方法。光学显微镜的分辨率取决于工作参数及光学波长，对以白光为光源的普通光学显微镜，其测量下限为 $0.5 \sim 0.8 \mu m$，通常用于 $1 \sim 200 \mu m$ 颗粒的测量。电子显微镜的测量下限可达 $1nm$（$0.001 \mu m$）。实际使用时透射电镜的应用范围为 $0.001 \sim 10 \mu m$，扫描电子显微镜的应用范围为 $0.005 \sim 50 \mu m$。现在已经有一种颗粒图像处理仪（简称"图像仪"），是现代电子技术、数字图像处理技术和传统显微镜相结合的产物。它能自动对颗粒的粒度与形貌进行直接测量和分析。现代分析测试技术将在下一章介绍。

2.4 粉末工艺性能的表征

2.4.1 松装密度

松装密度是粉末样品自然填充规定的容积时，单位容积粉末的质量，单位为 g/cm^3。松装密度的倒数为松装比体积，单位为 cm^3/g。

松装密度的测定方法有漏斗法、筛网法、斯柯特容量计法和振动漏斗法。

2.4.1.1 漏斗法

漏斗法是让粉末从漏斗孔按一定高度自由落下充满杯子。在松装状态下，以单位体积粉末的质量表示粉末的松装密度。其测量装置见图2-9。

其漏斗的小孔直径有两种规格，一种是（$2.50 + 0.2$）mm，一种是（$5.00 + 0.2$）mm；圆柱杯的容积为（25 ± 0.05）cm^3。测量时，用手指堵住漏斗底部小孔，将待测粉末倒入漏斗中，让粉末自由流经小孔进入圆柱杯中，当量杯充满粉末，刮去高于杯口的粉末后，称量粉末的质量。计算粉末的松装密度的公式为：$\rho_0 = m/V = m/25$。

2.4.1.2 筛网法

筛网法是硬质合金生产中最常用的一种方法。其测量装置见图2-10。筛网有两种规

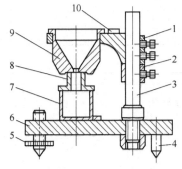

图 2-9 漏斗法松装密度测量装置
1—支架；2—支撑套；3—支架柱；
4—定位销；5—调节螺钉；6—底座；7—圆柱杯；
8—定位块；9—漏斗；10—水准器

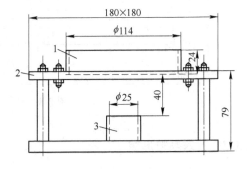

图 2-10 筛网法松装密度测量装置

格：一种是筛网孔径为0.315mm（60目），另一种是0.420mm（40目）。测量时将粉末分几次倒在筛网上，用橡皮塞轻轻擦动，使粉末落入量杯内，同样刮去高于杯口的粉末后，称量粉末的质量。其量杯的标准容积为10cm³。计算方法同漏斗法。

2.4.1.3 斯柯特容量计法

斯柯特容量计法是将金属粉末放入斯柯特容量计（见图2-11）上部组合漏斗的筛网上，粉末自然或靠外力流入布料箱，交替经过布料箱中的四块倾斜角为25°的玻璃板和方形漏斗，最后流入容积为25cm³的圆形杯中，称量圆柱杯中粉末的质量，并计算出粉末的斯柯特密度。该法适用于不能自由流过漏斗法中孔径为5mm的漏斗和振动漏斗法会改变粉末特性的（如团聚）金属粉末。

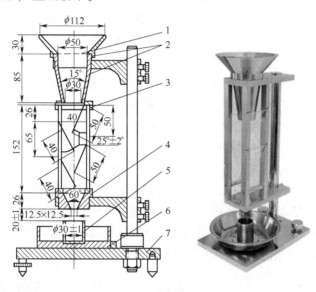

图2-11　斯柯特容量计

1—黄铜筛网；2—组合漏斗；3—布料箱；4—方形漏斗；5—圆柱杯；6—溢料盘；7—台架

2.4.2 流动性

粉末的流动性是一个复杂的综合性能。它与粉末的粒度、颗粒形状及粉末颗粒间的摩擦系数等有关。一般来说，颗粒愈粗、形状愈接近球形、颗粒表面愈光滑，则流动性愈好。金属粉末的流动性，以50g金属粉末流过规定孔径的标准漏斗所需要的时间来表示。其测量装置见图2-12。

2.4.3 综合热分析系统（TG/DSC-QMS）

综合热分析解决方案是将热重分析（TG）、差热分析（DSC/DTA）与质谱分析（MS）结合

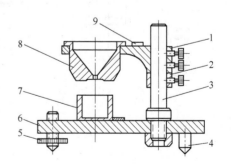

图2-12　流动性测定仪

1—支架；2—支撑套；3—支架柱；4—定位销；5—调节螺钉；6—底座；7—圆柱杯；8—漏斗；9—水准器

为一体，可同时得到热重、差热和样品加热过程中释放的物质信号。综合热分析解决方案
对于材料科学研究、材料制备工艺的制定都有非常大的帮助，其应用领域覆盖了硅酸盐工
业、钢铁冶金、有色冶金、能源工业、环境保护等各个领域，可实现对绝大多数材料的测
试；在硬质合金的生产中可用它来研究粉末的物理化学特性，如粉末热稳定与热变化；指
导压坯脱胶工艺和烧结工艺的制定。

2.4.3.1 测试原理

热重分析是仪器在程序温度（升/降/恒温及其组合）过程中，测试样品的质量随温度
或时间的变化过程。在程序温度（升/降/恒温及其组合）过程中，由天平连续测量样品重
量的变化并将数据传递到计算机中对时间/温度进行作图，即得到热重曲线。

差示扫描量热分析是仪器在程序温度（升/降/恒温及其组合）过程中，测量样品与参
考物之间的热流差，以表征所有与热效应有关的物理变化和化学变化。

质谱分析是指样品气化后以分子状态进入质谱仪，经灯丝发射的电子轰击后，成各种
不同的碎片，由于碎片的质量和所带的电核不同（质荷比），碎片进入四级杆后会随着四
级杆电的方向变换而改变前进方向，这些带电碎片到达终点（接收端）的时间不同，中间
的碎片会按质荷比由小到大的顺序先后到达接收端，可被检测到，最终可以得到样品的质
谱图，与标准图库对比后判定样品种类。

综合热分析系统结构原理示意图如图 2-13 所示，样品首先在 STA 支架（STA-cell）
端进行程序加热，支架下方连接的天平会实时记录下样品的重量变化，样品端和参比端各
有一对热电偶，可以实时记录两端热流差。样品发生分解反应逸出的气体会通过连接装置
中的毛细管进入质谱单元，独立的联用加热系统可保证逸出气体不会发生冷凝。质谱分析
数据和 TGA-DSC 分析数据一起记录了整个样品化学反应的历程。适配器（Adapter）控制

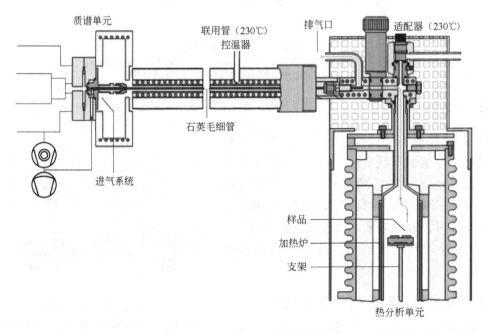

图 2-13 综合热分析系统结构原理示意图

STA 出口段的温度，最高温度 230℃，防止气体冷凝是联用技术的关键因素；联用管（Transfer line）为专用毛细管，外包专用保温管。

2.4.3.2 设备的结构介绍（STA449F3-QMC403C）

整套设备分为三大单元：

（1）STA 单元：包括一台 STA449F3 和辅助水浴系统、真空泵系统；

（2）联用单元：包括联用毛细管、保温管和控温装置；

（3）质谱单元：包括一台三重四级杆质谱仪。

2.4.3.3 综合热分析系统主要技术参数

综合热分析系统的主要技术参数有：

（1）双炉体热分析系统；（2）温度范围：RT~1650℃；（3）天平分辨率：≤0.1μg；（4）DSC 灵敏度：1μW；（5）样品质量：≥10g；（6）热熔重复性：<1%；（7）DSC 飘移：<3μV；（8）加热速率：0~50℃/min；（9）测试气氛：静态或动态；氧化、还原、惰性、真空；（10）真空度：（10~2）×10^2Pa；（11）自动气体切换：软件控制的自动气体切换装置；（12）样品种类：固态、液态、粉末、纤维等；（13）恒温装置稳定性：±0.03℃，使天平在恒温下工作，降低噪声；（14）质量范围：1~300 amu；（15）质量分辨率：0.5~2.5 amu；（16）检测限：2×10^{-12}Pa；（17）加热温度 300℃。

2.4.3.4 仪器用途

STA449F3-QMC403C 连用综合热分析仪器（见图 2-14）可完成的任务为：（1）测定物质的热分解温度和含量；（2）研究材料的温度稳定性和氧化稳定性；（3）反应阶段和反应动力学；（4）相转变温度和相变热熔；（5）测定物质的吸水、失水、氧化、还原情况；（6）确定材料的组元；（7）有机添加剂的含量及分解温度；（8）陶瓷、玻璃烧成过程及工艺优化；（9）与质谱 QMS 连接后可进行通过检测逸出气体的核质比确定气体的成分及各组分的含量。

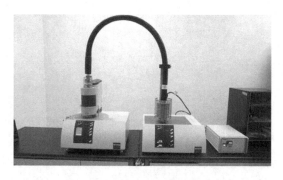

图 2-14 STA449F3-QMC403C 连用综合热分析系统

2.4.3.5 应用实例分析——陶瓷烧结过程

图 2-15 为日用陶瓷样品烧结过程综合热分析结果。图中左纵坐标是热失重分析（TG/%），结果是曲线 1 号；右第一根纵坐标是差热分析（DSC），结果是曲线 2 号，中间有个基线，基线上的是吸热，基线下的是放热；3 号曲线是 H_2O 的质谱分析结果；4 号曲线是 CO_2 质谱分析结果。1.19% 的失重台阶对应了分解出来的二氧化碳，5.76% 的失重台

阶对应的是水分的析出，质谱分别检测出其对应的相对分子质量是 18 和 44。

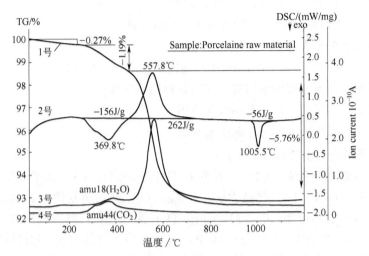

图 2-15　日用陶瓷烧结过程综合热分析结果

3　硬质合金物理力学性能和组织结构的表征

3.1　硬质合金物理性能的表征

3.1.1　密度的测定

密度是材料最基本的物理性能之一。密度是材料单位体积的质量，用符号 ρ 表示，单位为 g/cm^3。

在已知硬质合金牌号的情况下，通过测量其密度，可考察合金的成分和组织是否变化，内部是否存在孔隙、夹杂和石墨等缺陷。若硬质合金牌号未知，则通过测试合金密度，再与其他测试方法配合，可以推测出合金的牌号。

根据阿基米德原理求出试样的体积即可算出合金的密度。试样的密度 ρ 由式（3-1）算出。

$$\rho = \frac{m_1 \times \rho_1}{m_2} \tag{3-1}$$

式中　ρ_1——液体在空气中的密度，g/cm^3；

　　　m_1——试样在空气中的质量，g；

　　　m_2——试样排开液体的质量，由试样在空气中的质量减去在液体中的表观质量得出，g。

硬质合金密度的测试，对试样体积有一定要求，当体积太小时（$<0.2cm^3$），测量误差太大，因此体积太小时可将几个样品放在一起称量，保证体积不小于 $0.5cm^3$（单个体积不小于 $0.05cm^3$）。

3.1.2　钴磁的测定

硬质合金是由难熔金属碳化物和黏结金属组成的。其中的难熔金属碳化物，如碳化钨、碳化钛、碳化钽、碳化铌和碳化钒等都不是磁性物质，只有黏结金属钴、镍等铁磁性物质，才会在外磁场作用下，显示出磁性特征。钴磁是一个成分敏感参数。

试样在稳定磁场中磁化就会在测量设备的感应线圈中产生感应电流，测量磁饱和状态的感应电流就可计算试样的饱和磁化强度，将磁饱和磁场强度转换成试样中的钴相总量就可算出被测试样中可磁化的钴相总量的质量分数($w(Co)$)。

通常采用比饱和磁化强度的概念。比饱和磁化强度就是用样品的饱和磁矩除以样品的质量。单位为：$\mu Tm^3/kg$ 或 Gcm^3/g。

硬质合金的钴磁（Com）与比饱和磁化强度（σ_s）存在关系式（3-2）。

$$Com = k \times \sigma_s \tag{3-2}$$

式中　Com——硬质合金的钴磁，%；

σ_s——比饱和磁化强度，$\mu Tm^3/kg$ 或 Gcm^3/g；

k——换算系数。

钴磁仪就是基于电磁感应的原理。测量装置由磁化测量单元、控制计算单元、电子天平和打印系统组成。

磁化测量单元由一个屏蔽的铁盒，最大磁化场强度达 796kA/m 的永久磁铁及用于测量饱和磁矩的线圈，一套输送样品的气动装置组成。其功能是将样品磁化，并将测量的饱和磁矩反馈给控制计算单元。控制计算单元的功能是控制测量，并将测量获得的信息进行计算后显示出来。电子天平用于测量试样的质量并输入控制计算单元。整个测试可以直接显示钴磁或比饱和磁化强度。长沙中大精密仪器有限公司生产的 ZDMA6530 型号钴磁仪设备见图 3-1。

图 3-1 比饱和磁化强度/钴磁分析仪

硬质合金钴磁的测试操作简单、快速且为非破坏性检测，因此在工艺控制上正发挥着愈来愈重要的作用。特别是钴磁值与烧结合金中碳含量之间的相关关系、钴磁值与合金的其他物理、力学性能之间的相关关系，钴磁与合金内部微观组织结构的关系等受到广大科研与工艺监控工作者的重视。硬质合金的磁性能已经作为一项十分重要的工艺控制指标，正得到广泛的推广与应用。

硬质合金钴磁测定同样需要标准样品校正仪器。仪器制造厂是采用纯镍标准样品来校准仪器的。国际公认纯镍（理论上认为纯度达到 100%）的比饱和磁化强度 $4\pi\sigma$ 值为 $700Am^2/g$，换算后应为 $4\pi\sigma_{Ni} = 68.5\mu Tm^3/kg$；而纯钴的比饱和磁化强度 $4\pi\sigma$ 值为 $2020Am^2/g$，换算后应为 $4\pi\sigma_{Co} = 201\mu Tm^3/kg$。这样通过纯镍校准的仪器，就可以测定磁性钴的质量分数。

硬质合金钴磁测定对样品的要求也不高，测定前应将样品表面可能沾污的磁性物质如铁粉等清除，而且样品不能太大，以质量不大于 40g 为宜。

3.1.3 矫顽磁力的测定

试样在直流磁场中磁化到技术磁饱和状态，然后撤去外加磁场，此时试样仍保留着相当高的剩余磁场强度。使试样完全去磁（$M=0$）所需的反向磁场强度的大小，称为矫顽（磁）力 Hc。矫顽磁力测试原理图如图 3-2 所示。

矫顽磁力计主要由控制单元、磁化单元和测量单元三部分组成。控制单元的功能是对矫顽磁力测量的各程序动作进行控制，以便完成对硬质合金矫顽磁力的测定；磁化单元主要的功能是对试样进行磁化；测量单元则是对磁化单元磁化与退磁中产生的磁性信号进行处理，并最终显示测量的矫顽磁力值 Hc。长沙中大精密仪器有限公司生产的矫顽磁力检测设备见图3-3。

测量对样品没有特殊要求，但样品的尺寸要与磁化单元线圈的尺寸相匹配。测试前应采用矫顽磁力标准样品进行校验。整个测量过程操作简便、迅速，且不破坏样品，是硬质合金制品质量监控的一种好方法。

硬质合金矫顽磁力是与技术磁化有关的组织敏感参量。它与合金中黏结相钴的含量有关，也与钴的晶粒形状和分散度（钴层厚度）以及钴的点阵畸变、内应力与杂质存在与否有关。一般来说，硬质合金的矫顽磁力随着钴含量的增加而降低；钴的分散度越大，矫顽磁力越高，因此矫顽磁力的大小可以作为间接衡量碳化钨晶粒度大小的参量；矫顽磁力还与合金中碳含量有关，对同一成分的合金来说，碳量增加则 Hc 下降，当 Hc 过低则可能会出现渗碳；当 Hc 值异常偏高，

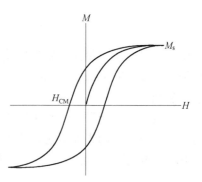

图 3-2　矫顽磁力测试原理图

H—磁场强度，单位：kA/m；

M—试样磁化强度，单位：kA/m；

M_s—饱和磁化强度，单位：kA/m；

H_{CM}—矫顽磁力，单位：kA/m

则可能出现缺碳甚至脱碳 η 相。硬质合金矫顽磁力的测定对工艺有积极的指导意义，利用矫顽磁力 Hc 与其他物理参数如硬度、密度、钴磁等之间的相关关系，可以对硬质合金的生产工艺控制起到有效的监控作用。

图 3-3　矫顽磁力分析系统

3.1.4　热膨胀

固体材料热膨胀本质归结为点阵结构中的质点间平均距离随温度升高而增大。是固体材料受热以后晶格振动加剧而引起的容积膨胀。一般情况下，表征材料热膨胀用平均线膨胀系数 α_L 表示。设 α_L 为平均线膨胀系数，$\Delta L = L_2 - L_1$ 表示 ΔT 温度区间试样长度变化值，$\Delta T = T_2 - T_1$，则 $L_2 = L_1[1 + \alpha_L(T_2 - T_1)]$，$\alpha_L = \Delta L / L_1 \cdot \Delta T$。

硬质合金的热膨胀系数很小，一般在 20～900℃ 温度范围，α_L 为 12.5×10^{-6}（1/℃）左右。测定硬质合金热膨胀系数可用高灵敏（$\Delta L / L_1$ 高达 10^{-12}）、高精度的仪器测量。测量仪器可分为机械放大测量、光学放大测量和电磁放大测量三类。

3.1.5　导热性

一块材料温度不均匀或两个温度不同的物体互相接触，热量便会自动地从高温度区向低温度区传播，这种现象称为热传导。实验证明，对于一根两端温度分别为 T_1、T_2 的均匀金属棒，当各点温度不随时间变化时（稳态），单位时间内通过垂直截面上的热流密度 q 正比于该棒的温度梯度。其数学式为：

$$q = -k \frac{dT}{dX} \tag{3-3}$$

式中，负号表示热量向低温处传播。该式中比例系数 k 称为热导率（亦称导热系数），单位为 W/(m·K) 或 J/(m·K·s)，它反映了该材料的导热能力。k 愈大，表明材料的导热能力愈强。

测量硬质合金导热性能主要用闪光法。其原理是当试样的正面受一光脉冲瞬间均匀照射后，其所吸收的光能迅速转化为热能，并向背面扩散，从而导致背面 T 随时间 t 的增长而升高，并达到最大值 T_{max}。理论研究表明，当 $T/T_{max} = 0.5$ 时，热扩散系数为：

$$\alpha = \frac{1.37L^2}{\pi^2 t_{1/2}} = 0.1388 \times \frac{L^2}{t_{1/2}} \tag{3-4}$$

式中　L——试样厚度，cm；

　　　α——试样的热扩散率，cm^2/s；

　　　$t_{1/2}$——试样背面温度达到最大值一半所需的时间，s。

因此，只要测出被测试样背面温度随时间变化的曲线，找出 $t_{1/2}$ 值，代入公式即可求出热扩散系数。根据热扩散系数与热导率的关系式计算出热导率（导热系数）。

$$k = \alpha \cdot \rho \cdot c_p \tag{3-5}$$

式中　c_p——比定压热容，J/(kg·K)；

　　　ρ——物体的密度，g/cm^3。

测量导热性的仪器为激光热导仪。该方法速度快，对试样要求不高，一般制成 ϕ10mm，厚度为 3~4mm 的试样，表面应平整。但对整体测试设备的要求比较高，并最好有标准样品校正仪器，因此作为日常硬质合金物理性能测试方法推广应用还有一定难度。目前，硬质合金导热性能与其他物理性能如电导率的关系；导热性能与合金晶粒度的关系（一般是晶粒粗大，热导率高；晶粒愈细，热导率愈低）；导热性能与合金组分的关系，与合金中杂质相存在的关系等，似乎还值得深入研究。

3.2　硬质合金力学性能的表征

3.2.1　硬度的测定

硬度是材料抵抗局部变形，特别是塑性变形、压痕或划痕的能力，是衡量材料软硬的判据。但材料的硬度与材料的成分与结构有关，也与测试硬度的方法与条件有关。硬质合金硬度的测定一般用洛氏硬度和维氏硬度测定法。

3.2.1.1　硬质合金的洛氏硬度

洛氏硬度是直接测量压痕深度，并以压痕深浅表示材料的硬度。它是以金刚石圆锥体做压头，在洛氏硬度计上进行测试。洛氏硬度计所加负荷根据被测试材料本身软硬不同而做不同规定，随不同压头和所加负荷的不同搭配，组成了不同标尺的洛氏硬度级别。硬质合金适用于 HRA。

将圆锥形的金刚石压头分两次压入试样，并在规定的条件下，用深度测量装置测出残余压痕深度 e，由式（3-6）得出洛氏硬度（A 标尺）的值。

$$HRA = 100 - e \tag{3-6}$$

由于影响洛氏硬度测量的因素很多，特别是洛氏硬度计和金刚石压头等，总是与标准状态有一定的差距，因此在测定硬质合金硬度前，要使用与所测试样硬度值相近的标准硬度块来对仪器进行校正。而且对标准块测量的修正值要计算到对硬质合金试样的测试结果中去。

硬质合金试样在进行测试前，要求对试样表面进行必要的加工处理：试样表面应磨去的厚度不小于 0.2mm，表面粗糙度不应低于 $Ra1.25\mu m$（▽7 以上），且试样至少有大于 3mm×3mm 的工作面，试样底面与工作面要磨平且平行等等。洛氏硬度测试操作简便、速度快，对试样要求不高，故应用广泛。但由于大多数硬质合金牌号的硬度值都很高，超出了洛氏硬度 A 标尺的最佳使用范围（20~88HRA），故压头压入深度很小，测试结果分散度和分析结果的重复性与再现性要比维氏硬度测试结果差。

3.2.1.2 硬质合金的维氏硬度

将顶部两相对面具有规定角度的正四棱锥体金刚石压头用试验力压入试样表面，保持规定时间后，卸除试验力，测量试样表面压痕对角线长（见图 3-4）。维氏硬度值（HV）是试验力（F）除以压痕表面积所得的商，由式（3-7）求得。

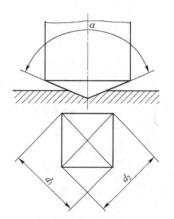

$$HV = 0.102 \times \frac{2F\sin\dfrac{136°}{2}}{d^2} \approx 0.1891\frac{F}{d^2} \qquad (3-7)$$

式中　F——试验力，N；

　　　d——两压痕对角线长度 d_1 和 d_2 的算术平均值，mm；

　　　α——金刚石压头顶部两相对面夹角（136°±30'）；

　　d_1，d_2——两压痕对角线长度。

图 3-4　压痕及压痕对角线测量示意图

维氏硬度值的表示方法应标明试验负荷，负荷保持时间。如 640HV$_{30/20}$，前面的数值表示维氏硬度值，30 代表 30kgf（294.2N）的试验负荷，20 代表加载负荷保持时间为 20s。

硬质合金维氏硬度的测定对样品表面的平整度和表面精度有比较高的要求。应该与硬质合金相制样技术相配合，以便在测量压痕对角线时更清晰。

维氏硬度测量时也应该采用标准硬度块。

显微硬度计一般由机座、载物台、金相显微镜及荷重机构等四个主要部分组成。图 3-5 为国产 HV-1000 型显微硬度计外形。试验力：10~1000N；测量范围：5~3000HV；测量系统放大倍数：500 倍、125 倍；测量精度：0.125μm。

显微硬度计集光、机、电于一体，增加了 CCD TV 摄像，用 CRT 屏幕直接观察和测量放大后的压痕，采用微电脑进行控制和数据处理，以实现数字化测量。这种装置大大减轻了测量员的用眼疲劳，还提高了测量精度。

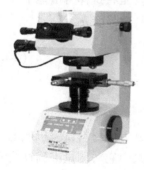

图 3-5　HV-1000 型显微硬度计

显微硬度压痕极其微小，只有几微米到几十微米，它不损坏试样表面，所以被广泛用来测定合金中各组成相的硬度。

3.2.1.3 高温硬度计

普通的硬度计是在常温下对物体表面进行的硬度测试。但很多零件材料如航空航天器、硬质合金刀片等需要在高温状态下（900℃以上）工作，需要了解其高温性能，测定其高温硬度是很好的方法。高温硬度计是迪远公司的专利产品，可实现取样材料在1200℃高温条件下的硬度测定。其外观及机构简图见图3-6和图3-7。

图3-6 高温硬度计

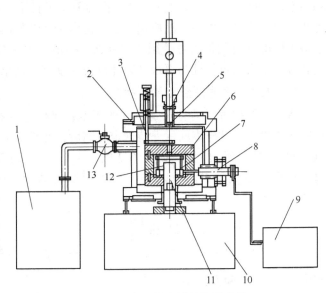

图3-7 高温硬度计结构示意图

1—真空泵；2—炉壳；3—保温门；4—高温陶瓷压杆；5—蓝宝石压头；
6—保温箱；7—发热体；8—电极；9—变压器；10—压机；
11—样品支撑棒；12—样品；13—真空阀

为了避免材料在高温下氧化，被检测样品需要处于真空或保护性气氛中，所以该高温硬度计实际上是由常规硬度计（部分结构尺寸定制）和一台微型真空或Ar气氛保护电炉组合而成。

3.2.2 抗弯强度的测定

硬质合金的抗弯强度测定，是国际上通用的三点弯曲法测定。是将试样自由地平放在两支点上，在跨距中点施加的短时静态作用力下，使试样断裂。抗弯强度 σ_{bb} 为：

$$\sigma_{bb} = \frac{M_b}{W} = \frac{3p_b \cdot L}{2bh^2} \tag{3-8}$$

式中 p_b——试样断裂时的作用负荷，N；

L，b，h——分别为试样跨距、宽、高，mm。

抗弯强度的单位为MPa。测定硬质合金抗弯强度常采用液压式万能材料试验机或电子材料试验机。使用专用的夹具。夹具是抗弯强度测量中的重要工具，它对测量准确性起着重要的作用，因为夹具的跨距直接参与强度值的计算，故保证夹具参数的准确极为重要。

目前国际上通用的夹具与试样尺寸主要分两种，其尺寸见表3-1。

表 3-1 夹具与试样尺寸

类 型	跨距/mm	试样尺寸/mm×mm×mm
A	30±0.2	5×5×35
B	14.5±0.1	6.5×5.25×20

3.2.3 韧性的测定

对硬质合金韧性的表征，目前还没有形成统一的标准，只能就使用比较多的方法进行介绍。

3.2.3.1 冲击韧性

硬质合金的冲击韧性测定采用摆锤式冲击试验机。将摆锤扬起到规定角度，把硬质合金标准试样放在试验机的钳口上，然后将扬起的摆锤释放，试样被摆锤打击断裂，用试样断裂所吸收的功除以试样的横截面积，求得冲击韧性（见图3-8）。计算公式为：

$$a_k = \frac{A_k}{S} \tag{3-9}$$

式中　a_k——冲击韧性，J/cm^2；

　　　A_k——试样断裂所吸收功，J；

　　　S——试样的横截面积，cm^2。

做冲击韧性的硬质合金试样其尺寸规定为：$(55\pm1)mm\times(8\pm0.3)mm\times(8\pm0.3)mm$；钳口跨距：40mm。因硬质合金冲击韧性值分散度较大，一般每批合金取5根试样测试。

硬质合金冲击韧性与下列因素有关：

（1）与摆锤的能量大小有关，摆锤能量大的测得冲击韧性小；

（2）与试样的横截面积大小有关。面积越大，得到的a_k值较大，因此不同尺寸试样所得a_k值不可相互比较；

（3）冲击韧性与试样表面粗糙度有关，表面粗糙度大的试样，其a_k值往往较小。

因此冲击韧性试验时要特别注意操作中的细节问题，否则测试结果太分散。

通常，金属试样在冲击力的作用下，先是发生弹性变形，随后可能出现屈服并发生塑性变形。由于抗冲击强度不是一个物性参数，从断裂力学的角度看，传统的测试方法只有一个冲击功指标，不能区分冲击能量中的弹性部分和塑性部分，也不能揭示材料在冲击破坏机理上的差异，因而给材料抗冲击性能的正确评价带来很大困难。这种用单一经验数据来表征抗冲击性能的方法很不完善，不能确切、定量地给出冲击试验材料性能的变化。

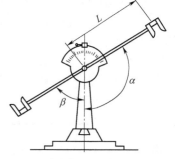

图 3-8 冲击韧性试验原理示意图

意大利 CEAST（INSTRON@）仪器化冲击试验仪利用冲击头中内置力值或压电传感器的摆锤或者落锤，以极高的频率测量冲击力值，通过 CEAST 专有的数据采集系统将信号转换和传送到电脑储存并阐述，获得完整的力值-时间曲线，软件自动计算出能量、速度和变形。仪器化冲击试验仪能给出冲击力和冲击功等多项定量性能参数实现了冲击过程的动态监测，它可检测出冲击力-位移、冲击力-时间、能量-时间等关系曲线及力、位移和能量特征值（该结果统称为冲击破坏曲线），不仅把这一过程形象地用曲线表述出来，而且能给出定量的材料性能数据，为评价材料抗冲击性能、研究材料冲击破坏机理、制定标准、检验方法开创了新的途径；这些信息非常利于材料和工艺的研发和先进的质量控制。仪器化冲击韧性原理见图3-9。

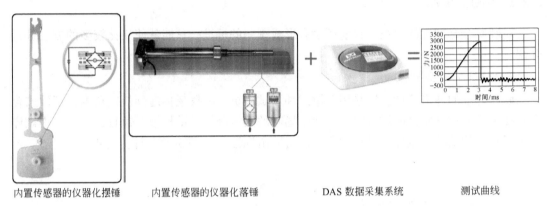

内置传感器的仪器化摆锤　　　内置传感器的仪器化落锤　　　DAS 数据采集系统　　　测试曲线

图 3-9　仪器化冲击韧性原理

图 3-10 是硬质合金某牌号样品的冲击曲线对比图，测试了 5 个试样。从图中可以看出，冲击的过程非常短，大概 0.1ms 左右，冲击力非常大，最大峰值大概在 8kN 左右。图上有 2 个峰值，在到达第一个峰值的过程中，随着力值增加到 4kN，材料发生了可逆的弹性变形，说明材料有一定弹性（金属摆锤和材料在刚接触时必然有一个相互的弹性作用力）；在到达第二个峰值的过程中，随着力值的增加，材料内部发生了不可逆的塑性变形，中间的小峰表明材料内部已产生裂纹，中间峰多，则裂纹越多，在达到峰值约 8kN 后（屈服点），力值突然下降，材料裂纹迅速传播，说明材料发生了完整的脆性断裂。

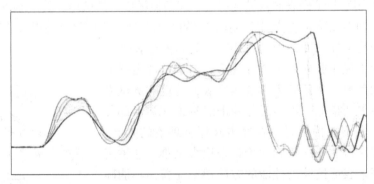

图 3-10　硬质合金样品的冲击曲线

3.2.3.2　断裂韧性

硬质合金是脆性材料，其断裂的特征是断裂前几乎不发生塑性变形，且裂纹的扩展速度很快，是典型的脆性断裂。脆性断裂的微观机制有解理断裂和沿晶断裂。解理断裂是材料在拉应力的作用下，由于原子间结合键遭到破坏，严格地沿一定的结晶学平面（即所谓"解理面"）劈开而造成的。而沿晶断裂是裂纹沿晶界扩展的一种脆性断裂。当晶界存在连续分布的脆性第二相，或有微量有害杂质元素在晶界上偏聚以及由于环境介质造成晶界损伤如氢脆、应力腐蚀等，使晶界强度降低。

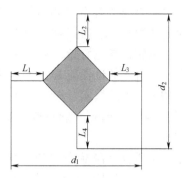

图 3-11　压痕对角线及裂纹
长度的测量方法

硬质合金断裂韧性 K_{IC} 的测定，是一个尚在研究试验阶段的课题，逐步形成了用硬质合金维氏硬度压痕裂纹测试断裂韧性的方法（见图 3-11）。

断裂韧性采用压痕法测量，压痕载荷为 ISO 3878 标准建议的 30kgf（294.2N），保荷时间为 10~15s。用 500 倍光学显微镜测量压痕裂纹长度，计算公式为：

$$K_{IC} = 0.15\sqrt{\frac{HV_{30}}{\sum L}} \tag{3-10}$$

式中，$HV_{30} = \dfrac{55.63}{d^2}$，其中 d 为压痕对角线的平均长度，单位为 mm；$\sum L = L_1 + L_2 + L_3 + L_4$，即四个尖角处四条裂纹的长度之和。

3.2.4　疲劳性能

材料在循环载荷的作用下，即使所受的应力低于屈服强度，也会发生断裂（或其他形式的破坏），这种现象称为疲劳。一般认为疲劳的产生过程可分为三个主要阶段：疲劳裂纹形成，疲劳裂纹扩展，当裂纹扩展达到临界尺寸时，发生最终断裂。

硬质合金的疲劳性能是表征合金抗反复循环应力的能力。它可以是给定应力值下断裂前的循环次数，或是标准循环次数下未断裂时所能承受的应力（GPa）。

硬质合金的疲劳试验要在专用的疲劳试验机上进行。对特制的合金试样进行循环弯曲试验或施加脉冲压缩应力。

（1）小能量多冲击疲劳试验：用小能量多次冲击疲劳条件下的力学性能来测试合金的冲击疲劳。冲击疲劳试验时，锤头以一定的能量冲击试样，从而使试样发生疲劳断裂，计算冲击次数。

（2）刀片的断续切削试验：可以采用车削刀片车削带直槽的圆棒料，或者车削刀片采用类似铣削的加工方式，计算冲击次数。

3.3　硬质合金组织结构的表征

3.3.1　显微镜及金相样品的制备

金相检验流程见图 3-12。金相试样的制备包括取样与样品切割、磨制、抛光、侵蚀等几个步骤。忽视任何一道工序，都会影响组织分析和检验结果的正确程度，甚至造成误判。

主要设备有精密切割机、自动热镶嵌机、研磨机、抛光机、金相磨抛机等。镶嵌常用材料有酚醛树脂（胶木粉）、己二烯、环氧树脂、导电树脂、铅锭等。

制备好的试样应具备以下几点：（1）组织有代表性；（2）无假象，组织真实、清晰；（3）夹杂物、石墨等不脱落、不曳尾；（4）无磨痕、麻点或水迹等；（5）表面平坦适于高倍下观察。

硬质合金制品内部和表层存在各种工艺特征的缺陷，如孔隙、石墨、污垢、η相、钴池等。对这些缺陷进行定性、定量分析，是确定制品质量的重要环节。而对这些合金内的各种组织进行鉴别又是很重要的，它可以揭示工艺（包括混料、压制、烧结）过程的各个环节的正确与否。另外，对 WC 相及 TiC 相的晶粒度、钴的分布测定以及各类合金的缺陷鉴别均是十分必要的。

显微组织观察用的主要设备是金相显微镜，其类型可分为台式、立式和卧式等。它们都是由物镜、目镜和照明系统三大核心部分组成，主要部件有显微镜筒、光源照明系统、显微镜体、载物台、显微摄影、电器等部分组成。一台金相显微镜质量的好坏主要取决于物镜的质量，其次是目镜的质量。

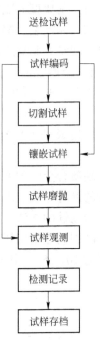

图 3-12   金相检验流程图

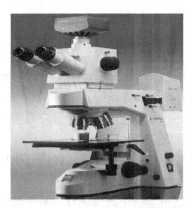

图 3-13   Axioskop 立式金相显微镜

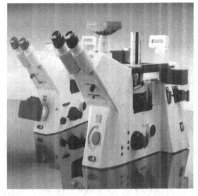

图 3-14   Axiovert 倒置式金相显微镜

显微镜是通过物镜和目镜两次放大而得到倍数较高的放大像。显微镜总的放大倍数 M 应为物镜放大倍数 $M_物$ 与目镜放大倍数 $M_目$ 的乘积，即 $M = M_物 \times M_目$。有的显微镜放大倍数 $M = M_物 \times M_目 \times$ 系数，该系数在显微镜上有注明。

3.3.2 孔隙度的评价

孔隙度即孔隙的体积百分数。根据孔隙的尺寸大小可将孔隙分为 A 类孔隙和 B 类孔隙。$0 \sim 10 \mu m$ 的孔隙被定义为 A 类孔隙；$10 \sim 25 \mu m$ 的孔隙被定义为 B 类孔隙。

当硬质合金中的碳量过多时，就会有非化合碳出现，被称之为 C 类孔隙。

在显微镜放大倍率为 100 倍下，可以观测评判硬质合金孔隙度和非化合碳量。

A 类及 B 类孔隙度、非化合碳使用 ISO 4505 标准进行评级（见图 3-15 和图 3-16）。

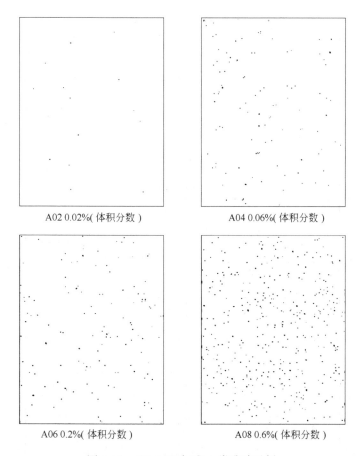

A02 0.02%(体积分数)　　　　A04 0.06%(体积分数)

A06 0.2%(体积分数)　　　　A08 0.6%(体积分数)

图 3-15　ISO 4505 标准 A 类孔隙示例

孔隙一般因烧结前坯块内的杂质引起，由于试样内孔隙分布不均匀，故应多观察几个视场。检测时可逐个视场观察（从试样截面的边缘至中心），选择孔隙最多的视场与 GB/T 3489—1983 孔隙度标准图片相比较进行评定。GB/T 3489—1983 孔隙度图片分为 11 级，其孔隙所占面积百分数为 0.1%、0.2%、0.4%、0.6%、0.8%、1.0%、1.2%、1.4%、1.6%、1.8%、2.0%。

试样经抛光后在 100 倍下观察，尺寸大于或等于 25μm，形状不规则但边缘清晰的黑色孔洞称为污垢。它是在混料和压制工序中带入的灰尘或其他脏物，于烧结后收缩留下的缩孔。试样抛光面上的所有污垢的总长度称为污垢度。

每一个污垢均应测量其最大长度。在一般刀片中，允许污垢度不超过 150μm，而精密的产品则不允许出现这些缺陷。污垢能使产品的强度和硬度降低，严重者使产品脏化而造成废品。还可以观察到产品的其他缺陷，如未压好、分层等（见图 3-17）。

未经侵蚀的试样抛光面，在检查孔隙、石墨的同时，对污垢度可参照粉末冶金图谱硬质合金部分进行评定。

3.3.3　组织晶粒度的评价

组织晶粒度用高倍（×1500）检验，金相检测中各种相符号的意义见表 3-2。

B02 0.02%(体积分数)
（140 孔 /cm²）

B04 0.06%(体积分数)
（430 孔 /cm²）

B06 0.2%(体积分数)
（1300 孔 /cm²）

B08 0.6%(体积分数)
（4000 孔 /cm²）

图 3-16　ISO 4505 标准 B 类孔隙示例

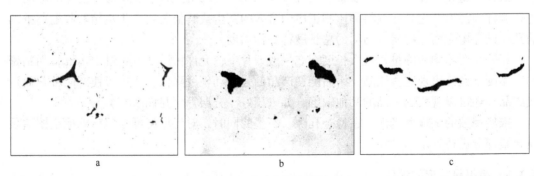

a   b   c

图 3-17　硬质合金中的缺陷
a—未压好；b—污垢；c—分层

表 3-2 相符号的意义

符号	意 义
α	碳化钨
β	黏结相
γ	具有立方晶格的碳化物（如 TiC、TaC），此碳化物可以以固溶体的形式包含其他碳化物（如 WC）
η	钨和至少含有一种黏结相金属的复合碳化物

硬质合金生产过程的粒度控制无疑是硬质合金质量控制的关键之一，但对硬质合金中硬质相晶粒度的平均尺寸和晶粒分布的定量测定和描述则相当困难。国际标准（ISO 4499—1978）只公布了几张硬质合金碳化钨晶粒度的图片，也只是粗晶、中晶和细晶合金的典型金相照片。国家标准提供了八张标有平均粒径的图片，但都不能从根本上解决晶粒度测定和描述问题。近几十年来，图像、数字技术迅速发展，试图用数字图像技术解决其测定问题，但由于碳化物的桥接，特别是超细合金形成了细晶骨架，都不能准确测定 WC 的晶粒度。传统的晶粒度评价是参照标准图谱，给出一个大致的结果。

刻意追求硬质相晶粒尺寸的准确测定可能并不准确，寻求反映晶粒尺寸大小及其分布的物理量可能更加重要。大量的试验研究表明，矫顽磁力与硬质相晶粒大小有着良好的相关关系，通过分析矫顽磁力的变化就能判断粒度的变化。磁力就成了目前评价硬质相晶粒大小的主要指标。

3.3.3.1 WC-Co 合金碳化物晶粒度类型

WC-Co 合金碳化物晶粒度类型如图 3-18 所示。

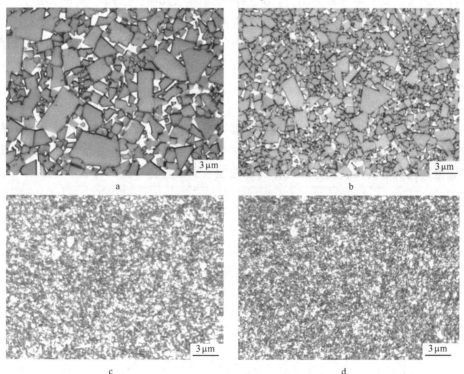

图 3-18 晶粒度类型

a—粗晶粒 WC；b—中晶粒 WC；c—细晶粒 WC；d—超细晶粒 WC

3.3.3.2　TiC-WC-Co 合金的碳化物晶粒

TiC-WC-Co 合金的碳化物晶粒如图 3-19 所示。

3.3.4　合金组织渗碳、脱碳的评价

石墨，合金含碳量过高析出的游离碳，通常分布于黏结相中，其形态多为巢状，一般均比较细小。在 WC-Co 类合金中更是如此。当石墨含量达到 2.0%时，石墨呈片状形态。WC-TiC-Co 类合金中石墨一般呈细散分布。当含量达到 1.5%时呈巢状，但较 WC-Co 类合金中的石墨为细。

石墨的硬度很低，因此试样在磨抛过程中容易剥落，金相观察到的是许多小孔联结

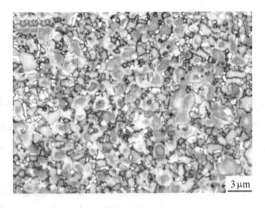

图 3-19　TiC-WC-Co 合金结构示意图

或集聚在一起的石墨痕迹，所以石墨也是一种孔隙。检验石墨时，将未经侵蚀的试样，在放大 100 倍的显微镜下，选取石墨含量最多的视场与 GB/T 3489—1983 中石墨标准图片进行比较评定，用质量分数表示。

GB/T 3489—1983 中石墨夹杂分两种类型：巢型石墨和细石墨。巢型石墨标准图片为七级，其石墨含量分别为：0.2%、0.5%、1.0%、1.5%、2.0%、2.5%、3.0%。细石墨标准图片为四级，其石墨含量分别为：0.2%、0.5%、1.0%、1.5%，见图 3-20。

η 相，钴和钨的碳化物，是基体比较严重的缺碳情况下形成的，通常是分散的，也有池状存在的。用 20% NaOH 和 20% $K_3Fe(CN)_6$ 等体积混合溶液侵蚀后，在显微镜放大 ×1500 或者 ×1600 下观察。

使用 ISO 4499 标准进行评级（图 3-21）。

树枝片状和梅花点状的 η 相见图 3-22。

硬质合金烧结块的碳量对合金性能有重要影响，但人们除了通过金相检查了解有无渗碳和脱碳相外，很难准确知道其实际碳含量水平。大量试验研究结果表明了碳与磁饱和的关系，磁饱和值实际上是合金中磁性钴的磁性能表征，它除了受钴含量多少影响外，还非

C02

C04

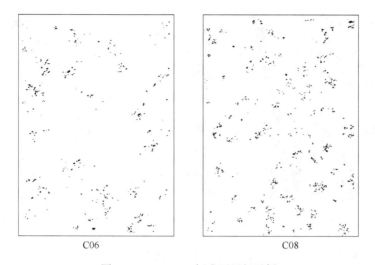

C06 C08

图 3-20 ISO 4505 标准石墨相示例

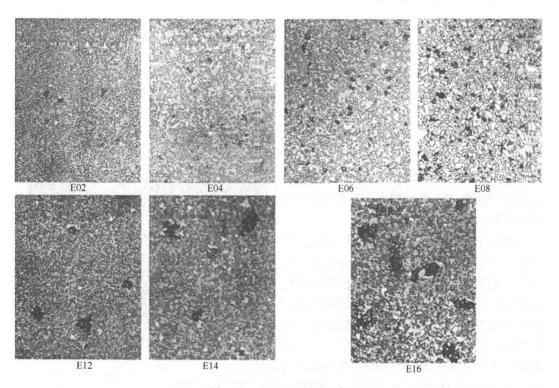

E02 E04 E06 E08

E12 E14 E16

图 3-21 ISO 4499 标准示例

常敏感地受碳含量的影响。研究者用钴磁的表达方式就直接反映了合金中磁性钴的百分数，而磁性钴的高低又与碳的高低存在非常好的相关关系。

合金中的碳含量每增加（减少）0.01%，合金的钴磁相应增加（减少）0.1%。在生产过程中一般按牌号要求的钴磁中值作为控制目标，根据目标进行碳平衡计算，准确地计算出合金中实际配入的总碳量及其百分比。当烧结体钴磁偏离目标值时，便可以依据碳量

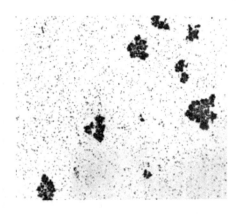

图 3-22 η 相形貌

与钴磁的关系比较准确地知道合金的实际含碳量的高低。

3.3.5 合金金相组织的综合评价

金相检查中涉及的缺陷主要有孔隙、石墨（渗碳）、η 相（脱碳），还有混料、晶粒异常、Co 池以及由 η 相引起的 WC-Co 非正常结构。

（1）混料：一个牌号的基体中存在有别的牌号的成分和结构特征。

（2）晶粒异常：硬质相的晶粒与正常状态比较显得太细、夹杂或硬质相中的一些颗粒显著长大。

（3）钴池：也称钴相的不均匀分布。钴相分布不均如图 3-23 所示。

（4）η 相引起的 WC-Co 结构相：形状与 η 相基本相同，WC 晶粒较粗，钴含量高于周围的正常含量（η+C → α+β）。

高质量的硬质合金对缺陷的控制是比较严的，A 孔隙、B 孔隙、石墨和 η 相都用代表性视场与标准图片进行比较确定了孔隙度、石墨和 η 相的水平。非代表性视场的差异应用需特别说明指出水平和存在的部位。如 B04 在边缘，C04 在顶部。绝大多数产品的要求都是 A02B02C00E00，实际控制水平可

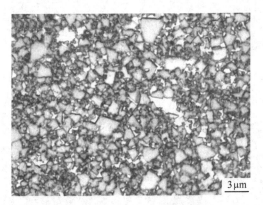

图 3-23 钴相分布不均

以达到 A00B00C00E00。对于顶锤等特殊产品则可以有特殊要求。

宏观孔隙度是大于 25μm 的孔隙、裂缝、裂纹的总和。其中，孔隙为缺陷宽度大于长度的 1/3；裂缝为缺陷宽度小于长度的 1/3；裂纹系指后处理中因机械力导致的缺陷。宏观孔隙度、钴池、粗晶混料等缺陷不同的产品有不同要求，一般在一定尺寸范围内，对其允许的大小和数量做出要求。中粗颗粒合金内部一般可允许 10μm 的粗 WC。超细合金一般不允许 Co 池和 3μm 以上的粗晶。

硬质合金生产质量的稳定性完全取决于工艺控制水平，主要控制项目是硬质相晶粒

度、碳含量和显微组织，能比较敏感地反映这些控制项目的检测项目就是矫顽磁力、钴磁和密度。因此，将显微组织、磁力、钴磁、密度这四大指标结合起来进行综合分析，一般以分析矫顽磁力、钴磁、密度、硬度为重点而展开，就能恰当地对产品质量作出评价，并可以找出出现质量问题的原因。

金相检查测定时可按照 YB 882—76 关于 WC-Co 类合金和 WC-TiC-Co 类合金的标准图片，在 1500 倍下进行比较评定。

3.4 硬质合金现代分析技术

3.4.1 X 射线衍射分析技术

3.4.1.1 X 射线衍射原理

具有一定能量的带电粒子与物质作用时，便会产生 X 射线。一般 X 射线管发射出的 X 射线可分为两部分：一部分是具有连续波长的 X 射线，构成连续 X 射线谱，和白色光相似，也称白色 X 射线；另一部分是叠加在连续 X 射线谱上的具有一定波长而强度很高的若干谱线，构成标识 X 射线谱或特征 X 射线谱。

标识 X 射线谱的产生机理与阳极物质的原子内部结构是紧密相关的。标识 X 射线谱的频率或波长的大小只取决于靶物质的原子序数，而与其他的外界因素无关，它标志着各种物质的固有特性。莫塞莱于 1913 年发现标识 X 射线的波长与原子序数有如下关系：

$$\sqrt{1/\lambda} = c(z - \sigma) \tag{3-11}$$

式中，λ 为波长；z 为原子序数；c 和 σ 均为常数。此式称为莫塞莱定律，是 X 射线光谱分析的基础。

X 射线照到晶体上，晶体作为光栅产生衍射花样，衍射花样反映了光学显微镜所看不到的晶体结构特征，从而可以利用衍射花样来推断晶体中质点的排列规律。

本质上说，X 射线的衍射是由大量原子参与的一种散射现象。原子在晶面上是呈周期排列的，被它们散射的 X 射线之间必然存在位相关系，因而在大部分方向上产生相消干涉，只有在仅有的几个方向上产生相长干涉，这种相长干涉的结果形成了衍射束。这样，产生衍射现象的必要条件是有一个可以干涉的波（X 射线）和有一组周期排列的散射中心（晶体中的原子）。

这一衍射现象可以表示为：

$$2d\sin\theta = \lambda \tag{3-12}$$

式中，λ 为 X 射线的波长；θ 为 X 射线的入射角。

这就是著名的布拉格定律，它是 X 射线衍射的最基本的定律。利用已知波长的特征 X 射线，通过测量入射角，便可以计算出晶面间距 d，从而确定被测材料的物相。

在进行晶体结构分析时，主要把握两类信息，第一类是衍射方向，即 θ 角，它在 λ 一定的情况下取决于晶面间距 d。第二类衍射强度，衍射方向反映了晶胞的大小以及形状因素，可以利用布拉格方程来描述，但造成结晶物质种类千差万别的原因不仅是由于晶格常数不同，重要的是组成晶体的原子种类以及原子在晶胞中的位置不同造成的；这种原子种类及其在晶胞中的位置不同反映到衍射结果上，表现为反射线的有无或强度的大小，而布拉格方程是无法描述衍射强度问题的。

3.4.1.2 X 衍射的应用

在合金的定性分析、定量分析、固溶体点阵有序化及点阵畸变分析时，所需的许多信息必须从 X 射线衍射强度中获得。

（1）点阵常数的精确测定。在 X 射线的衍射应用中，经常涉及点阵常数的精密测定。例如对固溶体的研究，固溶体的晶格常数随溶质的浓度发生变化，可以根据晶格常数确定某溶质的含量。晶体的热膨胀系数也可以用高温相通过测定晶格常数来确定；物质的内应力可以造成晶格的伸长或者压缩，也就可以用测定点阵常数的方法来确定物质的内应力。另外，在金属材料的研究中，还常常需要通过点阵常数的测定来研究相变过程、晶体缺陷等。可是，金属和合金在这些过程中所引起的点阵常数变化往往是很小的（约 10^{-5} nm 数量级），这就需要对点阵常数进行颇为精确的测定。

点阵常数精确测定的原理很简单，即通过衍射谱峰的平移来计算点阵常数的变化，但必须研究实验过程中各个系统误差的来源及其性质，并以某种方式加以修正，同时采用高角度衍射线进行测量。

（2）物相定性分析。不同的物质具有自己特定的原子种类、原子排列方式和点阵参数，进而呈现出特定的衍射花样；多相物质的衍射花样互不干扰，相互独立，只是机械地叠加。这样，定性分析原理就十分简单，只要把晶体（几万种）全部进行衍射或照相，再将衍射花样存档，实验时，只要把试样的衍射花样与标准的衍射花样相对比，从中选出相同的就可以确定了。物相定性分析的基本方法是，将试样的衍射图样与各种已知晶体的衍射图样进行对照。标准的衍射花样称为粉末衍射卡（有 ASTM 卡、PDF 卡、JCPDS 卡等）。

（3）物相定量分析。定量分析的基本任务是确定混合物中各相的相对含量。衍射强度理论指出，各相衍射线条的强度随着该相在混合物中相对含量的增加而增强。但并不能用衍射强度进行直接计算，因为试样对 X 射线的吸收，使得"强度"并不正比于"含量"，而需加以修正。实验技术中用建立待测相的某根线条强度与该相标准物质的同一根衍射线条的强度对比进行测量。有内标法、外标法、直接对比法等测量方法。

（4）宏观内应力的测定。在晶体材料中许许多多晶粒范围之内存在并保持平衡的应力称宏观应力。晶体材料中若存在宏观应力，则宏观尺寸必然会产生相应的改变。在弹性范围内，一种宏观弹性应变的数值，完全可用某一晶面间距的变化来表征，即可用相应衍射峰位的变化来表征。

宏观内应力的测量原理：用 X 射线进行应力测试也是通过测定应变量再推算应力的，不同的是这个应变是通过某一种晶面间距的变化来表征的。将布拉格方程微分可得到：

$$\Delta d/d = -\cot\theta \cdot \Delta\theta \tag{3-13}$$

只要知道试样表面上某个衍射方向上某个晶面的衍射线位移量 Δd，即可算出晶面间距的变化量，再根据弹性力学定律计算出该方向上的应力数值。

（5）晶体取向测定。所谓晶体取向测定，就是确定晶体的晶体学取向与试样的外观坐标之间的位向关系。单晶体的劳厄衍射花样是由许多衍射斑点按一定的排列规律组成的，衍射斑点的位置是由晶体取向决定的。因此，可以通过分析劳厄衍射花样来测定晶体取向。

（6）纳米晶粒度（粒度在 0.1μm 以下）的测定。当试样的晶粒大小在 10nm ~ 0.1μm

范围内时，在衍射测试中，可以得到明锐、细窄的衍射线，此时的衍射线也有一定宽度。这个宽度一般称为几何宽度（又称工具宽度）。当晶粒细化之后，即晶粒大小小于0.1μm，则其衍射线变宽，称为衍射线条宽化；晶粒越小，衍射线宽化现象就越严重。利用这个现象，测出衍射线宽化的程度，就可以测定纳米晶粒的粒度。

3.4.2 电子显微镜分析技术

3.4.2.1 电子显微镜

一个物体可以看成是由许多互不重叠的物点组成。当波长为 λ 的光波照射物体时，每一物点都可以看成一个点光源。当两个光点间的距离小于 δ 时，两个光点的像则不能被分辨。因此 δ 称为显微镜能分辨两光点间的最小距离，即显微镜的极限分辨距离，习惯上称为透镜的分辨本领或分辨率。对于玻璃透镜，$\delta \approx \lambda/2$，$\lambda/2$ 就是光学显微镜的理论分辨本领。一般可见光的波长在 400~800nm 的范围内，玻璃透镜的分辨本领约为 200nm，放大分辨率约为 3000 倍，目前使用的光学显微镜的最大放大分辨率一般是 1600 倍。

以上说明，显微镜的分辨本领取决于可见光的波长，而可见光的波长是有限的，这就是光学显微镜的分辨本领不能再提高的原因。

而电子的波长与加速电压的关系为：

$$\lambda = \frac{1.225}{\sqrt{U}} \qquad (3\text{-}14)$$

当电压为 100kV 时，电子的波长（λ）为 0.0037nm，这是一个很小的值，这也是电镜具有高放大分辨率的根本原因。电子显微镜发展到现在的水平：放大倍数达到 100 万倍，点分辨本领达 0.3nm，晶格分辨本领达 0.144nm。

电子是一种微观带电的粒子，当它进入物质后，电子与物质内的电子、原子发生碰撞时，会发射出二次电子和背散射电子；电子还可使原子激发，产生 X 射线和俄歇电子等信息。根据物质中产生的各种信息的性能特点，利用不同的方法可收集到不同的信息，并按照这一特点可制成各种测试仪器，用以探测材料的各种性能。例如，利用 X 射线可以研究物质的结构和成分；利用二次电子、背散射电子，可以制成扫描电镜，用以观察物质的形貌；利用透射电子，可以制成透射电镜，用以观察物质内位错及原子像等。

电子显微镜与光学显微镜的成像原理基本一样，所不同的是前者用电子束作光源，用电磁场作透镜。另外，由于电子束的穿透力很弱，因此用于电镜的标本须制成厚度约 50~200nm 左右的超薄切片。这种切片需要用超薄切片机（ultramicrotome）制作。电子显微镜的放大倍数最高可达百万倍，由照明系统、成像系统、真空系统、记录系统、电源系统 5 部分构成，如果细分的话：主体部分是电子透镜和显像记录系统，由置于真空中的电子枪、聚光镜、物样室、物镜、衍射镜、中间镜、投影镜、荧光屏和照相机构成（见图 3-24）。电子显微镜的理论分辨率（约 0.1nm）远高于光学显微镜的分辨率（约 200nm）。

3.4.2.2 薄膜样品的制备

电子束对薄膜的穿透能力和加速电压有关。当电子束的加速电压为 200kV 时，就可以穿透厚度为 500nm 的铁膜，如果加速电压增到 1000kV，则可以穿透厚度大致为 1500nm 的铁膜。从图像分析角度来看，样品厚度较大时，往往会使膜内不同深度层上的结构细节彼此重叠而互相干扰，得到的图像过于复杂，以致难以进行分析。但从另一方面来看，如果样品太薄则表面效应将起十分重要的作用，以至于造成薄膜样品中相变和塑性变形有别于大块样品。因此，为了适应不同的研究目的，应分别选用适当厚度的样品，对于一般金属材料而言，样品厚度都在 500nm 以下。

金属薄膜样品的制备方法为：

（1）样品切割。切薄片用线切割的方法从样品上切下 0.20~0.30mm 厚的薄片。切割时损伤层较浅，在随后的研磨或抛光中可以消除。

（2）预减薄。预减薄方法有两种，一种方法是先磨去线切割产生的纹理后，用化学腐蚀方法将薄片减薄至几十微米的厚度。另一方法是机械减薄法，即在砂纸上手工磨薄到几十微米，要注意研磨均匀，试样不能折扭以免产生过大的塑变，引起内部组织的变化。一般在磨制时，用 502 胶将薄片黏到厚玻璃片上，待该面磨平后，用丙酮将 502 胶溶去。把薄片翻转重新粘贴，磨另一面。

（3）最终减薄。经常使用的最终减薄法是双喷电解减薄法和离子减薄法。将预先减薄的样品用小冲床冲成直径为 3mm 的圆片试样，安放在样品减薄的夹具中进行减薄。

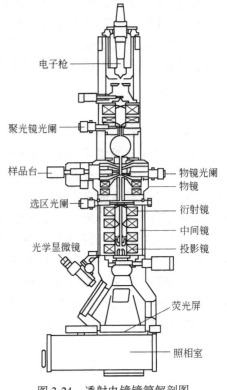

图 3-24 透射电镜镜筒解剖图

3.4.2.3 分析电子显微术

综合扫描电镜和普通透射电镜特点于一体的扫描透射电子显微镜，并装备射线能谱分析及电子能量谱仪的扫描透射电镜，促成了分析电子显微术的形成和发展。

分析电子显微镜的典型配置是：在样品上方配置有背散射电子检测器（BEI）、二次电子检测器（SEI）和 X 射线能谱探头（EDS），可观察样品的表面形貌，相的形态和分布以及测定微区的化学成分。在样品下方，既可在观察屏上按普通的衍射方式获得样品晶体结构的信息——衍射花样，也可按扫描透射方式（STEM）得到衍射图像，或通过电子能量分析器（ASEA）获得电子能量损失谱，以确定被分析区域的化学组成。分析电镜的最大优点是：它能以较高分辨率，在样品的同一区域内同时获得其形貌、结构及成分的信息。

3.4.2.4 扫描电镜的性能特点

商品扫描电镜的分辨率可达 0.4nm，已很接近于透射电镜的分辨率，而且大多数扫描电镜都能同 X 射线波谱分析仪、X 射线能谱分析仪及自动图像分析仪等组合，它是一种对表面微观世界能够进行全面分析的多功能的电子光学仪器。

（1）能直接观察大尺寸试样的原始表面。其能够直接观察大尺寸直径为 100mm，高 50mm，或更大尺寸的试样，对试样的形状没有任何限制，粗糙表面也能观察，这便免除了制备样品的麻烦，而且能真实观察试样本身物质成分不同的衬度。

（2）试样在样品室中可动的自由度非常大。工作距离大（大于15mm），焦深大（比透射电子显微镜大10倍），样品室的空间也大。观察试样的视场大；焦深大，图像富立体感，进行立体观察和立体分行。这对观察不规则形状试样的各个区域细节是非常方便的。

（3）放大倍数的可变范围很宽，且不用经常对焦。扫描电子显微镜的放大倍数范围很宽（从5倍到20万倍连续可调），一次聚焦好后即可从低倍到高倍，或从高倍到低倍连续观察，不用重新聚焦，这对进行事故分析特别方便。

（4）它可以从试样表面形貌获得多方面资料。在扫描电子显微镜中，因为可以利用入射电子和试样相互作用所产生的各种信息来成像，而且可以通过信号处理方法，获得多种图像的特殊显示方法，可以从试样的表面形貌获得多方面资料，如微区的成分与微区的结晶学分析等。

3.4.2.5　X射线微区分析

在材料的研究中，常常需要把显微结构分析与化学成分分析结合起来。利用电子探针X射线显微分析，则能测定试样表面微米级区域内的成分，并结合显微图像分析，找出微观性质对材料宏观性能的影响因素。

X射线分析是借助于分析试样发出的元素特征X射线波长和强度实现的。根据波长（或能量）定出试样所含的元素，根据强度求出元素的相对含量。莫塞莱定律是X射线光谱分析的基础。根据莫塞莱公式，波长λ与原子序数z之间有平方倒数的关系。只要测量出试样中发射出来的标识X射线的波长或能量，就可以找出发射此波长X射线的元素。

谱仪就是把具有不同波长（或能量）的X射线分开的装置。目前X射线显微分析仪有两种，X射线波长色散谱仪（简称波谱仪或WDS）和X射线能量色散谱仪（简称能谱仪或EDS）。两者的分析原理都是基于莫塞莱关系式的。

这两种探测系统的主要特点有：

（1）能谱仪的检测效率较高。能谱仪结构简单，没有机械传动部分，数据的稳定性和重演性较好。但波谱仪的定量分析误差（1%～5%）远小于能谱仪的定量分析误差（2%～10%）。

（2）能谱仪空间分析能力高。能谱仪分析的最小微区已经达到纳米的数量级，而波谱仪的空间分析能力处于微米级水平。

（3）波谱仪的分辨本领比能谱仪高一个数量级。波谱仪在检测时要求样品表面平整，以满足聚焦条件。能谱仪对样品表面没有特殊要求，适合于粗糙表面的成分分析。

（4）能谱仪分析速度高。

（5）波谱仪分析元素的范围为铍（Be）到铀（U）之间的所有元素，现在能谱仪可以测量硼（B）到铀（U）之间的所有元素。

能谱仪和波谱仪各有特点，彼此不能取代。近几年来，常将二者与扫描电子显微镜结合为一体，使之在一台仪器上实现快速准确地材料组织、结构、成分等信息的分析。

X射线微区分析方法有定性（或半定量）分析和定量分析两种。分析方式有点分析、线分析和面分析三种。

微区成分分析技术的应用：

（1）确定合金中的相成分，如合金中存在许多细小的析出相成分分析，不仅速度快，而且分析精度高。

（2）研究合金元素分布状况，如合金在结晶和热处理过程中存在的成分偏析现象；S、P 等杂质元素在晶界的富集。

（3）研究元素扩散现象，如渗碳、渗氮、渗硼和渗金属等化学热处理渗层中，从表面到心部渗入元素的分布存在一浓度梯度，采用电子探针在垂直于表面的方向上进行线分析，就可得到元素浓度随扩散距离的变化曲线。若以微米距离逐点分析，还可测定扩散系数和扩散激活能。

4 钨冶金工艺与质量控制

4.1 概述

钨是银灰色金属，熔点 3400℃，硬度大，密度高；具有优异的高温力学性能、非常高的弹性模量、优异的抗高温蠕变性能、高的导电率与热导率以及非常高的电子发射系数等独特性能。钨主要用于生产硬质合金和钨铁；与铬、钼、钴组成耐热合金可制作刀具、金属表面表层硬化材料、燃气轮机叶片；与钽、铌、钼等组成难熔合金；钨铜和钨银合金用于电接触材料；高密度的钨镍铜合金用作防辐射的防护屏；钨丝、钨棒、钨片用于制作电灯泡、电子管部件和电弧焊的电极、航天以及武器材料（火箭喷管、穿甲弹芯）等。

瑞典化学家 C. W. Scheele 于 1781 年分离出重的白脉石矿物，1821 年以其名字命名为白钨矿（Scheele），并以瑞典文的"重的""石头"组合成（Tungsten）作为钨的英文名字。1847 年，Oxland 取得有关制造钨酸钠、钨酸和金属钨的方法专利。Oxland 在 1857 年又取得铁钨合金制造方法的专利权，1893 年，Moissan 利用在碳弧炉中熔化钨的方法和用碳或碳化钙还原 WO_3 的方法首先制备出 W_2C。1898 年，Williams 从 WO_3、铁和碳的熔体中分离出复合碳化物和灰色晶体，经分析灰色晶体的成分为 93.5% 钨和 6.1% 碳，与 WC 的组成一致。1908 年，钨丝被用于白炽灯泡中发光的灯丝；1923 年德国人施勒特尔采用粉末冶金方法生产硬质合金，并制造出拉丝模；1926 年德国克虏伯·维迪阿公司开始工业化生产碳化钨基硬质合金，开创了钨工业的新纪元，仅金属切削加工的效率就提高了 100 倍以上。随着现代科学技术的发展，钨在微电子工业、核能工业、航天工业又有了新的用途，成为重要的战略金属，受到广泛的关注。

自然界已发现的钨矿物有 20 多种，但具有工业价值的钨矿物仅有黑钨矿和白钨矿。黑钨矿主要包括三种矿物即：钨锰矿（$MnWO_4$ 中 $w(WO_3)$ = 76.6%）；钨铁矿（$FeWO_4$ 中 $w(WO_3)$ = 76.3%）和钨锰铁矿（$(FeMn)WO_4$ 中 $w(WO_3)$ = 76.5%）。通常钨锰矿中含少量铁，钨铁矿中含少量锰。当矿物中 $w(FeWO_4)$: $w(MnWO_4)$ ≤ 20 : 80 为钨锰矿，二者比值不小于 80 : 20 为钨铁矿，而钨锰铁矿则是钨锰矿和钨铁矿在 20% ~ 80% 之间的混合物。

白钨矿是钙酸盐，分子式为 $CaWO_4$，含 $w(WO_3)$ = 80.6%。结晶呈正方晶系；钼常取代白钨矿中的钨，形成类质同象的钼酸钙（$CaMoO_4$）。白钨矿还常与石榴子石、辉石、石英、辉钼矿、辉铋矿和黄铜矿等伴生。

世界上有三十几个国家和地区生产钨。我国是世界上钨资源最丰富的国家，其储量、产量和产品销售量均居世界之首，储量占世界总储量的 65%，年消耗钨金属储量约 9 万吨，世界钨工业所消耗的 80% 以上的钨资源都来自中国。加拿大和俄罗斯分别占世界钨储量的 13% 左右，美国占 7%。我国钨矿产地主要分布在湖南和江西，70% 以上的是白钨矿。黑钨矿占 20% 多，黑白钨混合矿占 4% 左右。由于白钨矿品位低，组成复杂，并多与其他金属伴生、不易开发利用,我国开采钨矿一直以黑钨为主,黑钨矿资源已面临枯竭。现在主要是对难以采选、品位较低且组成复杂的白钨矿及黑、白钨混合矿的开发和利用。

中国钨业虽然有垄断性的资源优势,但却没有形成钨制品的经济优势和国际竞争力。目前我国依靠资源优势,以高投入、高消耗、高污染来支持经济增长的发展方式以及低端原料出口、高端产品依赖进口的局面还没有得到根本改变。近年来,我国钨品的发展主要追求了产量的扩张,技术升级缓慢,这是导致我国钨资源优势并没有转化成为产业优势的症结所在。随着国家对资源,环境等的日益重视,国内大的钨冶炼厂家以及科研院所,大学都对钨冶炼工艺的升级进行了大量的研究工作,主要的方向是提高资源的利用率以及减少污染物的排放,以达到清洁生产的目的。

4.2 钨冶金工艺与质量控制

钨提取冶金过程包括:钨精矿分解、钨溶液净化、纯钨化合物制取、钨粉制取、致密钨制取、高纯致密钨制取。

图 4-1 是钨冶炼工艺发展过程中所采用过的工艺流程图,其中的苛性钠分解是现阶段工业生产中的主流工艺。

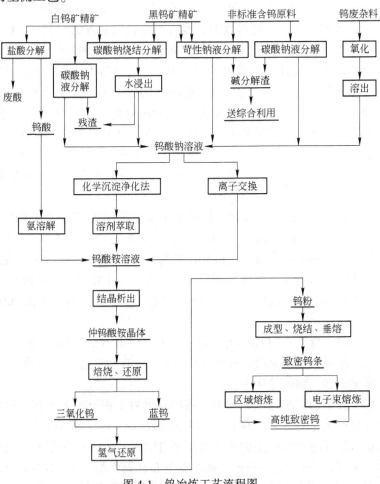

图 4-1 钨冶炼工艺流程图

4.2.1 钨精矿分解

钨精矿分解方法很多，得到大规模工业应用的主要是下面几种：苛性钠浸出法、苏打高压浸出法、苏打烧结-水浸出法和酸分解法。除此之外，白钨矿的氟化物分解法近年来在钨冶炼工艺中也开始得到应用。钨精矿的分解率一般能达到98%～99%。

4.2.1.1 苛性钠浸出法及苛性钠—磷酸盐分解法

由于在理论研究取得突破，苛性钠分解法在工艺上取得了根本性的进展，它由过去只能处理单一的标准黑钨精矿发展到能处理包括黑钨精矿、白钨精矿、黑白钨混合等难选的各种钨矿物原料，成为钨矿物原料处理应用最广的通用工艺。该工艺取代苏打烧结法处理黑钨精矿，是目前我国钨冶炼企业用得最广泛的工艺，只是针对不同的矿具体工艺条件有些变化。

鉴于分解白钨时产生的$Ca(OH)_2$在分解后的卸料，稀释，过滤等一系列过程中将于溶液中生成二次白钨，造成钨损失，近十年来我国钨冶金工作中开发了苛性钠—磷酸盐分解法，将苛性碱和磷酸盐共同与白钨矿反应使之生成较稳定的磷酸钙盐，从而防止了二次白钨的生成。

分解时黑钨精矿中的钨酸铁和钨酸锰与苛性钠发生以下反应：

$$FeWO_4 + 2NaOH =\!=\!= Na_2WO_4 + Fe(OH)_2 \downarrow \tag{4-1}$$

$$MnWO_4 + 2NaOH =\!=\!= Na_2WO_4 + Mn(OH)_2 \downarrow \tag{4-2}$$

对于白钨精矿，反应为：

$$CaWO_4 + 2NaOH =\!=\!= Na_2WO_4 + Ca(OH)_2 \downarrow \tag{4-3}$$

当前，生产上主要采用加压分解生产工艺。加压分解采用-0.043mm粒度达到98%的精矿粉，苛性钠用量为理论用量的110%以上，具体根据矿的成分确定。分解温度180℃，时间为1～2h。

4.2.1.2 盐酸分解工艺

这是使盐酸与白钨精矿反应生成不溶于酸的钨酸和生成可溶于酸的大部分杂质氯化物得以和钨分离的工艺方法。

$$CaWO_4 + 2HCl =\!=\!= H_2WO_4 \downarrow + CaCl_2 \tag{4-4}$$

将洗涤过滤后所得粗钨酸溶于氨水中，生成可溶性的钨酸铵或钨酸钠。

$$H_2WO_4 + 2NH_4OH =\!=\!= (NH_4)_2WO_4 + 2H_2O \tag{4-5}$$

$$H_2WO_4 + 2NaOH =\!=\!= Na_2WO_4 + 2H_2O \tag{4-6}$$

酸分解工艺曾经为工业上处理标准白钨精矿的主要方法之一，具有工艺流程短、生产成本低等特点，但其严重缺点是污染严重、操作条件差、设备腐蚀严重，同时产品质量进一步提高的难度大。因此作为主流程工艺已被淘汰，但在处理某些特殊物料或中间产品时仍有一定的参考价值。

4.2.1.3 白钨精矿碳酸钠压煮分解工艺

在高于大气压的情况下使白钨精矿与碳酸钠溶液作用发生复分解反应，生成可溶性钨酸钠溶液的过程。

$$CaWO_4 + Na_2CO_3 =\!=\!= Na_2WO_4 + CaCO_3 \downarrow \tag{4-7}$$

碳酸钠压煮法为工业上用以分解白钨矿应用最早和最成熟的方法之一。其特点是对原料的适应能力强，回收率高，杂质磷砷硅等的浸出率低；劳动条件较好，可以回收主试剂碳酸钠。其不足是温度高，同时要求液固比大，相应的能耗高。

由于现在钨资源越来越紧张，矿的质量相应下降，此工艺将会得到更多的应用。

4.2.2　纯钨溶液的制取

纯钨化合物制取的任务是将钨矿物原料（或二次原料）分解所得的粗钨酸钠或其他初级产品中的杂质除去，以获得符合用户要求的中间产品或化工产品。当前钨冶金纯化合物制备的产品品种主要为仲钨酸铵，绝大部分钨冶金的终端产品如硬质合金，金属钨材，偏钨酸铵等都是通过它制取的。对仲钨酸铵的纯度要求，各相关用户并没有严格的科学依据，因此各国及有关企业的标准不尽一致。

钨酸铵溶液是制取纯钨化合物的主要原料液。钨酸铵溶液的制备包括净化和转型，为实现净化除杂，总的思路是通过一定的化学或物理过程，使杂质与主金属分别进入不同的相，因而可供考虑的方法有各种沉淀法、离子交换法、依据阴离子交换机理的有机溶剂萃取法。在转型方面，实际上是一种用 NH_4^+ 替代 Na^+ 的过程，为实现这种替代，其总的思路是使 Na_2WO_4（有时为偏钨酸钠、仲钨酸钠）中的 Na^+ 与钨酸根离子分别进入不同的相而分离，然后再使 NH_4^+ 与 WO_4^{2-} 结合而得 $(NH_4)_2WO_4$，根据这一思路，现行的方法有：

（1）离子交换法，即利用阴离子交换树脂从溶液中将钨酸根离子吸附，使之进入树脂相，Na^+ 则保留在交后液中排除，再利用 NH_4Cl 或 NH_4OH 从树脂相将钨解吸而结合而得 $(NH_4)_2WO_4$ 溶液。

（2）萃取法，其实质与离子交换法相同，在萃取过程中通过阴离子交换机理使钨进入有机相，Na^+ 则保留萃余液中排除，再用 NH_4OH 溶液反萃得 $(NH_4)_2WO_4$ 溶液。

（3）传统的化学法，即通过化学反应使 WO_4^{2-} 进入固体化合物与水相的 Na^+ 分离，然后从固体化合物制取 $(NH_4)_2WO_4$。

综上所述，当前工业上净化粗 Na_2WO_4 溶液并进而制取 APT 的原则流程如图 4-2 所示：

图中（A）为传统的化学法，粗 Na_2WO_4 溶液首先用化学沉淀法除去 P、As、Si、F 等杂质得到纯 Na_2WO_4 溶液，然后用传统的化学法转型为钨酸铵溶液。（B）、（C）两种方法实际上是传统化学法的改进，即保留其原有的化学沉淀法除 P、As、Si、F 部分，再分别用离子交换法或萃取法转型。（D）为当前钨冶金中应用最为广泛的强碱性阴离子交换法，它经过吸附和 NH_4Cl 解吸两道工序即实现了净化和转型的目的。

在净化提纯过程中为了除钼，传统工艺一般是在沉淀除 P、As、Si 后，用 MoS_3 沉淀法从纯 Na_2WO_4 溶液中进行，而新开发的选择性沉淀法或离子交换法则从 $(NH_4)_2WO_4$ 溶液中进行更为恰当，因此目前我国钨冶金中除钼过程大多安排在转型之后，但对含铜浓度很高的溶液亦有在 Na_2WO_4 溶液中用 MoS_3 沉淀法除钼的。

应当指出，工业生产中纯钨化合物制取除上述 A、B、C、D 四大类方法外，近年来许多学者研究并开发了新的萃取方法，其实质是参照碱性阴离子交换法，在碱性介质中用季铵盐作萃取剂进行萃取，以实现钨与 P、As、Si 等杂质分离，然后用 NH_4OH 反萃以实现转型得纯 $(NH_4)_2WO_4$ 溶液，目前已展现出良好的工业前景。本书将以上工艺做一些简单

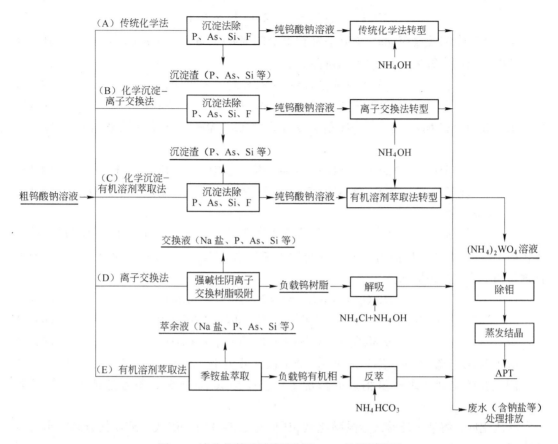

图 4-2 净化粗钨酸钠溶液制取 APT 的原则流程

的介绍。

4.2.2.1 粗 $NaWO_4$ 溶液的净化

A 净化除磷、砷、硅、锡和氟

（1）除硅、锡。在碱性钨酸钠溶液中，硅一般以 SiO_3^{2-} 形态存在，用酸将溶液中和至 pH 值为 8~9，则 Na_2SiO_3 水解成偏硅酸沉淀而被除去。

$$Na_2SiO_3 + 2HCl(或 H_2SO_4) =\!=\!= H_2SiO_3\downarrow + 2NaCl(或 Na_2SO_4) \qquad (4-8)$$

硅酸是一种很弱的酸，电离常数很小，$K_1 = 3\times10^{-9}$，$K_2 = 3\times10^{-12}$，且硅酸的溶解度也很小，因此，在弱碱性介质中可以除得比较彻底。

在中和除硅的同时，溶液中的 Na_2SO_3 也会水解生成 $Sn(OH)_4$ 沉淀而被除去。

$$Na_2SnO_3 + 3H_2O =\!=\!= Sn(OH)_4\downarrow + 2NaOH \qquad (4-9)$$

$Sn(OH)_4$ 的溶度积为 1×10^{-56}，故在 pH 值为 8~9 时，锡的除去率非常高，为了彻底除锡，在水解前需添加适当的氧化剂将二价锡离子氧化为四价。

（2）除磷、砷、氟。钨酸钠溶液中和至 pH 值为 9 左右，往溶液中加入 Mg^{2+}，溶液中的磷、砷、氟会生成镁盐沉淀而得以除去。

$$2Na_2HPO_4 + 3MgCl_2 =\!=\!= Mg_3(PO_4)_2\downarrow + 4NaCl + 2HCl \qquad (4-10)$$

$$2Na_2HAsO_4 + 3MgCl_2 =\!=\!= Mg_3(AsO_4)_2\downarrow + 4NaCl + 2HCl \qquad (4-11)$$

$$2NaF + MgCl_2 \Longrightarrow MgF_2\downarrow + 2NaCl \tag{4-12}$$

水解不完全的硅会与 Mg^{2+} 生成溶度积更小的 $MgSiO_3$ 进一步沉淀析出；当 pH 值偏高时，Mg^{2+} 也可能水解生成 $Mg(OH)_2$ 沉淀。

$$Na_2SiO_3 + MgCl_2 \Longrightarrow MgSiO_3\downarrow + 2NaCl \tag{4-13}$$

$$MgCl_2 + 2NaOH \Longrightarrow Mg(OH)_2\downarrow + 2NaCl \tag{4-14}$$

当溶液中含有 NH_4^+ 时，在 pH 值为 9 左右时加入 Mg^{2+}，则会生成磷（砷）酸铵镁沉淀。

$$Na_2HPO_4 + MgCl_2 + NH_4OH \Longrightarrow MgNH_4PO_4\downarrow + 2NaCl + H_2O \tag{4-15}$$

$$Na_2HAsO_4 + MgCl_2 + NH_4OH \Longrightarrow MgNH_4AsO_4\downarrow + 2NaCl + H_2O \tag{4-16}$$

B　调酸除钼

三硫化钼沉淀工艺除钼。三硫化钼沉淀工艺除钼包括硫代化和 MoS_3 沉淀两个过程。含钼的钨酸钠溶液在 pH 值为 7.5~8.5 时加入硫化剂（Na_2S、NaHS），MoO_4^{2-} 能优先与硫化剂作用生成硫代钼酸钠：

$$Na_2MoO_4 + 4NaHS \Longrightarrow Na_2MoS_4 + 4NaOH \tag{4-17}$$

$$Na_2MoO_4 + 4NaS + 4H_2O \Longrightarrow Na_2MoS_4 + 8NaOH \tag{4-18}$$

$$Na_2MoO_4 + 4H_2S \Longrightarrow Na_2MoS_4 + 4H_2O \tag{4-19}$$

由于 WO_4^{2-} 与硫化剂作用生成 WS_4^{2-} 的平衡常数很小，故 MoO_4^{2-} 的硫代化反应优先进行，因此在硫化剂比理论量稍多的情况下，很少形成 Na_2WS_4，不致造成 WS_3 的沉淀损失。

将硫化后的溶液用硫酸或盐酸酸化至 pH 值为 2.5~3 时，硫代钼酸盐便分解析出三硫化钼沉淀：

$$Na_2MoS_4 + 2HCl \Longrightarrow MoS_3\downarrow + 2NaCl + H_2S\uparrow \tag{4-20}$$

除钼后的滤液中钨以偏钨酸钠的形态存在，后续工序用萃取工艺的，除钼后滤液直接用于萃取。后续工序用白钨沉淀的，要加 NaOH 将 pH 值调到 9 左右，煮沸将偏盐转化为正钨酸盐。

4.2.2.2　有机溶剂萃取工艺

目前国内外工业基本上都采用叔胺做萃取剂，如我国用 N235，俄罗斯用三辛胺（TOA），美国用 Alamine-336。一般都以高碳醇或 TBP 做极性改进剂，煤油做稀释剂。

叔胺萃取法的作用是将纯钨酸盐溶液转型，它与弱碱性阴离子交换法的作用是相同的。萃取工艺是在粗钨酸钠溶液中采用经典工艺除磷、砷、硅、钼等杂质后进行的。

叔胺萃取剂萃取的过程，实质上是水相和有机相之间进行的离子交换过程。萃取过程包括有机相酸化、萃取、水洗和反萃几个阶段，各阶段有关的反应和原理简述如下。

A　有机相的酸化

采用叔胺（R_3N）萃取金属时，首先要与无机酸形成胺盐后，才能萃取金属络阴离子。所以萃取前，有机相必须进行酸化，叔胺在酸化过程中转化为胺盐。

$$2R_3N(O) + H_2SO_4 \Longrightarrow (R_3NH)_2SO_4(O) \tag{4-21}$$

在高酸度下，则会生成硫酸氢盐：

$$2R_3N(O) + 2H_2SO_4 = [(R_3NH)HSO_4]_2(O) \tag{4-22}$$

B 萃取

Na_2WO_4溶液除杂后酸化至 pH 值为 2~3 时，钨酸根离子聚合成 $(W_{12}O_{39})^{6-}$ 或 $(H_2W_{12}O_{40})^{6-}$。将此溶液和酸化后的有机相混合，会发生偏钨酸根与有机相中胺盐的 SO_4^{2-} 或 HSO_4^- 的交换反应，钨形成萃合物进入有机相：

$$4(R_3NH)HSO_4(O) + (W_{12}O_{39})^{6-}(aq) + 2H^+(aq) = (R_3NH)_4H_2W_{12}O_{39}(O) + 4HSO_4^-(aq) \tag{4-23}$$

$$3(R_3NH)_2SO_4(O) + (H_2W_{12}O_{40})^{6-}(aq) = (R_3NH)_6H_2W_{12}O_{40}(O) + 3SO_4^{2-}(aq) \tag{4-24}$$

$$5(R_3NH)_2SO_4(O) + 2(H_2W_{12}O_{40})^{6-}(aq) + 2H^+ = 2(R_3NH)_5H(H_2W_{12}O_{40})(O) + 5SO_4^{2-}(aq) \tag{4-25}$$

式中，O 为有机相，aq 为水相。

C 水洗

将负载有机相与纯水混合后分相，使有机相夹带的 Na^+ 和 SO_4^{2-} 转入水相，此过程不发生化学反应。

D 反萃

为了直接获得 $(NH_4)_2WO_4$ 溶液，工业上一般用氨水来反萃钨。对于不同的萃合物，其反应分别为：

$$(R_3NH)_4H_2W_{12}O_{39}(O) + 24NH_4OH(aq) = 4R_3N(O) + 12(NH_4)_2WO_4(aq) + 15H_2O \tag{4-26}$$

$$(R_3NH)_6(H_2W_{12}O_{40})(O) + 24NH_4OH(aq) = 6R_3N(O) + 12(NH_4)_2WO_4(aq) + 16H_2O \tag{4-27}$$

$$(R_3NH)_5H(H_2W_{12}O_{40})(O) + 24NH_4OH(aq) = 5R_3N(O) + 12(NH_4)_2WO_4(aq) + 16H_2O \tag{4-28}$$

萃取工艺的最大优点就是效率高，但挥发有机相气味大，操作环境差，工艺控制难度大。

4.2.2.3 离子交换工艺

离子交换技术已在钨冶炼中得到广泛的应用，其典型工艺是强碱性阴离子交换树脂处理粗钨酸钠溶液净化除杂并转型的钨离子交换工艺。另外从各种钨的废液和极稀溶液中用离子交换法富积提取钨的工艺也具有极好的工业应用前景。

强碱性阴离子交换树脂处理粗钨酸钠溶液净化除杂并转型工艺是我国在 20 世纪 70 年代开发出来的钨离子交换工艺，我国大多数的钨冶炼企业采用该工艺制备钨酸铵溶液。

离子交换法处理钨酸钠溶液制备纯钨酸铵的过程原则上要经过稀释、吸附、淋洗和解吸这四大步骤，但当处理标准黑钨精矿时，原料液中杂质较少，一般不需要淋洗除杂，只要用水和去离子水清洗负载钨的树脂后直接解吸，便可获得纯钨酸铵溶液。另外，离子交换工艺的除杂能力有限，特别是不具备分离钼的能力。

粗钨酸钠溶液净化并转型的离子交换工艺采用的树脂为强碱性阴离子交换树脂，工业应用的国产树脂牌号为 201×7 型、W_A 型、D201 型，这些树脂的交换原理和工艺过程的影响因素都是相同的，只是 W_A 型树脂的交换容量更高些。

A　吸附

经稀释后的粗钨酸钠溶液一般含有 4g/L 以上的 NaOH，溶液 pH 值一般大于 13，存在的阴离子除 WO_4^{2-} 外，主要有 MoO_4^{2-}、AsO_4^{3-}、PO_4^{3-}、SiO_3^{2-}、Cl^-、OH^-、F^-、SnO_3^{2-} 等。这些离子对强碱性阴离子交换树脂的亲和力的大小顺序大致为，$WO_4^{2-} \approx MoO_4^{2-} > AsO_4^{3-} > PO_4^{3-} > SnO_3^{2-} > SiO_3^{2-} > Cl^- > OH^- > F^-$。利用这些阴离子性质上的差别，可实现钨在树脂上的优先吸附和分离磷、砷、硅、锡、氟等杂质。

阴离子树脂在吸附开始前，一般用盐酸溶液将其转化为 Cl^- 型树脂。当稀钨酸钠溶液流经 Cl^- 型强碱性阴离子树脂层时，会发生下列离子交换反应：

$$2R_4NCl + WO_4^{2-} = (R_4N)_2WO_4 + 2Cl^- \tag{4-29}$$

$$2R_4NCl + MoO_4^{2-} = (R_4N)_2MoO_4 + 2Cl^- \tag{4-30}$$

$$3R_4NCl + AsO_4^{3-} = (R_4N)_3AsO_4 + 3Cl^- \tag{4-31}$$

$$3R_4NCl + PO_4^{3-} = (R_4N)_3PO_4 + 3Cl^- \tag{4-32}$$

$$2R_4NCl + SnO_3^{2-} = (R_4N)_2SnO_3 + 2Cl^- \tag{4-33}$$

$$2R_4NCl + SiO_3^{2-} = (R_4N)_2SiO_3 + 2Cl^- \tag{4-34}$$

当吸附不断进行，钨酸钠溶液不断流入交换柱时，某些已吸附到树脂上的杂质阴离子会被浓度较高的 WO_4^{2-} 置换下来，逐渐转移到交换柱的下层树脂上，最终逐渐从树脂上被置换下来进入交换液，从而实现钨与杂质的分离。这种置换反应可表示为：

$$2(R_4N)_3AsO_4 + 3WO_4^{2-} = 3(R_4N)_2WO_4 + 2AsO_4^{3-} \tag{4-35}$$

$$2(R_4N)_3PO_4 + 3WO_4^{2-} = 3(R_4N)_2WO_4 + 2PO_4^{3-} \tag{4-36}$$

$$(R_4N)_2SnO_3 + WO_4^{2-} = (R_4N)_2WO_4 + SnO_3^{2-} \tag{4-37}$$

$$(R_4N)_2SiO_3 + WO_4^{2-} = (R_4N)_2WO_4 + SiO_3^{2-} \tag{4-38}$$

树脂上钨的吸附量饱和度越大，这些杂质的除去率越高。因此，采用钨的饱和吸附方式，能够获得很高的除杂效果，但 MoO_4^{2-} 对树脂的亲和力与 WO_4^{2-} 相近，所以不能被 WO_4^{2-} 从树脂上置换下来，在钨离子交换过程中分离 MoO_4^{2-} 是困难的。

吸附过程的另一个重要的技术指标是树脂对钨的交换容量，其可以用饱和容量或穿透容量来表示，饱和容量主要由树脂的本性决定，而穿透容量则与料液中的 WO_3 浓度、NaOH 浓度、Cl^- 浓度及交换线速度等多种因素有关。

B　淋洗

对一些含杂质高的钨酸钠溶液，当流出液中有 WO_4^{2-} 穿透时，即停止吸附，此时树脂层上的杂质离子还没有完全被 WO_4^{2-} 置换下来，故需进行淋洗，进一步除去吸附在树脂上的杂质。

淋洗是利用浓度较低的 NaCl 和 NaOH 溶液作淋洗剂，让其流过树脂层，其中的 Cl^- 和 OH^- 离子可将已吸附在树脂上的杂质离子置换下来，其反应为：

$$(R_4N)_3AsO_4 + 3Cl^- = 3R_4NCl + AsO_4^{3-} \tag{4-39}$$

淋洗剂中 Cl^- 浓度不能过高，否则 WO_4^{2-} 也会被置换下来造成钨的损失。

C　解吸

当吸附有 WO_4^{2-} 的树脂与浓的 Cl^- 溶液接触时，Cl^- 将树脂上吸附的 WO_4^{2-} 置换下来，使之进入溶液，同时树脂重新转化为 Cl⁻ 型，可作下一周期的吸附用，这一过程就是解吸。解吸反应为：

$$(R_4N)_2WO_4 + 2Cl^- \Longrightarrow 2R_4NCl + WO_4^{2-} \tag{4-40}$$

$$(R_4N)_2MoO_4 + 2Cl^- \Longrightarrow 2R_4NCl + MoO_4^{2-} \tag{4-41}$$

一般用 NH_4Cl+NH_4OH 的混合液作解吸剂，采用 NH_4Cl 的目的一方面是利用其中 Cl⁻ 去解吸树脂上的 WO_4^{2-}，另一方面可使解吸得到的钨转型为 $(NH_4)_4WO_4$ 溶液，便于直接制取 APT，在解吸剂中加 NH_4OH，可使解吸流出液保持必需的碱度，防止 APT 在解吸过程中析出造成树脂板结，确保解吸过程能顺利进行。

解吸过程中，杂质在解吸液中的分布是不均匀的，与树脂亲和力小的杂质离子最先被解吸下来，为此可以将解吸液分段处理，含杂质高的前段解吸液除杂后返回主流程，中间段的溶液 WO_3 浓度高，杂质含量低，可直接结晶制取 APT，而后段的溶液中含 Cl⁻ 高，可收集返回作解吸剂用。

离子交换工艺的缺点就是耗水量大，效率比萃取工艺低 1~2 倍。

4.2.2.4　钨酸铵溶液除杂

由于离子交换工艺除杂能力有限，所以为了获得质量好的钨酸铵溶液，需要将离子交换获得的溶液进行净化，李洪桂等人研究了选择性沉淀法除钼工艺。该方法也是先往钨酸盐溶液中加硫化剂使 MoO_4^{2-} 转化为 MoS_4^{2-}，在不需煮沸和调解 pH 值的情况下，加入铜盐为沉淀剂，使钼沉淀，再经过滤除去钼沉淀渣。该方法特别适合钨酸铵溶液中除钼，与 MoS_3 沉淀法比较，具有操作简单，酸碱试剂消耗小，操作环境好等优点，且在除钼的同时还可除去一部分砷、锑、锡等杂质。该技术已在工业中应用，除钼率为 96%~98%。因在铵盐溶液中，铜可生成铜铵络离子，故可避免 APT 结晶中铜超标。

应当指出，上述工艺不能截然分开，它们之中的某些工序是相通的，可以综合起来应用。而且，由于资源形势紧张，钨冶炼行业所用钨矿原料的质量都有所降低，低品位矿及高杂质含量的矿占了原料的大多数，因此，粗钨酸钠溶液的质量很不好，特别是其中的砷、锡、钼等，仅仅应用上述工艺，经常会出现质量问题。近年来，各钨冶炼企业以及很多科研院所对完善和改进纯钨化合物的制取工艺进行了相当多的研究。如：从碱性介质中萃钨并分离杂质制取纯钨化合物；离子交换法分离钨钼等等。

4.2.3　仲钨酸铵结晶

从钨酸铵溶液中结晶析出仲钨酸铵（APT）是整个钨冶炼过程中重要的工序之一。无论是采用经典的化学沉淀法还是离子交换法或萃取法来制取纯钨化合物，最后均要经过本工序生产出合格的 APT。随着现代科学技术的飞速发展，对钨的中间产品 APT 的质量要求也越来越严格，不仅对 APT 的化学成分提出了更高的要求，而且由于后续工序生产的氧化钨、钨粉的形貌与粒度与 APT 有遗传关系，因此对 APT 的物理性能，如粒度大小、粒度分布、晶体形貌等也提出了更严格的要求。结晶工序不仅要进一步分离杂质，还需要控制产品 APT 的粒度。

4.2.3.1　结晶工艺

工业上制取 APT 的原料为经过净化提纯所得的仲钨酸铵溶液，从理论上来说，结晶方法有蒸发结晶法、中和结晶法，此外还有冷冻结晶法。目前工业上应用的主要是蒸发结晶法。其反应为：

$$12(NH_4)_2 \cdot WO_4 \Longleftrightarrow (NH_4)_{10} \cdot W_{12}O_{41} \cdot 5H_2O + 14NH_3 + 2H_2O \qquad (4\text{-}42)$$

相对于其他结晶方法而言，蒸发结晶法的重要特点是：在结晶过程中大部分的杂质都是富集在水相，在结晶的后期析出。因此，控制适当的结晶率，则可使产出的 APT 纯度比原始溶液高，某些杂质如磷的相对含量可降为原有的 20% 左右。

工业应用的蒸发结晶工艺分为间歇结晶工艺和连续结晶工艺。

间歇结晶工艺是分批间断式作业，反应在搪瓷反应器中进行。间歇结晶的结晶率一般可以达到 90%~95%，若产品纯度要求高，则结晶率可控制低些。

连续蒸发结晶工艺是在连续结晶器中进行的。由于连续蒸发结晶的一次结晶率只有 80%~90%，所以一次结晶母液需要进入间歇结晶槽进行二次结晶。连续结晶可获得成分和粒度分布均匀的 APT 产品，过程连续，质量稳定，产能大。

4.2.3.2   APT 粒度的控制

从 $(NH_4)_2WO_4$ 溶液中结晶出 APT，就其结晶化学过程来说是化学反应和蒸发结晶。$(NH_4)_2WO_4$ 溶液中钨酸根是正钨酸根，而 APT 中钨酸根是钨的聚钨酸根即仲钨酸根。APT 的结晶过程要由正钨酸根转变为仲钨酸根，即首先进行钨酸根的形态转变后才能析出 APT 晶体，化学反应为：

$$12WO_4^{2-} + 14NH_4^+ \longrightarrow (H_2W_{12}O_{42})^{10-} + 14NH_3 \uparrow + 6H_2O \qquad (4\text{-}43)$$

$(NH_4)_2WO_4$ 溶液中钨的浓度远大于 APT 的饱和溶解度，就饱和溶解度而言，$(NH_4)_2WO_4$ 溶液处于亚稳态，只要完成上述反应式（4-43），APT 晶体立即就可产生。最初析出的是 APT 晶核，晶核发育成长。

为了获得粒度粗、分布窄的 APT，国内许多冶金科技工作者作了大量的研究工作。研究认为，影响 APT 晶体的物理性能（粒度及粒度分布、形貌、密度等）的因素主要有：结晶温度、溶液过饱和度、搅拌强度、蒸发速率和结晶率等。

4.2.3.3   结晶过程中的杂质行为

在蒸发结晶或中和结晶过程中，大部分杂质比 APT 难结晶，被富集在母液中，因而先析出的 APT 纯度往往比原始 $(NH_4)_2WO_4$ 溶液要高得多。表 4-1 列举结晶率为 90% 时的仲钨酸铵结晶及母液中的化学成分，APT 中杂质含量比原始 $(NH_4)_2WO_4$ 溶液中的杂质要低得多，可见结晶过程具有净化作用。

表 4-1   APT 结晶及其母液的典型杂质含量（美国特立戴恩-华昌公司）

溶　液	杂质含量/%			
	$w(Mo)$	$w(Si)$	$w(P)$	$w(As)$
钨酸铵溶液	0.10~0.18	0.10~0.20	0.007~0.015	0.002~0.004
APT	0.03~0.07	< 0.001	0.002~0.005	< 0.001
母液	1.10	0.70	0.020	0.025

结晶除杂率与钨的结晶率有关，随着钨结晶率的升高，杂质析出率迅速增加，以 Mo 的结晶析出为例：当钨的结晶率为 60% 时，钼结晶率仅 5%，当钨结晶率提高到 80% 时，

则钼的析出率增加近 4 倍达 20%。实际生产中可根据原料的成分及对产品的要求来控制钨的结晶率。

4.2.3.4 APT 的形貌及晶体结构

APT 的分子式为 $(NH_4)_{10}(H_2W_{12}O_{42})\cdot 4H_2O$（仲钨酸铵），商业化生产中 APT 粉末 Fsss 粒度一般为 $28\sim 60\mu m$，其不同的生产工艺生产的 APT 形貌如图 4-3 所示。由图可见 APT 形状为方块状，颗粒生长不规则，存在不均匀现象，有许多相粘连颗粒，颗粒中夹有许多细小颗粒，颗粒中存在有许多微裂纹。APT 的晶体结构如图 4-4 所示，为斜方结构。

图 4-3 APT 形貌

4.2.4 偏钨酸铵的制取

偏钨酸铵由于在水中的溶解度大，在制备含钨催化剂等化工材料方面广泛用它来作为钨的中间化合物。

工业上制备偏钨酸铵的原料主要是仲钨酸铵，亦有许多学者研究从钨酸铵溶液中直接制取。现在工业上主要是用热分解法制取。

（1）热分解法从仲钨酸铵制取偏钨酸铵。热分解的原理是控制适当的温度，使 APT 转化为偏钨酸铵，然后用水做浸出剂将煅烧处理后的 APT 浸出，浸出过程控制 pH 值为 $3\sim 4$，浸出后过滤，结晶出偏钨酸铵。

（2）离子交换法从钨酸铵溶液制备偏钨酸铵。

（3）硝酸中和法从钨酸铵溶液中制取偏钨酸铵。

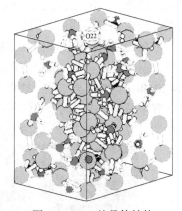

图 4-4 APT 的晶体结构

4.3 氧化钨的生产

氧化钨工业化生产的产品主要有黄钨、蓝钨和紫钨。其中的蓝钨，实际上是 WO_3、$WO_{2.9}$、$W_{20}O_{58}$、ATB、$W_{18}O_{49}$ 等的多相混合物。所有的氧化钨都是以 APT 为原料，通过控制煅烧工艺获得的。

4.3.1 三氧化钨的生产

三氧化钨（α-WO$_3$）因呈黄色又名黄色氧化钨。WO_3 的实测密度为 $7.21\sim 7.30g/cm^3$，

熔点为 1472℃。在大于 750℃时开始升华，在有水蒸气存在时其挥发性显著增加；沸点为 1738℃。由于 WO_3 具有明亮的黄色，在油彩和水彩中被用作颜料。

用热重分析法研究在空气中 $APT \cdot 4H_2O$ 热解过程的结果，认为 $APT \cdot 4H_2O$ 煅烧成 WO_3 的过程可以分为四个阶段：

（1）升温过程中物料干燥，至大约 100℃失去四个结晶水。

$$(NH_4)_{10}(H_2W_{12}O_{42}) \cdot 4H_2O === (NH_4)_{10}(H_2W_{12}O_{42}) + 4H_2O\uparrow \qquad (4-44)$$

相应于此反应，失重大约 2.3%。

（2）在 100~220℃之间只有 NH_3 蒸发，生成无定形偏钨酸铵（AMT）。

$$(NH_4)_{10}(H_2W_{12}O_{42}) === (NH_4)_6(H_2W_{12}O_{40}) \cdot 2H_2O + 4NH_3\uparrow \qquad (4-45)$$

上述两阶段，相应于 $APT \cdot 4H_2O$ 总失重率达 4.47%。

（3）在 220℃至大约 450℃之间，同时有 NH_3 及 H_2O 的挥发，此阶段内形成无定形铵钨青铜产品（AATB），而且在较高温度下有结晶铵钨青铜产生 $(NH_4)_xWO_3$（ATB），后者随温度提高，逐步被 WO_3 取代，方程为：

$$(NH_4)_6(H_2W_{12}O_{40}) \cdot 2H_2O \longrightarrow \cdots AATB \cdots ATB \cdots \longrightarrow 12WO_3 + 6NH_3\uparrow + 6H_2O$$

$$(4-46)$$

（4）最终当温度达 450℃以上后，只有 WO_3 存在，最终失重率超过 11.17%。

以上结果表明在 $APT \cdot 4H_2O$ 及 WO_3 之间存在不连续相。

在 $APT \cdot 4H_2O$ 变为 WO_3 的过程中，颜色的变化是非常突出的。到 240℃煅烧料呈白色或灰白色，270℃附近它由黄白色转变为黄色而且随分解程度的增加颜色变深。在 330℃附近开始由橘黄逐渐变为橘红，最后变为褐色。冷却至室温后，变为黄色 WO_3。

三氧化钨的性质，不但与原料 APT 有关，还取决于煅烧条件的控制，因此，生产三氧化钨应根据其质量要求，确定合理的原料和煅烧条件。商业化生产的三氧化钨 Fsss 粒度一般为 10~20μm，颗粒呈类球形，棱角不分明，颗粒表面缺陷较多。黄钨晶体结构有几种形式，生产过程中最易于出现的为三斜晶形，晶格常数 (a, b, c) 分别为 7.30084×10^{-10} m、7.53889×10^{-10} m、7.68962×10^{-10} m。黄色氧化钨的形貌、常见的晶体结构见图 4-5。

氧化物

$a:7.30084 \times 10^{-10}$ m

图 4-5　三氧化钨的形貌和晶体结构

4.3.2　蓝色氧化钨的生产

蓝色氧化钨（$WO_{2.9}$ 或 $W_{20}O_{58}$）是制造钨粉的重要原料之一，由于从蓝色氧化钨还原钨粉比较容易控制粒度和粒度组成，有利于在钨粉还原过程中掺入其他元素，所以蓝钨已逐渐取代三氧化钨作为生产特殊钨材钨粉的原料。

制取蓝色氧化钨主要有三种方法：APT 密闭煅烧法、APT 氢气轻度还原法和内在还原法。目前在我国工业上应用较多的是 APT 密闭煅烧法。

APT 密闭煅烧法其实质就是在加热分解过程中，始终保持炉内（体系）有一定的正压，使空气不能进入炉内，APT 分解产生的氨可以裂解出氢和氮，使炉内保持弱还原性气氛，最终产物为蓝色氧化钨，为了调节产物的相组成，还可以向炉内补充一点氨。

APT 氢气轻度还原法一般在多管炉中进行，APT 装舟后，置于炉管内加热分解，往炉管内送入氢气，使炉管内保持还原性气氛，分解的气体产物和废气排至炉管外点火烧掉。产出的蓝色氧化钨的相组成可以通过控制氢气流量、还原温度和推舟速度调节。

蓝色氧化钨的形貌、晶体结构见图 4-6。商业化生产的蓝色氧化钨 Fsss 粒度一般为 $10\sim20\mu m$，颗粒呈类球形，表面缺陷较多，其中一些颗粒表面存在裂纹。蓝钨晶体结构有几种形式，生产过程中最易于出现的为单斜晶形，晶格常数（a，b，c）分别为 $7.30084\times 10^{-10} m$，$7.53889^{-10} m$，$7.68962^{-10} m$。蓝色氧化钨的形貌、常见的晶体结构见图 4-6。

×300 50μm

图 4-6 蓝色氧化钨的形貌和晶体结构

4.3.3 紫色氧化钨的生产

紫钨（$WO_{2.72}$ 或 $W_{18}O_{49}$）是株洲硬质合金厂与中南大学陈绍依教授合作开发出的氧化钨产品，由于其是制取超细钨粉和超细碳化钨粉的理想原料，因此很快就在生产中得到了应用。

紫钨的工业生产方法与蓝钨类似，也是采用 APT 密闭煅烧，只是工艺条件的控制不同。紫钨颗粒由许多针状或棒状长条组成，形成一个连接较紧密的集合体。紫钨晶体结构有几种形式，生产过程中最易于出现的为单斜晶形，晶格常数（a，b，c）分别为 $18.3182\times10^{-10} m$，$3.7828\times10^{-10} m$，$14.0280\times10^{-10} m$。紫色氧化钨的形貌、常见的晶体结构见图 4-7。

4.3.4 氧化钨产品质量的控制

氧化钨的产品质量包括化学性能和物理性能，对后续制备的钨粉性能影响非常巨大。化学性能包括化学成分和相成分及相组成；化学成分主要包括元素主含量和杂质元素的含

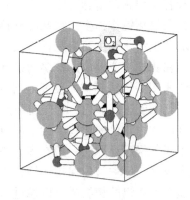

图 4-7 紫色氧化钨的形貌和晶体结构

量，其质量主要由原料 APT 决定。物理性能主要包括粒度、粒度分布和结晶形貌状态等。影响氧化钨的产品质量性能的因素有：

（1）APT 原料性能。APT 原料性能与前段工艺密切相关，如，采用萃取工艺还是离子交换工艺，连续结晶还是间歇式结晶等等。

（2）回转炉设备性能。

（3）煅烧工艺。

煅烧工艺包括：1）回转炉炉管的倾斜角度；2）煅烧温度与三带温度分布；3）煅烧的气氛；4）煅烧炉的转速；5）螺旋进料速度等等。

对氧化钨生产工艺技术与产品质量控制的研究在 20 世纪 80 年代进入一个小的高峰期，全国有不少高校、研究单位、企业的大批专家参与，也产生了一批有影响的成果。

5 金属钴粉和钨粉的制备与质量控制

5.1 钴粉制备

5.1.1 概述

5.1.1.1 黏结金属的选择

难熔金属碳化物的熔点高，烧结法很难使其致密，且本身强度低，无法工业使用，因此必须引入黏结金属。作为黏结金属，必须满足以下条件：

(1) 黏结金属对碳化物有良好的润湿性，液相烧结才能消除孔隙，合金致密化；

(2) 黏结金属和碳化物组成的合金有较高的强度；铜虽然对碳化物润湿，但合金强度低；

(3) 烧结过程中不与碳化物发生化学反应，形成有害的新相；

(4) 黏结金属能部分溶解碳化物，形成良好的界面，并强化黏结相；

(5) 黏结金属必须有比较高的熔点，保证合金具有一定的高温强度和硬度，满足使用要求。生产实践表明只有铁族金属铁、钴、镍适合，其中钴最好。

5.1.1.2 钴的基本性质

钴是银白色光泽、有延展性的金属，位于元素周期表第四周期第八族，原子序数为27，相对原子质量58.93，相对原子量为60的钴具有放射性。钴的密度为8.93g/cm³，熔点为1490℃，沸点3520℃。钴具有两种晶形结构，即α-Co和ε-Co。

钴有两种价态，即二价钴和三价钴。但 Co^{2+} 比 Co^{3+} 稳定，Co^{3+} 容易被还原成 Co^{2+}。钴是一种中等活泼的金属，抗腐蚀性能好，常温时，水、湿空气、碱及有机酸均对钴不起作用。钴在稀酸中比铁更难溶解，但在加热时，特别是钴呈粉末状态加热时，能与氧、硫、氯、溴发生激烈反应，还能与硅、磷、砷、锑、铝形成一系列的化合物。钴能被硫酸、盐酸、硝酸溶解形成二价钴盐，能与稀醋酸缓慢作用生成醋酸钴。

5.1.1.3 钴的用途

钴的终端消费领域主要包括：电池、高温合金、硬质合金、催化剂、磁性材料、陶瓷色釉料以及干燥剂、黏结剂等。2013年全球和中国的钴消费结构图见图5-1。钴在硬质合

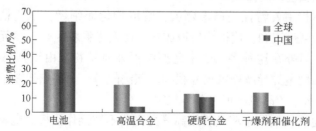

图 5-1　2013 年全球和中国钴消费结构图

金中作为金属黏结剂，借以使硬质相更好地发挥其优良的切削性能、耐磨性能及抗热、抗腐蚀性能。钴作为黏结金属，性能优于镍和铁，是目前硬质合金生产中应用最多的黏结金属。

5.1.1.4　钴的资源情况

钴作为一种重要的战略金属，在地壳中的分布较分散，含量相当低，只占 0.002%（铁占 4.2%，镍占 0.02%）。在自然界中，钴多半以化合态的形式存在。钴也常常与其他金属矿伴生，所以在一些选矿厂的尾矿中或提炼其他金属的废渣中含有一定量的钴。我国是一个钴资源贫乏的国家，世界钴资源主要分布在非洲的扎伊尔、刚果、赞比亚等国以及俄罗斯、澳大利亚等国家。

5.1.2　钴粉生产方法

（1）高压水喷雾法。高压水喷雾法是使用 5~50MPa 的高压水流，击碎处于融熔状态的金属液流制造金属粉末的方法。其生产过程是将钴块置于中频感应熔炼炉中加热熔化后静置，在静置时启动高压水雾化制粉装置，然后将金属钴液倒入漏包，漏包中的金属液经底部的漏嘴、融穿密封片后进入雾化装置，在来自环孔喷嘴的高压水流（速度约为 70~100m/s）冲击下，被击碎成无数细小液珠并迅速冷凝，形成水粉混合物坠入雾化筒体的下方稳流器中。水和粉末一面呈涡状旋转，一面受到雾化筒体下方的射吸器的吸收并送入水力旋流器，形成 2000r/min 以上的快速旋流，在离心力的作用下，金属粉末被抛向外围，从排粉口排出后落入盛粉筒中。制得的湿粉经脱水、干燥后得到土豆状的钴粉。

与还原法相比，水雾法制取钴粉，生产工艺简单、安全、无污染、工人劳动强度低，但得到的钴粉呈土豆状，且粒度相对较大。

（2）草酸钴或氧化钴还原法 。这是国内主要采用的方法。早先硬质合金使用的钴粉多数是先使草酸钴煅烧得到氧化钴，再用氢还原的方法生产的。近来，氢气直接还原草酸钴制备的钴粉市场率正在增加。还原设备主要采用回转炉、管式炉或钢带式还原炉。

采用氢还原法制取钴粉，需要消耗大量氢气，使钴粉的生产成本大大增加，制取的钴粉纯度为 99.5%，平均粒度为 0.6~1.5mm，形态呈树枝状不均匀。

（3）多元醇还原法。将钴的固体化合物如 Co_3O_4、Co_2O_3、$Co(OH)_2$、$CoC_2O_4 \cdot 2H_2O$ 等浮在一种液体多元醇或者不加水的多元醇的混合物中，然后将悬浮体加热到一定温度，在大多数情况下能够达到液相的沸点，于是这些初始化合物被还原得到金属钴粉。多元醇的作用是：一是作为液相使初始化合物处于悬浮态，其次它是一种溶剂和还原剂。这个工艺有 3 个反应过程：钴的初始化合物的溶解，在溶液中还原，溶液中金属钴相成核和生长。通常情况下以上反应同时发生。

该工艺制得的钴粉主要特征是球形颗粒，粒度均匀而细微，平均粒度为 0.1~1μm。这是因为很快到达高度过饱和，使得均匀地成核后便发生颗粒生长，多元醇在金属表面的吸附造成球形颗粒。另外在这种多元醇中还原制得金属钴粉，由于其还原温度低（大约200℃），因而其结晶度差异导致颗粒尺寸很细。该法的另一个特点还在于生产工艺简单易行、生产原料多种多样、产品粒度可以调节控制。

（4）电解法。电解法制取金属钴粉用高度抛光的不锈钢作阴极，电解钴板作阳极，电解液为氯化物水溶液。直流电通过电解槽产生钴离子并被沉积在阴极上，由此使靠近阴极面的金属离子耗尽而引起离子的扩散、对流和迁移，从而继续使从阳极获得的金属离子供给电解槽，在大电流密度下，阴极板上就不断沉积松散的金属粉末。粉末由自动刷粉机定时采集。其中电解液温度、钴离子浓度、电流密度、酸度、添加剂、刮粉时间、槽电压及阴极的形状等都对钴粉的结构和性能有一定的影响。电解的粉末通过洗涤、脱水、干燥后的钴粉氧含量较高，需采用粉末冶金还原炉进行还原处理。电解法生产的钴粉形貌为树枝状。

实践证明，与目前最常用的草酸法生产钴粉相比，电解法工艺稳定，生产的钴粉纯度高、质量稳定，压制成型性好，有利于环境保护。但由于影响最终产品的因素太多，技术掌握较难，很少将其用于大规模生产中。

（5）羰基法。羰基法是利用金属的羰基化合物进行热分解制取金属粉末的一种方法。将金属物料与一氧化碳高温合成羰基物，经过精馏成纯的羰基物，再在高温下分解成一氧化碳和金属粉末。从英国科学家蒙德（Mond）于 1890 年首先发现羰基镍以来，至今已有 30 多种元素被合成羰基金属化合物。最常见的有：$Ni(CO)_4$，$Fe(CO)_5$，$[Co(CO)_4]_2$，$Cr(CO)_6$，$W(CO)_6$ 等。使用羰基制粉法，不但可以制取微米级粉末，还可以制取纳米级粉末；不但可以制取单一纯金属及合金粉末，还可以制取包覆粉末。在羰基制粉法中，羰基镍粉和羰基铁粉产量最多，应用最广。而羰基钴粉、钼粉、钨粉等产量较少，只在特殊方面使用。

5.1.3 钴粉制取与质量控制

5.1.3.1 草酸钴的生产工艺

目前国内制取草酸钴或氧化钴的原料一般是来自非洲国家的钴精矿（或粗制碳酸钴、氢氧化钴）等，通过化学除杂后，再制取草酸钴或氧化钴。草酸钴的生产工艺流程见图 5-2。

5.1.3.2 草酸钴的生产基本原理

A 浸出或化学除杂

图 5-2a 为浸出除杂过程。

a 浸出的基本原理

浸出工序的主要任务是将各种含钴原料的钴转入溶液，并进行初步的杂质分离，主要反应机理为：

$$CoO(或 CoCO_3) + H_2SO_4 = CoSO_4 + H_2O(或 + CO_2) \tag{5-1}$$

$$NiO(或 NiCO_3) + H_2SO_4 = NiSO_4 + H_2O(或 + CO_2) \tag{5-2}$$

$$CuO(或 CuCO_3) + H_2SO_4 = CuSO_4 + H_2O(或 + CO_2) \tag{5-3}$$

$$MnO(或 MnCO_3) + H_2SO_4 = MnSO_4 + H_2O(或 + CO_2) \tag{5-4}$$

b 除铜的基本原理

除铜工序的主要任务是将硫酸钴溶液中的铜杂质去除。采用铜萃取剂萃取除铜后，铜转化成硫酸铜溶液，再进一步电解成电解铜，作为副产品。主要反应机理为：

萃取生产硫酸铜，铜萃取剂是一种特效萃取剂，在特定的条件下，只萃取铜，其他重金属离子基本上不萃取。萃取铜过程的反应为（用 RH 代表铜萃取剂）：

$$2RH + CuSO_4 = R_2Cu + H_2SO_4 \tag{5-5}$$

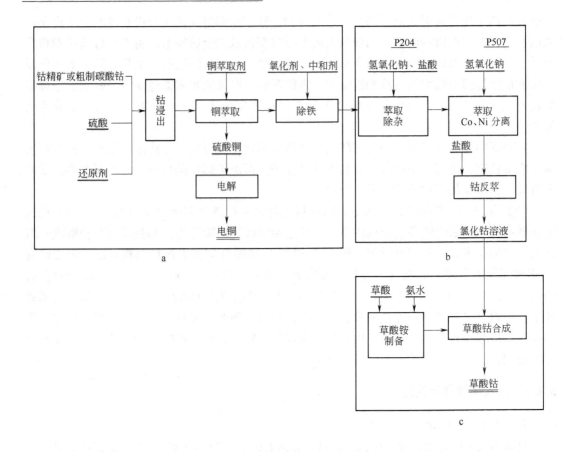

图 5-2 草酸钴生产工艺流程图

反萃取过程反应为：

$$R_2Cu + H_2SO_4 === 2RH + CuSO_4 \tag{5-6}$$

电解过程反应为：

$$Cu^{2+} + 2e === Cu \tag{5-7}$$

c 中和除铁

除铁工序的主要任务是将硫酸钴溶液中的铁杂质去除。采用氧化中和法除铁后，铁转化成氢氧化铁沉淀物经铁渣排除。主要反应机理为：

$$2NaClO_3 === 2NaCl + 3O_2 \tag{5-8}$$

$$2H_2SO_4 + 4FeSO_4 + O_2 === 2Fe_2(SO_4)_3 + 2H_2O$$

$$Fe_2(SO_4)_3 + 3Ca(OH)_2 === 2Fe(OH)_3 \downarrow + 3CaSO_4 \downarrow \tag{5-9}$$

B 萃取除杂

图 5-2b 为萃取除杂过程。

萃取工序主要任务是分离提纯硫酸钴溶液，产出纯净的氯化钴溶液。主要包括 P204 萃取除杂和 P507 钴镍萃取分离过程。

a P204 萃取除杂过程

P204 属酸性磷类萃取剂，其对某些离子的萃取能力顺序为：$Fe^{3+} > Zn^{2+} > Cu^{2+} \approx Mn^{2+} >$

$Co^{2+}>Mg^{2+}>Ni^{2+}>NH_4^+$。因此采用 P204 有机物,可以优先萃取 Fe^{3+}、Zn^{2+}、Cu^{2+} 和 Mn^{2+},达到与 Co、Ni 分离的目的。P204 负载有机相再经酸反萃,可以使 Fe^{3+}、Zn^{2+}、Cu^{2+} 和 Mn^{2+} 等再进入反萃相,并使 P204 再生。

P204 萃取除杂过程的反应为(用 RH 代表 P204):

$$RH + NaOH \Longrightarrow RNa + H_2O \tag{5-10}$$
(皂化,保持萃取过程溶液 pH 值的稳定)

$$3RNa + Fe^{3+} \Longrightarrow R_3Fe + 3Na^+ \tag{5-11}$$

$$2RNa + Zn^{2+} \Longrightarrow R_2Zn + 2Na^+ \tag{5-12}$$

$$2RNa + Cu^{2+} \Longrightarrow R_2Cu + 2Na^+ \tag{5-13}$$

$$2RNa + Mn^{2+} \Longrightarrow R_2Mn + 2Na^+ \tag{5-14}$$

P204 负载有机反萃取过程反应为: $\tag{5-15}$

$$R_3Fe + 3H^+ \Longrightarrow 3RH + Fe^{3+} \tag{5-16}$$

$$R_2Zn + 2H^+ \Longrightarrow 2RH + Zn^{2+} \tag{5-17}$$

$$R_2Cu + 2H^+ \Longrightarrow 2RH + Cu^{2+} \tag{5-18}$$

$$R_2Mn + 2H^+ \Longrightarrow 2RH + Mn^{2+} \tag{5-19}$$

b P507 萃取分离 Co、Ni 过程

P507 也属酸性磷类萃取剂,P507 对某些金属离子的萃取能力顺序为:$Fe^{3+}>Zn^{2+}>Cu^{2+} \approx Mn^{2+} \approx Ca^{2+}>Co^{2+}>Mg^{2+}>Ni^{2+}$。因此采用 P507 有机物,可以实现 Co、Ni 的萃取分离。

P507 萃取 Co 过程的反应为(用 RH 代表 P507):

$$RH + NaOH \Longrightarrow RNa + H_2O \tag{5-20}$$
(皂化,保持萃取过程溶液 pH 值的稳定)

$$2RNa + Co^{2+} \Longrightarrow R_2Co + 2Na^+ \tag{5-21}$$

Co 被萃取进入有机相,Ni 留在萃余液中,使 Co、Ni 分离。

P507 负载有机反萃取过程的反应为:

$$R_2Co + 2HCl \Longrightarrow 2RH + CoCl_2 \tag{5-22}$$

经过浸出、化学除杂、P204 萃取除杂、P507 钴镍分离萃取除杂后,得到符合硬质合金生产所需要的、杂质含量非常低的氯化钴溶液,作为制备草酸钴或氧化钴的原料。

5.1.3.3 草酸钴制备和质量控制

图 5-2c 为草酸钴制备过程。

草酸钴制备工序的主要任务是用纯净的氯化钴溶液,生产符合钴粉生产所需要的草酸钴。其主要的反应机理为:

$$H_2C_2O_4 + 2NH_3 \Longrightarrow (NH_4)_2C_2O_4 \tag{5-23}$$

$$CoCl_2 + (NH_4)_2C_2O_4 \Longrightarrow CoC_2O_4 \downarrow + 2NH_4Cl \tag{5-24}$$

草酸钴作为制取钴粉的原料,其质量对钴粉的质量密切相关。

(1)化学除杂和萃取除杂工序决定了草酸钴的纯度,也就决定了钴粉的纯度。因此要得到高纯的钴粉,在化学除杂和萃取除杂过程中应严格把关。

（2）草酸钴制备过程决定了草酸钴的粒度、形貌和粒度分布。钴粉的粒度、形貌和粒度分布与草酸钴的粒度、形貌以及粒度分布具有密切相关性。因此草酸钴制备过程是质量控制的关键。

不同形貌的草酸钴制取的钴粉形貌不同。如图 5-3 所示，针状草酸钴制取的钴粉是树枝状的，而近球状草酸钴制取的钴粉是近球状的。

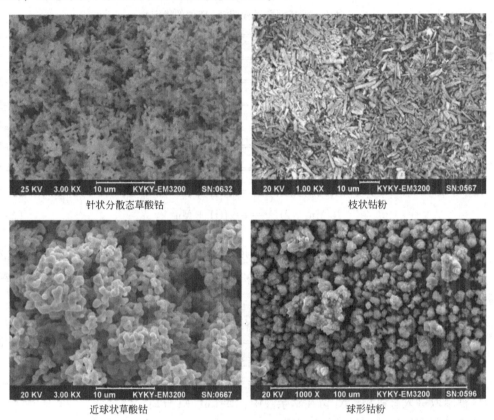

针状分散态草酸钴　　　　　　　　枝状钴粉

近球状草酸钴　　　　　　　　球形钴粉

图 5-3　不同形貌的草酸钴及其制取的钴粉形貌

5.1.3.4　还原法制取钴粉的生产及质量控制

A　生产基本原理

还原法制取钴粉是用草酸钴（或氧化钴）在高温条件下通氢还原制取的。干燥的草酸钴（或氧化钴）在两管还原炉中用氢气还原成钴粉，反应分两步进行，首先是草酸钴在高温下分解成氧化钴，然后氧化钴被氢气还原成钴粉。氢气具有很好还原性，具有最大的扩散速度和很高的导热性。在一定的温度条件下，氢和氧的亲和力大于钴和氧的亲和力，因此，氢能从氧化钴中夺取氧，使其还原成低价氧化物或金属钴粉。反应方程式为：

$$CoC_2O_4 \cdot 2H_2O = CoC_2O_4 + 2H_2O \tag{5-25}$$

$$2CoC_2O_4 = Co_2O_3 + 3CO + CO_2 \tag{5-26}$$

$$Co_2O_3 + 3H_2 = 2Co + 3H_2O \tag{5-27}$$

还原好的海绵钴在振动过筛机中过筛或在气流粉碎机（或者绞碎机）中粉碎后再过

筛，筛网网目根据客户要求而定。然后在双锥混合器中混合合批。由于钴粉的活性很大，在空气中容易氧化，钴粉的包装采用真空包装或充惰性气体包装。

B 影响钴粉还原的主要因素

（1）还原温度：还原温度越高，粉末长大越明显。细颗粒的还原温度要低，粗颗粒的还原温度要高。

（2）氢气流量及其湿度：H_2 流量小，反应空间水蒸气浓度大，氧化-还原长大的机会多，粉末粒度就粗。H_2 露点高，H_2 中湿度大，反应空间的水蒸气浓度大，氧化-还原长大的机会多，颗粒易长大。

（3）推舟速度：推舟速度快，氧化物在高温还原的时间少，粉末粒度变细。

（4）装舟量：装舟量愈多，料层愈厚，反应空间的水蒸气浓度大，有利于氧化-还原长大。料层厚，还原到底部的时间延长，给粒度长大造成了较多的机会。同一舟皿，表面先还原，下部后还原，所以表层粒度细，底部粒度粗，料层越厚越明显。

（5）草酸钴粒度：如果草酸钴的粒度细，则还原的钴粉粒度就细。

钴粉由于粒度很细，表面活性很大，在空气中容易氧化，同时，钴粉也容易吸附空气中的水分，尤其是空气湿度较高的情况下。在生产实践中发现，钴粉含氧量随室温升高而增大，当室温高于 30℃ 时，钴粉很容易被氧化。为了防止钴粉出炉后被氧化，可采用惰性气体加以保护，常使用的保护气体是 CO_2，因为 CO_2 的密度比空气大，在空气中易保存，不会很快跑掉，且成本较低。

钴粉目前暂无国家标准，钴粉的有色金属工业行业标准为 YS/T 673—2008《还原钴粉》。还原钴粉按其化学成分和物理性能分为 FCoH-1、FCoH-2 和 FCoH-3 三个牌号，H 表示产品是通过还原方法生产的。

5.2 钨粉的制备

超细颗粒钨粉呈黑色，细颗粒钨粉呈深灰色，粗颗粒钨粉则呈浅灰色，并具有金属光泽。金属钨粉可采用还原氧化钨的方法制取，主要还原方法有氢还原和碳还原两种。目前通常采用氢还原法，高温下氢与氧的亲和力比钨与氧的亲和力大，所以三氧化钨在 380~400℃ 开始被氢气还原，在 630℃ 以上氢气可将二氧化钨还原成钨粉。氢还原法制得的钨粉纯度较高，且易于控制粉末的粒度。在没有氢气的情况下，碳还原法也是可用的，其优点是炭黑价格低廉，又易于获得，但粉末的粒度不易控制。

用氢气还原钨氧化物制备钨粉有一次还原法，也有将 WO_3 先还原成 WO_2，再还原成 W 粉的多阶段还原法。目前的生产工艺中，钨粉通常采用一阶段直接还原法制取。此外还有将仲钨酸铵直接还原成钨粉的。有些特殊用途的钨也采用卤化物还原法制备，还有铝热法还原矿石粉而制备。2000 年以来，用紫钨氢还原制备超细钨粉的工艺得到广泛推广。

5.2.1 钨的化学性质

金属钨主要具有以下化学性质：

（1）氧化。在 400℃ 以下，钨按抛物线速率氧化，生成黏附的蓝色氧化层。在高于 1100℃ 时，则按线性速率氧化。在 400~1100℃ 之间的中等温度范围内，钨以混合速率氧化。高于500℃时，氧化膜出现裂纹。在800℃以上时，WO_3升华显著。超过1100℃时，WO_3的升华速度与其形成速度相当。

（2）硼化。钨的硼化物有四种形式：W_2B、WB、W_2B_5和WB_4。钨的硼化物通常用烧结钨粉和硼的方法制取。其他方法包括用铝还原WO_2和B_2O_3氧化物的混合物、熔盐电解沉积法等。

（3）碳化。钨在800℃以上，可以与炭黑或含碳气体生成W_2C和WC，随着温度升高，碳化速度加快，晶粒长粗。

（4）氮化。在1200~2400℃间，钨能溶解0.2%~0.5%（原子分数）的氮。在825~875℃下直接向钨粉通入氨便可得到W_2N。在纯氮气氛下于2500℃时加热钨丝生成WN_2。

（5）卤化。钨粉与氟、氯等卤族元素直接反应，反应温度为350~400℃，钨的常见卤化物存在形式主要有：WF_4、WF_6、WCl_6等。

5.2.2 氢还原氧化钨制取钨粉的基本原理

用氢气还原三氧化钨过程的总反应式：

$$WO_3 + 3H_2 \Longrightarrow W + 3H_2O \uparrow \tag{5-28}$$

由于钨有四种比较稳定的氧化物，还原反应实际上是分四阶段进行的，即

$$WO_3 + 0.1H_2 \Longrightarrow WO_{2.90} + 0.1H_2O \uparrow \tag{5-29}$$

$$WO_{2.90} + 0.18H_2 \Longrightarrow WO_{2.72} + 0.18H_2O \uparrow \tag{5-30}$$

$$WO_{2.72} + 0.72H_2 \Longrightarrow WO_2 + 0.72H_2O \uparrow \tag{5-31}$$

$$WO_2 + 2H_2 \Longrightarrow W + 2H_2O \uparrow \tag{5-32}$$

上述反应都是吸热反应，反应平衡常数随温度的升高而增大。平衡常数用水蒸气分压和H_2分压表示：

$$K_p = \frac{P_{H_2O}}{P_{H_2}} \tag{5-33}$$

从表5-1中的数据可以看出，还原反应的可能性取决于K_p值的大小。随着温度的升高，各反应阶段的平衡常数值增大，有利于反应朝着还原方向进行。

表5-1 钨的氧化物还原反应平衡常数与温度的关系

WO3→WO2.90		WO2.90→WO2.72		WO2.72→WO2		WO2→W	
T/K	K_p	T/K	K_p	T/K	K_p	T/K	K_p
—	—	873	0.876	873	0.7465	873	0.0987
903	2.73	903	1.29	903	0.8090		
—	—	918	1.59	—	—	—	—
—	—	961	2.60	—	—	—	—
965	4.73	965	2.78	965	0.9297	965	0.1768
1023	7.73	1023	4.91	1023	1.05	1023	0.2095
—	—	1064	7.64	1064	1.138	1064	0.2946
—	—	—	—	—	—	1116	0.3711
—	—	—	—	—	—	1154	0.4358
—	—	—	—	—	—	1223	0.5617

从表 5-2 中的数据可以看出，低价氧化物比高价氧化物更难还原，如在一定的温度下，即使是水蒸气分压大于氢气分压（决定于平衡常数），由高价氧化物还原成低价氧化物（$WO_3 \rightarrow WO_{2.90} \rightarrow WO_{2.72} \rightarrow WO_2$）的反应仍能进行。而在同样温度下由低价氧化物还原成钨粉（$WO_2 \rightarrow W$）时，只有氢气分压大于水蒸气分压时（取决于平衡常数），反应才能进行。

表 5-2　在氢气中还原三氧化钨气相平衡组分与温度的关系

反 应 过 程	温度/℃	气相平衡组分/%	
		H_2O	H_2
$WO_3 \rightarrow WO_{2.90}$	630	74	26
	750	89	11
$WO_{2.9} \rightarrow WO_{2.72}$	630	57	43
	750	83	17
$WO_{2.72} \rightarrow WO_2$	630	45	55
	750	50	50
$WO_2 \rightarrow W$	600	9	91
	750	17	83
	843	27	73
	881	30	70
	950	36	64

四种氧化钨还原反应的平衡常数与温度的关系可分别用下列方程式表示：

$$\lg K_{P_1} = -\frac{3266.9}{T} + 4.0667 \tag{5-34}$$

$$\lg K_{P_2} = -\frac{4508}{T} + 5.1086 \tag{5-35}$$

$$\lg K_{P_3} = -\frac{904}{T} + 0.9054 \tag{5-36}$$

$$\lg K_{P_4} = -\frac{2325}{T} + 1.650 \tag{5-37}$$

上述反应都是可逆的，其反应方向决定于温度、水蒸气和氢气的浓度。实际上，WO_3 还原并非严格遵守四个阶段的顺序（$WO_3 \rightarrow WO_{2.90} \rightarrow WO_{2.72} \rightarrow WO_2$）。在 WO_3 的氢气还原过程中，$WO_{2.90}$ 是不可避免的阶段。

WO_3、$WO_{2.90}$、$WO_{2.72}$、WO_2、W 相在不同温度和 K_p 条件下的存在区域，如图 5-4 所示。随着温度的升高，平衡常数增大，即水蒸气增大，氢气的平衡浓度减少，从而不断地改变反应的平衡条件，使反应继续朝着还原的方向进行。

在相同的温度（如 750℃）下，还原的阶段不同，反应的平衡气相组分也不同，被还原的氧化物价数越低，气相中氢气的平衡浓度就越大，因此，如果在生产中采用两阶段还原，第二阶段还原则需要更大的氢气流量。对同一反应阶段而言（如 $WO_2 \rightarrow W$），温度升高气相中水蒸气的平衡浓度增加，反应进行更充分。

以上是从热力学观点讨论还原温度、氢气组分对钨粉还原过程的影响，这只说明还原过程反应进行的程度，即在什么条件下还原反应才能进行。

有关反应速度的问题，需要从化学动力学方面去解决，即从化学反应中找出影响反应速度的主要因素，从而调整工艺条件，以加速反应过程，提高生产效率。在生产实践中，还原二氧化钨使用的氢气流量通常比理论计算量高出好几倍，而且要求氢气的含水量也低得多，因而反应空间的水蒸气被迅速带走，生产条件始终保持在热力学许可的范围内，不断地打破反应的平衡状态，促使反应迅速进行，连续地获得还原产物——钨粉。

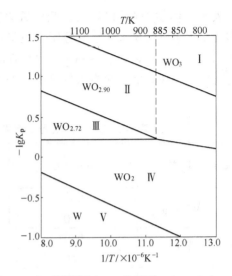

图 5-4   在不同温度和 K_p 条件下 WO_3、$WO_{2.90}$、$WO_{2.72}$、WO_2、W 相的存在区域

5.2.3 粉末粒度长大机理

在 $WO_3 \rightarrow WO_2 \rightarrow W$ 的还原过程中，粉末粒度通常会长大，其变化情况见表 5-3。

表 5-3   由三氧化钨还原成钨粉过程中粒度的变化

类 别	WO_3			WO_2			W		
	甲醇吸附值 /mg·g^{-1}	松装密度 /g·cm^{-3}	平均粒度 /mm	甲醇吸附值 /mg·g^{-1}	松装密度 /g·cm^{-3}	平均粒度 /mm	甲醇吸附值 /mg·g^{-1}	松装密度 /g·cm^{-3}	平均粒度 /mm
细颗粒	1.743	0.68	0.27	0.408	0.94	0.62	0.224	2.23	0.78
中颗粒	1.224	0.69	0.37	0.204	1.08	1.545	0.107	3.38	1.89
粗颗粒	1.280	0.68	0.37	—	—	—	—	10.28	51.45

还原过程中钨粉颗粒长大的机理是升华-沉积引起的，同时还有部分颗粒发生氧化-还原长大和烧结再结晶。碱金属和碱土金属对钨粉颗粒长大有明显的促进作用。

（1）升华-沉积长大。钨氧化物具有挥发性，当温度高于 600℃ 时，在有水蒸气的情况下，显著升华，生成 $WO_3 \cdot nH_2O$、$WO_{2.90} \cdot nH_2O$、$WO_2 \cdot nH_2O$ 等类型的化合物。挥发的 $WO_3 \cdot nH_2O$、$WO_{2.90} \cdot nH_2O$、$WO_2 \cdot nH_2O$ 被 H_2 还原后沉积在已生成的钨颗粒上而长大。随着温度的升高，钨氧化物挥发性增大，从而钨粉长大更显著。

同时，实验表明，氧化钨的挥发性与水蒸气存在着密切的关系。在干燥氢气中，或在中性气氛和真空下，即使在 1000℃ 下氧化钨的挥发也很小，但是在潮湿的空气中煅烧时，挥发损失则成倍地增加。因此也可以推断，氧化钨的挥发性，是它与水蒸气相互作用的结果。有人认为，三氧化钨与水蒸气作用，能生成成分为 $WO_2(OH)_2$ 的气态物质。水蒸气浓度愈大，这种气态物质生成量也愈多。

氧化钨的挥发性与其含氧量共增：三氧化钨在 400℃下开始挥发，在 850~950℃下则显著挥发，每小时损失甚至达 0.4%~0.6%；而二氧化钨则在 1050℃下才显著挥发。众所周知，还原温度愈高，或者，在同一温度下三氧化钨颗粒愈细，则其蒸汽压愈大，因而颗粒长大的倾向也愈大。

（2）氧化-还原长大。还原反应均为可逆反应，被还原的低价氧化钨或钨颗粒又被重新氧化成高价氧化钨，这些氧化钨再被还原并黏附在原有钨核表面，而使钨粉颗粒长大。

（3）烧结再结晶长大。在温度较高的条件下，两个或两个以上颗粒会烧结成一个粗大的颗粒。在还原过程中钨粉颗粒的长大，曾被认为是钨粉颗粒在高温下发生聚集再结晶的结果。然而实验表明，在干氢气中，或者在真空和惰性气体中，即使钨粉在 1200℃下煅烧，也未发现颗粒长大的现象。这就说明，聚集再结晶不是钨粉颗粒变粗的主要原因。

（4）碱金属、碱土金属的作用。Li、Na 等元素的添加有利于制取粗颗粒钨粉，这是因为在还原过程中钨颗粒的长大是通过化学气相迁移完成的，主要受水蒸气与氢气分压、还原温度的影响。在 Na、Li 等碱金属氧化物存在的情况下，使得氧滞留时间延长而晶粒粗化。

掺杂 Na、Li 的情况下，形成的水蒸气难以被氢气很快带走而形成非常稳定的碱金属氧化物，因此氧的滞留时间延长导致钨颗粒长大。

多位学者的研究表明：在 WO_3-$WO_{2.90}$ 反应中，粒度和形貌变化较小。WO_2 既可从 $WO_{2.90}$ 直接还原而来，也可从 $WO_{2.72}$ 生成，根据反应路径的不同，WO_2 粒度差别很大，因此 $WO_{2.90} \rightarrow WO_2$ 反应步骤对于粒度控制来说是非常重要的。干氢还原 $WO_{2.72}$ 时，可直接生成钨粉，并不经过 WO_2 阶段。也有研究者认为，粗晶钨粉的粒度受 $WO_2 \rightarrow W$ 还原条件的影响很大。

5.2.4 影响 W 粉粒度大小的因素

凡是影响氧化钨的蒸汽压和氢气湿度的因素，诸如还原温度，氢气流量及湿度，推舟速度，料层厚度，以及三氧化钨的粒度及其杂质含量等，均影响钨粉的粒度。但其中最重要的是还原温度和氢气流量及其湿度。针对制备不同粒度钨粉生产工艺，主要因素的影响见表 5-4。

表 5-4 制备不同粒度的钨粉主要因素影响大小对比

颗 粒	原 料	还原温度	装舟量	H_2 流量	推速
超细颗粒	紫钨	低	少	大	快
细颗粒	蓝钨	较低	较少	较大	快
中颗粒	蓝钨	中	中	中	稍慢
粗颗粒	黄钨或加 Na 蓝钨	高	多	小	慢
特粗颗粒	黄钨加 Li 蓝钨	高	多	小	慢

5.2.4.1 还原温度的影响

温度越高、氧化钨挥发越快，其升华-沉积长大越迅速，粉末长大越明显。

基于上述高价氧化物较低价氧化物挥发性大而又较易还原的道理，在生产实践中采用高温（950℃或950℃以上）还原制取粗颗粒钨粉，而采用相对较低的温度制取细颗粒钨粉。

在还原过程中，通过采用不同的还原温度来达到控制钨粉粒度的目的。生产实践表明，防止钨粉颗粒长大的关键是严格控制一带还原温度，因为在还原三氧化钨时产生的蒸汽压比还原二氧化钨时大，容易因挥发、沉积而使颗粒长大。同时还要严格控制二带还原温度，如果一阶段还原不充分，夹杂有 $WO_{2.90}$ 或 $WO_{2.72}$（相当于 W_4O_{11}）的蓝紫色的中间氧化物，在后面的还原过程中会由于 $WO_{2.90}$ 和 $WO_{2.72}$ 显著挥发而引起钨粉颗粒长大。

在高温还原过程中，三氧化钨在高温下急剧升华，挥发成气相的氧化钨被还原而沉积在已还原好的钨粉颗粒表面，使其颗粒长大。在生产中可以明显地看到珍珠样光亮的钨粉凝结于炉管壁上，这就是钨的氧化物挥发而后被还原的证明。

5.2.4.2　氢气湿度及其流量的影响

在连续的氢气流中还原氧化钨时，虽然整个炉管内水蒸气的平均浓度小于在该反应温度下水蒸气的平衡浓度，但是在还原过程中由于反应生成的水蒸气未及时带走，有可能局部水蒸气浓度大大超过平均浓度，使还原好的最细的钨粉重新氧化成二氧化钨或 $WO_2(OH)_2$ 的气相物质，当它们再被氢气还原时便沉积粗粒钨粉表面上，从而细颗粒钨粉不断减少，粗颗粒钨粉不断长大。这种现象，称为钨粉的"氧化-还原"长大机理。类似的过程也发生在氧化钨的还原初期，细颗粒二氧化钨容易被氧化挥发—还原而附在二氧化钨的粗颗粒上，并且在 750~850℃时二氧化钨颗粒已经开始长大，因此在还原后期亦只能得到较粗的钨粉。

经过上述分析，氢气中的水蒸气浓度（即氢气湿度）是决定氧化物挥发程度，从而影响钨粉颗粒大小的主要原因。同时，温度对钨粉颗粒长大的影响也是通过水蒸气而起作用的。

还原过程中的氢气湿度由还原温度、装舟量、氢气流量、推舟速度几个因素共同作用的结果来决定，还原温度越高、装舟量越多、氢气流量越小、推舟速度越快，氢气湿度越大。

一般来说，氢气湿度可用 H_2 露点来表示，但生产中常指的 H_2 露点是指氢气进入管道之前的水含量，一般要求 H_2 露点为-30℃以下。生产超细钨粉时，H_2 露点对粉末粒度有较大的影响，但对于中粗颗粒，相比还原过程中各参数的影响，H_2 露点的影响较小。

因此，生产实践中，为了制得细颗粒的钨粉，除了采取较低的还原温度外，应尽量减少炉管中水蒸气的浓度，如增加氢气流量，氢气通入炉子前充分干燥脱水，都是减少炉内水蒸气浓度的必要措施。然而氢气流量不能过大，否则会将物料带出，而降低金属实收率，同时排气管道易被堵塞。氢气流量大小应根据装舟量，物料的推进速度以及钨粉粒度的要求而定。

相反，如果制取粗颗粒钨粉，除了提高还原温度以外，增大氢气含水量或者减小氢气流量，均可促进钨粉颗粒的长大。

5.2.4.3　装舟量的影响

装舟量愈多，到达舟皿底部氢气的扩散路径越长，因而水蒸气的分压越高，$WO_3 \cdot nH_2O$ 量增加，钨粉粒度长粗。所以细颗粒装舟量要少，粗颗粒装舟量要多。

物料的推进速度和舟皿中料层厚度对钨粉粒度的影响相似。在氢气流量一定的情况下物料推进速度过快，高价氧化钨在低温区尚未还原就进入高温区，造成大量挥发，相应地增大反应空间的水蒸气浓度，导致钨粉颗粒长大。如果舟皿中料层太厚、反应产生的水蒸气不易从料中排出，使舟皿内深处的粉末容易氧化和长大，可见在制取细颗粒钨粉时宜适当减慢物料推进速度（或减小炉子加热带的温度梯度），或者减少舟皿料层厚度，增大氢气流量。

5.2.4.4 氧化钨粒度及其杂质的影响

A 氧化钨粒度

工业氧化钨是煅烧钨酸 H_2WO_4 或仲钨酸铵制得的。由于两种原料杂质含量及其煅烧温度不同，所得三氧化钨粒度亦不相同。由仲钨酸铵制得的氧化钨颗粒呈针状或棒状，颗粒较粗；而由钨酸制得的氧化钨呈不规则的聚集体，颗粒较细。

通常细颗粒氧化钨还原后得到细颗粒的钨粉。但有时也出现反常现象，例如，在直接还原钨酸和很细的氧化钨时，由于还原过程中氧化钨挥发量较大，颗粒长大的现象显著，使钨粉颗粒变粗。相反，在还原较粗的氧化钨过程中，由于氧化钨颗粒的碎裂，使还原得到的钨粉比由细氧化钨得到的钨粉还细。氧化钨颗粒的碎裂现象，可用钨粉的密度（$19.3g/cm^3$）远大于氧化钨的密度（约 $7.5g/cm^3$）来解释。当较粗颗粒氧化钨还原成钨粉时，体积收缩较大，从而造成较大的内应力，使粉末颗粒碎裂。另外，较粗的氧化钨往往颗粒形貌较为规则，较粗颗粒有利于还原过程中水蒸气的逸出，从而抑制钨粉颗粒长大，有利于制取细颗粒钨粉。

氧化钨外观的均匀性，对钨粉粒度也有影响。结团的氧化钨粉末，在一次还原时，虽表面已被还原，但团块内部还原不彻底，中间氧化钨在二次还原中使钨粉粒度增大。氧化钨外观不均，可能使钨粉和碳化钨粒度不均匀。

B 氧化钨中杂质的影响

氧化钨中的杂质影响合金质量，而且对钨粉的粒度也有一定的影响。

钠（Na）：钨酸中的钠以氯化钠的形式存在。还原时氯化钠被氢气分解成金属钠和氯化氢气体，氯化氢自炉料中逸出；金属钠则分散在钨粉的颗粒之间，金属钠的质点遇到炉气中微量的氧和水分，立即被氧化成氢氧化钠。当氧化钨中钠含量超过 0.1% 时，将促使钨粉颗粒显著长大。其原因是钠的氧化物能熔成液相，在还原温度下，使钨粉颗粒黏结成较大的假颗粒，氢气不易渗透到颗粒内部，钨粉脱氧不完全。如果提高还原温度，将得到多孔性的大颗粒的钨粉。也可能是由于钠的氧化物与钨或钨的氧化物在低温下形成 Na_xW_yO 的大晶体，在高温下 Na_xW_yO 挥发至气相中并分离，而分离出来的钨的氧化物被还原而沉积在已还原好的钨粉颗粒表面上，使颗粒长大。

例如，采用仲钨酸铵煅烧得到的氧化钨来生产粗颗粒钨粉时，经 950℃下一阶段还原，钨粉的粒度在 $9 \sim 13\mu m$ 左右，若通过溶液在氧化钨中加入 0.015% 的 Na，还原后钨粉的粒度达 $17 \sim 25\mu m$。

硅（Si）：是最有害的一种杂质，它以胶质 H_2SiO_3 形式存在于钨酸或氧化钨中，使得在还原过程中氢气不易渗透到大颗粒深处，造成钨粉含氧量增高，如通过提高还原温度来降低含氧量时，钨粉粒度会显著增大。

钼（Mo）：钼在氧化钨还原过程中，可抑制钨粉颗粒的长大，因而使其变细。但钼含量不宜过高，否则会使合金变脆。

铁（Fe）：是易氧化的有害杂质。氧化钨还原后，极细的铁粉分散在钨粉颗粒之间。出炉后，铁粉遇到空气立刻被氧化，并产生热量。超过30℃时，这种细铁粉便会被氧化而燃烧。当铁含量低时，仅影响钨粉的含氧量；铁含量过高时，氧化产生的热量会使钨粉氧化，甚至引起钨粉燃烧。因此，当三氧化钨含铁量高（超过0.05%）时，必须提高还原温度以增大铁粉的粒度，此时钨粉的粒度随之增大。

C 氧化钨中的含水量

由于三氧化钨煅烧不充分，尚有少量的结晶水，或者由于空气湿度大，三氧化钨存放时间过久，吸附过多的水分，甚至严重结块，使还原过程中炉内水蒸气浓度增高，从而使钨粉粒度增大和粒度分布不均匀。

5.2.4.5 钨粉粒度与工艺参数的量化关系

钨粉粒度与还原参数有着良好的相关关系。国内外诸多学者研究了粉末粒度与工艺参数的量化关系。陶正己等提出了钨粉粒度与 H_2 流量、装舟量和推舟速度的关系式：

$$\lg D_{BET} = -3.7915 + \frac{0.1298}{F} + \frac{11.1991}{T} + 1.299 \lg W \tag{5-38}$$

式中 D_{BET}——钨粉粒度（BET 方法），μm；

F——H_2 流量，m^3/h；

W——装舟量，g；

T——推舟的时间间隔，min。

美国华昌公司叶帷洪提出了顺氢还原时钨粉粒度与氧化钨松装的密度、还原时间、还原温度、料层厚度、氧化钨粒度的关系式：

$$\lg D_W = 3.54 + 0.33 \lg \rho - 1.9 \lg t + 0.28 \lg h + 0.002 T + 0.028 D_{氧化钨} \tag{5-39}$$

式中 D_W——钨粉粒度（费氏粒度），μm；

ρ——氧化钨的松装密度，g/cm^3；

t——还原时间，s；

T——还原温度，K；

h——料层厚度，cm；

$D_{氧化钨}$——氧化钨的粒度，μm。

5.2.5 钨粉的制备工艺

5.2.5.1 主要原料

氧化钨是制取钨的主要原料。钨氧化物有四种，即黄钨（α相）-WO_3、蓝钨（β相）-$WO_{2.90}$、紫钨（γ相）-$WO_{2.72}$、褐色氧化钨-WO_2。工业生产中通常采用黄钨和蓝钨做原料，蓝钨是 WO_3 和 $WO_{2.90}$ 的混合物，氧化钨的国家标准见 GB/T 3457—1997。

5.2.5.2 工艺流程

由钨氧化物制取 W 粉可采用一阶段还原法也可采用二阶段还原法。目前普遍采用钨氧化物一次还原制取钨粉的工艺。

5.2.5.3 工艺参数

A 粗颗粒钨粉的制取

粗颗粒钨粉还原目前一般在四管还原炉中进行，采用耐热不锈钢舟皿，其工艺见表5-5。

表 5-5 四管还原炉制取粗颗粒钨粉的工艺条件

还原温度/℃	装舟量/kg·舟$^{-1}$	推舟速度/舟·min^{-1}	氢气流量/m^3·h^{-1}
950~1050	7±1	30~60	10~20

粗颗粒钨粉还原还有少量厂家在钼丝炉中进行，采用镍舟皿，其工艺见表5-6。

表 5-6 钼丝炉制取粗颗粒钨粉的工艺条件

还原温度/℃	装舟量/kg·舟$^{-1}$	推舟速度/舟·min^{-1}	氢气流量/m^3·h^{-1}
1200±200	3±1	30	3~6

粗钨粉采用的原料根据不同的要求，有的需要在氧化钨中以溶液形式掺入不同品种、不同含量的晶粒长大剂，常用的掺杂剂有 NaOH、LiOH。还原好的粗钨粉呈灰色，平均粒度约为 9~40μm，15μm 以上的粗钨粉带明显的金属光泽。

B 中、细、超细颗粒钨粉的制取

中、细、超细颗粒钨粉一般在四管还原炉或十四管炉（还有十三管炉或十五管、十六管炉）中进行，四管还原炉采用耐热不锈钢舟皿，而十四管炉采用的是镍舟皿。

在推舟速度一定的情况下，过程的关键在于控制还原温度、装舟量和氢气流量。在制取的钨粉粒度越小时，采用较低的还原温度、较小装舟量和较大的氢气流量，而钨粉粒度越大时，则采用稍高的还原温度、较大装舟量和稍小的氢气流量。

还原好的钨粉，中颗粒呈浅灰色，平均粒度约为 3~9μm；细颗粒则呈深灰色，平均粒度约为 1~3μm，超细颗粒则比细颗粒更深，平均粒度<1μm。

常用的四管还原炉、十四管还原炉工艺参数如表5-7、表5-8（H$_2$露点为−30℃以下时）所示。

表 5-7 四管还原炉钨粉还原工艺

粉末粒度 /μm	还原温度（±30℃）			推舟速度 /舟·min^{-1}	氢气流量 /m^3·h^{-1}	装舟量 /kg·舟$^{-1}$
	Ⅰ带	Ⅱ带	Ⅲ带			
0.8	650	750	850	15~30	35±5	0.7±0.2
1	700	800	900	15~30	35±5	1.0±0.2
2	800	840	900	15~30	30±5	1.3±0.3
3	850	880	900	15~30	30±5	1.5±0.4
5	880	900	920	15~30	30±5	2.0±0.5

细颗粒钨粉也可以采用两阶段还原法制取。第一阶段由三氧化钨还原成二氧化钨（称一次还原），第二阶段由二氧化钨还原成钨粉（称二次还原）。

表 5-8　十四管还原炉钨粉还原工艺

粉末粒度 /μm	还原温度 (±30℃)			推舟速度 /舟·min^{-1}	氢气流量 /m^3·h^{-1}	装舟量 /kg·舟$^{-1}$
	I 带	II 带	III 带			
0.8	660	760	880	1/25	42±4	0.7±0.2
1	720	800	900	1/23	42±4	0.9±0.3
2	800	840	900	1/23	35±5	1.2±0.3
3	820	860	920	1/23	34±5	1.4±0.3
5	820	880	940	1/23	32±5	1.8±0.3

C　合批与过筛

从炉内卸出的钨粉，在振动筛上过 80~264 目筛，以除去炉管及舟皿带来的铁皮或杂质。

过筛后的钨粉，如果作为制取 WC 粉的原料，单批钨粉分析粒度、氧含量、铁含量后可直接转入下道工序；如果作为商品钨，需根据批量的大小在混合器中进行，混合时间根据钨粉要求而定，无特殊要求时时间一般为 1~2h，卸出后过 80~180 目筛。

取样作过筛检查，用双筒显微镜在放大 16~25 倍下检查筛上物有无机械杂质，取样根据钨粉技术条件进行化学性能和物理性能分析。

5.2.5.4　氢还原生产中的安全问题

氢和氧的混合物，以及氢气与空气的混合物，一遇明火就易引起爆炸。因此在生产过程中应特别注意安全。氢和空气混合物的爆炸范围：

上限——73.5%H$_2$ 及 26.5%空气；

下限——5%H$_2$ 及 95%空气。

在三氧化钨还原的过程中，会使用大量的氢气，因此必须注意生产环境、生产设备和操作技术等方面的安全。

（1）生产环境。还原炉集中地厂房，应高大宽敞，房顶上应设有天窗，以利于逸出的氢气可不断排出，同时，应备有完善的通风系统。如果还原炉的装卸料端有排风罩，在使用氢气过程中排风机及排风管路的闸门应处于开启状态，以免管道中聚集氢气引起爆炸。在生产厂房氢气总进口处应设置油封，以免万一发生事故时，影响其余部分。在生产中应经常检查炉门、氢气管道、阀门等是否漏气（在生产中，在正压的情况下，可点火检查），发现漏气时应及时堵塞。

（2）生产设备。使用氢气的设备应有防爆措施，如还原炉氢气进、出口设有防爆器，氢回收装置中的冷凝器和干燥塔顶装有防爆的胶皮；氢气不回收的钼丝炉装卸料端应设有电阻丝点火器。以防止装卸料打开炉门时空气进入炉内与氢气混合发生爆炸。

如果采用氢气回收装置，氢在循环过程中不允许有负压产生和漏气现象。

（3）安全操作。操作者装卸料时应站在炉管侧面，严禁面对炉管，在装卸料时由于氢气压力过小或装卸速度较慢，混入一些空气而引起"打炮"。操作四管马弗炉时每次只能同时打开两个炉门，操作十三管电炉时只能同时打开四个管塞，切忌装卸料时同时打开两端炉门或塞子。

在开炉时，必须用氢气将炉内和炉壳内的空气吹净后，才能送电升温；在高温下炉管检修后，由于炉内温度较高，开炉（叫热开炉）时应先用氮气将炉内空气吹净后，才能向炉内通入氢气。在停炉时只有炉子温度降至室温时，才能停止送氢。

5.2.6 钨粉的质量控制

生产中经常遇到诸如还原不完全，舟皿内钨粉表面层氧化，以及粒度不稳定等问题。

（1）还原不完全。其特征是表面已还原好，底层或舟皿角处还有未还原好的物料。这主要是因为还原温度低，氢气流量小或氢气含水量大，排气管道不通畅使炉内水蒸气压力增大等原因造成的。

（2）表面料层被氧化。其特征是表面覆盖一层蓝紫色的氧化物（$WO_{2.90}$、$WO_{2.72}$），这是已还原好的料重新氧化的结果。其主要原因是氢气总压力小，卸料时间过长或者氢气突然中断，空气进入炉内，使处于加热带末端的舟皿中物料氧化，并立即进入冷却带，而来不及再被还原。在氢气湿度大的情况下，也会出现这种情况。此时须将表面层氧化料刮去重新还原。

（3）粒度不稳定。在原料稳定的情况下，还原后钨粉粒度偏粗，这显然是还原温度偏高或者氢气含水量过大造成的。

因此，为了保证钨粉的质量，在生产操作中应结合出料情况检查并调整炉温，严格控制氢气的压力（流量）和氢气的含水量。如果设有氢气回收循环系统，应定期检查并加入干燥剂，以提高氢气干燥系统的效能。在氢气不回收的情况下，应根据氢气燃烧火焰的高度（$200\sim300mm$），来控制氢气的压力。此外，保证氢气管路的畅通，也是生产操作中的重要环节。

5.2.7 三氧化钨的碳还原

目前生产中很少采用碳还原。碳还原过程是在三氧化钨与炭黑均匀混合后，于$1400\sim1800℃$的高温下进行的，其过程的总反应式为

$$WO_3+3C \longrightarrow W+3CO\uparrow \tag{5-40}$$

但反应过程不是通过炭颗粒与三氧化钨颗粒直接接触进行的，而是在反应过程中产生的二氧化碳不断与炭黑发生作用，生成一氧化碳，再将钨的氧化物还原。

钨的氧化物还原过程的反应至少分三个阶段进行：$WO_3 \rightarrow W_4O_{11} \rightarrow WO_2 \rightarrow W$。钨的氧化物在低于$730℃$的温度下不可能被碳还原成金属，为了保证在气相中有高的一氧化碳浓度，促使反应向生成钨的方向进行，必须提高还原温度。在$800℃$时，所得钨粉粒度很细，生产率极低。只有在高于$1400℃$时才能保证反应迅速进行。

碳还原时钨粉颗粒长大的机理同氢还原比较，有着本质的区别。

碳还原三氧化钨时，尽管还原温度很高，并未出现氧化钨的挥发而使颗粒长大的现象，其原因是三氧化钨及其他钨的中间氧化物蒸气，在十分细小的炭黑颗粒表面上被还原，而不像用氢还原那样，三氧化钨附着在低价氧化物或已还原好的钨粉颗粒表面上被还原。

钨粉的粒度与配炭量和还原温度有关。在生产细颗粒钨粉时，配炭量应稍高于理论计算量，以便使细小的炭黑颗粒足以均匀分布在钨粉和氧化物颗粒之间，防止粉末颗粒的长大。但不宜过量太多，否则在一定的温度下，会使料层内外温差增大（在正常情况下约为

100℃），导致料层中间部分还原不完全。同时还会产生过量的游离碳，根据经验，最多不超过理论计算量的 4%。

在生产中颗粒钨粉时，配炭量可低于理论计算量（15.5%），一般采用 12%～13%。当还原温度高于 1800℃时，氧化钨和钨粉之间在高温下产生烧结而使颗粒长大。

5.2.8　掺杂钨

一般将常用掺杂钨分为两类，一类为不下垂灯丝所用钨铝粉，添加微量铝、钾等元素；第二类为电极用钨粉，一般添加镧、铈、钇等稀土元素。钍、钨则因为其放射性原因已被淘汰。其掺杂形式多为液-液、液-固方式；干燥后经氢还原而制得所需的掺杂钨粉。

5.3　还原法制粉设备

还原炉为卧式推进式结构，按构造和发展历史分为多种炉型，多数采用以传统苏式构造为基础的扁四管还原炉，自 1987 年引进第一台半自动圆形十四管还原炉起，逐步有多台十四、十五管还原炉投入运行，国内也有 1～2 台回转炉和全自动十四管还原炉。前述还原炉受炉管材质限制，都在低于 1050℃下运行，为了在 1200℃条件下生产粗颗粒钨粉，有个别采用钼丝氢气炉作为还原炉，用镍板做舟皿。

5.3.1　半自动四管还原炉

半自动四管还原炉是株洲硬质合金厂于 1991 年起立项分步研制的，是以传统苏式四管炉为基础，参考德国进口的半自动十四管炉的构造来设计的。1993 年完成了进出料机构的研制，1996 年完成了炉体的研制，有四项发明专利，以后又有逐步改进。

5.3.1.1　主要结构描述

四管还原炉的主体结构见图 5-5，现场实物见图 5-6。

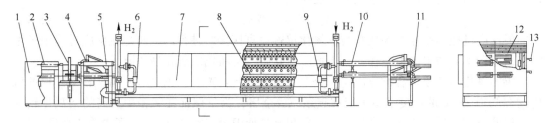

图 5-5　四管还原炉的主体结构

1—推舟架；2—推舟气缸；3—升降舟皿架；4—炉门机构；5—炉头管；6—回 H_2 自控阀；7—炉体；
8—高温炉管；9—进 H_2 自控阀；10—炉尾冷却管；11—卸舟架；12—螺旋状发热体；13—热电偶

（1）炉体组成。炉壳体、炉架、氧化铝纤维保温炉衬、耐热金属炉管、黏土砖相嵌连接组成的炉膛、螺旋状的金属电阻发热体（直径 5mm 的镍铬丝绕成螺旋管状）由陶瓷管悬挂于炉膛内炉管的上、下方，热电偶插至一侧炉管的上方或紧靠炉管的侧面。为了提高同层炉管温度的均匀性，新的设计是在炉管下铺垫一层碳化硅板。

（2）自动进舟机构组成。推舟架 1、推舟气缸 2、升降舟皿架 3、炉门机构 4。自动推舟方式的工作程序采用 PLC 控制。炉头炉尾共八个炉门全是气动，炉头门自动开关，炉尾

图 5-6 四管还原炉与还原车间

门手动按钮开关。操作工一次性在舟皿架上放好八个舟，进舟时，炉头自动开一个门，汽缸自动推一舟进炉膛后退回，连续依次推进四个舟。循环约 15~40min 后，舟皿架升至上位，又推进四个舟。

通常有两种尺寸的舟皿：长、宽、高：400mm×270mm×45mm 或 270mm×270mm×45mm，生产细颗粒钨粉时常采用长舟、双层舟。

为了适应工艺要求，新的设计采用进舟双炉门、出舟双炉门机构，有效地避免了空气进入炉管，减少了氢气消耗并提高了安全性。特别是出舟双炉门，可以在过渡舱充入 N_2，降低粉末活性，是生产超细颗粒钨粉的必备结构。

（3）进排氢管网。

1）进氢管网由管道、流量计和阀门组成，四个分支由软管连接至炉尾冷却管的中部，H_2 从此进入炉管（绝大部分是逆 H_2 还原——舟皿前进方向与 H_2 流动方向相反）。主管 DN50 上有进 H_2 截止阀及旁小通管 DN25，开炉门进出舟时，炉尾进 H_2 截止阀和炉头排 H_2 截止阀同时关闭，留进 H_2 旁通管，补充 H_2 用于开炉门 H_2 的损耗。

2）排氢管网由防爆罐（逐步倾向于采用水封）及管道、阀门组成。采用水封时可省略主排氢阀。采用防爆罐时，因排气温度高达 100℃ 左右，该排氢阀易损坏。

3）当开炉门关闭主进排管时，氢气系统流量大大减小，压力波动大，为此在两进排气主管之间连接一个 DN25 旁通管，关闭主进排管的同时开通该管，可使氢气系统非常稳定。但采用水封时不能加此旁通。

4）通常炉尾最后一带是高温加热区，因冷氢气进入，需要功率最大，发热体的负荷最大易损坏，甚至难以达到工艺温度，为此可将冷 H_2 管从炉子保温层里穿过，H_2 加热后再进入炉管。此法也可大大降低炉管的温度峰值。

（4）电气控制系统组成：主要有热电偶、可控硅、触发板、带 PID 调节功能的智能控温仪表及变压器组成的温度控制系统，以及由 PLC、电磁阀及气动执行元件组成的进出舟机构自动控制系统。

5.3.1.2 主要技术参数

（1）炉管截面为矩形，高温炉管由耐热不锈钢（Cr25Ni20）板焊接，壁厚有 10~12mm，尺寸 300mm×70mm×6000mm，越来越多的炉管采用较长的 7.2m 或 7.5m。相应的加热区长度为 5m、6.2m、6.5m。

（2）舟皿由普通不锈钢 1Cr18Ni9Ti、耐热不锈钢（Cr25Ni20）板折边焊接或冲压成型，近年逐步采用铸造成型。尺寸为 400mm×270mm×45mm，通常底部带有两条筋，起加强、减少摩擦和均温的作用。要求舟皿尺寸精确，焊缝平整，在还原过程中舟皿易于变形，应及时修整以免堵炉。

（3）控温带数分别有三带、四带和五带。

（4）额定功率分别为 120kV·A、145kV·A 和 180kV·A。

（5）最高工作温度 1050℃。

5.3.1.3   性能特点

改进型的半自动四管还原炉已经取代传统苏式四管炉，成为还原钨粉的主力炉型，其具有如下特点：

（1）具有温度均匀、自动化程度较高（与十四管炉相同）；

（2）钨粉粒度分布范围窄、产量大；

（3）炉管和舟皿使用寿命比传统四管炉长；

（4）保温性能好、炉子性能保持期长；

（5）开关炉门时对 H_2 循环系统压力的波动小；

（6）单位产量的 H_2 用量约为十四管炉的 2/3，能耗低；

（7）设备造价较低，产能约为十四管炉的 1/2，造价约为其 1/4。

5.3.2   半自动十四管还原炉

株洲硬质合金厂于 1987 年从德国 ELINO 公司引进了第一台圆形十四管还原炉，为还原炉的技术改进和提高引进了多项技术思想（见图 5-7 和图 5-8）。

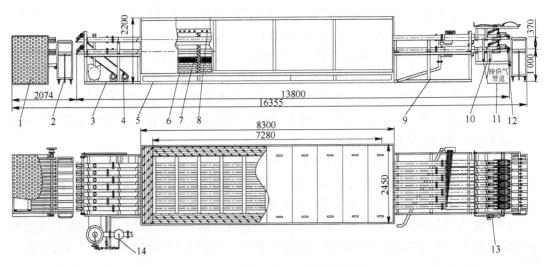

图 5-7   圆形十四管还原炉结构简图

1—推舟机构；2—装舟车；3—炉头支架；4—炉头门机构；5—炉架；6—炉体；7—发热抽屉；8—上层发热体；
9—炉尾支架；10—悬伸架；11—H_2、N_2 供气排；12—炉尾门机构；13—气动系统；14—防爆水封装置

圆形十四管还原炉的优点：

（1）炉管温度均匀性好；

图 5-8 圆形十四管还原炉

（2）采用计算机控制自动开关炉门、自动推舟，自动化程度高；

（3）采用圆形铸造炉管，炉管和舟皿使用寿命长；

（4）保温性能好、炉子性能保持期长；

（5）产品质量稳定。近年来国内高端用户较多采用该炉型还原钨粉。

圆形十四管还原炉的缺陷：

（1）舟皿窄，要保证一定产量则料层较厚，同一舟皿钨粉粒度分布范围较宽；

（2）炉管截面中氢气自由流动面积所占比例大，即有效面积比例小，所需 H_2 压力、流量较大，H_2 带走大量热量，单产能耗比扁四管炉大；

（3）开关炉门时，H_2 循环系统压力的波动大，对 H_2 循环系统要求高。

设备主要性能参数：炉管尺寸（mm）为 $\phi124/112\times13800$，材质为 Ni50Cr20Fe25 耐热不锈钢；舟皿尺寸（mm×mm×mm）为 500×95×55，材质为 Cr25Ni20 铸造耐热钢；功率为 400kW；最高工作温度 1050℃。

5.3.3 全自动十（四）五管还原炉

全自动十五管还原炉的结构见图 5-9。

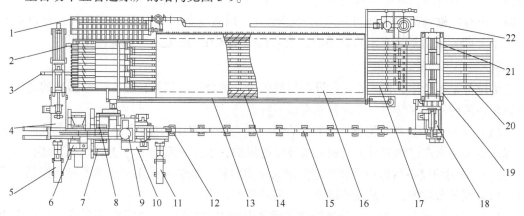

图 5-9 全自动十五管还原炉的解剖图

1—汇流排；2—后炉门旋转缸；3—出舟机构；4—拨舟机构；5—机械手 1；6—翻转机构 1；7—翻转机构 2；8—扫料机；9—自动加料机；10—匀料机；11—机械手 2；12—链轮尾架；13—热电偶；14—炉体保温体；15—送舟轨道；16—主炉体；17—炉管；18—链轮送料机；19—上排送舟机构；20—顶舟气缸；21—下排送舟机构；22—余气回收系统

5.3.3.1 设备组成

（1）炉体。炉体用钢板及型钢焊接而成，内衬高效硅酸铝耐火保温材料，炉顶为活动式，可以打开，便于烘炉和对加热元件及炉管进行维修。炉管由特殊的耐热不锈钢经离心铸造制成。炉头、炉尾（及装料端和卸料端）均采用双层水冷夹套制成。炉子的加热元件为铁铬铝或镍铬丝。上层加热元件为悬挂式，下层加热元件采用抽屉式，这样便于维修。炉子划分为 6 个加热区，每个加热区均能单独进行自动温度控制，炉温的波动可控制在 ±5℃。加料炉门和卸料炉门均为气动密封，炉门开启时间约为 2~3s，装卸料均采用移动式料车，炉子推舟采用气动方式。

（2）推舟机构。该炉推舟机构为气动方式。上、下两层各采用两支气缸同时往炉管推舟。两支气缸同时驱动七根送料杆，由于送料杆框架是有导轨的，故能保证在推舟时，送料杆不偏离舟皿中心。气缸力的大小可进行调节。气缸上装有感应器，这些感应器主要是保证将舟皿送到位，同时保证气缸复位和供开启关闭炉头门之用。这种装置保证了送料的安全可靠和送料的同步性。采用气动推舟区别于机械推舟的最大好处在于：气动推舟不至于将送料杆卡死或顶弯，导致炉门误动作而带来安全隐患。

（3）装卸料车。装卸料车为框架式移动结构，也可采用固定式。其作用主要是方便推舟和卸舟，装舟为一次同时进 7 个舟皿，卸舟为单个进行。

（4）气体辅助装置。气体辅助装置包括氢气装置、氮气装置、压缩空气装置、氢气净化回收系统。管路上有压力表、压力开关、流量计、安全装置和报警系统，一旦氢气压力不足或万一有断电情况或其他意外情况发生，在炉管中的氢气压力降低时，氮气系统将自动打开，在最短的时间内用氮气取代氢气进行自动冲洗，以保证物料安全。

（5）电器控制系统。该炉的电器控制系统较为复杂，相关联锁装置较多，故控制系统对元器件的要求较高。主控制器为 PLC 控制。

（6）管路及阀门。十（四）五管炉的管路复杂，阀门较多。其中主阀采用手动蝶阀，进氢采用德国进口的角阀，氮气控制管路采用大口径进口角阀，管路上配有流量、压力传感器，一旦氢气压力降低，氮气阀门会自动打开，往炉管内充氮气，以保护炉子的安全。同时，所有电磁阀都配有阀门开启信号指示灯，以直观的形式，保证操作人员可以观察到。十（四）五管炉还有水管路系统，要求提供水压在 3kg 左右，确保冷却用水。

5.3.3.2 用途与特点

该设备是在消化吸收国外先进设备的基础上，结合生产实际情况，研制出来的适应生产钨钼还原所用的多管炉，该设备具有以下特点。

（1）从出舟→分舟→倒料→装料→合舟→进舟全程实现全自动无人化操控，从而最大限度减少人为操作过程中对工艺和料粉纯度的影响，也在一定程度上减少了人工成本。

（2）采用的设备结构和全新节能型耐火保温材料，加热区采用单独温度自动控制，使得炉内温度分布均匀，炉温波动范围小，控温精度可靠。

（3）与还原炉配套的全自动氢净化装置处理能力大，经净化的氢气质量高，送入炉内的氢气流量、流速准确稳定。

（4）离心铸造炉管采用镍铬钢管，耐高温，使用寿命长；为防止管壁磨穿，采用炉管转向办法，移开沟槽，能在 360℃ 范围内任意定位，还能使已弯曲变形的炉管自行校直；

单根炉管寿命约 5~8 年，相应提高了炉子的生产能力。此外炉管内壁不易掉皮，可降低钨粉中铁含量。

（5）自动加料机构通过采用接近开关感应料粉的高度实现自行加料。螺旋轴精确控制每次出料的料粉重量，从而保证每次装舟重量一致。

（6）全自动充氮系统能确保还原生产的安全。

（7）实用性较广，能生产粗（最大 15μm）、中、细颗粒的钨粉，产出的钨粉粒度均匀且分布范围窄，有利于产品质量的提高。

5.3.3.3 技术参数

湘潭新大公司生产的全自动十五管还原炉的技术参数见表 5-9。

表 5-9 全自动十五管还原炉的技术参数

功率/kW	460	炉管尺寸/mm	$\phi140/\phi124\times13800$
最高温度/℃	1150	氢气循环量/m³·h⁻¹	450~900
最高工作温度/℃	1050	每 24h 的产量/t	1.6
加热带数	六带	加热方式	铁铬铝电热带
推舟方式	气动推舟	舟皿尺寸/mm	500×95×87

5.3.4 回转炉

炉管由 6~8mm 厚的不锈钢制成，镍铬丝横放于炉管上下两排，有 4~5 个加热带，炉管有内管和外管，管内装有槽板，炉管转动时物料受到翻动。氢气经过炉壳预热后再通入炉内。其主要技术性能为：

炉管尺寸（mm）/材质：$\phi467/445\times6000/Cr25Ni20$；

功率：150kW；

最高工作温度：1000℃；

转速：3r/min；

倾斜角：0~3°；

传动马达：4.5kW。

回转管式电炉是连续性作业的，不用舟皿，物料在炉管内自由翻动，可增加氧化钨与氢气的接触机会，加快还原的反应速度。因此，还原温度可较管状炉低，炉温也较均匀（见图 5-10）。

回转管式电炉效率较高，如由三氧化钨还原成二氧化钨，在四管马弗炉内需 2~3h，而在回转管式炉内仅需 1h，机械化程度较高，可减轻笨重的体力劳动，炉子在较密封的情况下装卸料，氢气利用率高。

图 5-10 回转还原炉

回转炉通常用于煅烧 ATP 生产氧化钨，株洲硬质合金厂于 1993 年从德国进口一台回转炉用于还原钨粉。因粉末与氢气充分接触，几乎没有多管炉的温度差异，粉末粒度均匀性好；其自动化程度是还原炉中最高的。

任何事物都是一分为二的。用回转管式电炉还原时部分物料会随氢气带走，损失大，而且粉末在高温下容易黏附管壁，使粒度不均匀，这些是有待进一步解决的问题。

5.3.5　辅助设备

辅助设备包括合批混合器、钴粉破碎机、振动过筛机等。

6 碳化物粉末的制备与质量控制

6.1 碳化钨粉末的制备

6.1.1 钨粉碳化过程的基本原理

钨碳相图如图 6-1 所示。钨粉碳化过程的总反应式为：

$$W+C \Longrightarrow WC \tag{6-1}$$

$$\Delta G = -42260+4.98T \tag{6-2}$$

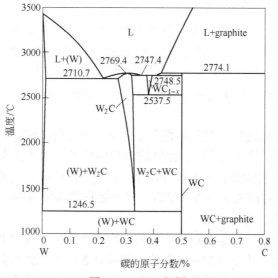

图 6-1　W-C 相图

钨粉碳化过程主要是通过与含碳的气相发生反应来进行的，除了固相扩散外，还包括碳的气相迁移和气固反应过程。

在通氢碳化的情况下，氢气首先与炉料中的炭黑反应，在较低的温度下形成碳氢化合物气体，主要是甲烷（CH_4），甲烷在高温下很不稳定，在1400℃时全部分解为碳和氢气。此时，离解出的活性较高的碳，沉积在钨粉颗粒上，并向钨粉颗粒中扩散，使整个颗粒逐渐碳化。而分解出来的氢气又与炉料中的炭黑反应生成甲烷，如此循环往复，使炉料中的碳不断减少，形成的碳化钨数量不断增多。因此，在通氢碳化时，其实际反应为：

$$C+2H_2 \Longrightarrow CH_4 \tag{6-3}$$

$$W+CH_4 \Longrightarrow WC+2H_2 \tag{6-4}$$

在这种情况下，氢气实际上只起着碳的载体的作用。

不通氢气的碳化过程与通氢碳化过程相似，但此时的还原剂为一氧化碳。在炉料的温度达到400℃左右时，其中的碳便开始与炉内空气中的氧反应，生成二氧化碳。但由于炉内是非强制通风的，所以随着炉内温度的升高（大约到 $500\sim600℃$ 时），反应速度加快，很快便出现不完全燃烧反应，生成一氧化碳。而且，在 $1000℃$ 以上的温度区内，碳氢化合物只能以一氧化碳的形式存在；它与钨作用便生成碳化钨，生成的二氧化碳又与碳反应生成一氧化碳。

$$W+2CO \Longrightarrow WC+CO_2 \tag{6-5}$$

在此情况下，二氧化碳和氢气一样只起着碳的载体作用。

生产实践表明，碳化过程在 $830℃$ 左右的温度下就已开始，并在 $1300℃$ 以上显著加速，因为碳化过程受到两个因素的制约，即碳氢化合物（或者一氧化碳）的浓度和碳向钨粉颗粒中扩散的速度，而这两者又随着温度的升高而加大。因此，钨粉碳化过程中化合物含量总是随温度升高而增加，直至饱和为止。

也可以用三氧化钨配炭后直接碳化成碳化钨。但由于整个过程物料变化复杂，影响因素较多，控制较为困难，因此，这种方法在工业生产上很少应用。

6.1.2   影响碳化钨粒度的因素

影响碳化钨粉粒度的因素较多，其中最主要的是钨粉原始粒度的大小。一般来说，碳化工艺相同时，钨粉原始颗粒细，所得的碳化钨颗粒也细，反之亦然。至于碳化温度、时间、炉料的含碳量，以及钨粉与炭黑的接触状况，对碳化钨粉粒度的影响较小，因为碳化过程主要是靠钨粉表面与含碳气体的反应，以及碳向钨粉内部扩散来实现的。

在碳化温度过高或碳化时间过长的情况下，由于碳化钨粉颗粒间的烧结或者聚集再结晶（炉料压紧更有利于颗粒的烧结），会导致颗粒的异常长大，长大速度则随钨粉粒度的增大而下降。细颗粒钨粉碳化时长大较为显著；对于中颗粒碳化钨粉生产而言，即使碳化温度升高 $200℃$，其颗粒的长大也并不显著。对于粗颗粒钨粉的碳化而言，提高碳化温度，则不会导致颗粒的长大。

在实际生产工艺条件下，碳化前后颗粒的大小有所变化。由于细颗粒钨粉碳化温度较低，颗粒长大不甚显著；中颗粒钨粉碳化后，颗粒显著长大；而粗颗粒钨粉碳化后，颗粒则稍有细化。在钨粉颗粒转化为碳化钨颗粒的过程中，伴随着其体积膨胀，从而导致单个颗粒的尺寸增大，使密度由钨的 $19.3g/cm^3$ 变为碳化钨的 $15.7g/cm^3$。

在粗颗粒钨粉碳化过程中，由于其颗粒中缺陷存在的几率较大，因此，在体积膨胀所产生的内应力的作用下，粉末颗粒产生碎裂，使其细化。在中细颗粒中缺陷存在的几率较小，其碎裂的可能性也较小。此外，碳化的结果将使颗粒间产生烧结（或聚集再结晶），必然导致颗粒尺寸的增大。

6.1.3   碳化钨粉的制备

6.1.3.1   生产工艺流程图

生产碳化钨的常用方法是将钨与碳混合在高温下化合而成。也有将氧化钨直接还原碳化制备的，还有采用碳将仲钨酸铵直接还原碳化制备的。钨粉与炭黑的混合物在炉中加热至一定的温度后便生成碳化钨。碳化可在石墨管电炉或高频（或中频）感应电炉中进行，其生产工艺流程如图6-2所示。

图 6-2 碳化钨生产工艺流程图

6.1.3.2 配料计算

物料由钨粉和炭黑组成。由于钨粉中含有少量的氧，因此在配碳时除考虑碳化钨所需的碳外，还必须考虑脱氧所需的碳，其中炭黑的技术条件如表 6-1 所示。因此，炉料中炭黑配量按下式计算：

$$Q_C = \left[\frac{w(C)}{100\% - w(C)} + \frac{0.75w(O)}{100\%} \right] \times Q_W \qquad (6-6)$$

式中　Q_C——炭黑配量，kg；

　　　C——碳化钨中要求的含碳量，kg；

　　　O——钨粉中的含氧量，kg；

　　　Q_W——钨粉重量，kg；

　0.75——系数，碳与氧原子之比值。

表 6-1　炭黑的技术条件

项　目	质量分数/%
S 含量（不大于）	0.005
灰分（不大于）	0.06
加热减量（不大于）	0.50
挥发分含量（不大于）	1.0
丙酮抽出物（不大于）	0.30
吸碘值/g·kg⁻¹	8.0~13.0
100 目筛余物（不大于）/%	0.005
松装密度/g·cm⁻³	0.15~0.30
夹　杂	无

如果配碳不准，所得碳化钨的含量不合格，则必须补加钨粉或炭黑，并重新碳化。

碳化钨中含碳量低时，其炭黑补给量按下式计算：

$$C_X = Q \left(\frac{100 - C_B}{100 - C_A} - 1 \right) \qquad (6-7)$$

式中　C_X——炭黑补给量，kg；

　　　C_A——碳化钨中要求的含碳量，%；

　　　C_B——碳化钨实际含碳量，%；

　　　Q——碳化钨的质量，kg。

例如：一批重 205kg 的碳化钨经分析总碳偏低，仅 5.5%，而所要求的含碳量为 6.0%，则炭黑补加量应为：

$$C_X = 205\left(\frac{100 - 5.5}{100 - 6.0} - 1\right) = 205 \times 0.00532 = 1.0906 \text{kg}$$

碳化钨中含碳量高时，其钨粉补加量按下式计算：

$$W_X = Q\left(\frac{C_B}{C_A} - 1\right) \tag{6-8}$$

式中 W_X——钨粉补加量，kg；

C_A，C_B——见公式（6-7）。

例如：一批重 210kg 的碳化钨，经分析含碳量为 6.20%，而所要求的含碳量为 5.90%，则钨粉补加量应为：

$$W_X = 210\left(\frac{6.2}{5.9} - 1\right) = 210 \times 0.050847 = 10.678 \text{kg}$$

配碳应力求准确，避免重新碳化，因为这样会使物料损失增大，以及碳化钨粒度不均匀。

6.1.3.3   混合

钨粉与炭黑混合要均匀，否则，碳化产物易出现黑心、分层等现象。常用混合设备有球磨机、螺旋混合器等。为了降低铁含量，很多采用硬质合金板球磨机。

钨粉与炭黑在球磨机内（球：料 = 1：1，钢球直径 $\phi35 \sim 50$mm）混合 2～4h，用肉眼观察无分层现象即算均匀。在装料时，应先装钨粉后装炭黑，以免炭黑飞扬产生损失。

为了保证混合质量的稳定，混合时间，球料比不宜经常变动。粒度不同和含碳量范围不同的物料，最好固定专机混合。如果条件不允许，则在使用前球磨机内的物料必须清除干净，否则易造成粒度不匀，炭黑不准。混合后卸料应力求迅速，以缩短钢球在卸料过程中互相撞击的时间，减少杂质铁的混入。

6.1.3.4   碳化

直热式碳管炉一般用于制取中粗颗粒碳化钨粉，中频感应炉则可用于各类碳化钨生产，但超细碳化钨多采用钼丝碳化炉。基本碳化工艺如表 6-2～表 6-4 所示。

表 6-2   碳管炉碳化工艺参数

粉末级别/μm	炉子类型	碳化温度/℃	装舟量/kg	推舟速度/舟·min⁻¹
3	小碳管炉	1450±50	6.5±0.5	1/20～1/30
5	小碳管炉	1500±50	7.5±0.5	1/20～1/40
5	大碳管炉	1550±50	24±1	1/20～1/40
7	小碳管炉	1550±50	7.5±0.5	1/20～1/40
7	大碳管炉	1600±50	24±1	1/20～1/40
11	小碳管炉	1800±50	13±1	1/40～1/60
25	小碳管炉	1900±50	14±1	1/60～1/90

表 6-3 中频炉碳化工艺参数

粉末级别 /μm	碳化温度 /℃	保温时间 /h	装炉量 /kg	冷却时间 /h	H₂流量 /m³·h⁻¹
0.8	1400±20	1.5~2.0	170±10	18±2	0.2~0.4
1	1430±20	1.5~2.0	170±10	18±2	0.2~0.4
2	1450±20	2.0	170±10	18±2	0.2~0.4
3	1500±20	2.0	170±10	18±2	0.2~0.4

表 6-4 钼丝炉碳化工艺参数

粉末级别	碳化温度/℃			装舟量 /kg	推舟速度 /舟·min⁻¹
	Ⅰ带	Ⅱ带	Ⅲ带		
04 型	1350±30	1420±30	1450±30	松装近满舟	1/(10±2)
06 型	1390±30	1420±30	1450±30	松装近满舟	1/(10±2)
08 型	1450±30	1450±30	1450±30	松装近满舟	1/(10±2)

6.1.3.5 球磨、过筛和合批

（1）球磨。碳化后的物料呈块状，须进行磨碎。磨碎在球磨机中进行，筒内装入直径 15~35mm 的硬质合金200kg，球与料之比为（0.5~1）∶1，球磨时间根据具体情况而定，一般为2h。

在球磨不同粒度的碳化钨时，应将球磨机清理干净，以免造成少量混料，使碳化钨粒度不均匀。为了减少碳化钨中混入杂质铁，球磨后卸料时间应尽量短。

球磨后碳化钨松装密度增大，这是由于在球磨过程中碳化钨颗粒之间的拱桥效应被破坏，使其表面平滑的缘故，而实际颗粒大小并没有显著地变化。

（2）过筛。过筛的目的是除去可能落入的夹杂物并使粉末松散。细颗粒过 200 目（75μm）筛，中颗粒过250目（58μm）筛，粗颗粒过60目（250μm）筛。

为了防止粉末飞扬，过筛应在密闭情况下进行。球磨（或合批）后的料立即过筛，否则会因存放时间过长，使物料受潮（尤其是细颗粒料），难以过筛。

（3）合批。是将两个或多个单批的碳化钨放在混合器内混合2h。

根据单批的物理化学分析检验结果，选择其碳量和松装密度都比较接近的单批进行合批。一般说来，在单批的含碳量和松装密度之差分别不超过 0.1% 和 1.0g/cm³ 的情况下，都可以合批。如果相差过大，会造成成分和粒度不均匀。

碳化钨合批后其松装密度下降约 0.2g/cm³，这是由于碳化钨经混合器混合后更加松散的缘故。

6.1.3.6 碳化工艺控制

碳化好的料块疏松易碎，其断面应呈灰色，如果断面有黑心或过于松散，说明炉温偏低；若料块太硬，说明炉温偏高。黑心料球磨后取样分析，如总碳量合格，即可返回重新碳化，如总碳量过高，则应补加钨粉，然后重新碳化。

在配炭准确的情况下，碳化钨中游离碳过高主要是由于碳化温度低，推舟速度过快，

装舟量过大以及钨粉与炭黑混合不匀造成的。

粗颗粒钨粉与炭黑的混合物由于两者密度相差悬殊容易出现成分偏析，使游离碳增高或出现局部黑心，因此应先将炉料拌和均匀，再装入舟皿内并用力压实（避免振实），以防止在推舟过程中由于振动而引起炉料成分偏析。一旦出现成分偏析，黑心料应立即磨碎，返回重新碳化。

碳化过程中杂质含量有所变化。在三氧化钨氢还原的过程中，钨粉杂质含量很少改变，而在钨粉碳化过程中，镁、钙、硅的含量均有所减少，因为这些杂质（氧化物）在高温下被碳还原并挥发逸出。当这些金属杂质与空气接触时又重新生成氧化物，并沉积在装料门、排气管以及炉管上（即白色的沉积物）。如二氧化硅在碳化高温下与碳反应生成一氧化硅，自炉料中逸出，遇到炉气中微量的水分和氧又被氧化成二氧化硅，形成白色烟雾。

所生成的这些氧化物，也可能沉积在已碳化好的料块表面上，因此在卸料时应仔细地将其刷去，以免影响碳化钨的质量。舟皿加盖可减少杂质落入。

如果石墨舟皿材质不好，容易氧化而疏松呈多孔状，料块则容易黏附细小的石墨颗粒，经球磨过筛后，仍有少部分落入碳化钨粉中，在显微镜下观察时呈黑色发亮的小片。在物料与舟皿之间垫上无灰纸或者采用优质石墨舟皿，可避免这种情况的发生。

6.2　复式碳化物粉末的制备

6.2.1　碳化钨钛固溶体(Ti，W)C

TiC-WC 复式碳化物，由于它保持有碳化钛所固有的高硬度、高耐磨性等优点，而被应用于硬质合金中。在生产 WC-TiC-Co 硬质合金时，通常直接加入预制备好的 TiC-WC 固溶体。以碳化钛的形式加入，待烧结过程中形成固溶体的方法很少应用，因为它有如下缺点：

（1）碳化钛是非化学计量的化合物，化合碳一般在 19%，通常含有氧和氮，而钛的氧化物（TiO）和氮化物（TiN）与碳化钛系同一晶型，且晶格常数很接近，极易产生稳定的固溶体。

（2）在合金烧结阶段生成 Ti-WC 固溶体的过程，一直延续到出现液相以后的整个保温阶段，由于碳原子置换碳化钛晶格中的氧原子和氮原子而析出一氧化碳和氮气，会阻碍合金的正常收缩，导致合金的孔隙度增大。

（3）由于烧结温度比碳化温度低，碳化钨在碳化钛中的溶解速度缓慢，常使合金组织结构出现不平衡的状态，这时 TiC-WC 固溶体中碳化钨含量低，使钴相相对复式碳化物的润湿性减弱，从而导致合金强度下降。

在制取 TiC-WC 固溶体的温度下，碳化钛晶格中的氧和氮更易于为碳所置换，游离碳含量相应地减少。既可以获得稳定平衡的固溶体，又可降低其中杂质的含量，从而提高合金的质量。制取 TiC-WC 复式碳化物方法通常有四种：

（1）三氧化钨、二氧化钛和炭黑的混合物在 1700~2000℃温度下于氢气中直接碳化。这种方法的缺点是三氧化钨和二氧化钛的体积大，因此不能有效地利用炉子的工作空间，生产效率低，同时含碳量不易控制，游离碳较高。

（2）分别制出碳化钨和碳化钛，然后将其混合物在 1600~1800℃温度下于氢气中碳化。这种方法的缺点是工序较多，且一般方法不易制得纯度较高的碳化钛，同时要将碳化钨和碳化钛磨细，否则两者难以形成完全平衡的固溶体。

（3）钨粉、二氧化钛和炭黑的混合物在1700~2000℃的温度下于氢气中碳化。这种方法虽然可省去制取碳化钨的工序，但化学成分（主要是游离碳）和质量难以控制。

（4）碳化钨、二氧化钛和炭黑的混合物在1700~2300℃温度下于氢气中碳化。

在上述四种方法中，第四种方法由于具有制得的固溶体质量稳定，生产效率较高等优点，因此在生产实践中得到了广泛的应用。

6.2.1.1 TiC-WC 复式碳化物生成基本原理

在高温下，炉料中的二氧化钛首先与炭黑发生反应，生成细小的活性很高的碳化钛颗粒，同时碳化钨颗粒以极高的速度溶解于碳化钛颗粒中，而形成稳定的 Ti-WC 固溶体颗粒。

在高温下，二氧化钛还原并生成碳化钛过程的总反应式为：

$$TiO_2 + 3C \Longrightarrow TiC + 2CO \uparrow \tag{6-9}$$

实际上，这一反应过程分为三个阶段进行，即：

$$2TiO_2 + C \Longrightarrow Ti_2O_3 + CO \uparrow \tag{6-10}$$

$$Ti_2O_3 + C \Longrightarrow 2TiO + CO \uparrow \tag{6-11}$$

$$TiO + 2C \Longrightarrow TiC + CO \uparrow \tag{6-12}$$

在最后阶段的反应中，由于一氧化钛较为稳定，因此，需要较高的温度，当降低压力时（如在真空下）则有利于反应的进行。

Ti-WC 固溶体形成过程看成是钨原子由碳化钨向碳化钛晶格的单向扩散过程。碳化钨中的钨在碳化钛和 TiC-WC 固溶体中的扩散系数见表6-5。

表6-5 碳化钨中的钨在 TiC 和 TiC-WC 固溶体中的扩散系数

温度/℃	在如下成分的溶剂中（每24h）的扩散系数 D/cm^2			
	TiC	TiC-WC (60:40)	TiC-WC (40:60)	TiC-WC (35:65)
1600±5	8.3×10^{-8}	7.7×10^{-9}	32.6×10^{-10}	21.1×10^{-10}
1550±5	4.2×10^{-8}	4.6×10^{-9}	17.8×10^{-10}	7.4×10^{-10}
1500±5	1.6×10^{-8}	2.3×10^{-9}	6.35×10^{-10}	2.0×10^{-10}
1450±5	—	0.9×10^{-9}	1.9×10^{-10}	0.7×10^{-10}

由表6-5可以看出：碳化钨中的钨在碳化钛和 Ti-WC 固溶体中的扩散系数并不很大，这是难熔碳化钨的特征。扩散系数值与温度有很大的关系，如温度升高100℃时，碳化钨中的钨向纯碳化钛中的扩散系数可增大5倍。可见，碳化钨在碳化钛中的溶解度随着温度升高而迅速增大。生产实践表明，采用高温碳化和使舟皿中的炉料紧密接触，可加速碳化钨的扩散过程。

6.2.1.2 TiC-WC 复式碳化物的成分

在生产中采用的固溶体成分范围内，碳量的微小降低不会改变固溶体的相组成，因为在相图上它有一个较宽的均值区。当炉料炭黑配量严重不足时，碳化钨转变为碳化二钨而发生附加脱碳，使固溶体中有可能出现碳化二钨或钨。而当碳含量稍高于理论配量时，则固溶体中便会出现游离碳（图 10-3 中 TiC-WC 线的上方）。因此在制取 Ti-WC 固溶体时，其炭黑配量总是低于理论值。

当 TiC-WC 固溶体的钛钨比及碳含量发生变化时，固溶体的晶格常数也随之改变。尤其是固溶体中的碳含量发生波动时，其晶格常数变化较大。因此，固溶体的晶格常数基本上不能反映固溶体钛钨比的变化，因为同一晶格常数的固溶体其钛钨比可以极不相同，反之同一钛钨比的固溶体，由于其碳量的不平衡，晶格常数也常常改变。只有在生产条件相对稳定的情况下，固溶体的晶格常数才能表征其质量的稳定性。

碳化钨在碳化钛中的溶解度，各研究者所得到的数据均有所不同，当温度为 1500℃ 碳化钨在碳化钛中的溶解度为 68% ~ 69%（质量分数）。

WC-TiC-Co 合金生产中，TiC-WC 复式碳化物一般呈饱和固溶体的形式。过饱和固溶体一般不宜，因为在烧结时，过饱和固溶体会分解析出粗大的沿着同一方向生长的碳化钨晶体，因而降低合金的耐磨性；采用饱和状态的 Ti-WC 固溶体易于控制合金中碳化钨的晶粒度；采用未饱和的 TiC-WC 固溶体在烧结时合金中易于生成晶粒外表呈饱和状态，而其内部却为富碳化钛或贫碳化钨的特殊晶粒结构，即所谓的"环形结构"，将会降低合金的切削性能。

但是，也有人认为，未饱和固溶体具有较高的显微硬度和抗氧化性，因而有利于合金性能的提高。未饱和固溶体制得的合金，其密度和切削系数较高，所以，在国内外硬质合金生产中，也有采用未饱和固溶体的。

在钢材半精加工时，采用未饱和固溶体制得的合金比饱和固溶体耐磨。但在粗加工时，饱和固溶体制得的合金则比较好。由此可见，固溶体成分应根据具体情况选择。

6.2.1.3　TiC-WC 复式碳化物的制取工艺

A　炉料的制备

复式碳化物炉料由二氧化钛、碳化钨和炭黑组成。在配料前这些原料应符合技术条件，此外，还应检查二氧化钛的颜色和粒度是否均匀一致以及夹杂物等。

二氧化钛在使用前通常要进行煅烧，以除去水分和其他挥发物，保证配料准确和混合均匀。如果二氧化钛质量较好且很干燥，亦可不必煅烧，直接配料使用。

B　炉料配料计算

如果 100kg 固溶体中碳化钛的质量为 $A(\text{kg})$，按式（6-13），则：

$$Q_{\text{TiO}_2} = \frac{80}{60} \times A \tag{6-13}$$

式中　Q_{TiO_2}——配制 100kg 固溶体所需二氧化钛的质量，kg；

　　　60——碳化钛的相对分子量；

　　　80——二氧化钛的相对分子量。

又
$$Q_{\text{C}} = \frac{3 \times 12}{60} \times A \tag{6-14}$$

式中　Q_{C}——配制 100kg 固溶体所需炭黑的质量，kg；

　　　12——碳的相对原子量。

若固溶体中 TiC：WC 之比分别为 28.8：71.2 和 40：60，在制取 100kg 时，各

种原料按上述公式计算的配量及其配比列于表 6-6。

表 6-6 制取 100kg Ti-WC 固溶体时各种原料的配量及其配比

炉料成分	Ti : WC = 28.8 : 71.2		Ti : WC = 40 : 60	
	配量/kg	配比/%	配量/kg	配比/%
TiO_2	38.4	30.26	53.3	38.82
WC	71.2	56.10	60	43.70
C	17.3	13.64	24	17.48
合计	126.9	100	137.3	100

在生产实践中，炭黑配量比理论计算量要低，因为在碳化过程中舟皿、石墨管和气氛均有增碳作用，同时工业碳化钛总是缺位的，达不到被碳完全饱和的状态。因此，实际炭黑配量仅为理论计算量的 95%~98%。

在炭黑配比变化时，会影响二氧化钛与碳化钛的比值，为了保持两者的比值不变，则二氧化钛和碳化钨配比也应随之改变，其计算公式为：

$$TiO_2(\%) = q_{TiO_2}\left(\frac{1 - C_x}{1 - C}\right) \tag{6-15}$$

$$WC(\%) = B_{WC}\left(\frac{1 - C_x}{1 - C}\right) \tag{6-16}$$

式中 q_{TiO_2}——炭黑为理论配比时炉料中 TiO_2 的配比,%；

　　　B_{WC}——炭黑为理论配比时炉料中 WC 的配比,%；

　　　C——炭黑理论配比,%；

　　　C_x——炭黑实际配比,% 。

C 混合

二氧化钛、碳化钨和炭黑可在一般球磨机或振动球磨机内进行干混。混合工艺条件见表 6-7。

表 6-7 复式碳化物炉料的混合工艺条件

振动球磨机	不锈钢球直径/mm	装球量/kg	球料比	混合时间/h
容积 270L	15~35	400	2:1	1~2

为了保证混合均匀，亦可加入酒精进行湿混，但混合后应进行干燥。混合后炉料颜色应均匀一致，不应有白色二氧化钛夹杂物，并进行总碳分析。合格的炉料，即转去碳化。总碳不合格的炉料应重新处理。

D 炉料的碳化

将制备好的炉料装入石墨舟皿（ϕ120mm×95mm×360mm）中，经过压实或捣实以后再装入石墨管电炉内，用机械推进器逆氢气流推进，将炉料碳化。其碳化工艺条件见表 6-8。

E 破碎和过筛

碳化后，复式碳化物在球磨机中（球料比(2~3):1）磨碎 2~4h，并在 60~80 网目（250~180μm）筛。筛上物单独球磨破碎、过筛后另行处理。

表 6-8　Ti-WC 复式碳化物炉料碳化的工艺条件

用　　途	石墨管尺寸/mm×mm	碳化温度 /℃	推舟速度 /min·舟⁻¹	装舟量 /kg·舟⁻¹	氢气流量 /m³·h⁻¹
用于 YT5、YT14、YT15	φ128×1500	2200～2300	40	7～8	1～1.5
用于 YT30	φ128×1500	1700～1800	60	3.5～4.5	1～1.5

经破碎、过筛后的复式碳化物 Ti-WC 的化学成分及松装密度应符合表 6-9 的要求。此外，还应对 Ti-WC 复式碳化物进行 X 射线分析。

表 6-9　Ti-WC 复式碳化物的技术条件

用　　途	Ti:WC	总碳 /%	游离碳 /%	钛 /%	铁 /%	松装密度 /g·cm⁻³
用于 YT5、YT14、YT15	28.75:71.25	9.3～9.7	<0.3	22～24	<0.3	3.0～4.5
用于 YT30	28.75:71.25	9.3～9.7	<0.3	23～25	<0.3	<0.3
用于 YT5、YT14、YT15	40:60	9.3～9.7	<0.3	31.5～32.5	<0.3	3.0～3.5

F　碳化工艺质量控制

碳化后的复式碳化物应为灰白色的硬块，断面应均匀无黑心。舟皿出炉后，应细致刷掉料层表面的杂质和氧化物。

卸料时，如果发现黑心、表面颜色暗黑、氧化或熔化以及松散等物料，则应立即分开并单独处理。

黑心料会导致合金的孔隙度增大，其产生原因是碳化温度低、碳化时间不足和装舟时炉料没有压紧等。当出现黑心料或固溶体过于松散与色浅时，可适当地提高碳化温度或压实装舟。已经出现黑心料须将其捣碎，少量拌入正常炉料中重新碳化。

熔化料系银白色的硬块，一般难以破碎。如果破碎不好在烧结过程中会导致合金的孔隙度增大。熔化料产生的原因是碳化温度过高或炉管局部损坏，导电不良，形成电弧造成局部温度过高，使炉料局部熔化，严重时整个舟皿内的料熔化，生产上应尽量避免产生熔化料。

氧化料呈黄色或淡黄色。由于其含氧量过高，生产上不宜使用。氧化料产生的原因是炉管冷却水套漏水，滴到炽热炉料上，使炉料氧化，或者是炉料冷却不好和氢气流量不足，炽热炉料与空气接触，使其氧化。

在碳化时通入氢气可防止炉料被空气中的氮和氧污染，并且可延长石墨管电炉使用寿命。但入炉氢气含水量过高，也会使炉料和炉管氧化，含水量愈多，其氧化程度愈严重，因此，通入炉内的氢气含水量应尽量低。

6.2.1.4　影响 TiC-WC 复式碳化物粒度的因素

影响复式碳化物粒度的因素主要有碳化温度、碳化时间以及原料粉末的原始粒度。

(1) 碳化温度。碳化温度愈高，原子活性愈强，颗粒长大速度愈快，因而颗粒较粗，反之，则颗粒较细。

（2）碳化时间。碳化时间愈长，颗粒愈粗。在高温下，碳化时间对粒度的影响比温度的影响要小得多，因此在制取颗粒较细的固溶体时，可适当地降低碳化温度和延长碳化时间。但碳化时间不宜过长，否则会降低生产效率。

（3）原料粉末的粒度。在其他条件相同的情况下，原料粉末的粒度对固溶体的最终粒度有着直接的影响。如上所述，固溶体颗粒是在碳化钛颗粒基础上形成的，碳化钛颗粒愈细，制得的固溶体颗粒也就愈细。而生成的碳化钛颗粒大小也取决于二氧化钛和碳化钨原始颗粒大小。当采用颗粒较细的二氧化钛时，生成的碳化钛颗粒也较细。当采用颗粒较细的碳化钨时，则由于其隔离二氧化钛和炭黑的作用较粗颗粒的碳化钨要大，生成的碳化钛颗粒也就较细。因此，欲制取较细颗粒的固溶体，在其他条件不变的情况下，宜采用较细的二氧化钛和较细的碳化钨。

6.2.2 TiC-WC-TaC(NbC)多元复式碳化物的制取

在 TiC-WC-TaC(NbC)-Co 合金中，碳化钽（碳化铌）常以 TiC-WC-TaC(NbC)固溶体的形式加入。

制取 TiC-WC-TaC(NbC)固溶体有三种方法：

（1）分别制取碳化钨、碳化钛和碳化钽（碳化铌），然后碳化成固溶体。这种方法要分别制取碳化物，工序较多，质量也不容易控制。

（2）预先制取碳化钨，然后与二氧化钛、五氧化二钽（五氧化二铌）和炭黑混合，再碳化成固溶体。这种方法虽省去制取碳化钽（碳化铌）的工序，但由于氧化物的体积大，不能有效地利用炉子的工作空间。

（3）预先制取碳化钨和碳化钽（碳化铌），然后与二氧化钛和炭黑混合，再碳化成固溶体。这种方法克服了上述两种方法的缺点，不但制得的固溶体质量较稳定，而且生产效率也较高。因此，在生产上多采用这种方法。

在制取固溶体以前，首先确定固溶体的成分。一般采用饱和的和未饱和的固溶体。

碳化在石墨管电炉中进行，其碳化工艺条件见表 6-10。

表 6-10 TiC-WC-TaC(NbC)复式碳化物的碳化工艺条件

用　　途	碳化温度 /℃	推舟速度 /min·s⁻¹	装舟量 /kg·舟⁻¹	氢气流量 /m³·h⁻¹
用于 YW1，YW2	2200~2300	60	4~7	1~1.5

TiC-WC-TaC(NbC)复式碳化物应符合表 6-11 所列的技术条件。

表 6-11 TiC-WC-TaC(NbC)复式碳化物的技术条件

用　　途	固溶体成分 TiC：WC：TaC(NbC)	总碳 /%	游离碳 /%	钛 /%	铁 /%	松装密度 /g·cm⁻³
YW1，YW2	36.61：38.98：24.41	10.6~11.6	<0.3	28.8~29.8	<0.3	3.0~4.0
YW1，YW2	22：56：22	9.5~10.0	<0.3	17.8~18.2	<0.3	

6.3　其他碳化物粉末的制备

6.3.1　TaC、NbC 和 (Ta,Nb)C

钽（Tantalum）由 1802 年瑞典化学家埃克贝格（A. G. Ekeberg）发现；铌（Niobium）由 1844 年德国化学家罗斯（H. Rose）发现。世界钽铌工业的发展始于 20 世纪 20 年代。美国是生产钽铌较早的国家，1922 年开始工业规模生产金属钽，1955 年开始工业规模生产金属铌。我国钽铌工业的发展始于 20 世纪 50 年代中期，已成为世界钽铌冶炼加工的第三强国，进入了世界钽铌工业大国的行列。钽与铌主要应用领域是电子、钢铁、机械、化学、航空和宇航、计算技术、超导技术和医疗方面。总的来说，钽主要用于电子工业和硬质合金工业，铌主要用于钢铁工业。

钽金属是通过还原钽化合物来制取的，工业上一般用钠还原法从氟钽酸钾制取金属钽。铌金属是通过还原铌化合物来制取的，工业上一般用碳还原法和铝还原法从氧化物中制取金属铌。碳和含碳气体（如 CH_4、CO 等）在高温（1200~1400℃）下与钽和铌相互作用生成碳化物（TaC、NbC）。

碳化钽、碳化铌及碳化钽铌的生产主要采用 Ta_2O_5、Nb_2O_5 或一定比例的 Ta_2O_5 和 Nb_2O_5 与 C 混合在高温、氢气保护或真空条件下，进行一次或二次碳化，碳夺取氧化物的氧生成 CO，过量的碳与钽、铌结合生成碳化物，制备 TaC、NbC 或固溶体粉末；Ta-C、Nb-C 相图如图 6-4 和图 6-5 所示。主要反应方程式为：

$$Ta_2O_5 + 7C === 2TaC + 5CO\uparrow \tag{6-17}$$

$$Nb_2O_5 + 7C === 2\ NbC + 5CO\uparrow \tag{6-18}$$

$$Ta_2O_5 + Nb_2O_5 + 14C === 4(Ta,\ Nb)C + 10CO\uparrow \tag{6-19}$$

图 6-3　(Ti,W)C 粉末电镜照片
a—常规生产的；b—市场中较好的

氧化物还原并生成碳化物的反应过程可分三个阶段，以碳化钽生产为例：

$$Ta_2O_5 + C === 2TaO_2 + CO\uparrow \tag{6-20}$$

$$TaO_2 + C === TaO + CO\uparrow \tag{6-21}$$

$$TaO + 2C === TaC + CO\uparrow \tag{6-22}$$

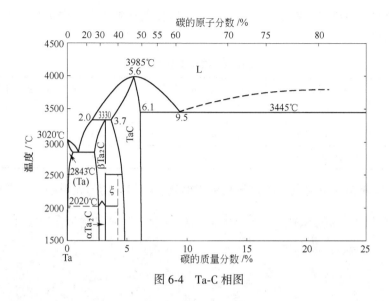

图 6-4　Ta-C 相图

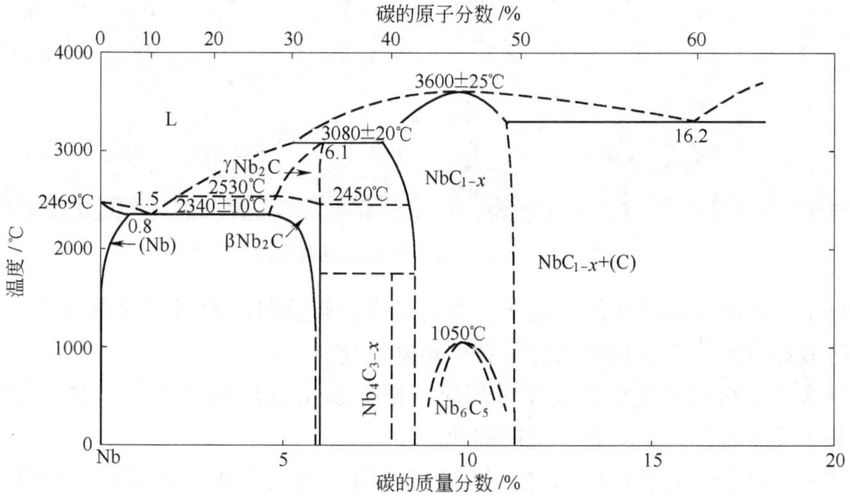

图 6-5　Nb-C 相图

　　碳化反应在 1300℃ 温度下开始。为了加速反应过程，碳化温度通常采用 2000～2100℃，时间为 20～30min 推进一舟。

　　炉料的炭黑配量按反应式（6-23）计算；1kg 炉料的炭黑配量按下式计算：

$$Q_C = \frac{C \times a}{C_{纯}} \times (87\% \sim 93\%)　　　　(6-23)$$

式中　Q_C——制备 1kg 炉料的炭黑配量；

　　　C——碳化钽（碳化铌）的理论含碳量，6.32%；

　　　a——五氧化二钽（五氧化二铌）的纯度（大于 98%）；

　　　$C_{纯}$——炭黑的纯度；

87%～93%——制取碳化钽（碳化铌）炭黑的实际配量，为理论计算量的百分数。

　　炉料在球磨机内进行干磨混合。

　　将混合均匀的炉料装入石墨舟皿中，稍压实后投入石墨管电炉中进行碳化，其碳化工艺条件见表6-12。

表6-12　碳化工艺参数

名　称	碳化温度/℃	推舟速度/min·舟$^{-1}$	装舟量/kg·舟$^{-1}$	氢气流量/m^3·h^{-1}
TaC	2000~2100	30	4~5	0.4~0.8
NbC	1900~2100	20	2~3	0.4~0.8
(Ta,Nb)C	2000~2100	25	2~4	0.4~0.8

　　碳化后的碳化钽应呈褐色，碳化铌则呈灰褐色。断面应均匀无黑心，见图6-6。

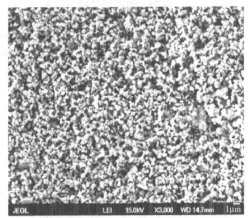

图6-6　(Ta,Nb)C粉末的电镜照片

　　黑心料呈松散状。其产生原因是炭黑配料过高，碳化时间短或碳化温度低等。发现黑心料时，应立即分开，并少量拌入正常料中重新碳化。

　　当炉料炭黑配料过低或炭化温度过高时，则容易出现淡褐色硬块。这种硬块较难破碎。将其磨碎后少量拌入正常料中重新碳化。

　　当冷却不好时会引起炉料的燃烧。燃烧料是白色散装粉末，也须拌入正常料中重新碳化。

　　如果总碳含量和游离碳含量不合格，则应进行第二次碳化。

　　碳化后呈疏松块状的碳化钽（碳化铌），需经磨碎和过筛。磨碎和过筛可分别在球磨机和振动筛中分别进行，亦可在磨筛机内同时进行。

6.3.2　TiC与Ti(C,N)

6.3.2.1　生产原理

　　TiO_2被H_2还原成金属Ti的温度比其熔点还高，生产上通常将TiO_2（即钛白粉）与炭黑的混合物置于石墨电阻炉内进行高温碳化制备TiC粉末。其过程的总反应见式（6-9）。TiO_2按式（6-10）~式（6-12）逐步被还原和碳化。

　　中间产物特别是低价氧化物TiO的稳定性高，因此，要求有很高的碳化温度。这样高的温度下，CO或碳氢化合物气体完全分解，碳化钛的形成过程主要靠固相反应进行。至于碳化过程中产生的一氧化碳和碳氢化合物，由于在不太高的温度下已分解为碳和氢，不但不能促进过程的加速，反而会阻碍反应的进行，因为含碳气氛分解析出的碳沉积在分散性极强的炭黑颗粒上，引起炭黑的石墨化，降低其表面活性，生成碳化钛的反应速度急剧下降，严重者则使生成碳化钛的过程停止，甚至向相反的方向进行。因此，延长升温或保温时间将导致碳化钛的化合碳含量降低。

根据上述分析，在制取工业碳化钛的过程中，可通过快速升温并迅速冷却已碳化好的碳化钛的方法来提高碳化钛之比化合碳含量。

尽管如此，要想在普通条件下（如采用石墨管电炉及氢气）得到不含石墨、氧及氮且具有理论含碳量的纯碳化钛是十分困难的。

在真空条件下制取碳化钛时，碳化温度可降低到 1800~1850℃。这样碳化过程中炭黑的石墨化趋势大为降低，使碳化反应的逆过程难以进行，因此，适当的增加保温时间不但不会使碳化钛中的化合碳量降低，而且还会增加，从而获得化合碳含量更高的 TiC，并且可减少杂质 O 和 N 的含量，得到化合碳含量高的碳化钛。此外，碳化温度的降低，有利于制取较细颗粒的 TiC。其相图见图 6-7。

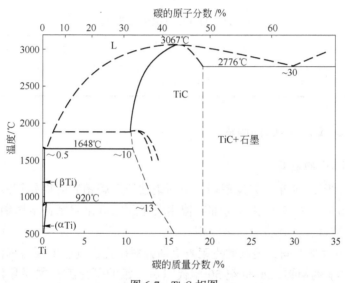

图 6-7 Ti-C 相图

在制备 TiC 粉末的基础上，根据所需 C、N 比，调配合适的钛白粉和 C，控制合适的 N_2 流量，温度在 1700~2000℃，使碳化、氮化及固溶过程完成。主要反应方程式为：

$$TiC + TiO_2 + C + N_2 \rule[0.5ex]{2em}{0.4pt} Ti(C, N) \tag{6-24}$$

由于 Ti(C,N)为连续无限固溶体，精确控制粉末的各项性能指标如粒度及其分布、形状和 C/N 值的难度很大。

6.3.2.2 碳化钛生产工艺

（1）配料计算：生产过程中根据需要生产 TiC 的量按式（6-13）、式（6-14）来计算 TiO_2、炭黑的加量。

实际生产中要进行适当修正。为了减少碳化钛的游离碳含量，炭黑实际配量仅为理论计算量的 95%~97%。

（2）混合。在不锈钢球磨机混合，球料比（1.5～2）∶1，混合时间通常为 4～6h；混合后物料颜色应均匀一致，无白点。

（3）压团或打紧。由于碳化钛的形成过程是固相反应，除了要求炉料均匀混合外，装舟时必须压实（压团），以增加物料的接触表面，有利于反应的进行。

（4）碳化。碳化在石墨管的电炉中进行。碳化过程的关键是控制碳化温度与时间。在石墨管电炉内的碳化温度为 2200～2400℃，每半小时推一舟。

在真空中碳化时，其碳化温度约为 1800℃，同样要求加热速度快，保温时间短。

物料出炉应进行表面清理。碳化后物料应为浅灰色的松散团块，略有金属光泽。团块中心黑心时，说明碳化不完全，可适当提高碳化温度。

（5）破碎过筛。碳化好的炉料应在干磨机（球料比为 2.5∶1）内磨碎 6～8h，并过80～120 网目（180～120μm）筛。

6.3.2.3　碳氮化钛生产工艺

生产过程中根据需要生产的 Ti(C，N) 质量以及 C/N 比来进行计算，C/N 一般为原子比，Ti(C,N)碳化工艺参数见表6-13。

表 6-13　Ti(C,N)碳化工艺参数

名　称	碳化温度/℃	推舟速度/min·舟$^{-1}$	装舟量/kg·舟$^{-1}$	氮气流量/m³·h^{-1}
Ti(C,N)	1800～1900	240	2～3	0.4～0.8

6.3.3　Mo$_2$C、Cr$_3$C$_2$、V$_8$C$_7$的制备

6.3.3.1　Mo$_2$C 的制备

C. W. Scheele 于 1778 年首先发现钼，他用硝酸分解辉钼矿时得到钼酸，并获得钼盐，同年制备出氧化钼。1781 年瑞典人哥耶利穆用碳还原三氧化钼制备金属钼。P. J. Hjelm 在1782 年得到一种纯金属，并将其命名为钼。

在第二次世界大战期间，美国的克莱麦克斯公司研究出真空电弧熔炼法，用这种方法得到重 450～1000kg 的钼锭。20 世纪 50 年代以后，钼的研究工作主要是积极探索耐热钼基合金的成分和生产工艺。目前，钼的主要应用领域为特殊钢、高温合金、耐高温结构件、电极材料和精细化工领域。

钼在它的熔化温度不与氢发生任何化学反应。但钼在氢气中加热时，能吸收一部分氢气形成固溶体。低于 1500℃ 时，钼与氮不发生反应；高于 1500℃ 时，钼与氮发生化学反应生成氮化物。碳、碳氢化合物和一氧化碳在 800℃ 开始与钼相互作用生成碳化钼（Mo$_2$C）。硫蒸气高于 440℃、硫化氢高于 800℃ 与钼发生反应生成二硫化钼。温度高于1200℃，钼与硅相互作用生成二硅化钼。

钼粉的工业生产一般是采用钼酸铵煅烧成三氧化钼后，采用氢作还原剂，用两阶段还原的方法将三氧化钼还原成金属粉末。

钼粉与炭黑混合，高温下通过碳原子在钼粉中的扩散与化合而生成 Mo$_2$C。

生产主要有碳管炉和中频炉；碳化温度一般为 1300～1600℃；碳化时间为 2～8h。也

可以真空碳化，碳化温度1200~1300℃。

6.3.3.2 Cr_3C_2的制备

碳化铬的制备过程主要为Cr_2O_3与炭黑均匀混合后进行碳化，总反应为：

$$3Cr_2O_3 + 13C == 2Cr_3C_2 + 9CO \uparrow \tag{6-25}$$

生产设备主要有碳管炉、中频炉和真空炉。碳管炉碳化温度为1550~1650℃，推舟速度为30min/舟；中频炉碳化温度为1200~1550℃，碳化时间为15~18h；真空炉碳化温度为1100~1400℃，反应终点不高于10Pa后，继续保持5~8h。为了获得比较高的化合碳，有时要两次碳化。Cr_3C_2粉末的电镜照片如图6-8所示。

图6-8 Cr_3C_2粉末电镜照片

6.3.3.3 V_8C_7的制备

因为V_2O_5在高温时挥发损失大，需先将V_2O_5配炭在低温状态下还原成V_2O_3，再以V_2O_3为原料与炭黑均匀混合后进行碳化，总反应为：

$$4V_2O_3(s) + 19C(s) == V_8C_7(s) + 12CO \uparrow \tag{6-26}$$

V_2O_3制备V_8C_7的反应过程为：$V_2O_3 \rightarrow VC_xO_y \rightarrow V_4C_3 \rightarrow V_8C_7$。

生产设备可以是碳管炉、中频炉或真空炉。碳管炉碳化温度为1600~1700℃，推舟速度为60min/舟；中频炉碳化温度为1200~1500℃，碳化时间为10~18h；真空炉碳化温度为1100~1400℃，反应终点不大于10Pa后，继续保持3~7h。为了获得比较高的化合碳，有时要两次碳化。代表性的V_8C_7粉末电镜照片如图6-9所示。

图6-9 V_8C_7粉末电镜照片

6.4 碳化物粉末的技术条件

6.4.1 WC 的技术条件

6.4.1.1 主含量、微量元素

一般商业碳化钨的化学含量如表 6-14 所示。

表 6-14 WC 的化学含量

主含量 WC /%	杂质含量（不大于）/%								
	Al	Ca	Fe	K	Mg	Mo	Na	S	Si
≥99.8	0.002	0.002	0.02	0.0015	0.002	0.01	0.0015	0.002	0.003

注：对于平均粒度不小于 14μm 的粗颗粒碳化钨粉，要求 Fe≤0.05%。

6.4.1.2 常用 WC 的主要技术指标

一般 WC 的粒度，氧含量，总碳，游离碳及化合碳如表 6-15 所示。

表 6-15 WC 的粒度，氧含量，总碳，游离碳及化合碳

牌　号	比表面积 /m²·g⁻¹	平均粒度范围 /μm	氧含量（不大于）/%	总碳 /%	游离碳 /%	化合碳（不小于）/%
FWC02-04	≥2.5	—	0.35	6.20~6.30	0.20	6.07
FWC04-06	1.5~2.5	—	0.30	6.15~6.25	0.15	6.07
FWC06-08	—	≥0.60~0.80	0.20	6.13~6.23	0.12	6.07
FWC08-10	—	>0.80~1.00	0.18	6.08~6.18	0.08	6.07
FWC10-14	—	>1.00~1.40	0.15	6.08~6.18	0.06	6.07
FWC14-18	—	>1.40~1.80	0.15	6.08~6.18	0.06	6.07
FWC18-24	—	>1.80~2.40	0.12	6.08~6.18	0.06	6.07
FWC24-30	—	>2.40~3.00	0.10	6.08~6.18	0.06	6.07
FWC30-40	—	>3.00~4.00	0.08	6.08~6.18	0.06	6.07
FWC40-50	—	>4.00~5.00	0.08	6.08~6.18	0.06	6.07
FWC50-70	—	>5.00~7.00	0.08	6.08~6.18	0.06	6.07
FWC70-100	—	>7.00~10.00	0.05	6.08~6.18	0.06	6.07
FWC100-140	—	>10.00~14.00	0.05	6.08~6.18	0.06	6.07
FWC140-200	—	>14.00~20.00	0.05	6.08~6.18	0.06	6.07
FWC200-260	—	>20.00~26.00	0.05	6.08~6.18	0.06	6.07
FWC260-350	—	>26.00~35.00	0.08	6.08~6.18	0.06	6.07

6.4.1.3 WC 形貌

WC 多为类球形颗粒，由于在碳化过程中产生亚晶界，因此 WC 粉末一般为多晶颗粒，如图 6-10 所示。

图 6-10 各类 WC 的电镜照片

6.4.2 TiC、TiCN 和(Ti，W)C

6.4.2.1 TiC 技术条件

TiC 技术条件列于表 6-16。

表 6-16 TiC 技术条件

牌 号		FTiC-1	FTiC-2
主要化学成分（质量分数）/%	总碳 T.C	19.0~19.9	19.0~19.9
	游离碳 F.C	≤0.3	≤0.5
杂质含量（质量分数）（不大于）/%	Fe	0.10	0.10
	Si	0.08	0.08
	Na	0.01	0.01
	K	0.01	0.01
	Ca	0.01	0.01
	S	0.01	0.01
	O	0.35	1.0
	N	0.35	0.4
Fsss/μm		2.0~5.0	1.0~6.0

6.4.2.2 TiCN 技术条件

TiCN 技术条件列于表 6-17。

表 6-17 TiCN 技术条件

牌号 (TiC∶TiN)		5∶5	7∶3	3∶7
主要化学成分（质量分数）/%	N	10.8~11.8	6.7~7.7	14.7~15.7
	总碳 T.C	9.5~10.5	13.0~13.8	5.8~6.8
	游离碳 F.C	≤0.3	≤0.5	≤0.3
杂质含量（质量分数）（不大于）/%	Fe	0.2	0.2	0.2
	Si	0.01	0.01	0.01
	Ca	0.01	0.01	0.01
	S	0.01	0.01	0.01
	O	0.6	0.6	0.6
Fsss/μm		2.0~4.0	2.0~4.0	2.0~4.0

6.4.2.3 (Ti,W)C 技术条件

(Ti,W)C 技术条件列于表 6-18。TiC∶WC 的比例有 40∶60、50∶50、30∶70；单相；Fsss 2~4μm。

表 6-18 (Ti,W)C 技术条件

牌号（TiC：TiN）		40：60	50：50	30：70
主要化学成分/%	Ti	32±0.5	39.5±1.5	24±0.5
	W	56±1.0	47±1.5	65±1.5
	总碳 T.C	11.2±0.2	12.4±0.3	65±1.5
	游离碳 F.C	≤0.2	≤0.5	≤0.4
杂质含量（不大于）/%	Fe	0.1	0.1	0.1
	Mo	0.1	0.1	0.1
	Si	0.005	0.005	0.01
	Co	0.05	0.05	
	Na	0.005	0.005	0.005
	K	0.005	0.005	0.005
	Ca	0.007	0.007	0.007
	S	0.03	0.03	0.03
	O	0.25	0.3	0.25
	N	0.8	0.8	0.8
相成分		单相	单相	单相
Fsss/μm		2.0~4.0	2.0~4.0	2.0~4.0

6.4.3 TaC、NbC、(Ta，Nb)C、Mo_2C

（1）碳化钛。总碳 T.C≥19.0，游离碳 F.C≤0.3，Fsss 为 1.0~3.0μm。

（2）碳氮化钛。碳氮化钛固溶体中 C/N 比有 7：3、6：4、5：5 等规格；Fsss 有 1.0~1.5μm、1.5~2.5μm、2.5~3.5μm 等规格。

（3）(Ti，W)C，(Ti，W)C 固溶体中 TiC/WC 比有 4：6，5：5，3：7；单相；Fsss2~4μm。

（4）碳化钽。碳化钽的牌号 FTaC-1、FTaC-2、FTaC-3 的 Fsss 分别为 ≤1.0μm、1.0~1.5μm、1.5~3.0μm。

（5）碳化铌。碳化铌的牌号 FNbC-1、FNbC-2 的 Fsss 分别为 1.0~1.5μm、1.5~4.0μm。

（6）碳化钽铌。碳化钽铌固溶体中 TaC：NbC 有 90：10、80：20、70：30、60：40、50：50 等五种规格；Fsss 有 1.0~1.2μm、1.2~1.5μm、1.5~3.5μm 等三种规格。

（7）碳化钼。牌号为 FMo2-1 碳化钼技术条件：T.C≥5.8；F.C≤0.20；O≤0.20；Fe≤0.2；Fsss≤4.0μm。

6.5 碳化生产设备

碳化设备用于将适当比例的混合粉末在 1400~2400℃温度条件下生成碳化物粉末及多元固溶体粉末。按其构造和发展历史分为碳管炉、中频碳化炉、连续钼丝碳化炉、全自动高温碳化炉。

6.5.1　高温连续钼丝炉

连续钼丝碳化炉是 1996 年从德国引进的，国内经改造升级后，成为生产中细颗粒碳化钨的理想炉型。高温连续钼丝炉的结构见图 6-11。

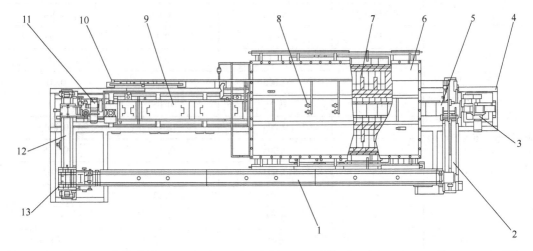

图 6-11　高温连续钼丝炉的解剖图

1—送舟轨道；2—送舟机构；3—推舟机构；4—炉架；5—装舟室；6—主炉体；7—炉砖砌体；
8—热电偶；9—冷却炉管；10—汇流排；11—双炉门机构；12—出舟轨道；13—出舟车

炉腔采用刚玉材质，炉腔外炉膛两侧墙悬挂钼丝，易更换，且与炉管的维修互不影响。炉温 1600℃，热电偶测温准确；钼丝寿命在 12 个月以上，炉管寿命在 10 个月以上。采用 Ar 或 H_2 作为保护气氛。配有全自动进出舟系统、负压紧急供氮控制，连续运行，生产效率高。是生产中、细颗粒碳化钨粉的理想炉型，也可用于 H_2 烧结硬质合金和高密度合金。

德式连续钼丝碳化炉的舟皿转运采用电机减速机驱动链条传送，加上慢速推舟与快速退回的两个电机减速机共有 9 套电机减速机，机械传送较为复杂。迪远公司开发设计了以气缸驱动为主的自动连续进出舟系统（迪远专利），且进舟和出舟都采用了双炉门机构，使结构大为简化。

6.5.1.1　技术参数

全自动连续高温钼丝碳化炉是一台高自动化程度，高控温精度，高生产率，低能耗的设备。炉子由炉体、送料机构、推舟机构、水冷系统、双炉门机构、出料小车、出料轨道、送舟轨道、管网系统等组成。

炉体部分由炉壳、刚玉炉管、炉盖、发热体、保温材料等组成。

高温连续钼丝炉的技术参数见表 6-19。

6.5.1.2　用途与特点

本系列高温钼丝碳化炉主要适用于金属氧化物粉末的还原和碳化，炉体采用自动进出料，所有动作由 PLC 控制执行，进料端炉门采用导向槽密封、气帘保护，密封性好，耗气

表 6-19　高温连续钼丝炉的技术参数

功率/kW	150	发热体材质	掺杂钼丝
最高温度/℃	1870	最高工作温度/℃	1850
炉管断面尺寸/mm×mm	213×220	炉管材质	高纯氧化铝
加热带数	三带	推舟速度/min·舟$^{-1}$	10~60
产量/kg·h^{-1}	45	测温方式	W-Re 热电偶
外形尺寸/mm×mm×mm	8580×2790×2120	设备质量/kg	14000

量少，无炉管渗碳现象，利于控制金属粉末的碳含量。该设备具有以下特点：

（1）采用智能温控仪，三带加热，温控精确。

（2）炉内温度均匀性好。

（3）发热体使用寿命长，热效率高。

（4）保温效果好，能耗低。

（5）全自动程序控制。

用钼丝做加热体时，由于钼在 500℃ 下就开始与空气作用，生成氧化钼（MoO_3）气体而挥发，因此必须采用氢气保护。钼丝长时间使用后，由于晶粒长大而变脆，所以不能重复绕制使用。钼丝电阻随温度的变化增加很快，使用时必须采用低压变压器。

6.5.2　碳管炉

碳管炉为卧式推舟式炉型，是碳化的传统炉型。圆形炉管，直热式加热方式，一个温区，炭黑保温，炉温可达 2400℃；炉头有进舟管和推舟机构和炉尾有冷却管；导电系统是在石墨管上套一个石墨锥，再在它上面装一个铜套接头。电流由导电板通至铜套接头上。接头必须与整个炉壳绝缘。石墨管电炉的优点是结构简单，升温速度快，工作温度高；缺点是炉管粗而短，电阻很小，需要高电流、低电压的变压器，炉管易氧化、寿命短，经常要修炉。碳管炭化炉的主体结构如图 6-12 所示。

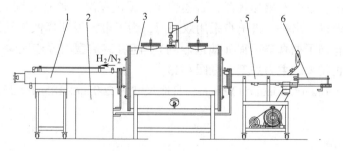

图 6-12　碳管炭化炉结构

1—炉尾；2—变压器；3—炉体；4—红外测温；5—炉头管；6—推舟机构

6.5.2.1　设备结构和参数

（1）炉体组成：炉壳体、炉架、保温炭黑、氧化铝毡炉衬、直热式石墨管及其锥套和铜套、外套副石墨管、红外线测温仪及控制柜。

（2）舟皿推进机构安装在炉头管上。推进机构可以是齿轮齿条机构、气液阻尼缸或与炉头管分体安装的丝杆机构。

（3）早期的碳管炉采用手持式测温仪，通过人工调节电流控温，一直是碳管炉的一大缺陷。主要原因是测温孔通道有大量的灰分形成雾气遮挡了红外线，导致测量温度比实际温度低 300~400℃。现在壳体顶或侧中部设计有测温孔贯穿保温层，直通发热管，通过向测温孔通入惰性气体或同工艺气体吹扫，可使通道清晰，从而实现了较准确的自动控温。

（4）碳管炉只有两个规格，外径 φ152mm，内径 φ128mm，长度 1520mm，舟皿尺寸为 φ120/100×93×360；变压器功率 50~80kV·A。为了达到 2000℃以上，宜采用 100kV·A 变压器，由于结构原因炉管外径和长度要固定，采用适当减少内径（φ126）来增加炉管截面积减少电阻。外径 φ230mm，内径 φ200mm，长度 1600mm，舟皿尺寸为 φ190/170×147×380；变压器功率 120kV·A。

6.5.2.2　设备改进与特点

迪远工业炉公司在传统炉型基础上作了四个大的改进：

（1）在炉体上安装了红外测温仪，实现了连续测控炉温；

（2）在原加热管外套了一根副管将炭黑隔离，方便更换加热管；

（3）开关炉门时自动补充气形成气幕，阻止空气进入炉膛，延长炉管寿命；

（4）加装了自动装舟和自动卸舟机构，可实现一次装、卸多个舟皿（迪远专利）。

一般炉管使用寿命通常为 20~30 天。炉管损坏一般在装料端高温区顶部，主要是被空气及水分氧化引起的。当炉管使用一定时间后，可将炉管转动 180°，使炉顶被氧化的位置转至下方。修炉时，铜套与石墨锥体应接触良好，以免起电弧。修炉后保温层的炭黑应补充填紧。

6.5.3　连续高温碳化炉

生产粗颗粒碳化钨需要炉温达到 2200~2300℃，连续钼丝碳化炉不能胜任，催生了连续高温碳化炉的需求。目前世界上有美国 HARP 公司、德国 CREMER 公司和中国迪远公司能够制造该炉型。

采用氩气保护，三带石墨加热器，石墨炉胆，碳毡保温（迪远专利）；与连续钼丝炉相同，可连续自动进、出舟。进出舟采用双炉门，为了最大限度降低氧气进入炉膛，在双炉门之间的过渡仓加了抽真空过程（迪远专利）。随着该炉型的逐步完善，其将成为生产粗颗粒高档碳化钨粉末的主力炉型，见图 6-13。

炉管尺寸为 150mm×250mm×3000mm，舟皿尺寸为 200mm×185mm×130mm，舟皿材质为石墨。

6.5.4　中频碳化炉

中频碳化炉是 20 世纪中期投入使用的，炉膛有效容积 120L，舟皿尺寸为 φ400mm/375mm×220mm，功率 80kV·A，单炉产量约 300kg。

中频碳化炉主要由坩埚（相当于炉膛）、感应器、冷却系统、隔热屏、感受器等组成。

根据电磁感应原理，当线圈中通入交变电流时，产生交变磁场，使处于磁场中的导体（例如石墨感受器）内部产生涡流，而将物料加热。

感应器：感应器一般用矩形空心铜导管制成，导管匝数视坩埚长短而定，匝间间隙不

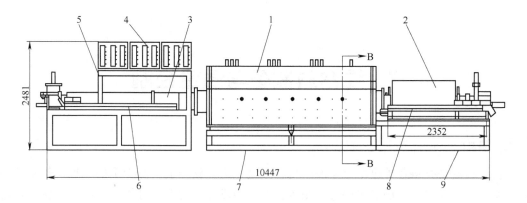

图 6-13　连续高温碳化炉

1—炉体；2—炉头管；3—炉尾冷却管；4—变压器；5—炉尾支架；

6—出舟轨道；7—炉体支架；8—进舟轨道；9—炉头支架

小于 20~40mm。

坩埚：坩埚用石墨制成，厚度不能过大，一般为 10~15mm，太厚将增加电能消耗。

感受器（发热体）：感受器主要用于切断感应磁力线，借它的辐射热使炉料加热。

冷却系统：炉子工作温度较高，一般在 1500~2000℃，后来经过改进可达到 2000~2500℃。碳化时炉壳、炉盖、铜管线圈都应通水冷却。

该炉的主要特点是：炉料受热均匀，炉子升温、冷却较快，不需要经常维修，可以改善劳动条件，但功率消耗大，只能间断作业。

因为只有一个加热区，温区均匀性欠佳，导致产品粒度分布范围较宽，近年已较少选用。

6.5.5　辅助设备

辅助设备主要有钨粉与炭黑混合球磨机或 V 形混合器，带硬质合金衬板的碳化物破碎球磨机；大型双锥混合器，振动过筛机等。

7 混合料制备与质量控制

7.1 概述

混合料制备是将各种难熔金属的碳化物或氮化物和黏结金属及少量的成型剂等粉末通过配料计算、球磨、干燥等工序过程制备成有准确成分、配料组分均匀分布、粒度一定的粒状混合物的生产工艺过程。混合料是生产硬质合金压坯的原料。

7.1.1 原辅材料的准备

混合料制备中通常使用的有各类难熔金属碳化物、黏结金属与少量晶粒生长抑制剂。表7-1～表7-4分别表示硬质合金生产中通常采用的难熔金属碳化物的类别及其技术条件。原料的技术条件一般包括主要成分含量、杂质种类与含量、粉末粒度等。选择符合标准的原辅材料、科学合理的生产工艺技术及与之配套的生产设备是生产优质混合料的基础与前提。

表 7-1 部分碳化钨粉末技术条件

类别	碳化钨(≥)/%	Mo(≤)/%	Si(≤)/%	Al(≤)/%	Co(≤)/%	Cr(≤)/%	P(≤)/%	Na+K(≤)/%	Ca(≤)/%	S(≤)/%	总碳(≤)/%	游离碳(≤)/%	化合碳(≥)/%	Fsss/μm	HCP/kA·m^{-1}
WC0.8	99.7	0.1	0.005	0.003	0.05	0.03	0.01	0.004	0.005	0.015	6.08±0.04	0.12	6.00	1+0.1	23.5～26.0
WC03	99.7	0.1	0.003	0.003	0.05	0.03	0.01	0.002	0.004	0.010	6.11±0.05	0.10	6.06	3+0.3	9～10
WC06	99.7	0.1	0.005	0.003	0.05	0.03	0.01	0.004	0.005	0.015	6.11±0.05	0.10	6.06	6±2	6.8～8.0
WC15	99.7	0.15	0.005	0.003	0.05	0.03	0.01	0.004	0.005	0.015	6.11±0.05	0.05	6.06	20+5	4.5～6.0

表 7-2 (Ti, W)C 固溶体技术条件

序号	测量项目	要求	
		TiC : WC = 30 : 70	TiC : WC = 40 : 60
1	Ti%	24.0±0.5	32±0.5
2	W%	65.0±1.5	56±0.5
3	Ta%	—	—
4	Mo%	≤0.1	≤0.1
5	Si%	≤0.005	≤0.005

序　号	测量项目	要　求	
		TiC∶WC=30∶70	TiC∶WC=40∶60
6	Fe%	≤0.1	≤0.1
7	Co%	—	≤0.05
8	Na%	≤0.005	≤0.005
9	K%	≤0.005	≤0.005
10	Ca%	≤0.007	≤0.007
11	S%	≤0.03	≤0.03
12	$O_{总}$%	≤0.25	≤0.25
13	N%	≤0.8	≤0.8
14	Nb%	—	—
15	$C_{总}$%	10.2±0.15	11.25±0.15
16	$C_{游}$%	≤0.4	≤0.2
17	Fsss/μm	2.0~4.0	2.0~4.0
18	相成分	游离碳化钨≤1.0	单相

表7-3　TaC粉末技术条件

(Ta,Nb)C(≤)/%	Nb(≤)/%	Ti(≤)/%	W(≤)/%	Mo(≤)/%	Si(≤)/%	Al(≤)/%
99.6	1.0	0.1	0.1	0.1	0.01	0.01
Fe(≤)/%	Co(≤)/%	Cr(≤)/%	Mn(≤)/%	Sn(≤)/%	Na(≤)/%	K(≤)/%
0.15	0.1	0.1	0.05	0.01	0.008	0.008
Ca(≤)/%	N(≤)/%	S(≤)/%	O(≤)/%	总碳/%	Fsss/μm	粒度/mm
0.01	0.02	0.03	0.20	6.2±0.2	1~3	过0.18筛

表7-4　碳化铬技术条件

项　目	Si	Fe	Ca	$C_{总}$	$C_{游}$	Fsss/μm
要求/%	≤0.05	≤0.25	≤0.05	13.2+0.2	≤0.5	1~2

　　表7-5和表7-6表示通常采用黏结金属钴的技术条件。还原钴粉的化学成分应符合表7-5的规定。产品粒度、松装密度及比表面积应符合表7-6的规定。还原钴粉应呈灰色粉末状，无其他颜色混杂；还原钴粉应纯净、干燥、均匀，不得有粉块及肉眼可见的夹杂物。

表7-5　还原钴粉的化学成分要求

牌　号	化学成分/%														
	Co（不小于）	杂质含量（不大于）													
		Ni	Cu	Fe	Pb	Zn	Ca	Mg	Mn	Na	Si	C	S	O	氢损
FCoH-1	99.90	0.05	0.008	0.008	0.005	0.005	0.008	0.008	0.008	0.008	0.008	0.025	0.008	0.40	0.50

牌 号	化学成分/%													
	Co（不小于）	杂质含量（不大于）												
		Ni	Cu	Fe	Pb	Zn	Ca	Mg	Mn	Na	Si	C	S	O	氢损
FCoH-2	99.80	0.05	0.008	0.015	0.008	0.008	0.008	0.02	0.01	0.02	0.01	0.03	0.01	0.45	0.55
FCoH-3	99.80	0.10	0.008	0.02	0.01	0.008	0.008	0.02	0.01	0.03	0.01	0.04	0.015	0.50	0.60

注：除氧以外，FCoH-1 其余杂质含量总和不大于 0.1%。FCoH-2、FCoH-3 其余杂质含量总和不大于 0.2%。

表 7-6   还原钴粉粒度、松装密度及比表面积的要求

牌 号	费氏粒度/μm	筛分/μm	松装密度/g·cm^{-3}	比表面积/m^2·g^{-1}
FCoH-1	0.5~1.5	74	0.4~0.8	0.9~1.7
FCoH-2	0.8~2.0	74	0.4~1.0	1.0~1.7
FCoH-3	1.0~3.0	74	0.4~1.0	1.2~1.7

辅助工艺材料包括成型剂聚乙二醇与石蜡，湿磨介质酒精。其中酒精的技术条件参数见表 7-7。

表 7-7   酒精技术条件

项目	20℃时的密度/g·cm^{-3}	H$_2$O/%	烧后残渣/mg·L^{-1}	挥发残余/mg·L^{-1}	乙醇（体积分数）/%
要求	≤0.8131	≤8.0	≤10	≤40	≤95

7.1.2   混合料两种生产工艺对比

传统的配料是无需按每批计算的，每一牌号各组元的质量是固定的。唯一强调的是所选择的原料应符合技术条件的规定。在传统混合料生产工艺中一般选用橡胶作成型剂；人们习惯称之为橡胶工艺。混合料的生产分为两步：第一步是用酒精作介质，采用 180L 滚筒式球磨机磨料；再用通蒸汽的振动干燥器，振动过筛，生产不含成型剂的粉末混合料。然后在混合料中加入橡胶-汽油熔液经螺旋搅拌器搅拌混合均匀后，经蒸汽干燥柜进行干燥，最后擦碎，过筛、制粒，变成可供压制的混合粉，一般制粒的情况也很不理想，橡胶料粒子流动性差。

传统的混合料生产工艺因为其工艺流程很长，人为影响因素较多，生产过程不易控制，因而生产的混合料质量较差，是一种被淘汰的生产方法。

现代混合料生产工艺流程：配料计算→配料（包括成型剂、添加研磨棒）→湿磨→喷雾干燥→混合料鉴定。

现代混合料生产工艺流程短，生产工艺技术与生产设备合理配套，主要的生产过程均在密闭的系统中进行；各个工艺参数都能进行准确的测控是现代混合料生产的主要特征。生产出来的混合料质量稳定、可靠，适合用于生产高精度数控刀片压坯的原料。

7.2   配料与湿磨

7.2.1   湿磨的作用

湿磨的主要作用是将配制成固定成分的粉末原料，通过该工艺过程使其具备有一定颗粒度、各组元均匀分布的混合料浆，湿磨过程对混合料所起的作用表现在下述四个方面：

（1）混合作用：混合料通常是由多种组分组成的；而且各组分自身的密度、粒度也不尽相同。但要制得优质的硬质合金产品使用的混合料，各组分必须均匀分布，通常是通过湿磨方法来实现的。实践证明，在正常的滚动球磨工艺状态下，钴粉在物料中均匀分布最少需12h；而补W/C在卸料前1h加入即可达到均布的目的。在通常情况下，新配制的混合料仅仅是为了达到混合料在各组分均匀分布这一目的，其球磨时间不得少于12h。

（2）破碎作用：混合料生产中所使用的原料粒度规格不同，作为主要原料WC存在不少的团粒结构，不利于生产高质量合金，湿磨就能起到物料的破碎与粒度均化作用。

（3）增氧作用：混合料在湿磨过程中与研磨体、球磨筒体相互之间激烈的碰撞与摩擦作用较易发生氧化作用；此外，湿磨过程中酒精中存在的水也间接地强化了这种增氧趋势。氧是硬质合金生产中的有害物质，它的存量超过了一定的量值对合金的综合性能会起负面影响。

防止湿磨过程的增氧作用方法有两个：一是在球磨筒体外加冷却水套，以保持球磨机较低的工作温度；二是选择恰当的生产工艺，如将成型剂PEG/石蜡在湿磨过程与粉末物料一起研磨。这种有机物质的溶液或细粉状极易被粉末的表面吸收形成一层超薄的表面层，对球磨过程的氧化起阻隔作用。

湿磨过程的增氧，不管采用什么防止措施总会发生，只不过是程度有所差别而已。300L可倾斜式球磨机在正常运行状态下单位每小时的增氧量导致碳损失约为0.003%（质量分数）。

（4）活化作用：球磨过程中由于球体、物料与筒体之间存在激烈的碰撞与摩擦，极易使粉末的晶格发生扭曲、畸变；粉末体内能增加；这种现象在振动球磨与搅拌球磨过程中表现得尤为明显。球磨过程中出现的活化现象有两种不同的看法：传统的观点认为它对烧结的收缩、致密化过程有利，称之为"活化烧结"；但这种"活化现象"也会造成合金烧结过程中部分晶粒的快速增长，极易引起"夹粗"现象的发生。

7.2.2 可倾斜球磨机

7.2.2.1 球磨机组成

可倾式湿磨机主要由主机、液压系统、电气控制系统三大部分组成，其结构见图7-1。

（1）主机由筒体、机座、可倾架、前轴承座、左（右）支臂（可同步翻转）、链轮护罩、后轴承座、后横梁、筒口盖、卸料斗、筒口盖护罩、传动系统、旋转接头、流量开关等构成。

筒体由内筒及水冷夹层（焊接而成，其材料均为不锈钢）、水套组成。

传动系统由齿轮减速电机（采用防爆电机）、小链轮、大链轮、链条、齿轮、减速电机、调整座等组成。

（2）液压系统由液压站、两个液压油缸、手动阀、油管等组成。

（3）电气控制系统由变频器、继电器、流量开关等低压电器组成。

7.2.2.2 球磨机结构特点

（1）齿轮减速电机驱动小链轮，由小链轮上的链条传动带动筒体上的大链轮，使筒体在恒定的转速下开始运转，筒体内的物料和研磨球随着筒体的运转也开始运动即开始混合并研磨。球磨筒体结构能确保球磨过程的工艺控制稳定、可靠；确保了球磨效率和混合料性能的一致性。不锈钢筒体内壁纵向均布（焊接）八条钢筋，这使得筒体在转动时，大大减少研磨体与筒体的相对运动（滚动或滑动摩擦），因钢筋阻隔作用可使与筒体相接触的研磨体处于静止状态，这样使筒体磨损大大减少。一方面可防止混合料铁元素的增加；另一方面大大延长筒体的工作寿命。

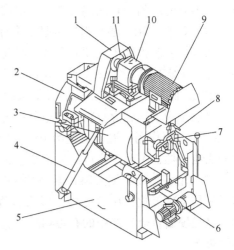

图 7-1 可倾式湿磨机结构

1—护罩；2—后罩；3—筒体；4—油缸；5—机座；
6—液压站；7—出水管；8—进水管；
9—防爆电机；10—减速机；11—链轮

（2）筒体外侧带冷却水套；使湿磨机在运行中物料研磨处于稳定的、相对低温状态，冷却水温为 10~12℃；这一方面可使物料增氧降到一个稳定的、低水平状态，同时确保成型剂这类有机化合物处在一种较稳定的、可控的物理状态中。这种带冷却水套的筒体对研磨石蜡作成型剂、酒精做湿磨介质生产混合料的工艺变得尤为有利。

（3）卸料口可向上、向下（以水平轴心）旋转 45°，这一方面使混合料装卸过程变得简单，卸料彻底，同时对卸料过程与筒体清理工艺控制更到位、更可靠；一方面防止夹粗或夹细、混料或聚集等现象的发生，另一方面单批物料的收率在湿磨工序稳定在一个较高的水平；劳动条件也大为改善。

（4）球磨定时装置与设备采用链条传动这一特征，确保了球磨时间的可控；与筒体转速在运行状态中的一致性。这一点与 180L 滚筒式球磨机比较显得更为科学、合理。配备自动定时装置，球磨时间可自由设定、记录并存档。

7.2.2.3 球磨机主要技术参数

球磨机的主要技术参数如表 7-8 所示。

表 7-8 球磨机主要技术参数

球磨筒体体积/L	300
筒体转速/r·min⁻¹	36
可倾角(≤)/(°)	+45 /−45
倾斜驱动方式	液压油缸
冷却方式	循环水冷
冷却水压力/ MPa	≤0.2
断水保护	流量开关
设备功率/ kW	12.5

新购球磨机必须研磨钝化，表 7-9 为新球磨机钝化指令。

表 7-9　新球磨机钝化指令

机　型	装球量/kg	装（残）料量/kg	酒精加量/L	钝化时间/t
300L	1200	200	50	24
600L	2400	400	100	24

7.2.3　影响球磨效率的基本因素

7.2.3.1　球磨筒转速

球磨过程使组元分布均匀，组元粒度细化，是通过研磨体之间相对碰撞和摩擦来实现的，选择适当的筒体转速可将研磨体碰撞与摩擦控制在最佳状态，此时的研磨效果也是最好的。

传统的球磨理论认为：筒体在运动过程中将研磨体带到一定的高度后，研磨体自由滚动落下产生滚动研磨；筒体转速太高，研磨体附在筒体内壁上处于相对"静止"状态，此时研磨体之间的碰撞与摩擦作用都较弱，研磨效果不好；而筒体转速太低时，研磨体与筒壁处在相对滑动的状态，研磨体之间相对碰撞作用大为削弱，研磨效果主要体现在研磨体与混合料之间的撞击和摩擦作用，其效果相对也很低。如何界定球磨筒的转速，一般都采用临界转速这一概念。

临界转速是使研磨体在球磨筒转动时，紧贴筒壁旋转的最低速度，可由下面公式计算确定：

$$\eta_{临界} = 42.4/\sqrt{D} \tag{7-1}$$

式中，D 为球磨筒直径，m。假设 $D = 0.5$ m 时，则临界转速计算得 60r/min；通常在球磨机转速的设定中取其临界转速的 75% 左右为宜；采用转速为临界转速的 75% 左右，则球被带到较高的位置往下落，这种研磨主要靠冲击作用而称之为冲击研磨，这种研磨速度不适宜于硬质合金粉末原料的研磨，合金粉末本身粒度较小，材质硬且碎，不需有多大的动能即可将物料磨碎，因而在湿磨工艺中通常采用临界转速的 60% 左右作为筒体的实际转速。180L 球磨机与 300L 可倾斜式球磨机均采用 0.6 左右的临界转速为实际球磨机转速，约为 36 r/min 的转速；而 600L 可倾斜式球磨机则采用 33 r/min 的筒体转速。

7.2.3.2　研磨体形状、规格与填充系数

研磨作用是通过研磨体的表面与粉末接触时发生的。因此，在滚动研磨中，其效率随研磨体尺寸的减小而提高。但是，以球体而言，过小的直径由于转动惯量太小，难以实现滚动研磨，效率反而降低。有人发现，直径为 5mm 的球的研磨效率最高。考虑到球的磨损，故采用直径为 10mm 的新球，小于 5mm 者弃之。所以实际使用的是 5~10mm 之间各种尺寸搭配的球，这样效率更高。

300L 可倾斜式球磨机一改传统球状硬质合金研磨体为圆柱状硬质合金研磨体，这一改变对混合料研磨过程起到良性变化。从理论上来讲，球与球相互碰撞接触为一个"点"；柱体之间相互接触则为一条"线"；作为研磨刃口而言，"点"与"线"是有很大区别的；首先"线"是由若干"点"集合而成；就研磨效率而言，柱状研磨体明显高于球状研磨体；同时，柱状研磨体研磨刃口为一条线，在研磨过程中，最先研磨到的必然是那些粒度

粗的个体，这样一来粗颗粒物料被研磨的概率大大高于细颗粒物料；这明显有利于研磨效率的提高和粒度的均匀细化。反过来用球状研磨体，研磨刃口为一"点"，与前者比较起来的点研磨刃口少得多；因而研磨效率相应的要低得多；此外球与球相接触，接触点处的粉末"粗"与"细"是随机选择的。碰到什么就研磨什么，而不像柱与柱接触处，粒度粗的物料优先研磨，生产超细合金中使粒度细化而同时避免夹粗现象的出现。

当然上面的分析讨论有些过分的理想化与极端化；实际研磨过程有些差别；但通过较长期的统计对比表明，在正常工艺状态下，300L 可倾斜式球磨机与 180L 滚筒式球磨机研磨效率比较，前者高于后者 15%~25%。

研磨体的体积和磨筒容积之比叫填充系数。一定的填充系数是实现滚动研磨的必要条件。填充系数过小，研磨效率低，设备生产能力也低，甚至不能实现滚动研磨。但是填充系数超过 0.5 以后，研磨效率也降低。所以合理的充填系数为 0.4~0.5。如 300L 的球磨机磨 WC-Co 混合料时装球量为 1150~1250kg。磨 WC-TiC-Co 时为 900~1100kg。

300L 球磨机装球量为 1200kg/台，研磨体由 ϕ5.5mm×14.4mm、ϕ7.3mm×15.6mm、ϕ8.5mm×16.3mm、ϕ9.5mm×16.7mm、ϕ10.5mm×17.00mm 五种不同的规格所组成。研磨体球/料比按装料量来进行调节，研磨体的补充按配料指令与混合料一起进行。补充的研磨体采用 ϕ10mm×17.0mm 标准新研磨体；补充前新球一定要按指令进行球磨（见表 7-10）。

表 7-10　新球磨体研磨工艺指令

球 磨 设 备	研磨体装量/kg	酒精加量/L	球磨时间/h
300L 球磨机	1500	50	15

研磨体在使用时间内，应按规定每半年进行一次称量与选取，舍弃破碎的研磨棒。

研磨体的补充、定期称量与筛选等所有这一切都是确保球磨机在长期运行中研磨效率的稳定性，这也是确保混合料与合金粒度稳定的关键因素之一。

7.2.3.3　磨筒直径

其他条件相同时，磨筒直径的改变会对湿磨过程产生两种相反的影响：随着磨筒直径的增大，实际转速会由于临界转速的变小而降低，因而研磨效率降低；另一方面，装球量随磨筒直径的增加而增加，因而球下部的料所受的压力（研磨力）增加，加之磨筒每转动一圈，球滚动的路程增加，因而研磨效率提高。由于降低研磨效率的因素与磨筒直径的平方根成反比，而提高研磨效率的因素与磨筒直径成正比，所以，正如实践证明的，研磨效率随磨筒直径的增加而提高。

7.2.3.4　球料比

球料比是球与料的质量比。在有实际意义的范围内，球料比越大，研磨效率越高。过大的球料比，不但会降低设备的生产能力，还会由于球磨球的概率提高而明显改变所要生产的混合料成分，因而通常会使所得合金的性能变坏。特别是球与所磨的混合料的组成相差较大的时间，影响更坏。工业生产中一般采用(3~5)∶1。球磨碳化钛基合金混合料可采用(6~8)∶1。

7.2.3.5　液固比

液固比是所加液体介质的体积与混合料的质量比，通常用 1kg 料加液体的体积（mL）

表示。混合料在球磨过程中，湿磨介质的加量如何选择使球磨效率达到最佳，同时又确保喷雾干燥工艺能顺利进行。

传统生产工艺主要按混合料使用的 WC 原料粗、中、细等不同规格，结合混合料钴金属含量的高低，分段进行相应的规定，无严格的标准指令，酒精加入时无精确计量设备。

液固比过大，使粉末过于分散，减少它们研磨的机会，效率降低。液固比过小，料浆太稠，球不易滚动，且与筒壁发生黏滞作用，因而效率更加降低。实践证明，当球料比为 3~4 时，磨钨钴混合料以每公斤料 200mL（液体）为宜。磨细颗粒或钨钴钛混合料时，则应根据经验，适当地多加。

现代硬质合金生产则以每公斤混合料加多少酒精作为标准；它是以混合料的比表面积或松装密度的大小来确定的；一般是细颗粒合金、高钴合金标准取值大；而粗晶粒合金、低钴合金标准取值小。现有合金牌号酒精加量标准在 0.18~0.45L/kg 混合料范围内波动。

值得特别指出的是酒精标准加量值不能随便变更，否则会使料浆的黏度不合格，严重影响后续工序喷雾干燥工艺过程的顺利进行，最终影响到混合料的工艺性能。

7.2.3.6 湿磨介质种类

作为湿磨介质，必须具备如下条件：与混合料不发生化学反应；不含有害杂质；沸点低，在 100℃左右能挥发除去；表面张力小，不使粉末结团；无毒性，操作安全；当成型剂与粉末原料一道加入球磨机时，湿磨介质最好与成型剂相溶，以避免成型剂偏析。

可作为湿磨介质的有酒精、丙酮、汽油、环己烷、水等。

目前普遍使用的是酒精（乙醇，C_2H_5OH 水溶液）。使用乙醇含量（体积分数）为 92%以上的普通酒精，所得混合料比较松散，含氧量能满足要求：中颗粒粉末低于 0.3%，一般细颗粒粉末低于 0.5%。而且它属于中闪点易燃液体，基本无毒，相对安全环保，回收方便。若使用 PEG 作为成型剂，则更宜于使用酒精，因为它们可以互溶。丙酮、己烷是在"石蜡工艺"中应用最多的研磨介质。它们最大的优点是对石蜡的溶解性好，成型剂分布均匀。但它们属于低闪点易燃液体，毒性大，不利于安全环保。常用湿磨介质的某些性能列于表 7-11。

表 7-11 常用湿磨介质的某些性能

名 称	熔点/℃	沸点/℃	闪点/℃	自燃点/℃	张力/$\times 10^{-3}N \cdot m^{-1}$	黏度/mPa·s
乙醇	−114	78	16	404	22.75	1.20
丙酮	−95	56	−18	465	23.70	0.295
环己烷	6.5	80.7	−20	245	24.38	0.888
四氯化碳	−23	77	—	—	26.15	0.969

7.2.3.7 球磨时间

混合料在球磨过程中混合的均匀性和粒度的细化均与球磨时间密切相关；球磨时间越长混合越均匀，粉末的粒度也越细，但这仅仅是在一定时段区域内需遵循这一规律；无限延长球磨时间对合金性能将产生负面影响。

7.2.4 配料计算

配料计算的核心内容就是根据牌号的要求如何计算牌号的总碳；并采用补 C/W 的手

段进行调控，待达到牌号的要求。

　　传统生产中配料计算均按合金牌号的名义成分进行计算，唯一强调的是所选择的原料应符合标准规定。如 YG8 合金，即可按 WC 的 92%、钴含量的 8%计算配料量。（当然 WC 与 Co 应符合原料的技术标准）；一张配料指令可长期采用。

　　精密硬质合金生产中单批配料总量虽然相同，但由于采用原料批次不同，即化学成分有细微的差别；不同批号的原料经配料计算后，各元素的配料实际量是不相同的；而且每批混合料计算的结果表明，几乎都得进行补 W/C。

　　精密硬质合金混合料配料计算中引出一个重要的概念："Ctob"，通常称之为碳平衡修正系数。其真实的含义是某一个合金牌号的目标总碳的百分含量与该牌号在配料计算总碳的理论百分含量的差值，"Ctob"有正负取值之分。

7.2.4.1　配料计算

（1）准备好所配混合料牌号的指令卡。

（2）各组分含量计算：

$$M = Q \cdot e \tag{7-2}$$

式中，M 为组分配料质量，g；Q 为所配混合料总质量，g；e 为组分的质量分数，%。

（3）碳平衡系数计算：

$$Ctba = Ctth - (Ctpr + 0.86N) \tag{7-3}$$

式中，Ctba 为该牌号混合料理论碳含量与由原料带进的实际总碳含量的差值，%，该系数有正负取值之分；Ctpr 为所配混合料由原料带进的实际总碳含量，%；0.86N 为所配混合料因由原料带进的氮换算成总碳含量，%；Ctth 为按牌号组分计算混合料的理论总碳量，%。

$$Ctth = 0.0664Ta + 0.1293Nb + 0.2507Ti + 0.0653W \tag{7-4}$$

式中，Ta、Nb、Ti、W 分别表示它们在混合料中的质量分数，%。

（4）补碳计算：

$$C_w = \frac{Q(Ctob + Ctba)}{100} \tag{7-5}$$

式中，C_w 为炭黑补加量，g；Q 为所配混合料的总量，g。

（5）补钨计算：当 $C_w < 0$ 时，

$$WC_w = \frac{100 \times C_w}{f} \tag{7-6}$$

$$W_w = \frac{WC_w \times h}{100} \tag{7-7}$$

式中，WC_w 为初步计算中算出碳化钨总量中应减少的碳化钨，g；f 为选用的碳化钨中的总碳含量，%；W_w 为钨粉补加量，g；h 为选用碳化钨中钨的含量，%。

7.2.4.2　钨、碳补加注意事项

（1）补钨总量不得超过混合料总量的 1.2%（质量分数）；补钨用的钨粉粒度约为 0.4μm 超细钨粉。

（2）补碳总量不得超过混合料总量的 0.07%（质量分数）；补碳用的炭黑宜采用优质炭黑。

7.3 喷雾干燥

所谓喷雾干燥，就是将料浆雾化成细小的料浆滴，并与热气体介质（如氮气）直接接触，使料浆滴内的液体迅速蒸发而得到球状料粒，即干燥和制粒一次完成的过程。其最大特点是料粒流动性好，性能稳定。

7.3.1 喷雾干燥的技术发展和特点

喷雾干燥到现在已有一百多年的历史了，早在 1865 年，就有人将喷雾干燥技术应用于蛋液的处理上。到 1872 年，美国的塞缪尔·珀西（SamlueL Percy）的专利使喷雾干燥技术清晰地落在文字上，并较为详细地论述了喷雾干燥的过程、基本原理，并大胆提出来了将雾化和干燥相结合的基本构想。可以说，他是喷雾干燥理论的奠基人之一。在 20 世纪 20 年代以后，喷雾干燥开始大量在乳制品工业和洗涤工业中应用。

工业上应用的喷雾方法有三种形式：

（1）离心式雾化器，其回转速度一般为 4000~20000r/min，最高可达 50000r/min。

（2）压力式雾化器，用泵将料液加压到 (10~25)×10⁵Pa，经雾化器，将料液喷成雾状。

（3）气流式雾化器，用压力为 (2~5)×10⁵Pa 的压缩气体或过热蒸汽，通过喷嘴将料液喷成雾滴。在我国，压力式和离心式雾化器用得较多。

硬质合金混合料制备的喷雾干燥设备是采用压力式雾化器、混流的方式来干燥物料的，它有着其他干燥器无法相比的优点：

（1）料粒形状规则，粒度分布均匀，流动性好，压制品单重稳定，尺寸稳定，可提高产品尺寸精度；同时料粒较软，成型剂分布均匀，可避免或减少压制废品，特别适宜于高精度数控刀片的压制生产。这一点普通的滚动制粒法根本没法比。

（2）喷雾干燥可简化生产流程，生产效率高，适用于大规模生产；在干燥塔内可直接将料浆溶液制成粉末料粒产品，减少物料干燥过程中的氧化和脏化。

（3）喷雾干燥实现了机械化、自动化，减少粉尘飞扬，改善劳动环境，减轻劳动强度。

（4）提高物料金属实收率和回收率；湿磨介质有一个独立的回收系统，回收酒精质量好、回收率高。

喷雾干燥也有一些缺点：

（1）热效率低，在进风温度低于 150℃时，热容量系数较低，蒸发强度比较小。

（2）设备较复杂，庞大，占用空间比较大，一次性投资较大，运转费用较高。

（3）对分离设备要求高，尾气中会带出部分粉尘，对气固分离设备的要求比较高。

硬质合金行业通常采用的喷雾干燥器有 HC-300 与 HC-600 型两种规格，多为丹麦尼罗公司生产。目前国内无锡群征和湘潭新大公司从事 HC-300 型喷雾干燥设备的制作，其使用性能相当不错，已被国内多家企业使用。

7.3.2 喷雾干燥设备

HC-300 型设备为封闭式循环结构，氮气用来作为生产气体。设备可划分为以下 7 个主要的系统：进料喷雾系统、加热干燥系统、物料收集系统、旋风收尘系统、介质回收系统、电控系统、清洗系统等。符合料浆黏度标准的料浆经充分搅拌后，经料浆泵输送到喷嘴，雾化后形成小圆料浆液滴；在干燥塔内由下而上喷射运动与由上而下的热氮气逆向相遇；酒精激烈挥发，使液、固分离；料粒自由下降到塔底部，经螺旋冷却器冷却、过筛、包装；热氮气和酒精混合气体及部分混合料粉尘形成尾气经旋风收尘后进入回收系统。图7-2 为喷雾干燥设备工艺原理图，图7-3 为喷雾干燥设备安装模型。

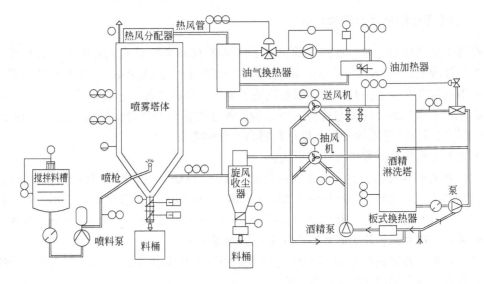

图 7-2　喷雾干燥设备工艺原理图

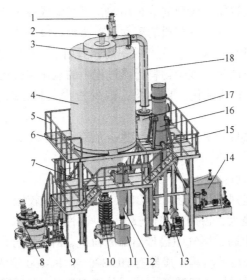

图 7-3　喷雾干燥设备安装模型

1—机械保护装置；2—清洗装置；3—热风分配器；4—喷雾塔体；5—护栏；6—平台；7—喷枪；
8—搅拌料槽；9—进料泵；10—物料冷却器；11—料桶；12—旋风吸尘器；13—抽风机；
14—油加热器；15—氮气进口；16—酒精淋洗塔；17—油换热器；18—热风管

7.3.2.1　进料喷雾系统

在雾化前要调整料浆浓度；料浆太浓，喷嘴易被堵塞，且料粒粒度增粗；料浆浓度太低，则蒸发量太大，会降低干燥塔的热利用率和生产能力，同时料粒变细。通常，料浆中湿磨介质的含量应调整在料浆总质量的 25%~30%。

喷雾干燥器的供料，要求速率稳定，工作可靠。若供料泵波动过大，必然导致产品含水率的不均匀。任何型式的喷雾干燥器在生产过程中都是不允许发生断料的。湿磨后的料浆经过搅拌器搅拌，为了能够获得均匀充分的搅拌，应根据液面的高度调整搅拌轴的搅拌速度，并注意液面上部不能产生旋涡，充分的搅拌意味着整个料浆在喷雾干燥过程中料浆的浓度变化很小，从开始到结束获得较均匀的物料。这种速度需要根据经验进行自动调节，在料浆多时，需要较高的搅拌速度，相反少时则要较小的搅拌速度，为此搅拌槽设有称重模块及变频器，来调节搅拌速度。搅拌槽的下部设有过滤器，以进一步过滤料浆防止喷嘴的堵塞。

浆的雾化效果取决于雾化压力（或流速），喷嘴结构和料浆的表面张力。其中表面张力主要受料浆黏度（浓度）的影响。

隔膜柱塞泵用于高黏度的浆料输送，对于悬浮液浆料，含固量可高达 75%，适宜用作压力雾化系统的供料泵。其输出压力的均匀性可达 98%，可保证泵有很高的工作精度和可靠性。一般波动压力在 ±0.1MPa 左右。在喷雾干燥系统中采用隔膜活塞泵，其流量和压力要比普通活塞式高压泵稳定得多，故也可作计量泵使用。

喷嘴是喷雾干燥设备的心脏。它的设计是否合理，运行是否正常稳定直接关系到混合料质量的好坏与产量的高低。目前使用的 HC-300 与 HC-600 型喷雾干燥设备均分别采用两个规格类型相同的喷嘴，喷嘴的工作状态由电视摄像、记录。

压力式喷嘴在结构上的共同特点是使液体获得旋转，即液体获得离心惯性力，然后由喷嘴孔高速喷出。工业上使用的旋转型压力喷嘴如图 7-4 所示，考虑溶液的磨损问题，采用碳化钨等耐磨材料制造。也可以采用镶人造宝石的喷嘴孔。

图 7-4 喷嘴零部件图

7.3.2.2 加热干燥系统

干燥系统所需的热能由电-油加热系统提供。该系统由电加热炉、导热油、热油循环用油泵、油-气热交换器等部件组成。

导热油经过电加热器加热到 180~235℃ 后，油泵将热油循环经过油-气换热器；将热量传导给氮气，加热后的氮气从干燥塔顶部进入干燥塔，供给干燥用热源。干燥后的尾气经回收净化再进入油-气加热系统循环使用。

气体进入干燥塔时的温度与离开干燥塔时的温度之差，是控制喷雾干燥过程的一个重要参数。若进入干燥塔的气体流量不变，则温度的差值就是干燥过程中液体蒸发量的量度，因而也是料浆进给量的量度。通常，保持恒定的气体入口温度，通过测定气体的出口温度来调整料浆的进给速度，以保证塔内温度稳定，物料获得充分的干燥。

干燥塔由一个干燥塔塔体、热风分配器、排气管和产品卸料装置组成。塔体采用不锈钢焊接成的圆柱体，外部由型钢焊接作为支承，内部铺保温材料。在塔顶部有热风分配器用来控制热风进入塔内，以便形成一种旋转气流，增加被干燥物料在塔内的停留时间，为获得最佳干燥效果和回收率，塔顶热风分布设计有特殊的意义，为了加速热风的旋转，顶部设有锥形导流板。

在干燥过程中推动气体的流动由两台风机来实现，风机的目的是保证一定量的干燥气流的循环及保证一定的压力（塔体为微正压），风量必须足够保证热的交换，由于风机为皮带驱动，必须时刻注意保证皮带的张紧度，以保证风机的正常运行，使风机有要求的风量，也就是说维持旋风收尘进出口有一定的压差，比如说压差突然减少，可能是皮带松了。机械密封用酒精冷却，应经常检查轴承处温度。在干燥过程中，必然有少量粉末黏在叶轮上，应周期性地维护清理，叶轮上黏附的粉末，引起叶轮不平衡运行，运行时产生高噪声及引起轴承过早损坏。

7.3.2.3 物料收集系统

在压力式混合流喷雾系统中，物料黏在塔顶部、塔身、锥部应尽可能的少。塔的尺寸不同，对不同物料要求也不同，如喷孔直径、压力、喷雾角。黏壁情况与喷嘴安装位置、喷雾方向以及热空气的流向有关，液滴可能发生黏壁的部位是在干燥塔锥体上部。雾滴群中较大液滴，未干燥就落入锥体表面，出现黏壁。这种情况下可以适当提高喷雾压力，或减小喷孔直径来调节，以保证液滴充分干燥。使用机械（空气）振动器排除物料黏壁在喷雾干燥中也是常见的。空气振动器安装在容易黏粉的部位上，最好是在外壁加强筋处，振动力通过加强筋传递到壁上更为有效。振动力的大小跟柱塞直径和空气压力有关。常用的空气压力为 0.4~0.6MPa。空气振动器的操作可以用手工操作，也可以自动控制。自动控制适宜于大型喷雾干燥设备，它用主令开关按照所需时间和程序由电磁阀执行。

为保证干燥物料卸出的性能，在出料处设有螺旋振动冷却台，振动冷却台为一立式圆管，上部焊有螺旋状物料通道，螺距间隔 124mm/圈，下部焊有底座，并装有 2 个振动电机同步运行，物料上行速度可通过调节 2 个电机的振动力来调节，通道下部为冷却水套。

7.3.2.4 旋风收尘系统

旋风分离器也称作离心力分离器，它是广泛应用的一种除尘设备。其特点是结构简单、造价低廉、制作容易、管理方便、操作可靠、捕集性能好。它效率视粉尘的性质、浓度、湿度及漏风大小而异，一般约为 60%~80%。旋风收尘器的工作原理是利用含有粉末气的空气流进入旋风除尘器后，形成回转运动，使气体中悬浮颗粒在离心力的作用下被抛向器壁并与器壁撞击而失去速度，然后在重力的作用下沿壁向下落入锥底灰斗，从出料口排出。净化后的气体则由中央排气管引出，从而达到除尘目的。

收尘器分上下两部分，下部为锥体，并装有蝶阀、振打器、下部塔出口与管道相连，上部与风机相连。收尘器的压降（出、入口压差），可反映系统循环的流量，即大的压差意味大的循环风量，管道上的风门用于调节各处的压力。

特别要强调的是，旋风收尘器处由于风的高速旋转及与抽风机的关联，压力非常低，因此对旋风收尘器的连接部件的气密性要特别重视。

7.3.2.5 介质回收系统

主要由酒精淋洗回收塔、酒精冷却器、酒精泵三个部分组成；干燥过程中挥发的湿磨介质（酒精）气体回收原理是冷却回收。洗涤回收装置有以下两个作用：（1）洗涤未被旋风收尘收下的细小颗粒；（2）冷凝从塔出口排出气体中的酒精蒸气。

在喷雾干燥料浆正常干燥时，经旋风收尘器初步收尘净化后的尾气；主要含有热氮气、酒精气体，与极少量粉尘的混合气体，从淋洗塔下部进入淋洗塔，逆向与从顶部喷淋的冷酒精相迁，充分接触；进行酒精回收；尾气经过淋洗塔后，使原生的"湿气体"变成"干气体"。干气体经风机抽送到加热系统循环使用；回收的酒精一部分经冷却器冷却后重新进入回收系统供冷却循环使用；多数则排空重新在湿磨工序作工艺介质使用。

洗涤由 4 个装在中部的喷嘴喷出的酒精来进行。在上部为回收酒精部分，有两层塔板，塔内结构包括塔板上有一定酒精层高度，塔板为多孔板，气体由下而上穿过孔板及上层的酒精层，在此酒精蒸气冷凝为酒精，并流到下部储存。洗涤回收塔出口温度是一个重要的工艺参数，过高的出塔温度意味着循环气体的酒精含量增加，温度控制过高影响干燥物料能力，温度控制过低也不好，可使循环气体内的酒精含量减少。

回收塔下部的酒精及少量的粉末（一部分沉积在塔下部）通过过滤器过滤并用酒精泵输送到板式换热器内进行热交换，使酒精进一步冷却再回到回收塔上部，上述过程不断循环。回收塔下部的液位由下液位计进行监控，高位时，酒精将被送到沉淀槽。回收塔上部为除雾器，回收塔内气源穿过液层，不可避免的夹带一些酒精雾滴，势必会增加循环气流的含湿量，从而不利于物料的干燥。除雾器为一编织密集的不锈钢丝网，工作中捕集气流中的雾滴，当然，也会捕集未回收的粉末，因此应定期清洗。板式换热器也应定期清洗，视冷却效果下降情况而定。

酒精蒸汽压与温度有关，尾气温度由 100℃ 左右降到 25℃ 左右，经过淋洗塔后的尾气，酒精回收率在 94%~95%，尚有 4% 的酒精随尾气进入循环使用。

加热干燥、旋风收尘、介质回收三个功能相对独立的系统依靠两台高压风机以及相关管线使之紧密的联结在一起，它是喷雾干燥系统联合运行的动力。

7.3.2.6 电控系统

本电控系统共采用 4 个电控柜，分别为仪表操作柜、工艺流程操作柜、油加热柜、电机控制柜。

（1）仪表操作柜内装有可编程控制器（PLC）、面板上分布着 12 台进口仪表及一台记录仪以满足工艺参数的需要。

（2）工艺流程操作柜内装有一只报警电铃，及一台称重模块，主要是将搅拌槽内的重量变成电信号传输到称重模块上，控制搅拌变频器的输出以达到控制搅拌轴速度的目的。面板上装有一台电视监视器、由二极管等组成的工艺流程图、触摸屏等。电视监视器用于监视喷雾塔内喷雾的情况，看喷嘴是否有堵塞等。工艺流程图主要用于显示设备每个零部件的动作情况，即在触摸屏上有动作，工艺流程图上就会在相应的地方产生动态的发光显示。在设备运行过程中触摸屏必须同仪表柜内的 PLC 联机，才能实现动作需要，否则所有的动作不执行。

（3）油加热柜即油加热器控制柜，柜内装有加热保护用的断路器、接触器及一个固态继电器，这也是整个系统的总电源输入部分。

（4）电机控制柜内组装着各种电机、泵的电热保护元件，及两台变频器，一台控制料泵、一台控制搅拌机，以实现自动控制的目的。

7.3.2.7　喷雾干燥 CIP 自动清洗装置

喷雾干燥系统在干燥完物料后，重新进行下一批次干燥，都必须进行严格的清洗。

塔的清洗分三步：（1）振打；（2）高压水清洗；（3）人工清洗。

由于干燥塔的体积庞大，旋风分离器，塔壁及器壁黏附着的物料光靠振动器振动或做人工清扫，往往清扫不彻底，不干净。同时在人工清塔过程中，由于大量空气入塔以及操作人员工作服的不干净也会对塔内少量余粉造成污染。

CIP（Cleaned in Place）意为就地清洗。它是利用化学能（酸、碱液和表面活性剂制成的洗剂）、物理能（通过特殊的固定喷球或旋转喷嘴喷出的水柱引起冲击能清洗表面）、温度（洗剂经加热后清洗效果更好）和时间（循环清洗时间）4 种要素结合的自动清洗装置，整个清洗过程是采用电脑编程实现自动控制的。

其他部件均在专用清洗室内用高压水进行清洗，并用压缩空气吹干后备用。

7.3.3　喷雾干燥工艺控制

喷雾干燥设备工艺控制的目的有两个：其一是使被干燥的物料达到混合料所要求的技术和工艺条件；其二是确保被干燥的物料在干燥过程中不会产生新的脏化。

（1）干燥能力控制（即每小时酒精挥发量）：HC-300、HC-600 设备单位时间酒精挥发量分别为 100kg/h，200kg/h；产量分别为 300kg/h，600kg/h。

（2）干燥系统工艺参数控制：塔顶入口温度为 180~230℃；塔底出口温度为 90~100℃；淋洗塔出口温度为 19~23℃；干燥塔内部压力 1.6~2.4kPa。

（3）酒精回收系统参数控制：酒精冷却器冷却酒精的出口温度为 16~20℃；酒精冷却器冷却的进口温度为 13~15℃。

（4）油-电加热器参数：油温 180~235℃。

（5）塔内含氧控制：塔内含氧量不多于 3%。

7.4　混合料传统干燥工艺

7.4.1　振动干燥器

振动干燥器如图 7-5 所示。干燥器的振动由马达带动偏心轴产生。振动频率为 1400 次/min，振幅 5~10mm。

由于圆筒内充满了正压的酒精蒸汽，可防止加热过程中物料被空气氧化，干燥温度可提高到 120~140℃，这是一般烘箱干燥所没有的优点。

在操作振动干燥器时，应注意以下几点：

（1）加热时温度应逐步升高，并应根据圆筒的装料量掌握好开始振动的时间。一般以酒精蒸气不带出料浆为准。

（2）防止混合料增氧，甚至燃烧。首先干燥应尽量彻底；其次是冷却应充分，特别是细颗粒物料，卸料温度太高会严重增氧；卸料后应及时过筛。

（3）黏附于圆筒壁上的氧化料结块，俗称圆筒料，应单独存放，另行处理。

7.4.2 真空干燥

真空搅拌干燥工艺，所使用的设备主要有如下几种：行星式真空干燥混合器、Z 型螺旋混合干燥器、双锥干燥器等。

7.4.2.1 行星式真空干燥混合器

A 结构和原理

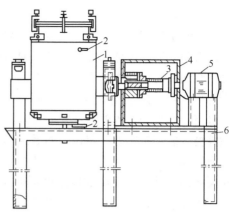

图 7-5 振动干燥器
1—盛料圆筒；2—蒸汽或冷却水进出口；3—软轴；
4—保护罩；5—马达；6—机架

行星式真空干燥混合器由主机、液压传动和研磨介质回收系统组成，其结构示意图见图 7-6。

B 主机系统

主机系统包括下机座、搅拌槽、上机座三部分。下机座 6 装有两个提升上机座和搅拌叶片的单向油缸。搅拌槽 7 带有夹套，以便通入蒸汽或冷却水进行加热或冷却。搅拌槽容积为 150L，可直接移到湿磨机处装料或擦碎筛处进行擦筛。上机座 9 是一个厚壁圆筒，并带有一个中间接头，当与搅拌槽 7 连接时，靠其自重压紧密封，上机座的中部固定有一套行星机构。齿轮两轴的下端分别垂直固定着一个框架式不锈钢搅拌叶片 8，装在行星轴下端的搅拌叶片则在搅拌槽内作行星式运动。

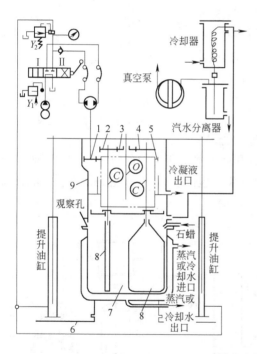

图 7-6 行星式真空干燥混合器示意图
1—主动齿轮；2，4—行星齿轮；3—固定齿轮
（太阳轮）；5—公转大齿轮；6—下机座；
7—搅拌槽；8—搅拌叶片；9—上机座

由于采用了这种运动形式，搅拌槽内没有搅拌不到的死角，从而达到均匀搅拌的目的；同时，搅拌叶片边缘可较长距离地挤压搅拌槽内壁，从而可破坏物料团块，使其松散。

C 液压传动系统

行星式运动是通过马达带动的，液压系统由叶片式变量泵供油。因此，当搅拌叶片的阻力增加到一定程度时，叶片变量泵便会自动停止供油或减少供油量，搅拌叶片的转速变慢，直至停止，从而可保证机件不受损伤。通过手动滑阀及溢流阀 Y_1、Y_2，可以控制上机座的升降、行星机构运行。

D　介质回收系统

该系统由冷却器、气水分离器和真空泵三个部分组成。气水分离器用来分离冷却器流下来的研磨介质和气体,并可使部分酒精气体在通过其底部冷酒精层时被冷凝,从而可防止真空泵油的污染和提高酒精回收率。其出口与真空泵连接,入口通过一根带有玻璃管的胶管与冷却器连接。冷却器是介质回收系统的主要设备,原理和普通蛇形管冷却器相同。

真空干燥混合过程的操作比较简单。先将湿磨料浆卸入搅拌槽内,沉清,抽出酒精。将搅拌槽吊装到机座上,定位。然后启动油泵,进行搅拌。启动真空泵,当槽内形成负压后,向搅拌槽夹套通入蒸汽加热,使料浆沸腾。在干燥过程中,酒精蒸汽通过真空泵的作用从搅拌槽内抽出,通过冷凝器和分离器回收。在酒精蒸发后加入汽油石蜡溶液,再混合干燥、擦筛、制粒,得到所需的混合料。

7.4.2.2　双锥干燥

A　工作原理

双锥回转真空干燥机为双锥形回转罐体,罐内在真空状态下,向夹套内通入热水或蒸汽进行加热,热量通过罐体内部与湿物料接触传递(见图7-7)。湿物料吸热后蒸发的气体,通过真空泵经真空排气管被抽走。由于罐体内处于真空状态,且罐体的回转使物料不断地上下、内外翻动,加快了物料的干燥速度,提高干燥效率,达到均匀干燥的目的。

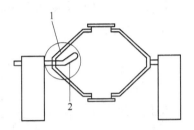

图 7-7　双锥干燥器示意图
1—双锥体;2—真空抽气头

干燥器在回转时,内部的物料上、下不断地被翻动,使物料不断地更新与器壁接触的表面,从而充分利用了器壁所传导的热量,与此同时,干燥器的余压可达到 5333~10000Pa,各种物料中溶媒(包括水)。在真空的条件下均能在较低的温度迅速汽化,达到物料干燥的目的(见图7-8)。

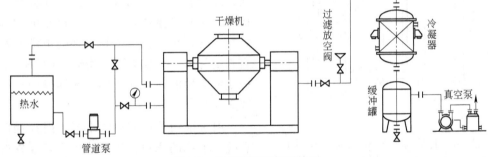

图 7-8　双锥真空干燥系统图

双锥干燥要严格控制升温速度和双锥的转动速度,否则会造成料块成硬团(粒),混合料过筛困难。双锥干燥料浆容易黏壁,特别是细颗粒混合料黏壁严重。

B　结构参数

(1)干燥器器身:干燥器内胆用 SUS304 或 SUS316L(不锈钢),保温壳体用 SUS304(不锈钢)制成,内、外表面全部抛光,除便于冲洗外,还有利于热量的传导,提高干燥速率。

(2)传动部分:经一级皮带传动,二级蜗轮减速机(或无级变速器),三级链传动带动干燥器绕水平轴线作低速旋转（0~8r/min）。该机运转有开、停等按钮。

（3）机架：由型钢及钢板焊接而成，缸体与左右两轴连接后，由两个双列向心球面滚子轴承支承在机架上。

（4）真空管：用于抽取缸内蒸发的溶媒（或水）气体，材质为SUS304，在进口端装有过滤器，使用时应包覆工业涤纶绒布，可防止物料带出。

7.4.2.3 Z型螺旋混合干燥器

A 设备结构组成

Z型螺旋混合干燥器也是一种集干燥、搅拌混合于一体的新型设备。设备主体主要由主机、倾翻机构、启盖机构、传动系统等四大部分组成。混合室容积可以根据需要设计，目前最大的可达300L，设备系统图见图7-9。

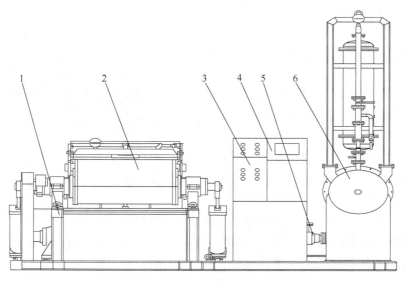

图7-9 Z型螺旋混合干燥器系统图

1—机架；2—混合室；3—控制柜；4—加热器；5—真空泵；6—酒精回收系统

B 工作原理

该设备由齿轮减速电机驱动小链轮，通过小链轮带动主动搅拌轴上的大链轮，然后由主动搅拌轴上的齿轮带动被动搅拌轴上的齿轮，从而使两轴作相向转动，充分混合搅拌物料。同时混合室夹套内注入加热介质（水或油），间接加热物料，真空系统对混合室抽真空，使混合室处于负压状态，加快干燥速度，并保证物料的纯度。配备酒精回收装置可同时将酒精回收利用。经实践证明，特别适合于粉末状物料的干燥，掺胶与混合。

C 设备特点

（1）料浆在搅拌状态下干燥，不会结块；同一干燥器中可以分别先后完成料浆干燥、掺蜡及掺蜡后干燥等工序。这种工艺料粒压制性能好，物料出料率高；设备结构紧凑，缩小了工作场地，工作可靠。

（2）该设备采用气动系统控制倾翻、启盖，进行自动卸料，从而减轻了劳动强度。

（3）物料混合均匀。由于搅拌轴形状特殊，并相交安装，同时作相向转动，物料能充分地搅拌均匀。

（4）物料纯度高。因该设备混合搅拌，干燥均在真空状态下进行，可排除外界异物、灰尘对物料的污染，同时物料升温幅度低，工作时间短，减少物料氧化。

（5）节省冷却时间。由于干燥后物料温度低，无需对物料进行冷却，可直接进入下道工序。

WC-Co 混合料的装料量通常约为 150~300kg，加蜡量 2.0%~2.3%，加蜡时间（送汽后）约 10~15min，干燥时间 2~2.5h，加热蒸汽压力约 2kg/cm²，卸料时真空度为 $8×10^4$ Pa。擦筛用 56~70 目筛网。

7.4.3   制粒机

7.4.3.1   设备组成

可倾式制粒机主要由主机、倾斜机构、电气控制系统三大部分组成（见图7-10）。

（1）主机由筒体、机架、中枢体、筒盖、旋转接头、传动系统等构成。筒体由内筒及水冷夹套焊接而成，其材料均为不锈钢。

（2）倾斜机构通过蜗轮减速机转向后驱动筒体向上或向下倾斜，从而进行进、卸料。

（3）电气控制系统，由变频器、继电器等低压电器组成。

7.4.3.2   工作原理

减速电机驱动小链轮，小链轮带动中枢体上的大链轮，使中枢体（也可以说是筒体）运转。筒体内的物料也随着筒体的运转开始运动，进行制粒。在制粒过程中，从中枢体轴心通入冷却水进行冷却。

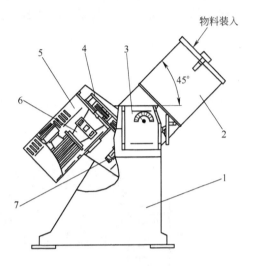

图 7-10   制粒机外观结构

1—机架；2—筒体；3—蜗轮减速箱；4—传动箱；
5—电机护罩；6—电机；7—进出水口

7.4.3.3   设备特点

可倾式制粒机能任意调节制粒筒体的倾斜角度和转速，还可加热。采用圆筒制粒方式，料口盖内面与筒体内壁为等径面，制粒碰撞少，效果好。在制粒过程中还可直接观察物料制粒状况，保障了物料制粒的质量，提高了混合料的流动性，可获得松装密度稳定的混合料。该设备还具有进、卸料方便，操作简单，占地面积小等优点。

7.5   混合料生产的质量控制

混合料生产工序主要由配料、湿磨与喷雾干燥等三个操作过程组成。所谓混合料生产的质量控制也就是对这三个操作过程的几个关键参数进行有效的控制。硬质合金内部材料质量的控制主要是对合金总碳、合金晶粒度及合金内部组织结构的控制。硬质合金外部质量控制（主要包括合金的几何尺寸、单重、外观精度）主要体现在对混合料工艺性能的控制，即对物料的流动性、松装密度等进行控制。前者的控制重点在配料与混磨工序；后者的质量控制重点则在喷雾干燥工序。

7.5.1 混合料鉴定

干燥好的混合料在投入下道工序生产之前，必须对混合料的质量作出检查与评价，这一过程通常称之为混合料鉴定。

传统硬质合金生产中混合料鉴定包括化学分析与合金的性能和组织检验两部分；化学分析通常对混合料各主要组成进行分析，而合金的性能和组织检验是将混合料加入成型剂（橡胶-汽油溶液）制成含成型剂的混合料，压制成 5mm×5mm×30mm 的长条与 A115 刀片，然后烧结、喷砂。长条进行强度检查，而刀片进行断口检查、物理力学性能、组织结构及金相检查等。

精密硬质合金生产中混合料鉴定同样是由两部分组成的：混合料工艺性能检查与 PS21 长条性能检查。它既包含了传统混合料鉴定内容，又为压制成型工序提供了必要的混合料的工艺性能，从而确保了压坯几何尺寸与外观精度。这种鉴定方式与传统方法相比更科学、更合理。

混合料工艺性能检查：检查项目包括流动性（霍尔流量测定）、松装密度（霍尔流量测定）、粒度分布要求 $\phi 0.06 \sim 0.25mm$（相当于 250 目（$58\mu m$）~ 60 目（$250\mu m$）之间）粒度的粉末占85%以上，粉末的物料百分量小于15%、物料外观形貌检查（主要指粒子圆度；"半边"及"实心"粒子等）。

混合料长条 PS21 检查：检查项目包括烧损系数 C_1、收缩修正系数 C_2 值测量，密度、钴磁、矫顽磁力、抗弯强度与硬度等；金相组织结构包括孔隙度、宏观孔隙（缺陷）、晶粒度、渗/脱碳、夹细、夹粗、混料及其他缺陷。

烧损系数 C_1 值是指毛坯烧结过程中质量损失分数（%），这种损失主要是指成型剂的挥发和氧化物的还原等造成的失重，一般取值在 1.5%~2.5% 之间。

收缩修正系数 C_2 值是指产品高度与宽度之间的收缩比之差（%），主要取决于合金的牌号与混合料的批次等，该值有正、负值之分，一般在 -2.0%~+2.0% 之间。

$$C_1 = \frac{m_p - m_s}{m_p} \times 100 \qquad (7-8)$$

式中 m_p——压制块质量，g；
        m_s——烧结块质量，g。

C_1 值用于压制毛坯压制单重的计算。

$$C_2 = \left(\frac{b_p - b_s}{b_p} - \frac{h_s - h_p}{h_s} \right) \times 100\% \qquad (7-9)$$

式中 b_p——压制品宽度尺寸，mm；
        b_s——烧结品宽度尺寸，mm；
        h_p——压制品高度尺寸，mm；
        h_s——烧结品高度尺寸，mm。

C_2 值用于压制毛坯高度计算。

7.5.2 混合料生产中总碳控制

硬质合金生产中总碳控制是最重要的，而控碳的重点是混合料生产。

7.5.2.1　硬质合金生产中总碳控制理论

传统硬质合金总碳控制理论是以硬质合金组织状态图为基础确定的。例如硬质合金中最具代表性的钨钴合金，它的总碳控制就是以 W-Co-C 三元状态图为基础制定出来的，钨钴合金质量控制的最终目标是生产出来的合金为二相合金，即在状态图中处于 WC+γ 相区之内；也就是说，在钨钴合金生产中总碳控制就是努力避免在合金中有石墨相与 η 相的生成。从状态图中可以看出，WC+γ 两相区是一个很窄的区域，而且随钴含量的减少变得越来越窄。图 7-11 W-C-Co 状态图（室温）。

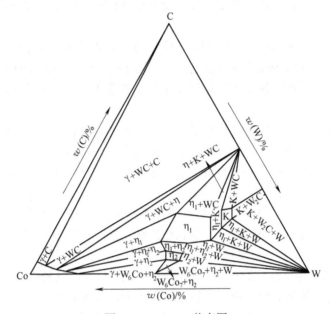

图 7-11　W-C-Co 状态图

日本学者林木寿等认为，合金两相区的碳含量上、下限为：

$$碳含量上限 = 6.13\% - 0.058 \times Co(质量分数)\%$$
$$碳含量下限 = 6.13\% - 0.079 \times Co(质量分数)\%$$

而国内学者一般认为两相区碳含量上限与 WC 中的理论碳含量 6.128% 吻合；而碳含量的下限与 Co 量有关。

$$碳含量下限 = 6.125\% - 0.0737 \times Co(质量分数)\%$$

根据上述公式粗略的计算，通常生产的 YG8 的合金，其碳含量允许波动范围约为 0.177% ~ 0.299%，碳的控制范围相对还是较宽的。

传统硬质合金生产中总碳的调控一般采用控制原料 WC 总碳、所使用的成型剂添加量和脱胶工艺。这种控制方式较粗糙，不可控的因素很多。因而生产的合金经常发生渗碳或脱碳现象。

7.5.2.2　精密硬质合金生产的总碳控制方法

精密硬质合金生产中对总碳的控制更严格，它必须根据合金的使用特性与合金的综合性能使相区处在两相区中一个特定的位置（区域），对合金总碳进行精确控制。

现代硬质合金生产总碳控制是通过合金的钴磁来实现的，钴磁即为合金中磁性钴的质量分数，钴磁值最高不能超过合金的配钴量。

黏结相金属钴在室温下具有铁磁性，合金中磁饱和强度值与具有磁性的钴量成正比；当钴中溶解有钨时，钴的饱和强度下降，溶解钨越多，钴的饱和强度下降值越大，因此，合金中的磁饱和强度值受控于 γ 相中钨的溶解量，而 γ 相中钨的溶解量又受控于合金的碳含量。γ 相中钨的溶解度随碳含量的减少而增加，当合金中出现游离碳（析出）时 γ 相中钨含量接近零。由此得出磁饱和强度随合金中碳含量减少而降低，合金中碳量处于饱和时〔即 C/W（原子分数）≥1〕，其 Com 值等于合金的配钴量百分数。

传统硬质合金生产中虽然合金的碳含量控制在两相区内，但因在相区位置不同，合金的碳含量还是有较大的波动；因而引起了 γ 相中固溶体成分的改变，致使合金性能差异很大。仅仅将碳含量控制在两相区，一方面不能满足合金产品的高质量要求，同时也是造成产品质量波动的主要原因之一。

钴磁这一物理概念的引入，使得硬质合金生产对碳的控制变成为对钴磁的控制，即对合金中磁性钴含量多少的控制；钴磁的物理意义明确，直观性强，检查快捷、准确。处于正常组织结构范围内，合金碳量变化 0.01%，钴磁值相应变化 0.1%。

生产实践表明，使用范围不同，类别不同的硬质合金工具，合金的钴磁控制范围是不同的。要求耐磨性特别好的合金以及精车、精铣铸铁等类合金磁饱和值可控制在低值，甚至允许轻微 η 相出现。矿山类与地质类合金磁饱和值控制在高值。

混合料制备中总碳控制是通过 Ctob 来实现的，目标磁饱和值的高低是确定 Ctob 的关键因素之一，合金的磁饱和值高则 Ctob 取值偏高，反之则 Ctob 取值偏低。生产工艺中混合料制备技术、成型剂的选择是决定 Ctob 的重要依据；烧结工艺可对合金的总碳进行适量的微调，也可作为 Ctob 调整的次要因素来考虑。

混合料球磨时间的长短，球磨机冷却水的水温高低（正常为 10~12℃）；喷雾干燥后物料的冷却（正常温度为 10~17℃）以及混合料的存储温度及环境都对混合料总碳有轻微的影响；都将成为混合料总碳不可忽略的因素；因而，在 Ctob 确定时需要考虑。

7.5.3 混合料生产中粒度控制

合金的晶粒度直接影响合金的硬度、强度、韧性，它与合金的碳含量一样是影响合金综合性能的关键因素。

合金的晶粒度包含两层意思：一是指合金的平均晶粒度；二是指合金的粒度分布，是否存在通常所称的夹粗或夹细，晶粒分布是否均匀等。影响合金晶粒度的主要因素为原始 WC 粒度、球磨时间和烧结工艺等。

7.5.3.1 硬质合金的矫顽磁力与晶粒度的关系

硬质合金的矫顽磁力（Hc）由钴的平均自由程（即钴层厚度）决定。而钴层厚度又由合金的钴含量和碳化钨晶粒的大小决定；在钴含量相同的情况下，碳化钨晶粒的大小决定了矫顽磁力（Hc）值。因而，硬质合金碳化钨晶粒度大小通常可用合金的矫顽磁力 Hc 值来评价。

通过对磁力与粒度的关系的研究，提出了 WC-Co 二相合金磁力与 WC 平均晶粒度的两个数学方程。

$$Hc = 2.45 + 143/C_\beta \cdot d_\alpha = 73(1 - 1.03e^{-5f_v})\left[\frac{1 - f_v}{Hc \cdot f_v}\right] \tag{7-10}$$

式中　Hc ——矫顽磁力，kA/m；

　　　C_β ——钴的质量分数，%；

　　　d_α ——WC 相晶粒尺寸。

$$L_{WC} = 73[\,1.03\exp(-5f_v)\,]\,[\,(1-f_v)/(Hc \cdot f_v)\,] \qquad (7\text{-}11)$$

式中　L_{WC} ——WC 晶粒平均截距长度，μm；

　　　f_v ——钴相的体积分数；

　　　Hc ——矫顽磁力 Oe（奥斯特）。

公式 (7-10) 比较简单，直观。经过验证，中、粗颗粒合金的晶粒尺寸与计算结果比较接近。如，WC-Co 合金钴含量为 10%，当 Hc 为 11.7~12.7kA/m 则 WC 平均晶粒度为 2.2~2.6μm。

对于超细合金，计算值与扫描电镜测定值差异较大。但如果 C_β 用钴的体积分数来计算，则计算结果与测定值比较接近。

从以上的关系式中，合金的晶粒度不仅与 Hc 有关，同时还与 Com 值密切相关；也就是该合金的晶粒度与合金的碳量密切相关。当合金出现非磁性的 η 相时，合金中磁性钴的相对数量减少，钴层相应减薄；因而矫顽磁力比正常组织结构的高；从公式中可以看出，合金的晶粒度随合金的碳含量降低（即 Com 降低）相应变细；矫顽磁力相应增大。当合金处在相图缺碳一侧时，这种趋势更明显。

当合金组织结构中出现石墨相时，即合金中碳处于饱和状态，Com 值等于合金的钴含量。合金在烧结过程中出现液相的温度偏低，液相数量偏多；使 WC 长大的概率与趋势增加；合金的晶粒度变粗，矫顽磁力变小。Hc 与 Com 一样是可以直接测量的，利用矫顽磁力来判定合金的晶粒度，既直观又快捷。

7.5.3.2　球磨因子和球磨时效因子

硬质合金生产中粒度控制首先是对生产所使用的原料（WC）粒度的控制。原始 WC 的粒度测量的方法比较多，大多数是测量粉末的表面积，再换算成平均晶粒尺寸。由于粉末多数为颗粒的聚集体，所以计算出粉末表面积是一种假象，并不能反映出粉末的真实表面积。因而，计算出来的平均晶粒度尺寸也不准确，使用费氏粒度相同的原料也很难生产出晶粒度相同、性能一致的合金。因为用前面介绍的粒度测量方法不能反映出被测物质的真实粒度。

首先，必须确定 WC 的真实粒度，但是这种真实晶粒度确认是相对的、有条件的。采用了一种称之为球磨试验法来检测碳化钨的真实粒度，即在成分（钴含量和总碳含量）、球磨条件（球磨机参数、球料比、球磨时间等）、烧结条件（烧结设备和烧结工艺）相对固定的情况下，通过测量该合金的合金矫顽磁力值。精密硬质合金生产技术引入了"HCP"——"球磨因子"这一概念来表示，它是经过校正调整的矫顽磁力作为该批次原始 WC 相对真实粒度的衡量值。目前，球磨试验有滚动球磨试验和搅拌球磨试验两种方法，为了使试验结果更真实可靠，对不同的原料粒度范围采用不同的试验标准。球磨因子是目前为止最为准确衡量"WC"粒度的物理量，为硬质合金生产中粒度控制提供了先决条件。

其次，对于每个牌号的混合料，由于成分不同，目标性能也不一样。300L 球磨机如果仅仅是要求混合料各组元分布均匀，湿磨 12h 即可；而要使合金的晶粒度达到某一取值范围则必须制定出相应的科学合理的球磨工艺制度；精密硬质合金生产技术引入了另一概念"HCPh"——"球磨时效因子"，即球磨每增加 1h，合金矫顽磁力的增加值。

不同合金牌号球磨时间因子是不同的；300L 球磨机正常工艺条件下生产混合料其球磨时效因子取值范围在 0.05~0.2kA/m 之间，球磨时效因子是一个试验数据，采用的球磨机、球磨工艺参数不同，所得到的球磨时效因子也不同。球磨时效因子在混合料球磨时间的确定、新牌号合金的开发、球磨时间取样与返回料处理中运用很广泛。

球磨时间可用一个试验方式来确定，公式为：

$$H = a \cdot H_{cp} + b \qquad (7-12)$$

式中，H 为合金牌号的球磨时间，h；H_{cp} 为选用原料 WC 粒度范围，kA/W；a、b 分别为常数。

球磨时间的方程是由多批的实验结果来确定的，WC 原料的球磨时效因子要通过球磨试验确定。

通过选择一定球磨因子的 WC 原料，调整球磨时间，实现某一合金牌号晶粒度基本一致。这种方法对新牌号的研制、合金晶粒度的确定尤为有利。

7.5.3.3 鉴定结果的处理

A 结果分析

ρ（密度）、Hc（矫顽磁力）、Com（钴磁）、HV（硬度）的关系如表 7-12 所示。

表 7-12 合金性能关系表

性能检测	可能原因	相应出现情况
Hc 高	晶粒细或碳低	Com 低，ρ 高，HV 高
Hc 低	晶粒粗或碳高	Com 高，ρ 低，HV 低
Com 高	碳高	Hc 低，粗晶，ρ 低
Com 低	碳低	Hc 高，细晶，ρ 高
ρ 高	碳低	Hc 高，Com 低
ρ 低	碳高	Hc 低，Com 高
HV 高	晶粒细	Hc 高，Com 低
HV 低	晶粒粗	Hc 低，Com 高

B 鉴定结果的处理

根据各项检测数据，按产品技术标准综合分析，判断该批混合料是否可按正常工艺生产（合格）。掺有成型剂的可直接压制的合格料称为可压料，供给用户。第一次鉴定不合格的料需要重新鉴定。如果仅一项性能不合格，重鉴定时要把有联系的项目一起重测。最终不合格的料（掺有成型剂的称为掺胶（蜡）料）则需要根据原因另行加工。无法整批加工成为合格料的，就分散掺到新配的料中。

7.5.4 混合料工艺性能的质量控制

混合料工艺性能的好坏直接影响到合金的几何尺寸、单重以及外观质量，主要控制混合料的流动性、松装密度、压制压力、混合料粒度与外观。

7.5.4.1　流动性和松装密度

采用霍尔流量计来测量混合料的松装密度，25cm³ 混合料称重后除以体积数即为松装密度，其标准范围约为合金烧结密度的 0.25%~0.21%；桶与桶之间波动不得超过 1.5%。

用 25cm³ 混合料通过霍尔流量计，记录所用的时间；含成型剂的粒状混合料每 25cm³ 霍尔流量标准为 32~45s。

7.5.4.2　粉末的压制性和压制压力

粉末的压制性能包括粉末的压缩性和成型性。

压缩性就是金属粉末在规定的压制条件下被压紧的能力。通常可用在规定的某单一压力下压制所得到的粉末压坯密度和用压缩比来表示粉末的压缩性，压坯相对密度和压缩比愈大，表示粉末的压缩性愈好。

成型性是指粉末压制后，压坯保持既定形状的能力。用粉末得以成型的最小单位压力表示，或者用压坯的强度来衡量。压坯的强度可以用压块的压溃强度和抗弯强度表示粉末的成型性。粉末的压缩性与成型性之间存在一定的相关关系。

混合料鉴定时压制压力一般需保持在 40~140MPa/mm²。超过这一取值范围，混合料的压制压力这一项就判定为不合格，一般是压制压力偏高者居多。造成压制压力偏高的原因较多，其中主要有球磨时间过长、混合料含湿量太低（太干）与料粒太硬等三个。产生混合料压制压力偏高，都是由于混合料生产中工艺参数制定不合理或者生产工艺过程失控造成的；混合料存储环境差也容易产生混合料压制压力偏高。

7.5.4.3　混合料粒度与外观

对混合料的表面情况需用 30 倍显微镜观察在 50mm 直线范围内不允许有 5 个以上的破碎粒子和空心粒子；表面光滑、粒子圆度好，同时在生产现场可进行粒度分析要求 $\phi 0.06~\phi 0.25mm$（相当于 60~250 目筛网）的粒子占 85% 以上，也就是说混合料中粉末部分要少于 15%，混合料平均粒度约为 120μm。

为了确保生产的混合料达到上述工艺性能的指标，除严格喷雾干燥的工艺参数与操作标准进行生产外，特别要注意料浆状态、喷嘴状态及雾化压力等。

（1）料浆状态。料浆状态包括料浆黏度、表面张力、料浆成分、料浆中气体含量、料浆温度等等。料浆黏度大，喷雾的粒子粗、不均匀、易破碎；料浆含成型剂少、温度高、湿磨时间短、喷雾干燥后的料粒易破碎、成粒性差，粉末多。料浆中含有较多的气体，则易产生空心粒子。料浆表面张力大，粒子圆而且光滑。

（2）喷嘴。喷嘴是喷雾干燥的心脏，对物料性能影响最大的是孔板与旋转轮。喷孔大，旋转轮厚，雾化角小，喷量大，喷雾的粒子粗而不均匀；相反喷孔小，旋转轮薄，雾化角大，喷量小，喷雾得到的粒子细而且均匀。因此在确保产量和质量的同时，还要确保其产量的稳定；喷孔与旋转轮组合的选择十分重要，一般喷雾角控制在 45°~60° 之间。喷孔（喷嘴为硬型合金材质）的圆度、粗糙度等好坏都对混合料物理性能产生影响，孔径应控制在 $\phi 1.0~1.1mm$ 之间。

（3）雾化压力。雾化压力是由料浆隔膜泵提供的，是料浆雾化的动力源。喷雾压力越大，料浆雾化越好，料粒细而且均匀；喷雾压力一般控制在 1.0~1.2MPa 之间为宜。如果料浆黏度小，喷雾压力也可适当减小。

7.6 成型剂的种类与性能

混合料中必须加入一定量的成型剂后才能成型，良好的成型剂有助于消除压坯中的一些微细缺陷（孔洞、夹杂、分层、裂纹），这些缺陷在烧结过程中不易消除，严重影响产品质量。同时，成型剂是生产环节中的一个中间辅助材料，在压坯烧结前的脱胶过程中必须能完全脱除，任何残留都会给生产工艺控制和产品质量带来隐患。因此，成型剂是直接影响硬质合金压坯和合金性能的一个关键因素。

目前国内硬质合金厂家广泛采用的成型剂主要有橡胶类，少数使用石蜡和聚乙二醇（PEG）。引进山特维克技术的厂家一般用 PEG 作成型剂，采用喷雾干燥工艺；有的厂家采用石蜡作成型剂，也采用喷雾干燥工艺。国外硬质合金生产厂家，其成型剂基本上是石蜡类和 PEG 类，而大多数生产商使用的是石蜡（丙酮为球磨介质）；用橡胶作成型剂的较少；其成型剂的配方都是保密的。

7.6.1 成型剂的作用和要求

硬质合金成型剂的作用：

（1）将微细的粉末颗粒黏结为稍粗的团粒，以提高粉末的流动性，改善压坯密度分布的均匀性。

（2）赋予压块必要的强度。硬质材料几乎不产生塑性变形，压块的强度主要是由成型剂赋予的。有些特殊成型工艺，如挤压和注射成型等，还需要由成型剂将粉团变为塑性体方可成型。

（3）不吸水的成型剂可以保护粉末，大大减缓或防止其氧化。

用作硬质合金的成型剂应符合下述基本要求：

（1）具有较好的黏性，但又有较低的黏滞性。

（2）能溶解于适当的溶剂中。

（3）不与合金成分发生化学反应。

（4）裂解性能好，烧结后无有害残留物。

7.6.2 橡胶类成型剂

丁钠橡胶是 20 世纪 30 年代开发的化工产品，其供应来源不稳定，价格也较高，特别是其在催化合成过程中带来的金属杂质含量很高且不能除去。丁钠橡胶基本上已淘汰。

丁苯橡胶、顺丁橡胶是 20 世纪 40 年代的化工产品。丁苯橡胶以丁二烯与苯乙烯为单体，通过乳液或溶液聚合而制得的共聚弹性体，简称为 SBR。数均相对分子量 Mn 约为 $(1.5 \sim 4) \times 100000$，重均相对分子量 M_w 约为 $(2 \sim 19) \times 100000$。丁苯橡胶品质较纯，非橡胶成分少，杂质灰分含量低，一般不含凝胶，线性度较高。其溶解度参数 $\delta = 8.5 \sim 8.6$，灰分含量不大于 0.75%。顺丁橡胶是 1，3-丁二烯采用定向溶液聚合方法得到的高顺式 1，4 结构含量的聚丁二烯，简称 BR。相对分子量为 $(2.5 \sim 12) \times 100000$，相对分子量分布较窄，其溶解度参数 $\delta = 8.3 \sim 8.6$。

7.6.2.1 热塑性弹性体基材的选择

SBS，SIS 热塑性弹性体属第三代橡胶，是聚苯乙烯链段（PS）-聚丁二烯链段（PB）

（聚异戊二烯（PI））-聚苯乙烯链段（PS）三嵌段共聚物热塑性弹性体。聚苯乙烯链段（PS）与聚丁二烯（PB）或聚异戊二烯（PI）的溶解度参数有差异，聚苯乙烯的玻璃化温度较高。在常温下，PS相为玻璃态，分子之间不能滑动，是分子间作用力较大的物理交联链段，苯环侧基使其具有刚性，其相对分子量为1~3万。聚丁二烯是分子内旋转能力较大的高弹性链段，相对分子量0.5~1万。因此，SBS的分子链是由中间玻璃化温度低于室温的柔软橡胶链段和两端玻璃化温度高于室温的硬塑料段相嵌而成的。利用这一特点与增黏剂及其他材料配合形成既有较好黏结强度，又有了一定的保形性的橡胶类成型剂。SBS中聚苯乙烯含量的不同会直接引起两相结构及其共聚物的物理力学性能的相应变化。作为成型剂用的热塑性弹性体一般是聚苯乙烯含量在10%~30%范围内的产品。

SIS与SBS的结构差异主要是在软段中二烯的2位上连接的基团，SBS是—H，SIS是—CH₃，SBS有线形结构和星形结构，线形结构的平均相对分子量（8~12）万，星形结构的平均相对分子量（14~30）万。SIS也有线形结构和星形结构，线形结构的平均相对分子量（15~30）万，星形结构的平均相对分子量（15~40）万。SBS、SIS的相对分子量和单体组成比对性能有很大影响，相对分子量大，溶液黏度大，黏接强度大。随着苯乙烯与丁二烯之比S/B增大，聚合物溶液黏度变小，强度和硬度增加。由高温或氧化引起老化时，SIS断链是主要的，而SBS交链是主要的；因此，SIS裂解残碳比SBS要低。SBS、SIS配制的成型剂的性能有所改善，但其残留碳仍然偏高。

目前对SBS、SIS等热塑性弹性体的改性，主要是在其中引入极性基团或链段，如用甲基丙烯酸甲酯（MMA）进行二元或三元接枝，利用SBS与马来酸酐进行熔融接枝等。随着接枝率提高，对极性材料黏接强度提高。利用软段中的双键进行环氧化，就可提高其极性，增加内聚强度和黏接力。环氧化SBS或SIS实质是部分聚丁二烯（或聚异戊二烯）中的双键变成了环氧环；在该类物质中引入环氧基，提供反应中心，为进一步改性和应用提供了化学基础。环氧化后软段相与硬段相的差距减少，软段相之中双键环氧化后，因环氧基团极性较强，增加了分子之间的作用力，从而增加内聚强度。PS相和大部分软段仍是SBS和SIS的原有结构，因此，它们仍具有热塑性弹性体的特点。

7.6.2.2 增黏树脂的选择

增黏树脂是成型剂中一种重要成分。其主要作用是赋予成型剂以必要的初黏性和黏结力。由于增黏树脂在SBS中的两相中溶解度不同，则其种类也不同。与橡胶相相溶的树脂，一般溶解度参数较低，如各种脂肪族和脂环族石油树脂，松香和氢化松香脂，萜烯树脂以及低软化点的改性萜烯树脂等。与聚苯乙烯塑料相相溶的增黏树脂，溶解度参数较高。如各种芳香族石油树脂，古马隆树脂，软化点较高的萜烯树脂等。与PB相互溶的增黏树脂，可增加SBS的黏性，提高对极性被黏物的黏结力；与PS相互溶的增黏树脂可增加PS相强度，加强PS硬段物理交联区域对PB橡胶软段的约束力。萜烯树脂、松香有较低的溶解度参数，与PB有较好的互溶性，所以增黏效果优于石油树脂；萜烯树脂增黏效果最佳。溶解于两相的增黏树脂（如软化点较低的芳香石油树脂），则兼备上述两种功能，并在溶解度大的相中发挥作用。

SIS黏结强度大，在使用过程中即使发生老化，聚异戊二烯链段断裂，仍保持一定的黏结效果；而SBS则是聚丁二烯链段发生交联，很快就失去黏结性能。SIS是最容易被增黏的，例如它可以用C5脂肪烃树脂、萜烯类树脂、芳烃改性萜烯树脂和芳香脂类等作增黏剂。而 SBS 的丁二烯中间段在溶解性上与 SIS 的异戊二烯中间段有较大差异，它通常只能用α-萜烯树脂、芳烃改性萜烯或松香脂或树脂等才能有效地增黏。

7.6.2.3 增塑剂的选择

SBS 成型剂中除加增黏树脂外，还要加入一定量的增塑剂以降低 SBS 的玻璃化温度和大分子链节运动的活化能，提高成型剂的润湿性和黏性，增加与被黏体间的相互作用和耐低温性。邻苯二甲酸二丁酯（DBP）、操作油、萜烯树脂、C5 等是常用的增塑剂。

7.6.2.4 溶剂的选择

溶度参数是选择溶剂的重要依据；还需考虑到溶剂在聚合物中的保留能力，溶剂的挥发速度也很重要。

高聚物的溶度参数 δ，可由摩尔引力常数来估算：

$$\delta = \rho \sum E/\mathrm{Mo} \tag{7-13}$$

式中，ρ 为密度；E 为摩尔引力常数；Mo 为结构单元的相对分子质量。

混合溶剂的溶解度参数计算公式为：

$$\delta_{\mathrm{m}} = \varphi_1\delta_1 + \varphi_2\delta_2 + \varphi_3\delta_3 \tag{7-14}$$

式中，δ_{m} 为混合溶剂的溶解度参数；δ_1、δ_2、δ_3 为不同溶剂的溶解度参数；φ_1、φ_2、φ_3 为掺入溶剂的体积比。

根据相似相容原理，聚合物的溶解度参数和溶剂的溶解度参数之差的绝对值小于 1.5 时，聚合物才能充分溶解。同时，必须考虑溶剂的价格成本和环保性。如采用低毒性和低成本的汽油作溶剂。

国内的一些主要硬质合金生产厂家一直进行有关橡胶成型剂方面的研究，研究了很多年的 SBS、SIS 复配成型剂，能压制出形状比较复杂和体积较大的制品，且压坯不易产生裂纹。但不足之处是成型剂黏度较大，成粒不规整，流动性较差，产品单重、尺寸波动很大，残留碳较高（0.1%以上），且不易控制，不能采用高碳碳化物，气温高时易老化，不适应于喷雾干燥工艺。

7.6.3 石蜡类成型剂

7.6.3.1 石蜡和微晶蜡

石蜡是一种含有多种烃类的混合物，其性质是由它的化学组成和结构（直链、支链，还是环状结构）决定的。"石蜡"一词一般是指粗晶石蜡（含油量低于 6%），其广义概念应该包括微晶蜡和介于石蜡和微晶蜡之间的中间石蜡，又称半微晶蜡。石蜡、微晶蜡中正异构烷烃含量决定了石蜡、微晶蜡产品的性质。微晶蜡有多种牌号规格；就其使用性能而言，可分为硬质和软质（可塑性）微晶蜡两种，前者正构烷烃含量较高，后者异构烷烃含量较高，质地柔软，柔性好。与前者相比，在同一滴点（熔点）和含油率的情况下，其针入度较大。M. 弗罗因德给出下列分类方法见表 7-13。

一般石蜡主要是由正构烷烃组成的，直链，支链分子少，芳烃少。相对分子量范围 360～540，熔点 42～70℃，微溶于乙醇。微晶蜡相对分子量 580～700，大多是支链分子，环烷化合物多。石蜡是脆的，微晶蜡较强韧，挠性更好，较高的抗张强度和熔点，黏结性也较大。石蜡成型剂无机械杂质，由于相对分子量低，且为饱和直链烃，高温能完全挥发，无残留物，在真空中也易脱除。减少了硬质合金生产碳量控制的复杂性，提高了合金碳量的控制精确度。但是，目前使用的普通石蜡其黏性低，得到的压块强度低，弹性后效较大，容易在应力集中的部位出现裂纹，难以压制出形状较复杂的制品，易掉边掉角。

表 7-13　石蜡的弗罗因德分类

特　性	石蜡	中间石蜡	微晶蜡		
			脆性蜡	韧性蜡	
				弹性蜡	塑性蜡
熔点/℃	40~60	58~70	74~85	50~80	50~70
黏度（100℃）/mm²·s⁻¹	<5.5	5.5~10	>10	>10	>10
针入度（25）①1/10mm	12~20	>15	<10	20~35	20~50
含油量/%	<0.8	<5.0	<2.0	0.5~3.0	3.7~7.0

①在25℃及100g的荷重下，标准针以垂直方向在5s内插入石蜡试样的深度，以鉴定石蜡硬度。

7.6.3.2　乳化蜡

石蜡乳化就是将石蜡均匀地分散在水中，借助乳化剂的定向吸附作用，改变其表面张力，并在机械外力作用下形成乳液。乳化剂分子中存在着亲油基和亲水基两种基团，乳化剂 HLB 值表示乳化剂分子中亲油的和亲水的两个相反基团的大小和力量的平衡。HLB 比值越高，乳化剂亲水性越强，HLB 值越低则亲油性越强，由亲油性到亲水性的转变点为10。要获得质量稳定的乳化蜡产品，关键在于乳化剂的选择，根据相似相溶原理，选用石蜡乳化剂时，应该选用其亲油基与石蜡分子结构相似的乳化剂。目前，石蜡乳化主要倾向于选用非离子乳化剂，使乳化剂的 HLB 值符合乳化液体系所需的 HLB 值，才可获得平均粒径较细的乳化液。随着乳化理论及乳化技术的进一步发展，现在高效的复配型乳化剂基本上代替了低效的单一型乳化剂。稳定的半透明状石蜡微乳液的分散相粒径平均值应小于0.1μm。乳化蜡作为陶瓷生产过程的润滑剂，提高粉末的成型性能，防止黏模，使产品易于脱模，提高成品质量和成品率。当使用成型性能较差的原料时，加入乳化蜡可弥补其塑性差或改善压坯强度。

7.6.3.3　石蜡的改性

以石蜡、微晶蜡为基础原料通过调和、改性生产特种蜡，这些研究工作主要集中在两个方面：

（1）物理改性（调配）；以石蜡和微晶蜡为主要原料，与其他材料，如低分子聚乙烯蜡、某些树脂材料、表面活性剂、乳化剂及其他助剂等调配组合，使石蜡的熔点、相对分子量、组成结构发生变化；可在一些简单的设备上开发调配蜡产品。

（2）化学改性；如石蜡氧化、脂化、接枝等反应。引入含氧基团，增加分子极性，赋予石蜡某些新的特殊性能。

由于石蜡本体强度欠佳，用它作为黏结剂，达不到成型工艺要求，通过掺入其他黏结强度高的聚合物或有机材料的办法，制得一种新的改性石蜡成型剂，高聚物的含量对抗拉强度的影响很大。

7.6.4 水溶性聚合物类成型剂

7.6.4.1 聚乙二醇

聚乙二醇（PEG）是由环氧乙烷与乙二醇反应生成的聚合物，其结构式为 H—（O—CH$_2$—CH$_2$）$_n$—OH，平均相对分子量 200~20000。聚乙二醇作为一种非离子表面活性剂，其分子中的桥氧原子—O—亲水，—CH$_2$—CH$_2$—亲油，具有包裹颗粒和连接颗粒的作用。前者限制了单个颗粒长大，后者使颗粒集结形成簇团，使簇团粒径长大。聚乙二醇的相对分子量越大，其乙氧基单元越多，极性也越强。聚乙二醇分子是一根锯齿形的长链，当溶于水和醇时，长链成为曲折形。

PEG 具有与各种溶剂广泛的相溶性和吸湿性。也具有良好的润滑性和热稳定性。但当相对分子量增加时，其吸湿性很快降低；PEG4000 和 PEG6000 的吸湿性很低。PEG 在水中的溶解性很大，液体 PEG 可以以任何比例与水混溶。

PEG 的成型性相当于石蜡，PEG 的所有热裂解产物均是气体，因此，脱胶后基本上没有残留碳。可以说，它是一种安全环保的成型剂，适用于喷雾干燥工艺。但是 PEG 吸湿严重，对工作环境的湿度和温度要求极为苛刻，吸湿后粉料变硬，压制压力增大，对压力机要求较高。另外，对一些复杂的产品成型较为困难。

7.6.4.2 聚四氢呋喃（PTHF）

通常 PTHF 的相对分子量在 600~5000，是由四氢呋喃经氧离子开环聚合而制得。常温下为白色蜡状固体，融化后为无色透明液体。玻璃化温度-76℃，溶于乙醇等大多数有机溶剂，不溶于水。主要用作嵌段聚氨酯或嵌段聚醚聚酯热塑弹性体的软链段。因此，用作成型剂时可能兼有橡胶成型剂的一些性能。

7.6.4.3 其他水溶性聚合物

聚氧乙烯（PEO）是由环氧乙烷聚合而得到的水溶性聚合物，为白色粉末或颗粒，相对分子量由几十万至数百万。它完全溶于水，溶于多数有机溶剂，分散性优良。PEO 具有热塑性，是其他树脂所不具备的一种独特的共聚物。

聚乙烯吡咯烷酮（PVP）为白色粉末，可溶于水及几乎所有的有机溶剂中，硬而透明，可形成有光泽的涂膜，是优良的黏合剂。

聚甲基丙烯酸甲酯（PMMA）的熔点在 150~160℃之间，赋予成型剂良好的保形性。甲基丙烯酸甲酯单体分子内有极性较强的基团，其聚合物与高表面能的金属粉末有很好的表面浸润性和界面黏结性能，符合作为成型剂的要求。从脱脂的角度来说，PMMA 主链上含有叔碳原子，因此具有良好的降解性能；脱脂速度快，脱脂温度范围宽，单体分子从高分子链端依次解聚，裂解产物全部为 MMA 单体分子，且脱脂产物可回收利用，符合环保要求。

7.6.5 三大类成型剂性能的比较

7.6.5.1 橡胶类成型剂

橡胶类成型剂的优点是成型压力低，保形性好，可以用于复杂制品成型。缺点是杂质含量高，易于老化，不适合喷雾干燥，不宜于真空脱除，通常残留碳量高达 0.2%~0.3%。

目前只有中国、俄罗斯等用于生产中低档产品和形状复杂的产品。丁苯橡胶、顺丁橡胶是目前橡胶成型剂中应用比较多的。

顺丁橡胶的技术条件应符合表 7-14 的规定。

表 7-14　顺丁橡胶的技术条件

项目	挥发分/%	总灰分/%	生胶门尼值	混炼胶门尼值	拉伸强度/MPa（35min）	拉断延伸率/%（35min）	凝胶
指标	≤0.75	≤0.30	40~50	≤68	≥14.2	≥450	不允许

7.6.5.2　石蜡成型剂

石蜡成型剂的优点是既适于喷雾干燥，也适于一般混合器掺蜡制粒。石蜡纯度高，易于脱除，残留碳非常低（0.1%以下），粒料不易老化。缺点是混合料松装密度小，压缩比大，压制压力大，压坯强度低，复杂形状产品难成型，混合料的压制性能受温度影响较大。

石蜡的技术条件应符合表 7-15 的规定。

表 7-15　56 号石蜡的技术条件

项目	熔点/℃	含油量/%	色度号	针入度（25℃，100g）110mm	光安定性号	嗅味号	机械杂质及水分
指标	56~58	≤1.5	≥17	≤20	≤6	≤2	无

7.6.5.3　水溶性类成型剂

聚乙二醇的优点是可溶于酒精和水，特别适合于喷雾干燥。它纯度高，易脱除，残留碳与石蜡相当，且成型性能好，压坯强度也高。其缺点是有吸水性，压制压力大，对环境的温度和湿度要求高。

聚乙二醇的技术条件应符合表 7-16 的规定。

表 7-16　聚乙二醇的技术条件

项　目	熔点/℃	灰分/%	焦化残渣/%	固体杂质	平均相对分子量
PEG600 型	35~45	≤0.2	≤1.5	无	500~600
PEG4000 型	50~60	≤0.2	≤1.5	无	3000~7000

注：指透光中肉眼估计融化的试样。

成型剂与湿磨介质有一定的匹配关系，湿磨介质用得最多的是酒精，它既适合于经典的"橡胶"工艺，也适用于先进的"PEG"工艺，也可用于"石蜡"工艺。它最大的优点是料浆黏度低，物料分散性好。酒精燃点较高，安全环保，回收方便。丙酮、己烷等是在"石蜡工艺"中应用最多的研磨介质。它最大的优点是对石蜡的溶解性好，成型剂分布均匀。

7.7　高能球磨

7.7.1　搅拌球磨

7.7.1.1　概述

搅拌球磨机实际上就是一个搅拌槽（见图 7-12），搅拌球磨是由于搅拌棒的转动驱使球产生研磨作用,因而没有临界转速的限制,对物料产生强大的冲击力和剪切力,从而达到高效率的研磨。不同于一般的滚动式球磨机将输入的能量多数消耗在转动或振动沉重的研磨筒上,因此设备的能耗相对于其他设备来说很少。

它与普通搅拌槽的区别在于:普通搅拌槽的搅拌叶只有装在搅拌轴底部的一层,而搅拌球磨的搅拌轴上则从下到上装有多层搅拌棒;槽内除了料浆之外还有作为研磨体的球。为了减少由磨损造成的物料污染,搅拌棒要用硬质合金棒料制作。搅拌槽也应镶上硬质合金内衬。

与滚动球磨不同,搅拌球磨(球)的填充系数可以大于0.5,但不能超过0.7。搅拌槽的上部必须保留一定的自由容积(空间)。如果完全装满,不但搅拌棒转动的阻力非常大,而且很难形成料随球上下翻动所产生的混合作用。有了这个自由空间,则搅拌棒所产生的离心力就会将球和料沿筒壁推向上部,因为上部没有阻力,筒壁上的离心力最大。结果,就像搅拌液体一样,研磨体的表面是一个以搅拌轴为顶点的圆锥形旋涡。这样,就可以使物料随研磨体上下翻动,混合均匀。

虽然物料会随研磨体上下翻动,但筒底周围仍是一个死角,研磨作用相对较弱,因而物料混合的均匀性及粉末粒度的均匀性都较差。为了解决这个问题,通常在筒底开一个孔(如图7-12所示),用泵将筒底的物料抽到上部,使死角部位的物料也得到较均匀的研磨。

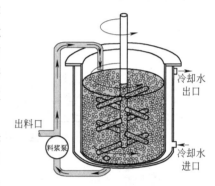

图 7-12　带循环泵的搅拌球磨机示意图

7.7.1.2　设备组成与特点

美国联合工程公司(Union Process)是搅拌研磨设备的发明者,在搅拌研磨方面有着几十年的经验,UP公司致力于研磨设备的研制与改进,其中的SC系列专门用于碳化钨硬质合金的研磨。效率高、能耗低,通常4~8h左右可出料。

(1)研磨缸缸体为锥形缸体;使用惰性气体保护或带冷却水夹套的缸盖,彻底解决氧含量增加问题;在缸盖上有个可移动的小盖,可以通过这里在研磨过程中加入其他组分而无需停机。缸盖的背面有一开口可接冷凝器,这使得研磨时释放出的有机溶剂的气体能够排出并通过冷凝回收,使得溶剂的损失为最小。

(2)冷却水从一个主管道分别通向研磨缸夹套、缸盖。在夹套的冷却水进出口处设有温度计,便于生产过程中的温度控制。

(3)搅拌臂使用碳化钨套筒并带底部提升臂,用碳化钨套筒而不是涂层,减少磨损和污染;采用一节一节的套筒,便于更换;底部特殊设计的提升臂将研磨缸底部磨介和物料提升,防止出现研磨死角。

(4)通过循环泵实现料浆的循环,使得物料混合研磨均匀;在整个过程中形成内循环,气动隔膜泵;可以选择双泵系统,充分循环,缩短物料研磨时间,混合更加均匀;对应不同的溶剂选择最适合的隔膜。

(5)底部设计了磨介卸出阀;卸料阀位于缸底,但不位于搅拌轴正下方,循环出料的都是充分研磨后的物料,使卸料和磨介的清洗非常方便。

（6）可带有防爆装置，高启动力矩，减轻底部搅拌臂负荷，便于启动；采用低速搅拌的同时用循环泵自动出料，因此出料干净、彻底。

（7）带有齿轮倾斜机构，可以方便地将缸体倾斜，便于对设备的清洗以及维护，也易于不同批次料之间的转换。

图 7-13 UP 公司（青岛）
30SC 搅拌球磨机

7.7.2 行星球磨

7.7.2.1 行星球磨原理

行星球磨的原理结构示于图 7-14。

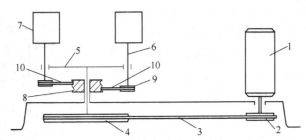

图 7-14 行星球磨机的结构示意图
1—调速电机；2—小皮带轮；3—皮带；4—大皮带轮；5—转盘；
6—磨筒的中心转轴；7—球磨筒；8—中心带轮；9—行星带轮；10—皮带

与调速电机 1 固联的小皮带轮 2 通过皮带 3 带动大皮带轮 4，与大皮带轮 4 固联并同轴运转的转盘 5 上对称配置若干球磨筒 7，每个磨筒的中心转轴 6 都与转盘 5 构成回转副，并且转轴 6 的下部固联有行星带轮 9，带轮 9 通过皮带 10 由同机座固联的中心带轮 8 带动。调速电机启动后，转盘 5 便会转动起来，同时球磨筒 7 也会自转并围着转盘 5 的圆（轴）心公转，称行星球磨。

当圆盘 5 高速旋转而磨筒不转时，则由于离心力大大超过球和料本身的重力，所有的球和料都被推向圆盘 5 的圆周方向，使其处于图 7-15 所示的位置，不能产生研磨作用。如果磨筒同时以足够的速度旋转，则其中的球和料就会出现如图 7-16 所示的运动状况（图中箭头表示圆盘和磨筒的旋转方向，阴影表示球和料的位置）。这时，一方面圆盘转动所产生的离心力使球和料向圆盘圆周方向流动，另一方面，磨筒转动所产生的离心力又使其向圆盘轴心方向流动，研磨作用便由此产生。磨筒转速越高（圆盘转速不变时），球和料按箭头方向流动的速度越快，研磨效率就越高。

但是，如同滚动球磨时磨筒转动所产生的离心力必须小于球的重力一样，行星球磨磨筒转动所产生的离心力必须小于圆盘转动所产生的离心力而大于球的重力。这是行星球磨的研磨作用能够发生的一个基本条件。

7.7.2.2 行星球磨的缺点

（1）与搅拌球磨一样，由于研磨强度很高，球和磨筒的磨损率很大。若球和磨筒都采用与磨料的成分相同的合金，则投资很大，操作繁琐；否则料可能被污染。

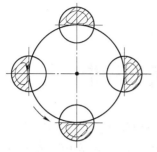

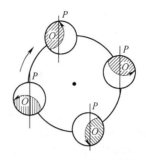

图 7-15 圆盘高速旋转、磨筒不转时球和料的位置 　　图 7-16 行星球磨示意图

（2）由于磨筒作行星式的运动，又有多个磨筒，磨筒冷却措施就较难实现。

（3）难于实现工业规模的生产。四个磨筒带球和料 5~6t 重，靠一个主轴支撑着转动，材料强度要求高，结构也相对复杂，安全、投资和能耗都是问题。

由于上述原因，目前，行星球磨在硬质合金生产中还没有规模生产应用，主要还是在实验室应用。

8　模压成型与质量控制

硬质合金成型是将混合料粉末压实，获得具有符合要求的密度及密度均匀性、所需形状和尺寸精度坯块的过程，要求压坯必须具有一定强度。压坯的相对密度一般在 50% 左右，压坯密度过低，烧结不能完全致密化，过高不能完成压制或产生压坯分层、裂纹等缺陷。成型是硬质合金生产中操作性最强的工序，是保证硬质合金毛坯精度、表观质量和合金内部质量的关键工序。硬质合金有模压成型、挤压成型、注射成型、冷等静压－割形成型等多种成型方法，其中又以模压成型应用最多、最广，精密净成型是硬质合金产品精密化生产发展的要求。不同的成型方法有不同结构的成型设备和模具。形状复杂而无法由压制直接成型的，或批量太小、另做一套压模不经济的制品，则辅之以压块机械加工来成型。

8.1　压制原理和基本概念

图 8-1 是最简单的单向加压模压示意图。

粉末体不具备流体的所有特性，也就造成了成型过程的主要麻烦——压块密度不均匀；以碳化钨为主要成分粉末混合料的成型性和保形性也不是很好，在成型过程中，保证压块不同部位密度的相对均匀性及消除压坯的缺陷，常是成型过程的主要工艺问题。

从粉末混合料在压力下发生的变化来看，普通模压成型是一切加压成型过程的基础。同时，由于它的产品尺寸精度高、生产效率高、成本低、易于实现过程自动化，所以它是粉末冶金制品成型的主要手段。

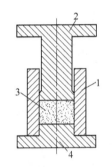

图 8-1　简单的单向加压
模压成型示意图
1—阴模；2—上冲头；
3—粉末；4—下冲头

8.1.1　压制压力

粉末压制时所消耗的压力，可以分为三部分：

（1）净压力：它不包括粉末与模壁的摩擦力，并假定压坯中没有密度分布不均的状态，仅仅为了克服粉末本身的阻力所需要的压力，以 p_1 表示。它与粉末粒度、成型剂的种类及用量、团粒状态（流动性）、要求的压坯密度及粉末颗粒的力学性能有关。

（2）外摩擦力：克服粉末与模壁的摩擦所消耗的压力，以 p_2 表示。用不可拆压模压制粉末混合料时，它约等于脱模压力的 $1.7\sim2$ 倍。除与影响 p_1 的因素有关以外，还与压模的硬度、抗塑性变形能力及表面光洁度有关。

（3）附加压力：克服由于压坯的密度沿横断面分布不均所需要的压力，以 p_3 表示。当压坯的密度，也就是压力，沿横断面不均匀时，由于粉末体的特性，密度较高的部位保持着较高的接触压力，或者说消耗了更多的压力，而不能均匀地向周围传递。为了使其他部位也达到较高的密度，就需要多加一部分压力。多加的这部分压力就叫做附加压力。它与粉末装模的均匀程度、压坯的尺寸与形状、粉末体的压缩程度及侧压系数有关。

由此可见，压制的总压力 p 应为：

$$p = p_1 + p_2 + p_3 + \cdots \tag{8-1}$$

实际的总压力一般为 100~200MPa。亚微细粉末的压制压力更高。

8.1.2　压坯的密度分布

由普通模压得到的压坯，其密度都是不均匀的。图 8-2 表示单向加压时圆柱体压坯各部位的压缩程度。

造成压坯密度分布不均的主要原因，是模壁对粉末的摩擦阻力。粉末颗粒沿加压方向运动时，这种阻力使得压力不断地损失。距加压冲头越远，这种损失就越大，传给粉末的压力就越小，所以压坯的密度也越小。由于这种摩擦压力损失对压坯中心的影响较小，所以压坯中心沿加压方向的密度差较小。结果，加压面的密度四周大，中心小；而底部的密度则四周小，中间大。双向加压时压坯的密度分布相当于两个单向加压的状态，即：两加压端面的密度四周大，中间小，压坯（沿加压方向）中部的密度则四周小，中间大。而（沿加压方向）中部与两端面的密度差则减小了一半。

图 8-3 表示矩形压坯在压模中的受力状态。粉末沿加压方向运动的同时，也向与压力垂直的各方向移动，将一部分压力传递给模壁。模壁则给压坯一个大小相等的反作用力。这个反作用力叫做侧压力。

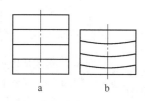

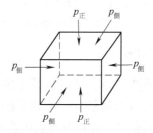

图 8-2　单向加压时压坯不同部位的压缩程度图　　　　图 8-3　压制时压坯的受力状态
　　　　　a—压制前；b—压制后

侧压力 $p_{\text{侧}}$ 与正压力 $p_{\text{正}}$ 之比叫侧压系数。

粉末体是由一些不可随意变形的质点组成，粉末体不具备流体的所有特性，即使模壁完全没有摩擦阻力，也不能将正压力完全传递到底部，也不能将侧压力完全传递到中心。加压面的密度会比底部稍大，边缘的密度会比中心稍大，只是差别没有那么大而已。所以侧压系数小于 1。

粉末与模壁的摩擦所引起的压坯密度的不均匀程度，与粉末的粒度、成型剂的种类及用量、团粒状态（流动性）、要求的压坯密度及粉末颗粒的力学性能、压模材料的力学性能及压模表面光洁度有关；对于形状比较简单的压坯来说，它与压坯的高径比值成正比。

8.1.3　弹性后效

在成型压力下，粉末颗粒往往会产生程度不同的（主要是压缩）弹性变形。压力取消后粉末颗粒的弹性变形便会消除，从而使整个压坯的体积膨胀。这种现象叫做弹性后效。

它通常发生在压坯脱模的过程中，也有时发生在脱模以后。

　　层裂是加压成型过程难以完全避免的问题。层裂是否形成取决于两个效果相反的力相互作用的结果：一个是力图使粉末颗粒之间的接触减弱或完全脱离的弹性后效作用力，另一个是力图保持粉末颗粒之间接触的成型剂的黏结力或/和粉末颗粒塑性变形可能形成的黏结力（机械嵌合力）。如果前者超过后者，就会出现层裂。没有弹性后效，压坯就不会有层裂。

　　弹性变形不可能在粉末颗粒之间的每一个接触区域均衡地发生。受力越大，弹性变形越严重的区域，弹性后效越强烈，甚至出现层裂。受力较小的接触区域，弹性后效所产生的膨胀力不足以克服成型剂的黏结力，大体保持着加压后的接触状态，完好无损。

　　压坯可能出现的裂纹有两种：一种叫分层，一种叫裂纹，通称为层裂。它们之间的区别在于：裂纹是由于粉末颗粒之间的黏结力相对较弱，承受不了正常的弹性后效（抗张强度）。这就是它经常出现在压坯密度较低的部位，例如，带后角的切削刃口，或压坯（以加压方向而言的）中部的原因。分层则是由于粉末之间的正常黏结力承受不了过于严重的弹性后效（剪切强度）。这就是分层经常出现在压坯受压面的棱上或其附近、压坯台阶处的原因。形成分层的作用力示于图8-4。p_t 和 p_c 作用的结果就在棱上撕开一条沿二者的合力方向的裂纹（分层）。

　　一切提高粉末颗粒间结合强度和降低其接触应力的因素都会导致弹性后效作用的降低，反之亦然。这包括：成型剂的种类及用量、粉末颗粒的塑性、团粒状态（流动性）、粉末粒度、要求的压坯密度及压坯的形状。

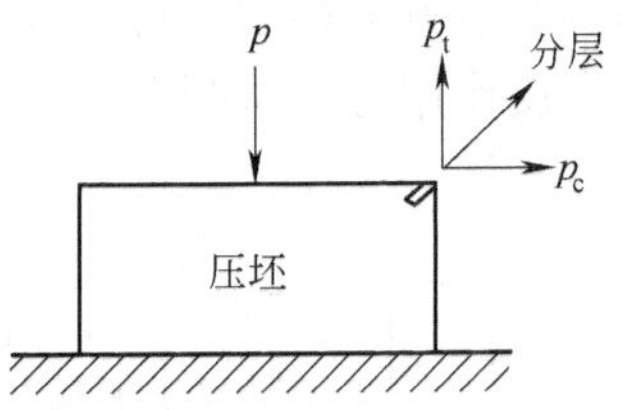

图 8-4　分层成因示意图
p—压制压力；p_t—正向弹性膨胀力；
p_c—侧向弹性膨胀力

8.1.4　收缩系数

　　收缩系数过小，毛坯容易出现分层；过大的收缩系数说明压坯密度相对较差，不利于搬运，甚至在烧结过程中不能完全致密化，使合金的孔隙度提高，降低合金的性能。收缩系数分为体收缩系数和线收缩系数。

　　体收缩系数的计算公式见式（8-2），一般在 1.18~1.3 之间。

$$f^3 = V\rho/(m - m_c) \tag{8-2}$$

式中，f 为体收缩系数；V 为压坯的体积，cm^3；ρ 为该牌号硬质合金的密度，g/cm^3；m 为压坯的质量，g；m_c 为压坯成型剂质量，g。

　　普通压制线收缩率的概念是压坯尺寸与其对应的合金毛坯尺寸之比，一般为 1.18~1.3，与体收缩系数相当。精密压制线收缩系数的概念是压坯尺寸与其对应的合金毛坯尺寸之差与压坯尺寸之比，一般用 K 表示，它反映压块在烧结前后的尺寸变化率；从概念上来说，精密压制的线收缩率概念比较清晰，它确切地表明了压坯收缩的比例。

$$K = \frac{h_p - h_s}{h_p} \tag{8-3}$$

式中，K 为加压方向线收缩系数，%；h_p 为压坯高度，mm；h_s 为烧结品高度，mm。

　　确定收缩系数的原则是：在压块不出现层裂的条件下达到尽可能高的密度，也就是尽可能小的收缩系数。线收缩系数 K 通常在 14.5%~20% 范围内变化，它取决于压块尺寸、成型剂的种类、被压粉料的流动性、压块的形状、粉末的粒度、混合料的成分等。

由于粉末的物理、化学性能、压块尺寸变化较大，在收缩系数没有摸得太准的时候，要通过试烧产品来确定实际收缩系数，通过试烧，数据统计和分析，才可以用计算收缩系数的方法确定产品尺寸，特别是形状复杂、大尺寸、高钴产品或烧结块的尺寸精度要求较高的产品，其收缩系数必须经试验确定。

8.1.5　压坯单重

对于形状简单，可以准确地计算出其烧结块体积的制品，可由式（8-4）算出其烧结块单重，然后由式（8-5）算出其压坯单重。

$$M_s = V_s \rho \tag{8-4}$$

$$M_p = \frac{M_s}{1 - C_1} \tag{8-5}$$

式中，M_s 为烧结块单重，g；V_s 为烧结块体积，cm^3；ρ 为合金密度，g/cm^3；M_p 为压块单重，g；C_1 为压块的烧结质量损失系数，%。

如果形状复杂，体积难以算准，而烧结块的尺寸精度要求又较高的话，往往需要反复试压、试烧才能确定其压制的单重。得到符合质量标准及几何精度要求的烧结块后，就可以得到烧结块较准确的真实体积 V_s 和单重 M_s，就可以求出压块单重了。

对精密压制而言，每一套新压模（即使是老产品）的压制单重都要经试压确定。试压压块烧结后，不但可以确定哪个单重合适，而且还可对这些烧结块进行测量，得到计算其他压制参数的数据。

8.1.6　压制尺寸（高度）

压块的压制高度 H_p 用下式表示：

$$H_p = \frac{H_s}{1 - (K + C_2)} \times 100\% \tag{8-6}$$

式中，H_s 为烧结块高度，mm；K 为线收缩系数；C_2 为压制尺寸修正系数。

要注意的是，纵（加压方）向与横向收缩系数的差别，往往造成烧结毛坯的尺寸超过了允许公差范围。因此，对每套新压模试压时都必须精确测量这种差别，并算出精确的压制高度，保证烧结块的各向尺寸控制在允许的误差范围之内。

8.2　模压成型方式及成型设备

硬质合金成型压力机按不同的压制操作方式和压制原理构成了不同的压力机类型，可分为手动压机和自动压机；机械传动压机、液压传动压机、电力传动压机。机械传动压机、电力传动压机基本上是自动压机；液压传动压机有自动压机也有手动压机。自动压机按压制方式可分为单向压制和双向压制。除一些大的压制品外，硬质合金压制成型设备的发展方向是高精度的全自动压力机。

8.2.1　压力机的选型依据

（1）压机的吨位：压力机的额定压力必须大于压坯所需要的总压制压力。

（2）脱模压力：下拉力或下缸的顶出力必须大于压坯的脱模压力。

（3）压力机行程：压力机的压制行程、脱模行程和压制滑块（或上杠）的上极限位置到工作台面的距离必须满足所压制品型号的要求。

若要全面衡量压机的技术先进性和实用性，则还要考虑下列因素：

（1）压制方式：如单向压制、双向压制、非同时三次压制、等比例压制和摩擦芯杆压制等；双向对压式、非同时三次压制式、等比例压制式属于双向压制。

（2）脱模方式：脱模方式可分为顶出式和下拉式；上述两种脱模方式又有预载保护脱模和无载自由脱模两种形式。

（3）装粉方式：装粉方式可分为落入法、吸入法、容积法、过量装粉法等。

（4）工作台面尺寸。

（5）生产效率、安全装置和机械手。

8.2.2   手动油压和简单自动油压设备

8.2.2.1   液压传动系统基本知识介绍

任何一个液压传动系统都是由几个基本回路组成的，每一基本回路都具有一定的控制功能。几个基本回路组合在一起，可按一定要求对执行元件的运动方向、工作压力和运动速度进行控制。根据控制功能不同，基本回路分为压力控制回路、速度控制回路和方向控制回路。一个完整的液压系统由五个部分组成，即动力元件、执行元件、控制元件、辅助元件和液压油。

（1）动力元件：液压泵，包括齿轮泵、叶片泵、柱塞泵、螺杆泵；其职能是将电动机的机械能转换为液体的压力动能（表现为压力、流量），其作用是为液压系统提供压力油，是系统的动力源。

（2）执行元件：液压马达或液压缸；其中液压马达包括齿轮式液压马达、叶片式液压马达、柱塞式液压马达；液压缸包括活塞式液压缸、柱塞式液压缸、摆动式液压缸、组合式液压缸；其职能是将液压能转换为机械能而对外做功，液压缸可驱动工作机构实现往复直线运动（或摆动），液压马达可完成回转运动。

（3）控制元件：包括各种液压控制阀；其中方向控制阀包括单向阀、换向阀等；压力控制阀包括溢流阀、减压阀、顺序阀、压力继电器等；流量控制阀包括节流阀、调速阀、分流阀等；利用这些元件可以控制和调节液压系统中液体的压力、流量和方向等，以保证执行元件能按照人们预期的要求进行工作。

（4）辅助元件：包括油管、管接头、油箱、滤油器、换热器、蓄能器、过滤器、冷却器、加热器、集流分配器、油路服务器、压力计、流量计、密封件等。它们的作用是提供必要的条件使系统正常工作并便于监测控制。

（5）工作介质：如液压油和液压液。

带侧压的四柱式油压机液压传动系统原理如图8-5所示。

8.2.2.2   手动油压和简单自动油压设备介绍

手动压制原理是：压头在活塞的作用下向下运动，直接将模具上冲头压到限制器位

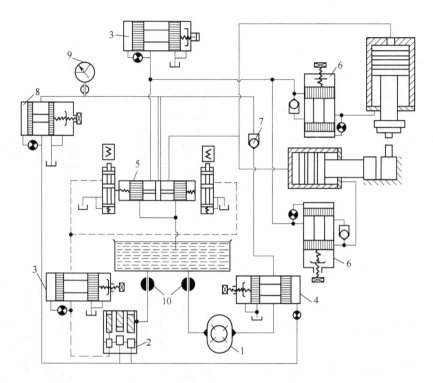

图 8-5 带侧压的四柱式油压机原理图

1—离心泵；2—活塞泵；3，4—压力阀；5—分配阀；6—可止逆的压力阀；

7—逆止阀；8—加压保护阀；9—电控压力表；10—圆形栓

置，压制过程中上冲头对阴模作相对运动，只是上冲头从上向下对粉末施加压力达到压制成型。

目前在我国国内企业大量使用的手动油压和简单自动油压设备一般都是国产的，不属于精密压制设备，但价格便宜，对于精度要求不高的一些产品，如：圆棒、拉丝模、块坯、矿用钎片等，完全能满足要求。

（1）单臂（悬臂）压机。悬臂压机见图 8-6 (a)，结构简单；公称压力比较小，一般为 5~100t。

（2）四柱液压机。四柱液压机见图 8-6 (c)，公称压力比较大，一般为 63~500t。四柱液压机又有带侧压和不带侧压的两种，带侧压的油压机应用比较少，有 100t、200t 两种规格，主要应用于一些组合模具中，见图 8-6 (d)。

油压机做得比较好的是天津锻压机械厂和合肥锻压机械厂，但这两家制造厂家的设备主要针对金属材料的锻压和校正，因此设备比较高大，200t 以上就要建造固定基座。为此，很多机械厂针对性开发了一些硬质合金粉末压制专门设备，工作台面和压缸行程缩小，整个设备变小，500t 都可以不要专门基座。

针对性开发还有两柱压机（见图 8-6 (b)），结构非常简单。下顶式压机（见图 8-7），认为这种压机提高了安全性能。

特别是萍乡市良益液压机械模具厂开发生产的四柱分体式半自动平板液压机（图 8-7 (b)），电器控制采用 PLC 可编程控制器控制，对压机的快速上升、慢速压制、保压、卸

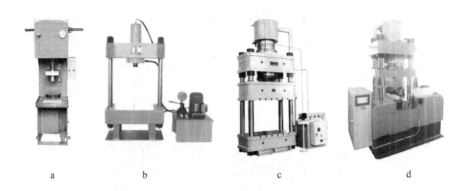

图 8-6　手动油压机

a—250kN 悬臂压机；b—双柱液压机；c—2000kN 四柱液压机；d—2000kN 四柱带测压液压机

压、回程等各工艺流程动作程序进行自动控制。该机具有手动推模装置，操作简单，特别是大制品的压制，具有生产效率高，性能稳定，维修方便，使用寿命长，安全可靠等性能。

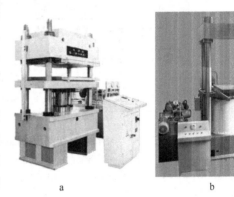

图 8-7　下顶式四柱压机

（3）简单自动油压机。简单自动油压机是相对精密压力机而言，它的基本结构和原理与精密压力机一样，就是设备的精度、自动控制方面有差距，而且差距比较大，但价格便宜，只有 10 万~20 万元，不到进口压力机价格的 10%，性价比高，也能满足一般非精密压制产品的需求。有 35t、63t、100t、200t、315t 规格。四柱分体式全自动双向干粉液压机，采用 PLC 可编程控制器控制。对送粉、装粉、粉料抖动、粉料下移、排气、保压、泄压、压制成型、脱模等各工艺流程动作程序进行自动控制，为消除压制品中的气泡而设置了排气工艺的调整和粉料下移动作，并具有浮动和双向两程序压制工艺。

8.2.3　自动模压成型方式的分类及特点

硬质合金自动模压成型的各种压机按压制方式大致可分为单向底压式压力机、同步式双向压力机、分步式双向压力机和差动式双向压力机等四大类型。

（1）单向底压式压力机。单向底压式压力机的压制原理是：上压头（通常浸入阴模型腔的叫上冲头或上凸模，不浸入型腔的叫压头）在杠杆或凸轮的作用下，向下运动到上压头下平面贴紧到阴模上平面处，并带动阴模一起压缩支撑阴模的弹簧对下冲头作相对运动，使下冲头从下向上对粉末施加压力达到压制成型（亦称作封盖式成型或无上冲成型）。杠杆式自动压机和苏式凸轮式自动压机就属于这类压力机型。这类压机大多用来生产一些形状简单、尺寸精度要求不高的产品。

（2）同步式双向压力机。同步式双向压力机的压制原理是：阴模不动，上、下冲头在杠杆的作用下，从上、下两个不同方向对阴模作同步相对运动，使阴模型腔内的粉末受到上、下两个方向相等的压力而被压制成型。SX16 型双向液压机、DY25 型双向液压机、有些 3t、6t 机械式压力机等属于这类机型。

（3）分步式双向压力机。分步式双向压力机大多采用模架结构，其压制原理是：上压杆带动上冲头下行进入阴模孔（封口）后，上冲头与阴模同步向下对下冲头作相对运动（底压）并提前到达压制位置，阴模被支撑不动后，上冲头继续下行对阴模做相对运动（顶压），从而使粉末分步受到下和上两个不同压力而被压制成型（即非同时三次压制成型）。TPA、TAMAGAWA（日本玉川）等自动压机属于具备这种功能的压力机型。这类压机可通过顶压的调整来改变压坯中性区的位置，所以适应于生产可转位刀片等一些精度要求较高的产品。

（4）差动式双向压力机。差动式双向压力机大多为液压机，冲头和阴模的运动及控制是独立进行的。其压制原理是：上冲头下行进入模孔（封口）后，上冲头与阴模以不同的速度比向下运动，形成既有上冲头对阴模的相对运动，又有阴模对下冲头的相对运动，从而使粉末受到双向压力而被压制成型。CA-NC250 自动液压机等属于具备这种功能的压力机型。这类压机可以通过上冲头与阴模运行速度比的调节来改变压坯中性区的位置，所以适应于生产可转位刀片等一些精度要求较高的产品。

8.2.4 精密自动模压成型设备

硬质合金生产用于精密压制的设备有机械式、液压式和电动式三个类型。机械式压机属于刚性压制，定位精度高，一直为精密压制的首选设备，最具代表性的是德国 DORST 公司生产的 TPA 压机，世界上大多硬质合金生产厂家都在用 TPA 压机压制生产高精度产品。但随着密封技术的发展，长期困扰液压机因泄漏而造成压力不稳的问题得到根本改善，新一代的液压设备定位精度可达到 0.01mm 甚至更高。液压式压机各运动部件的智能控制，可实现机械式压机无法实现的差动压制、仿形填粉等功能，其柔性压制的特点受到广大硬质合金厂家的青睐。由于液压式压机对油液的清洁度、环境温度以及维保技术要求较高等因素，虽然机器性能好、成型产品精度高，但在应用方面还是受到一定的制约。值得可喜的是直驱电动式压机由此应运而生，这种智能化的数控压机比起液压机竟然毫不逊色，机械结构简单、定位精度高、稳定可靠可控、柔性化成型功能应用、闭环控制、节能、CNC 编程、成型数据自动运算、远程服务、数据管理等应有尽有；不仅如此，还克服了液压机目前存在的若干缺陷，已引起广大硬质合金生产厂家的关注，很有可能成为今后精密压制的首选设备。

8.2.4.1 TPA 压力机（国产）

TPA 系列压机的主要特点：（1）结构紧凑、密封性好；（2）模具为刚性定位，精度高；（3）采用可装卸模架结构，且高精度模架可保证压制精度；（4）具有顶压功能可实现分步双向压制，调整压坯中性区位置；（5）可施加预载保护脱模，有效控制压坯脱出裂纹。另外，还可通过附属装置实现机械手称单重、刷毛刺和装盘等其他辅助功能（见图 8-8）。

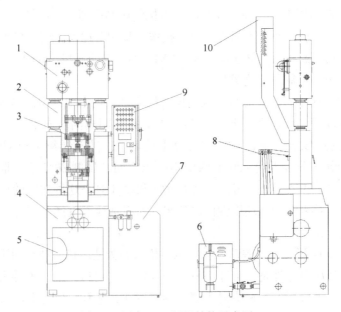

图 8-8　国产 TPA 压机结构示意图

1—上横梁；2—立柱；3—模架；4—主床身；5—主传动装置；

6—液压站；7—电机和离合器；8—送料机构；9—电控箱；10—料斗

（不同型号或不同厂家的压机，其液压系统有的为外置，有的为内置）

TPA 压机的主要型号和技术参数如表 8-1 所示。

表 8-1　TPA 压机的主要型号和技术参数

型号 项目	单位	TPA6/2	TPA15/4	TPA50/4	TPA70
压制力（最大）	kN	60	150	500	700
脱模力（最大）	kN	40	100	400	400
压制位置支撑力	kN	40	100	400	400
填料高度（最大）	mm	55	65	185	90
脱模行程（最大）	mm	30	35	90	50
压制行程	mm	25	30	95	40
顶压行程（最大）	mm	5	6	18	18
驱动电机	kW	3	6	15	15
压制速率	min^{-1}	15~70	12~50	6~30	6~30
上冲头预载行程（最大）	mm	25	40	115	90
上冲头预载力（最大）	kN	1.17	4.4	8.2	11.3
总高×总宽×总深	mm×mm×mm	2300×1400×800	2600×1600×1000	3330×2000×1700	3275×2000×1700
总　重	kg	2000	2700	4800	6180

8.2.4.2　日本玉川型压力机

日本玉川型压力机的基本功能和设备精度与 TPA 压力机相当，具有以下特点：

（1）机身为整体式钢板焊接机架，具有良好的刚性和刚性保持性；（2）上台面的驱动机构为曲臂机构，其产生的加压曲线有加压时间长，粉末压缩时排气性好的特点；（3）主机为纯机械式，不带液压系统，故障率更低，润滑系统采用定时定点集中式供油，使维修、保养、故障排除非常方便（见图8-9）。

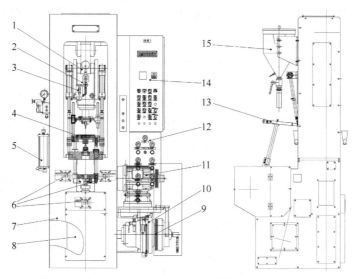

图 8-9　日本玉川型压力机结构示意图

1—双臂曲柄轴机构；2—上滑块；3—油泵；4—模架；5—气动润滑泵；6—调节手柄；7—整体框架式机身；
8—主传动装置；9—离合器；10—减速机；11—电机；12—气控箱；13—送料机构；14—电控箱；15—料斗

8.2.4.3　DORST 公司生产的 TPA 系列压机

德国 DORST 公司生产的 TPA 系列压机，自 20 世纪 70 年代以来，就一直是精密压制的首选设备，TPA 系列压机在结构上、功能上都具有自己突出的特点。

A　基本结构

TPA 系列压机的基本结构可分为：传动部分（主电机、皮带轮、离合器、变速机、偏心齿轮、传动轴、曲柄连杆、大拉杆）、上横梁部分（上 T 型杆、位置调节机构、预载气动装置）、压制机构部分（压制横梁、控制横梁、支撑凸轮、顶压机构、下 T 型杆）、下拉机构部分（下拉横梁、下拉凸轮）、复位机构部分（复位油缸）、送料机构部分（四连杆、进给凸轮）、控制部分（PQC3、角度编码器、配电箱）、可装卸的模架和机身等九大部分（见图8-10）。另外可根据用户要求配置机械手等其他功能附件。

B　基本特点

（1）结构上的特点：

TPA 系列压机结构上的主要特点：1）主机为机械式底传动结构，重心低传动平稳，其结构紧凑、密封性好；2）传动以机械为主并辅以液压和气动来完成各项功能动作；3）采用可装卸模架结构，便于模具的装卸；4）其附属装置松散，调整较困难，并且需要良好的工作环境和维护保养。

（2）功能上的特点：

TPA 系列压机功能上的主要特点：1）刚性定位，模具定位精度高，下 T 型的跳动量

（在压制结束，脱模开始之前下 T 运动亦称下 T 反弹）一般在 0.05mm 左右；2）具有顶压功能可实现分步双向压制，调整压坯中性区位置，改善压坯密度分布；3）高精度的模架保证压制精度，可实现精密产品的压制，毛坯的尺寸精度可控制在 ±0.05mm 之内；4）可施加预载的下拉式脱模，有效地避免压坯脱出裂纹；5）具有压力、单重的控制和监测功能，保证压制质量处于受控状态；6）可通过附属装置实现机械手拣压坯等其他辅助功能。

8.2.4.4　CA-NC250 自动液压机

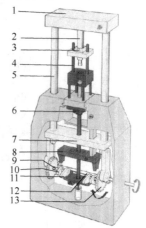

图 8-10　DORST 公司 TPA 压机结构示意图

1—上横梁；2—上压杆；3—上 T 型键；
4—模架；5—大拉杆；6—下 T 型键；
7—压制横梁；8—控制横梁；9—主轴；
10—支撑凸轮；11—下拉凸轮；
12—中心轴；13—带偏心轮的齿轮

CA-NC250 自动液压机是瑞士 OSTERWALDER（奥斯瓦尔德）公司生产的新一代的液压设备，定位精度可达到 0.01mm。CA-NC250 自动液压机的上冲头、阴模、送料舟及活动芯杆分别由各自的液压系统驱动，其运行速度、运行距离及停留时间均可通过 CNC 编程随意调节。这样就可以实现多种压制方式（差动式双向压制、等双向压制等）、多种脱模方式（下拉式脱模、顶出式脱模等）及多种装料方式（吸入式料、振动装料等），以满足不同的压制工艺要求。

A　基本结构

CA-NC250 自动液压机的基本结构可分为：上冲头驱动部分、阴模驱动部分、送料舟驱动部分、CNC 控制部分、线性机械手、可装卸的模架和机身等几大部分。

CA-NC250 自动液压机的主要特点：（1）液压驱动结构，传动平稳、结构紧凑、密封性好；（2）各项功能动作均可独自进行；（3）采用可装卸模架结构，便于模具的装卸；（4）调整较困难，并且需要良好的工作环境和维护保养。

B　主要功能及其特点

（1）可实现差动式双向压制。CA-NC250 自动液压机各工作轴的运行速度、运行距离及停留时间均可随机编程，整个压制过程都可以按工艺要求进行调整，具有很大的灵活性。压制中，通过对上冲头与阴模运行速度比的调整，可实现差动式双向压制，任意调节压坯中性区的位置，以保证压制密度按工艺要求均匀分布。

（2）可实现分段卸压脱模。通过对液压式上冲头的"压力保持"装置，脱模过程的卸压可分阶段完成，有效地降低压坯弹性后效作用，防止压坯出现脱模裂纹。

（3）可实现多种装料方式。通过编程，阴模与送料舟可进行联动，从而实现重力装料、吸入式装料、欠装料、过装料、振动装料、仿形装料、组合式装料（即以上多种装料方式组合使用）等，确保装料的充分和均匀。

（4）可实现过程统计质量控制。CA-NC250 自动液压机可按设定的压制压力，检测上冲头的压制位置；也可按设定的压制位置，监测压制压力；还可按设定的压制位置，监测压坯重量。控制系统根据压制压力、压坯单重、压制位置及各参数的变化趋势自动校准装料高度，从而保证压坯质量稳定。屏幕可显示最后压制的 100 个压坯的测量参数值，可直接查看当前压坯的质量状况。同时还可通过对压制压力大小及曲线模式进行跟踪，实现对模具的适时监测，保护模具不因意外而造成损坏。

（5）可实现设备故障的远程诊断。CA-NC250 自动液压机配置了一个数据 MODEM 调制解调器，可实现对设备故障的远程诊断。

8.2.4.5　EP15 电动压力机

德国 DORST 公司生产的 EP15（EP30）CNC 压机是最新设计的伺服马达直驱的成型设备，压机用于硬质合金以及其他粉体材料的成型。压机在动态性能，灵活性以及经济性上都开创了一个新的水准。

A　基本结构

（1）技术描述。图 8-11 为 EP15 CNC 电动压力机结构和外观图。压机的结构可分为：上横梁传动部分（伺服马达、行星减速器、高强度精密丝杆），上横梁部分（上 T 型块、高精度线性导向系统、气动预载装置），阴模传动机构（伺服马达、减速器、高强度精密丝杆），填料机构（伺服马达、减速器、推料连杆），芯杆机构（伺服马达、皮带轮、丝杆），控制部分（PC 控制系统由 DVS 可视化系统和 DCS 机器控制、配电柜）。

压机有伺服马达驱动的 3 个闭环控制的运动轴：上压力轴，阴模驱动轴（下轴），填料器驱动轴。其中上压力轴也可以对压力作闭环控制。

压机的运行控制由 2 台 PC 完成，其中 DCS 用于运动轴的闭环控制，DVS 可视化系统用于可视化监控。

压机的控制面板装在悬挂臂上，工艺程序的设置通过 IPG 智能程序生成器来完成。

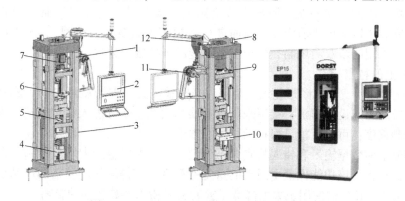

图 8-11　EP15 CNC 电动压力机结构和外观图

1—机架；2—控制面板；3—启动开关柜；4—阴模驱动装置；5—芯杆；6—填料靴；
7—上冲头驱动装置；8—力测量系统；9—气动预载装置；10—芯杆驱动；11—推料电机；12—料斗

（2）填料器。填料器由料斗和支架、粉料水平监测、输料软管、单管填料靴、料靴更换装置等组成。填料器的驱动已经集成在压机中，填料靴在阴模平台上有带压力控制阀的气动压紧，通过调整压力，可将接触磨损降到最低。

换粉料的时候，填料靴退回到所谓的停止位上，然后可以跟下面的盖板一起拿走，防止粉尘渗出。

料斗是不锈钢材质，有一个监测粉料水平的传感器。在换粉料时，料斗可方便地取下。通过以上设计，供料系统可以整体更换。

（3）模具装载。高精度快装夹具，压机可以跟瑞典 3R 快装夹具配套使用，包括装载上冲模和下冲模的底座（气动锁紧）以及固定阴模的 2 个定位轴，标准阴模台和填料平板。模具装载器为在不使用模架时的阴模台装载元件。

（4）调节手轮。调节手轮由手持控制器、机械和电子元件、软件组成。主压力轴（上压力轴、阴模、芯杆）可以用手轮调节。在模具更换和设置模式下，可以精确地调整位置，单步调节单位为 0.005 到 0.1mm。在单次压制模式下，可操作压机步进式的前进和后退。

（5）跟机械手配套的安全装置。压机的安全装置符合欧盟 EU 指令。压机前面有气动提升的 2 扇窗，左边是铰链门，保护填料区域。压机后方的安全护栏属于机械手配备范围。安全装置配有安全开关。

（6）半自动油脂润滑系统。半自动油脂润滑系统由马达、泵、油脂换向器、传感器等组成。操作员按照屏幕提示将上运动轴和下运动轴归位到润滑位置，然后启动润滑过程。

（7）六轴侧向压制成型装置。侧向压制成型装置包括一个特殊的阴模台，带 6 个驱动单元，为生产带侧向槽位的产品。电气控制元件和控制系统软件已经集成在内；各个加压轴可以在水平面上进行偏心调节；客户的阴模夹紧采用楔形装置，横向杆用 T 形槽进行固定。

（8）拣料装置。拣料装置由 1 个径向运动的手臂和 3 个拣料抓手（真空吸头式 1 个，膨胀头 1 个，夹持式 1 个）组成，用于将压坯拣出来并放在步进式驱动的压坯传送带上。

B　基本特点

a　结构上的特点

压机为电动控制，各个机构能独立和组合运动，四立柱设计，填料装置安排在压机的侧面，也可以置于压机的前面或后面。压机连接上 T 形块和下 T 形块的运动轴横梁嵌入在立柱上的高精度线性导向系统，脱模方式为阴模下浮脱模，这样可以兼容现有的标准模架。模架的安装可以从压机前面或者后面进行（模架夹紧装置为选项），压机也支持高精度快装夹具。采用同步双向压制，带预加载功能的下拉脱模方式。

b　功能上的特点

IPG 智能程序生成器，图形化设置环境，只需输入几个参数就可自动生成完整的压制程序，在极短的时间设置压机，接下来压机只要几次试压就可进入正常生产。也可以用户自行设置压制程序；可设置模具保护的相关极限值。

图形化显示使数据输入和错误检查非常便利。IPG 支持生产中质量控制，在连续生产中可实现自我纠正。该功能保证了最大的重复性精度，使得形状较复杂的产品也达到很高的稳定性。另外，IPG 的使用也大大降低了换粉料时粉末参数变动的影响。

主运动轴的位移测量系统的分辨率（运动误差）$<1\mu m$；测量上冲模的压力，整个压力曲线可以设控制公差；压力和位置的实际值和控制线可以曲线显示和数值显示，压制程序可以细化到 24 步之多。这样，模具保护安全度高，进行质量过程控制时可防止出错。

实际值图形化可以实时显示 8 个参数的曲线，所有的压制参数如位置，压力，设定值和实际值都可以在对话菜单中选定，自动记录前 5 个周期的数据。这样，压制过程信息透明度高，压制过程精确分析和优化，故障分析快速。

自动调整填料高度有三种模式：测量上冲模压力，产品单重，外部信号；模具信息存储在硬盘上或网络上。

100Mbit 高速传输以太网接口，用于可视化，用户终端和企业网接入，压机之间互联和集中操控，可以实现模具程序管理、远程诊断、数据下载、远程控制和显示、软件升级等。

8.2.4.6　电动压机与机械压力机和液压机的比较

A　机械压力机

（1）机械压力机的驱动是由电机提供动力，经过一系列的凸轮、连杆传动，带动模架完成整个压制过程。

（2）压制周期是通过凸轮旋转的角度进行控制的。

（3）机械压机在运动中的每一个步骤是无法单独进行编程、设置和控制的。没有数值化控制系统，不能实现自动化控制，各轴的运动无法实现单独编程和运动。

（4）机械压力机无记忆功能，每次更换产品型号，都需要重新调整所有的参数。

（5）机械压力机在生产过程中无法对各轴的位置、速度和停留时间进行监控，只能监控主凸轮的旋转角度。

（6）机械压力机重复定位精度小于0.02mm，其精度会随着各个传动部件的磨损而降低。

B　液压驱动压机

（1）压机由液压驱动提供动力，同时实现精确的位置控制；

（2）压机运行一个压制周期的各个步骤，速度和时间都可以单独编程和设置，可以实现压制速度的调节。

（3）液压机为全自动化电脑参数控制，能够实现各轴的单独编程和运动。

（4）液压机有强大的记忆功能，能够储存不同型号产品的程序，在更换模具时，可以调动相应程序，修改其中少数的几个参数就能够调整出合格产品。

（5）液压机可以在整个压制周期中对各轴的位置，速度和停留时间进行监控；

（6）液压机重复定位精度小于0.01mm，其各部分几乎不会磨损，精度也就几乎不会发生变化；

（7）液压机可以实现横向成孔，如火车轮毂车刀片压坯见图8-12；最大冲程数30次/min。

C　电动压机

电动压机与液压机比较具有以下优点：

（1）电动压机为电机直驱提供动力，同时自动化控制达到甚至超过液压驱动压机水平；

（2）电动压机比液压机的压制速度快，最大冲程数45次/min。

图8-12　横向
成孔压坯

（3）电动压机使用3R定位系统，定位精度能够达到0.002mm，其各部分几乎不会磨损，精度也就几乎不会发生变化；

（4）电动压机可以实现横向六轴压制，见图8-13；可以压制复杂形状的刀片，见图8-14。

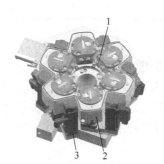

图8-13　电动压机六轴托盘

1—装夹装置；2—模体托盘；3—马达

图8-14　多个侧面断削槽压坯

8.2.4.7　模架

模架由模具、模具支座及连接件组成。
其作用是使阴模、模冲与芯棒分别保持在更精确的相关位置，提高压坯各部位密度的均匀性，从而得到形位公差更小和尺寸精度更高的合金产品。根据所压制品形状的复杂程度，模架可以分为 A 型、B 型、C 型。A 型模架（见图 8-15）简称上一下一模架，可连接一个上冲和一个下冲，可以压制不带台阶的产品（小的台阶可以做在凹模或芯棒上）；B 型模架简称上一下二的模架，可连接一个上冲和两个下冲，在模架的下连接板与凹模座之间添加了一块浮动板用于安装第二下冲（浮动冲），可压制带一个台阶的产品；C 型模架简称上二下三模架，在其连接板上可安装两个上冲，即一个固定上冲，一个浮动上冲，在模架的下连接板与凹模座之间添加了两块浮动板用于安装第二和第三下冲，可压制带多个台阶的产品。硬质合金粉末压制常用的是 A 型模架，B 型和 C 型模架近年来也得到了越来越多的应用。

硬质合金粉末压制常用模架的精度见表 8-2。

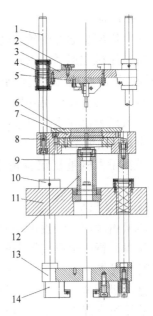

图 8-15　模架示意图

1—上导柱；2—上联结块；3—上模板；
4—上导套；5—上冲安装座；6—工作面板；
7—凹模压圈；8—凹模；9—下导柱；
10—下导套；11—下冲板；12—下冲安装座；
13—下联结板；14—下联结块

表 8-2　硬质合金粉末压制常用模架的精度

序　号	检　测　项　目	允差/mm
1	上导柱对阴模安装平面的垂直度	0.015
2	下导柱对模架安装平面的垂直度	0.015
3	上冲头安装面对模架安装平面的平行度	0.02
4	下冲头安装面对模架安装平面的平行度	0.02
5	阴模安装平面对模架安装平面的平行度	0.02
6	上冲头安装面的平面度	0.01

8.2.4.8　快速模具装夹系统

世界领先的瑞典 System 3R 公司是模具制造和精密机床加工业的柔性生产系统制造商，System 3R 系统的概念是在所有机床上建立统一工件电极基准系统，使每个工件或电极在每道工序的机床上实现"一分钟换装"，并且达到微米级的定位精度。硬质合金压制 3R 模具由上、下冲头固定定位块和两个模套定位销组成，其特点：(1) 装夹速度快；(2) 定位精度高，达 0.001mm。

8.2.5　脱模方式分类及其特点

模压成型的常用脱模方式有顶出脱模、下拉脱模和下拉预载保护脱模三种方式。

（1）顶出脱模方式及其特点。顶出脱模方式是压坯脱出时，阴模不动，靠下冲头的向上运动将压坯顶出阴模的脱模方式；杠杆式自动压机、苏式凸轮式自动压机等老压机都是这种方式。

这种脱模方式由于下冲头的向上运动大多都是靠杠杆作用产生的，加上下冲头的导向面长度很短，压坯的顶出很难做到垂直上升，整个过程也不会太平稳，所以压坯易产生脱出裂纹。

（2）下拉脱模方式及其特点。

下拉脱模方式脱模时，下冲头和压坯不动，阴模继续向下运动到阴模上平面与下冲上平面相平时而使压坯脱出；如 TPA 自动压机。由于下冲头和压坯保持不动，只是阴模对其作相对垂直下拉运动，压坯脱出比较平稳，所以压坯不易产生脱出裂纹。

（3）下拉预载保护脱模方式及其特点。下拉预载保护脱模方式是压坯在下拉脱模过程中，上冲头仍以一定的压力压在压坯上，直至到压坯脱出阴模后，上冲头才迅速离开压坯的脱模方式，这种脱模方式大多都是在下拉脱模的基础上增加了预载保护脱模的功能；如 TPA 自动压机。

预载保护脱模能较好地克服压坯的弹性后效，有效地防止因弹性后效作用而产生的脱出裂纹。

8.2.6 单向和双向压制方式的比较

（1）单向压制方式及其特点。单向压制是从一个方向对粉末体施加压力使之成型的压制方式；由于加压方向的不同又可分为底压和顶压两种方式。

单向压制由于压制设备和模具都比较简单，所以操作比较容易。但其压制的产品密度分布不均匀，密度差大；烧结后，容易造成产品刀尖等局部位置的密度不好、产品锥度和弯曲变形大，只能生产一些质量和精度要求不高的产品。

（2）双向压制方式及其特点。双向压制是从两个相反方向对粉末体施加压力使之成型的压制方式；由于加压时间的不同又可分为同步双向、分步双向和差动式双向三种方式。

双向压制的压制设备和模具比较复杂，操作和维护都需要较高的技术水平。但其压制的产品密度分布比较均匀，密度差小，中性区可调节控制；烧结后，刀尖等部位的密度能得到保证、产品的锥度和弯曲变形小，适于质量和精度要求比较高的产品生产。

8.3 精密自动模压成型过程

8.3.1 精密自动模压成型基本概念

8.3.1.1 精密模压成型中几个位置

普通模压成型对整个压制过程的几个位置没有明确的划分。引进 DORST 的 TPA 压机后，按压制过程以阴模所处不同位置，给压制位置、脱模位置、装料位置等以明确定义；并且有压坯密度分布状况中性区的概念。

（1）压制位置。压制位置是指上冲头与阴模向下运动到压制最低点时阴模所处的位置，即压坯成型位置。按一个压制冲程 360°划分，压制位置处在 180°压机下死点位置。

（2）脱模位置。脱模位置是指阴模到达压制位置后，上冲头开始回升，阴模继续向下运动到其上平面与下冲头上平面处在同一平面时所处的位置，即压坯脱出位置。脱出位置一般在 240°~280° 范围内。

（3）装料位置。装料位置是指压坯脱出后，上冲头与阴模回升复位到最高位置时阴模所处的位置，即原料填充位置。装料位置通常处在 0° 压机上死点位置。

（4）中性区。中性区是指压坯密度分布相对最差的区域。单向压制的中性区在压坯的上面或下面的区域，双向压制的中性区在压坯的中间区域。

8.3.1.2　几个"时间"概念

（1）中间停留时间。中间停留时间是指压制完成后，阴模不能马上进入下拉，需要一个动作转换的时间，即为中间停留时间。这个时间是由机械来实现的，而且是随下拉行程的改变而改变，下拉行程缩短，停留时间加长，只有 TPA20/3 压机在设计上将其设置为一定值（25° 范围）。

（2）下拉停留时间。下拉停留时间是指下拉完成后，阴模不能马上返回到装料位置，需要一段时间让压坯拣出，即为下拉停留时间。这个时间是由机械来实现的，而且是不变的。各种规格的 TPA 压机其下拉停留时间各不相同，TPA6 压机在 15° 范围、TPA15/3 压机在 20° 范围、TPA50/2 压机在 5° 范围，只有 TPA20/3 压机在设计上没有考虑设置这一时间。

（3）保压时间。保压时间是指根据压坯质量要求，在压制位置上自行设定的工艺延时时间，即为保压时间。它是由时间继电器控制离合器来实现的，保压时间是可调可变的。

8.3.1.3　几个主要运动及传动原理

（1）上冲头运动。上冲头运动是压机的主传动运动。它的传动路线为：主电机→皮带轮→气动离合器→蜗轮变速机→传动轴→小齿轮→带偏心轮的大齿轮→曲柄连杆→大拉杆（作垂直运动）→上横梁→上 T 型杆→上冲头的冲程运动。

（2）阴模运动。阴模运动包括压制运动、下拉运动、复位运动。其运动原理分别为：

1）压制运动：由于曲柄连杆与大拉杆的连接销是由压制横梁的两端圆柱取代，所以曲柄连杆的运动也就带动了压制横梁的运动；中心轴与压制横梁是滑动配合而与控制横梁是紧配合，上冲头下行直至进入阴模孔（封口）的这段行程中压制横梁是沿中心轴滑动下行，只有压制横梁下行到压迫控制横梁时才带动中心轴一起下行；中心轴上端 T 型键与模架的下离合板的 T 型槽连接，下离合板通过四根导向杆与模板（阴模）相连，所以中心轴的下行带动阴模的下行；由于运动都是由曲柄连杆的运动带动的，所以此时上冲头与阴模的运动都是同步对下冲头作相对运动并进入到压制位置，使粉末体压制成型。

2）下拉运动：进入压制位置时，控制横梁的两个半月形滑块坐落在支承凸轮上，使阴模被支承定位；压制完成后，支承凸轮由大半径转到小半径，空出位置使阴模可以继续下行；这时上冲头开始回升，而主齿轮上的下拉凸轮却压迫下拉横梁上半月形滑块使之下行，下拉横梁与中心轴也是紧配合，所以带动阴模继续下行到脱模位置，使压坯脱出。

3）复位运动：压坯脱出后，在复位油缸（TPA50/3、TPA20/3）、气缸（TPA15/3）活塞或复位弹簧的作用下，使中心轴带动阴模迅速回升，复位到装料位置。

（3）顶压运动。顶压运动是在压制过程中，压制横梁内的蝶形弹簧或顶出装置强迫控制横梁提前到达支承凸轮上，使阴模支承定位；此时，上冲头并未到达下死点，所以继续下行一个距离（即顶压行程），上冲头这个运动是从上往下对阴模做相对运动，所以完成对压坯的最后压制（顶压）。

（4）其他运动。送料舟的运动是驱动副轴带动进给凸轮使四连杆驱动送料舟前后运动；预载保护脱模运动是上 T 型压杆内双向气缸（TPA6 压机是弹簧）的作用而形成的。其他辅助运动大都是通过相应的辅助装置来完成的。

8.3.2　精密模压成型工艺

硬质合金普通压制生产工艺比较简单，只是通过试压确定某一型号的压制单重和压制尺寸，并以此作为生产工艺参数贯彻始终。压制生产中对设备、模具、混合料等都没有明确要求，所以只能生产一些压制精度要求不高的中低档产品。而进行精密压制，不但要有好的硬件，还要有好的软件，具体来说就是要有：高精度的压机（类似 TPA 压机）、高精度的模具（微米级、合金化模具）、高性能的混合料（流动性、松装密度等好的压制性能）、精确的压制工艺参数（PM、PH、OB、L 等参数）等基本条件，才能较好地进行精密压制。

精密模压工艺包括：压制周期和压制工艺参数及其计算、混合料选择标准、压模选择标准、舟皿选择标准、压制品质量标准、返回料的处理等内容。

压制工艺参数的计算包括线收缩系数 K、压坯单重、压坯高度、三大行程值和压制位置值的确定。线收缩系数 K、压坯单重、压坯高度在本章第一节已经介绍过。

8.3.2.1　压制周期和工艺参数在压制过程中的描述

工艺参数在压制过程中描述示意图见图 8-16。

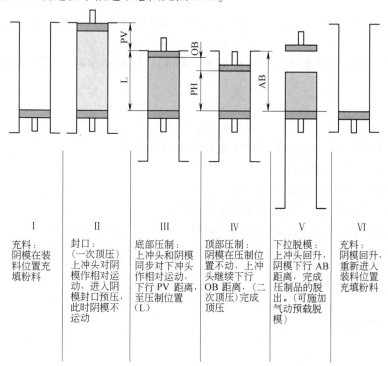

图 8-16　工艺参数在压制过程中的描述示意图

压制周期描述为：上冲头下行进入阴模孔（封口、预压排气）→ 上冲头与阴模同步下行（底压）→ 阴模提前进入压制位置被支撑 → 上冲头继续下行至下死点（顶压）→ 上冲头回升，阴模继续下拉至脱模位置（脱出）→ 阴模迅速回升到装料位置（充填）→ 进入下一个压制周期（见图 8-17）。

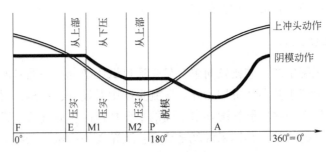

图 8-17 压制周期曲线图

8.3.2.2 三大行程值和压制位置值

三大行程值是指顶压行程、压制行程、下拉行程，分别用"OB"、"PV"和"AB"表示。压制位置值是指压坯压制成型时，阴模平面到下冲头平面的深度值，用"L"表示。

顶压行程（OB）：计算如式（8-7）与式（8-8）：

负刀片：
$$OB = 0.10 \times H_p \tag{8-7}$$

正刀片：
$$OB = L - H_p - 1.5 \tag{8-8}$$

压制行程（PV）：计算如式（8-9）；为压制调整的参考值。

$$PV \approx 0.5 \times H_p \tag{8-9}$$

下拉行程（AB）：计算如式（8-10）；为压制调整的参考值，最终以压坯推出来定。

$$AB = L + (0 \sim 0.3) \tag{8-10}$$

压制位置（L）：计算如式（8-11）与式（8-12）；压制调整时，以模具装配图提供的 L 值为准。

负刀片：
$$L = 1.5 \times H_p \tag{8-11}$$

正刀片：
$$L = 1.70 \times H_p \tag{8-12}$$

为了实现精密压制，必须满足 TPA 系列压机基本要求：

（1）要使用高精度的模具；

（2）要使用压制性能良好的混合料；

（3）要有完整的压制工艺和精确的压制参数；

（4）要有技术水平和文化素质较高的调整、操作、维修人员；

（5）良好的工作环境和维护保养（温度夏天最高 30℃、冬天最低 20℃，每天润滑等）。

8.4 压模设计和选择

8.4.1 压模质量要求

8.4.1.1 压模选择标准

精密压制要求模具具有高精度，而且全合金化，即模体、冲头和芯杆均用硬质合金制造，一般模体采用含钴 11% 左右的钨钴牌号合金，冲头采用含钴 15% 左右的钨钴牌号合金。模具的收缩率根据产品的类形制定，一般为 17%～19%；精密压制新型号模具和新制作的模具须经试压确定该套模具的压制工艺参数后，方可投入生产。

8.4.1.2 精密模具公差标准

（1）尺寸公差标准。精密模具尺寸公差主要包括：各种加工尺寸、刃带边宽、配合间隙等项内容。

（2）形位公差标准。精密模具形位公差主要有：平行度、垂直度、同心度、粗糙度、角精确度、孔位置度和跳动度等项内容。

模具精度的基本要求为：

几何形状：符合图纸要求；

配合间隙：单边间隙<15μm；

平行度：//2μm；

垂直度：⊥2μm；

粗糙度：0.08μm（镜面光洁度▽12）；

同心度：⊙2μm；

刃带边宽：±2μm。

8.4.1.3 槽形的加工及设备

精密模具的槽形加工有两种工艺方法：一是用印花模压出铜电极，一是计算机编出槽形程序输入到高精度数控铣床直接铣出电极，再通过电脉冲机床加工出上下冲头的槽形。

精密模具制作使用的加工设备和检验设备都要求比较高，特别是精加工部分用的线切割机床、电脉冲机床、坐标磨床、内外圆磨床等设备都是微米级精度的数控机床。检验设备除常规的工具显微镜、投影测量仪、轮廓测量仪外，还有三维坐标测量仪等高级检测设备。这些高精度的加工和检验设备，为制作高精度的模具提供了硬件保证。

8.4.2 精密模具压制工艺的设计原则

精密模具设计制造中，从压制工艺角度考虑的设计原则主要有：线收缩率、产品压制方向、上冲头插入深度、压制位置值等内容。

8.4.2.1 收缩系数及其确定原则

硬质合金压制生产中，精密压制的线收缩率一般为 17%～19%。设计模具时，收缩系数取决于下列因素：

（1）压块尺寸。大压块的收缩系数要大些；产品尺寸小，则收缩系数小。以毛坯任意的最大线尺寸为准，大于 1/2″（12.70mm）的毛坯模具选择 18% 的收缩率；小于 1/2″（12.70mm）的选择 17% 的收缩率。

（2）成型剂的种类。采用 PEG 和石蜡成型剂的收缩较大，采用橡胶成型剂的较小。

（3）确定烧结收缩系数：在保证不出现分层裂纹的条件下，采用尽可能小的烧结收缩系数。

（4）压块的形状：形状复杂的压块由于附加应力增加，因而层裂倾向增大；或者由于压力传递不均造成个别部位密度过小。为避免出现这类问题，只好采用较大的收缩系数。

避免锐角部位粉末填充率过小，尖角处以圆弧 R 过渡。

（5）粉末的粒度：粉末粒度越细，收缩系数越大。

（6）混合料的成分：主要用于生产金属陶瓷牌号和超细晶粒牌号的模具也可考虑采用较大的收缩率。

（7）被压粉料的流动性：流动性差的收缩系数大些。

（8）长度尺寸与宽度尺寸比很大的毛坯，其长度尺寸的收缩率一般可比宽度尺寸的收缩率大 0.5 %。内径的收缩率一般也可比外径的收缩率大 0.5%。

（9）考虑压坯的弹性后效，避免脱模时产生裂纹，一般在阴模中带脱模梢；便于模具加工、装配和维修。

上面提供了收缩系数计算的理论经验，但实际情况十分复杂，不同牌号、型号的产品烧结后的尺寸与理论计算值之间存在不同的偏差。为了矫正这种偏差，我们引入了修正值的概念。竖直方向修正值为负值，水平方向修正值为正值。计算如式（8-13）。

$$\delta = (L/K) - L_s \tag{8-13}$$

式中，δ 为修正值，mm；L 为压坯尺寸，mm；K 为压坯收缩系数；L_s 为合金尺寸，mm。

随着钴含量的增加，修正值的绝对值变大，如 YG6 的修正值的绝对值接近零，而 YG20、YG20C 的修正值则较大（烧结品尺寸为 200mm 的产品，修正值可达 3~4mm）。同样，随着产品尺寸的增大，修正值的绝对值将增大。

另外一种不以修正值来计算理论值与实际值之间偏差的方法是水平方向与竖直方向分别计算收缩系数，如：压制 YG20（123mm×123mm×62.5mm）压坯，如果水平方向收缩系数为 1.23，那么竖直方向收缩系数为 1.25 左右，其烧结后的成品尺寸为 100mm×100mm×50mm。

8.4.2.2　产品压制方向的确定

产品压制方向确定的基本原则是：通常选择产品的最大截面作为加压方向，还要易于脱模；尽可能地将压制方向设计为直孔模压制。这不但减小阴模制作难度，更重要的是有利于压制调整操作和改善压坯密度的分布。比如：切断刀将阴模模面设计成一个 28°的斜面，使模孔仍为直孔，以便于该类刀片的压制生产。由于双向压制压坯的轴向尺寸与径向尺寸之比可由原来的 3∶1 扩大到 6∶1 左右，所以一些带后角的刀片可以改为立压来实现直孔模压制。特别是类似 K 形焊接刀片的某些型号系列，两个方向尺寸不变，改为立压后，一套模具可以生产多个规格的产品。

8.4.2.3　上冲头插入深度

模具设计中，负刀片的上冲头插入深度通常是按压制高度尺寸的 50%考虑的。正刀片上冲头插入深度是根据其压制高度尺寸和收缩率来决定的：一般线收缩率 17 %，其上冲头插入深度取压制高度尺寸的 70 %；收缩率 18 %，其上冲头插入深度取压制高度尺寸的 65 %；收缩率 19 %，其上冲头插入深度取压制高度尺寸的 60 %。同时在模具后角面，还应考虑 0.15mm 余量，在调整 L 位置和毛刺时，以便于上冲头的调节。

8.4.2.4　压制位置

模具设计中，负刀片的压制位置值通常是按压制高度尺寸的 1.5 倍考虑。正刀片的压制位置值是根据其压制高度尺寸和收缩率来决定的：一般线收缩率 17%，其压制位置值取压制高度尺寸的 1.7 倍；线收缩率 18%，取压制高度尺寸的 1.65 倍，线收缩率 19%，其压制位置值取压制高度尺寸的 1.6 倍。

8.4.2.5 阴模及芯杆尺寸的计算

（1）阴模形腔尺寸计算：按照产品的公称尺寸乘以收缩系数。

（2）对于自动压机的压模还要确定阴模的压制位置。有两种方法：

1）比值法：按公式计算：

$$L = ((F + 1) \times H_p)/2$$

式中，F 表示压缩比；H_p 表示产品的压制高度。对于不带后角的产品和大多数后角不大的产品都适用，例如球齿、拉丝模、冷墩模、刀片、游动芯头等。

2）经验法或者类比法：用于挖路齿、截煤齿等复杂形状产品的压制位置计算。

（3）阴模高度的计算，对于 TPA 压模一般按公式计算：$L = F \times H_p + 10$，对于手压模一般按公式：

$$H = F \times H_p + 底垫高度$$

式中，F 表示压制料的松装比；H_p 表示产品的压制高度。

（4）芯杆尺寸的计算。按照产品孔径的公称尺寸乘以收缩系数。

8.4.2.6 设计步骤

（1）根据产品图和产量的大小选择自动压制或者手工压制，以及所用压机的吨位。

（2）根据产品牌号确定烧结收缩系数。

（3）确定加压方向。

（4）选择标准模具结构。

（5）计算阴模尺寸和芯杆尺寸。

（6）根据模具间隙确定冲头和顶出器的外形和内孔尺寸，根据脱模要求确定顶出器高度。TPA 模具一般要求顶出器伸出模体外 15mm。

（7）绘制模具图纸。

（8）模具图纸校对和工艺审查。

8.4.3 精密模具的基本组成

精密模具主要由模体（阴模）、上冲头、下冲头（顶出器）和芯杆等组成，其组件的基本形状和尺寸见图 8-18。

8.4.3.1 模体

应用在 TPA15 和 TPA50 压机上的模体直径大小有：ϕ65mm×75mm、ϕ80mm×89mm、ϕ125mm×140mm 三种规格尺寸，其标准装卡高度分别为 40mm、40mm、70mm。模体有整体合金和镶套合金两种结构，采用钨钴牌号合金制作的整体合金模，合金牌号为 YG11、YG15；钢套材料 T10，淬火后硬度 40~45HRC。采用整体硬质合金模具，一是为了保证模面不受送料舟的磨损和不漏料，二是为了保证上冲头进入模孔深度的一致（这一点对正刀片模具更为重要）。由于有正、负刀片之分，所以模孔形状也有沉孔模和直孔模之分。

8.4.3.2 上冲头

常用上冲头的装卡尺寸为 ϕ20mm×90mm，钢柄上镶焊含钴 15% 左右的钨钴牌号合金

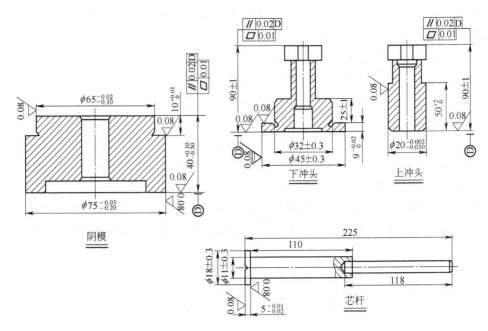

图 8-18 精密模具基本组件图

块；钢柄材料 9Mn2V，淬火硬度 54~58HRC。合金冲头的导向面长度不小于 15mm，要求导向面长度大是为了保证上冲头下压的垂直与平稳。压制沉孔刀片的上冲头还要装配好压沉孔的内冲头。有 3R 柄和压盖式两种夹持方式。

8.4.3.3　下冲头（顶出器）

常用下冲头的装卡尺寸为 ϕ45mm×90mm，钢柄上镶焊含钴 15% 左右的钨钴牌号合金块；钢柄材料 9Mn2V，淬火硬度 54~58HRC。合金冲头的导向面长度不小于 15mm，要求下冲头导向面长度大是为了保证下拉脱模的垂直平稳。

8.4.3.4　芯杆

常用芯杆的装卡尺寸为 ϕ18mm×225mm，钢柄上镶焊挤压成型的硬质合金圆棒，合金牌号为 YL10.2，钢柄材料 9Mn2V，淬火后硬度 54~58HRC。合金圆棒的长度为 118mm，要求合金圆棒长度大是为了保证芯杆有足够的强度不弯曲变形。

8.4.3.5　手动压制模具材料

限位器材料 T10，淬火硬度 45~50HRC；套筒材料 9Mn2V，淬火硬度 54~60HRC；底垫材料 9Mn2V，淬火硬度 54~60HRC 或者 YG11 硬质合金；冲头材料 9Mn2V，淬火硬度 54~60HRC；下冲头材料 9Mn2V，淬火硬度 54~60HRC 或者 YG25C 硬质合金；四方块材料 9Mn2V，淬火硬度 54~60HRC；手柄材料 45 号钢，调质硬度 28~32HRC。

8.4.4　模具制作基本工艺流程

模具制作基本工艺流程见图 8-19。

8.4.5　典型制品的压模实例

（1）球齿压模（见图 8-20）。

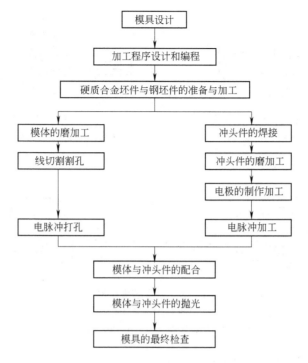

图 8-19 模具制作基本工艺流程

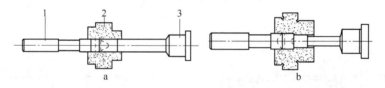

图 8-20 球齿压模
a—直孔压模；b—沉孔压模
1—冲头；2—模体；3—顶出器

（2）拉丝模压模（见图 8-21）。

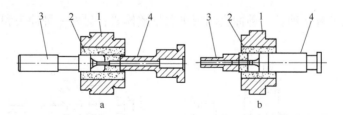

图 8-21 拉丝模压模
a—小孔拉丝模压模；b—普通拉伸模压模
1—模套；2—阴模；3—冲头；4—顶出器

（3）棒材压模、合金球压模（见图 8-22）。

（4）冷墩模压模（死芯杆）（见图 8-23）。

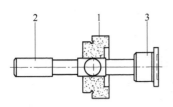

图 8-22 棒材压模、合金球压模

1—模体；2—冲头；3—顶出器

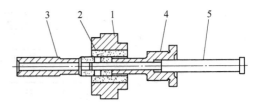

图 8-23 冷镦模压模

1—模套；2—阴模；3—冲头；4—顶出器；5—芯杆

（5）游动芯头压模（见图 8-24）。

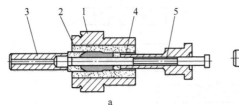

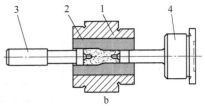

图 8-24 游动芯头压模

a—带孔；b—不带孔

1—模套；2—阴模；3—冲头；4—顶出器；5—芯杆

（6）截煤齿压模（见图 8-25）。

（7）刀片类沉孔模有两种：一种是产品的后角面上有 0.2~0.4mm 的直边，直边以下是后角面；另外一种是产品只有后角面，无直边，如图 8-26 所示。

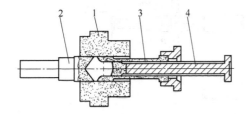

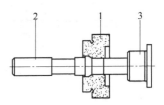

图 8-25 截煤齿压模

1—模体；2—上冲头；3—下一冲；4—下二冲

图 8-26 不带直台的刀片沉孔模

1—模体；2—冲头；3—顶出器

（8）双孔压模有两种：一种冲头和顶出器是整体式；另外一种冲头和顶出器是分体式（见图 8-27）。

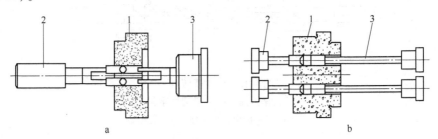

图 8-27 双孔压模

a—整体式双孔压模；b—组合式双孔压模

1—模体；2—冲头；3—顶出器

（9）六面顶压模（见图 8-28）。

（10）车床顶尖压模（见图 8-29）。

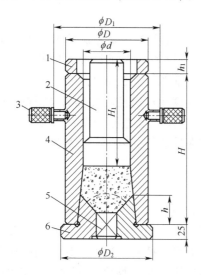

图 8-28　六面顶压模示意图

1—限位器；2—冲头；3—手柄；4—套筒；

5—四方块；6—底垫

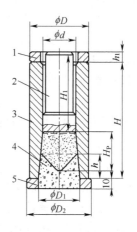

图 8-29　车床顶尖压模示意图

1—限位器；2—冲头；3—套筒；

4—下冲头；5—底垫

8.5　压制品质量控制及压制废品

8.5.1　压制品质量标准

精密压制品的质量标准包括：几何形状、单重公差、压制尺寸公差、压制平行度、毛刺、黏模黏料痕迹、裂纹、密度、掉边角崩刃等多项内容。

（1）几何形状和尺寸：形状符合毛坯图或产品加工图的要求，经试压、试烧证明合金毛坯的尺寸和形位公差符合要求。

（2）压制单重允许公差：原则上不大于公称单重的±0.7%，一般取±0.5%。

（3）压制高度允许公差：0.01~0.02mm，随单重大小而定。

（4）加压面的平行度允许偏差：在同一平面任意测定 2~4 点的压制高度，其相互之差不超过 0.03mm。

（5）毛刺允许范围：毛刺主要是控制其厚度，不研磨的制品一般采用 3 级精度；需要研磨的制品根据其研磨加工要求可采用 4~5 级精度。

（6）黏模、黏料、痕迹允许范围：需要研磨加工的刀片或部位，以通过研磨加工能消除缺陷为准。无须研磨的制品或部位，则应对工作部位和非工作部位提出不同的要求。

（7）裂纹允许范围：宽度小于长度 1/5 的缝隙为裂纹，原则上不允许出现；经试烧证明烧结能吻合、研磨加工能磨去的裂纹可酌情处理。

（8）掉边角（崩刃）允许范围的标准原则：不研磨加工的工作部位不允许；其他部位和研磨加工区域允许范围根据不同产品的具体要求或压制工艺操作指令所规定的级别进行控制。

8.5.2　几个参数对毛坯质量的影响

8.5.2.1　压制单重与压制尺寸对毛坯尺寸影响

影响毛坯产品尺寸精度有诸多因素，但影响最大且相对容易控制的因素是压制单重（PM）和压制高度（PH）。PM 值和 PH 值的变化改变了压制品的密度，使其烧结过程中的收缩率发生变化而影响合金产品的尺寸精度。试验证明增加 3% 的压制重量，可以降低 1% 的收缩率。在 PM 值和 PH 值的控制上，压制重量变化可以控制在其名义值的 ±0.35%，压制高度可以控制在 ±0.005~0.02mm 的范围。事实上单重公差控制在 ±0.7% 以内，其尺寸精度就有保证。所以，精密压制将单重公差控制在计算值的 ±0.5%，高度公差根据其压制单重的大小控制在 ±0.01~0.02mm。

8.5.2.2　OB 值对毛坯精度影响

毛坯表面精度（锥度、平直度等）直接与压制品的密度分布相关，密度大的部位收缩小，密度小的部位收缩大。如果压制品各部位密度差大，烧结后收缩不一致，势必造成产品出现锥度、平直度差等表观缺陷，也影响到产品的尺寸精度。TPA 压机在精密压制生产中，主要是通过对顶压行程（OB 值）的控制来调整压制品中性区（即密度最差的区域）的位置，改善其密度分布状态，减小和消除产品的锥度或平直度超差的缺陷。OB 值大小给产品带来的影响（见图 8-30）。

一个型号的 OB 值经压制试验确定后可应用于不同批料和不同牌号。更换批料或更换牌号时，用试验确定的烧结体积 V_s、烧结高度 H_s 和更换批料或更换牌号的 ρ、C_1、C_2 实测值，计算出压制单重、压制尺寸用于实际生产，这种条件一般都能保证生产出精度较高的产品。

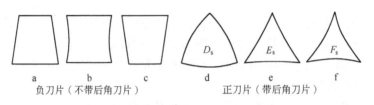

图 8-30　OB 值对产品精度影响示意图

a，d—OB 值偏大；b，e—OB 值适中；c，f—OB 值偏小

8.5.2.3　L 值对毛坯精度影响

压制位置（L 值）决定了压制品在模具中的成型位置。这对负刀片产品来说不太重要，但对正刀片产品来说却十分重要。L 值定的不准，压制出来的产品就会出现缺陷，如图 8-31 所示：L 值小，制品成型位置上移，其底面毛刺加大且容易掉边角；L 值大，制品成型位置下移，其底面形成台阶且容易出现裂纹。同时，由于刀片成型位置的下移，造成刀片内切圆尺寸和 m 值的缩小；反之，刀片成型位置的上移，造成刀片内切圆尺寸和 m 值的增大。

压制工艺参数中，单重（M_p）、尺寸（H_p）、顶压行程值（OB）等三个参数最为重要，其精确值要通过压制试验并进行修正计算求得。如果生产过程中，毛坯出现尺寸超差或锥度、平直度超差，则应通过单重、尺寸试验或顶压行程值试验，以求得精确的参数。

图 8-31 L 值对产品精度影响示意图

产品的尺寸精度和外观精度，很大的程度上取决于压制工艺参数的精确度，所以压制试验是一个经常的、细致的工作。

8.5.3 产品压制工艺技术分析

8.5.3.1 焊接刀片

带后角刀片的压制调整基本与正刀片类似，由于其只是刀口一边带后角，所以很难保证产品的锥度平直度达到较高的精度。为延长下冲头使用寿命，45°角峰可呈一约 0.4mm 宽的整齐平面，压坯 45°角处形成一条像刀带一样的整齐台面。实际生产中，能改为直孔模压制的最好将模具设计为直孔模。

8.5.3.2 可转位刀片

（1）负刀片。负刀片的生产用模是不带后角的直孔模，压制调整操作比较简单，只要注意上冲头相对位置往下调节时不要压到下冲头，一般就不会损坏冲头。要精确调整好 OB 值，避免锥度的产生。大多采用气动预载脱模，以防止产品底部的脱出裂纹。

（2）正刀片。正刀片的生产用模是带后角的沉孔模，压制调整操作比较复杂，压制位置和上冲头相对位置都需要准确调整。上冲头最终进入模孔的深度要恰到好处，既不能让毛刺过大，但又要保留 0.04mm 的毛刺，以免上冲头损坏。要精确调整好 OB 值，以保证产品平直度的合格。一般不采用气动预载脱模，如果施加气动预载脱模，切断位置应在压坯刚脱出时，以防止产品刃口产生裂纹。

（3）负倒棱刀片。所谓负倒棱刀片是指刀口有 0.5mm 左右法后角为 0°的正刀片。刀片的生产用模是带后角的沉孔模，但由于压坯有负倒棱，所以其调整操作和负刀片压制基本相同。不同的是上冲头相对位置的调节必须以负倒棱的尺寸为准，必要时也要通过下 T 型键螺杆调节 L 值来满足两者的要求。施加气动预载脱模，切断点应在负倒棱脱出的位置。

（4）沉孔刀片。沉孔刀片是指中心孔上部带锥度以便于夹固螺钉沉下去的刀片。这种刀片的生产用模大多是带后角的沉孔模，而且上冲头都带内冲头，所以其调整操作除与正刀片的压制基本相同外，还要注意在调整上冲头与阴模四周间隙的同时，要注意上冲头、内冲头与下冲头中心孔的配合间隙，以保证刀片周边毛刺和中心孔毛刺均在合格的范围。由于上冲头内冲头要进入下冲头的中心孔，所以必须使用气动芯杆。

8.5.3.3 矿用刀片

（1）矿用钎片。矿用钎片中十字钎片的压制生产尽量采用立压形式，将模具设计成直孔模，带 3°角的圆弧端面和带 45°倒棱的端面分别设计在下冲头和上冲头上。除压制高度大一些外，其他与负刀片的压制调整操作一样。一字钎片侧只能采用横压形式，两端 3°角的圆弧面设计由阴模带出跟沉孔模一样。所以，压制调整跟正刀片一样。由于其压制高度较大，要特别注意送料舟进入位置的调节，防止阴模还未复位到直孔部位就已加料，避免因两端漏料而出现卡模的现象。

（2）矿用球齿。矿用球齿一般为直孔模，而且球齿部位大多由下冲头带出。压制操作时，采用大的封口量，小的压制行程（PV）值，不加顶压（OB）值。这样的压制过程，大封口量变为首先上冲头向下施压使压坯趋于成型，小的压制行程变为下部施压使压坯最终成型。这样可加大球齿部位的密度，避免产品出现倒锥。由于球齿部位在下，压坯脱出时冲头高出模面很多，所以要调整进给凸轮，使其进入滞后一些，以保证压坯的脱出。

8.5.3.4　拉伸模坯

拉抻模坯的压制生产把喇叭口和中心杆都设计在下冲头上一次带出，上冲头带出出口区角度（或不带，由割形加工出口区角度）和45°倒棱，但压坯只能靠手一个一个拣出。对于中心孔很小的拉伸模坯与上面所讲的相反，上冲头带喇叭口和中心杆，下冲头中心不带孔但带一个凹坑和45°倒棱，这样将应力和可能出现的裂纹都集中在凹坑部位，然后将压坯凸出部位割形加工成出口区角度，可能出现的裂纹也被加工掉了。

8.5.4　主要压坯缺陷分析

硬质合金毛坯精度和表观质量缺陷大多发生在压制生产过程，有效地控制压制缺陷的产生，是保证硬质合金毛坯精度和表观质量的关键。

随着硬质合金精密化生产的发展，由此而出现的压制精度、形位公差等缺陷已成为需要控制的主要压制缺陷之一。这些缺陷产生原因多种多样，控制方法不尽相同，有许多问题是压制工艺上的原因。所以，压制缺陷除内部缺陷（工艺缺陷）、表观缺陷（机械缺陷）之外，还应包括压制精度缺陷、形位公差缺陷。

（1）压制工艺缺陷。工艺缺陷包括分层、裂纹、未压好等缺陷。

（2）压制表观缺陷。表观缺陷包括掉边掉角、毛刺、黏模、黏料、痕迹等缺陷。

（3）压制精度缺陷。压制生产过程中，压制参数精度控制主要有压制单重、压制尺寸、压制位置等工艺参数。这些压制工艺参数不精确或控制超差，都可能造成合金毛坯尺寸超差、未压好、出现台面或毛刺等缺陷。

1）压制单重超差。压制单重超差有两重意思，一是压制单重计算不精确；二是压制生产过程中单重控制超差。

压制计算单重不准确的原因可能是压制试验决定的工艺参数不准或代表性不强；或是混合料鉴定的参数有误；或是工艺计算有差错。压制过程中，单重波动大的主要原因是混合料的流动性能差，松装密度变化大。压机定位精度差也是造成单重不稳定的因素。

2）压制尺寸超差。压制尺寸超差也有两重意思，一是压制尺寸计算不精确；二是压制生产过程中尺寸控制超差。可转位刀片压制尺寸公差的控制是：压制单重不大于7g，控制在±0.01mm；压制单重>7g，控制在±0.02mm。造成压制尺寸超差的原因和压制单重超差原因相同。

3）压制位置不精确。压制位置是指压坯成型位置。压制位置值（L值）为压坯压制高度尺寸与上冲头进入模孔深度尺寸之和。压制位置不精确是装模调整时，压坯成型位置定的不准。

正刀片压制位置上移（L值小），刀口可能出现负倒棱，压坯底部毛刺增大，造成底部易掉边；反之，压制位置下移（L 值大），压坯底部就会出现台阶，并容易形成裂纹。

压制位置不精确除压制调整不准之外，压模本身压制位置值和压制高度值不匹配，也可能造成操作人员无法精确调整。

（4）形位公差缺陷。压制原因造成的形位公差缺陷主要有锥度（直线度）超差、平面度超差、平面平行度超差、孔位置度超差、角度超差等。这些缺陷在压制生产过程中，一般都难以发现与确定，大多是在烧结后的毛坯取样检测中发现的。

1）锥度（直线度）超差。锥度是指负刀片上、下面内切圆尺寸的差值超标；正刀片则表现在周边（后角面）的直线度超差。锥度（直线度）超差在压坯烧结前是检测不出来的，只能在烧结后的毛坯检测中才能测出。锥度的出现，反映出压坯上、下面的密度差异。密度差大，烧结后收缩尺寸差大，其锥度也大；反之，密度差小，烧结后收缩尺寸差小，其锥度也小。正刀片毛坯因带后角，上、下面内切圆尺寸本来就不一样，不能测出其锥度，但周边直线度的差异也能反映出压坯上、下面的密度差异。

负刀片毛坯锥度的允许值一般不大于尺寸公差的 1/2，可转位刀片毛坯大多控制在 0.05mm 之内。锥度检测可用千分尺或测量夹具直接测量上、下面内切圆尺寸，求出其差值即可。正刀片毛坯周边的直线度一般以 -0.02mm 为标准（便于后续加工的夹持），即周边中间凹下 0.02mm。直线度的简单检测可用刀尺进行目测，精确的检测用轮廓测绘仪进行。

压制过程中，造成锥度（直线度）超差的主要原因是上、下面所受压力不均或不符合工艺要求，压坯的密度分布不好，烧结后收缩不均而形成的。

缩小锥度（直线度）差值的有效方法是采用双向压制，改善压坯的密度分布。但值得指出的是：由于刀片的形状、槽形等因素的影响，上、下面同时施加相等的压力，并不一定是工艺要求的最佳压力分布。所以，最好是采用可调整上、下压力分布的分步式双向压制或差动式双向压制，通过压制工艺参数（顶压行程值）的调整，使压坯密度中性区（密度相对最差的区域）移到最佳位置，达到最大限度的缩小锥度（直线度）差值的要求。

2）平面度超差。平面度是指同一平面的平直程度，两个方向测量其直线度，相互差值超过工艺规定的允许值为平面度超差。可转位刀片毛坯需要磨削加工平面的平面度控制在 0.05mm 之内，不磨削加工平面的平面度控制在 0.01mm 之内。

3）平面平行度超差。平面平行度是指两平面平行程度，可转位刀片毛坯的平面平行度工艺规定的允许值控制在 0.03mm 之内。

4）孔位置度超差。孔位置度是指孔相对位置的精确程度，可转位刀片毛坯的孔位置度工艺规定的允许值一般控制在 0.10mm 之内。

5）角精确度超差。可转位刀片毛坯角精确度工艺规定的允许值一般控制在 ±15′ ~ ±20′ 的范围内。平面度、平面平行度、孔位置度、角精确度等形位公差的精度很大程度上取决于模具的精度和压机精度。压制调整主要是尽量使压坯密度分布均匀，不要因密度差过大而造成形位公差超差。

8.5.5 压坯废料的处理

压坯废料处理的基本原则：压坯废料一律不直接返回压制，均由混合料库统一分牌号保管，并定期送混合料工段按 10% 的比例掺入同牌号配料中处理。有条件能分牌号保管的尽量分牌号保管，条件不允许的可分类保管。分类的原则是根据其 WC 的晶粒度和成分组成及比例进行分类。分类保管的返回料要成批进行湿磨后取样分析，再按 10% 的比例掺入配料中处理。

8.6　精密压制与传统普通压制的差异

精密压制与传统普通压制的差异主要体现在使用的压机、模具、混合料和采用的压制工艺上。

8.6.1　压制成型设备的对比分析

两类压力机压制成型的特点及其效果对比分析（见表 8-3）。

表 8-3　两类压力机压制成型特点及其效果对比分析

压机类型 工艺内容	TPA 高效自动压力机		凸轮式和杠杆式压力机	
	特　点	效　果	特　点	效　果
压制方式	分步（可调）双向压制	通过对顶压的调整，可有效地控制压制品密度分布，减少因密度不均引起的裂纹，保证制品的几何精度	单向压制	压制品密度分布不均匀，刃口密度差，产品几何精度不好
脱模方式	下拉式脱模（可施加预载脱模）	阴模对下冲头和制品作垂直相对运动，制品平稳，通过施加预载脱模可有效地防止制品脱出裂纹	顶出脱模（杠杆式）裂纹	下冲头带着制品一起对阴模做相对运动，制品不平稳，易形成制品的脱出
装模方式	装在可卸的模架上	通过模架精度来保证制品精度	直接装在压机上	压机精度直接影响制品的精度
可装模具	可装高精度的模具（冲头导向面长可达 15 ~ 20mm）	精度高、粗糙度好的全合金化模具，保证了制品的尺寸精度和表面精度	不能装高精度模具（冲头导向面只能留 1 ~ 2mm）	压机不适合装精度高、导向面长的模具，容易卡模，压不出精度高的制品
制品检出和清理	备有功能齐全的机械手	大大减少了压制品掉边角、黏模黏料等缺陷	送料板将制品推出（无清理）	容易使压制品产生掉边角、黏模黏料等缺陷
质量监控	备有监控系统（保护压机、压模）	通过对压力或单重的控制来实现压制品质量的监控	无监控系统	压制品质量完全靠人工调整来控制，质量不稳定波动大
压制房环境要求	温度要求：22±2℃ 相对湿度：50±5%	混合料和模具在一个稳定的温度和湿度环境下有效地克服了温度和湿度的影响	无严格要求，随气候变化而异	混合料和模具受温度和湿度的影响

8.6.2　压制模具的对比分析

两种生产用模基本技术条件的对比（见表 8-4）。

表 8-4　两种生产用模基本技术条件的对比

技术条件		精密压制生产用模具	普通压制生产用模具
模具材质		阴模用 H35 牌号的硬质合金，冲头等组件用 H45 牌号硬质合金	阴模用 YG15 牌号的硬质合金，冲头等组件用 T10 钢
精度要求	配合间隙	单边间隙<15μm	配合间隙≤50μm
	平行度	// 2μm	// 30μm
	垂直度	⊥ 2μm	⊥ 30μm
	同心度	⊙ 10μm	⊙ 30μm
	刃带边	± 2μm	± 50μm
	粗糙度	0.08μm	阴模 0.16μm
			冲头 0.32μm
检测手段		三维测量仪（0.0001mm）轮廓仪、投影仪等	工具显微镜（0.01mm）千分尺、卡尺、角规等
制模房要求		温度要求：22±2℃ 相对湿度：50±5%	无要求，随气候变化而异

8.6.3　压制混合料的对比

两种压制生产用混合料性能标准的对比（见表 8-5）。

表 8-5　两种压制生产用混合料性能标准对比

测定项目	精密压制生产用料性能标准	检测性能在压制工艺上的作用	一般混合料的基本状况
流动性	25~40s/cm³（用霍尔流量计测定）	决定压制中混合料装填是否充分、稳定。是影响压制单重波动和制品压制密度局部分布状态的因素	不作测定，大多混合料流动性差，粒度组成差异大。造成制品压制单重波动大
粒度组成	φ0.06~0.25mm 的粒子占 80%（分级筛测定）		
试验压力	60~200MPa	选择成型压力依据	不作测定
C_1 值	2%~4%	压制单重修正系数	无此项内容
C_2 值	-2%~+2%	压制高度修正系数	无此项内容
合金密度	按牌号要求	按每批料的实测值作压制单重计算用	有检测，没有用于计算
混合料存放环境要求	温度要求：22±2℃ 相对湿度：50±5%	使混合料压制性能相对稳定	无要求

8.6.4　压制工艺的对比

两种压制生产工艺对比（见表 8-6）。

表 8-6　两种压制生产工艺对比

项目内容	精密压制生产工艺	普通压制生产工艺
所用压机	采用可实现可调的双向压制和可加预载的下拉脱模、压制精度较高的压机	大多采用单向压制和顶出脱模方式、压制精度较差的压机

续表 8-6

项 目 内 容	精密压制生产工艺	普通压制生产工艺
所用模具	采用阴模、冲头和芯杆都用硬质合金制作的微米级精度模具	采用只有阴模用硬质合金制作，其他为钢件的一般精度模具
所用混合料	采用流动性能和粒度及其分布较好的喷雾干燥料	所用混合料没有压制性能的检测，只是凭经验而定
所处环境要求	温度要求：22±2℃ 相对湿度：50±5%	无要求，随气候变化而异
压制参数及其决定	对每一套新模具都通过压制试验决定其确切的参数；对每一个型号的压制生产都按所用模具和所用批料实际检验数据进行压制参数的计算	对每一套新模具只是检验性的试压；对每一个型号的压制生产都只是根据牌号按一次性决定的压制参数进行
压制精度要求	压制单重公差控制在计算值的±0.5%，压制高度公差控制在计算值的±0.01~0.02mm	压制单重公差控制在原定值的±1.5%，压制高度公差控制在原定值的±0.05~0.10mm

9 硬质合金其他成型方法

硬质合金的其他成型方法主要包括挤压成型、注射成型、冷等静压成型–割形等。在氧化铝、氧化锆、氮化硅等陶瓷成型方面已经成功应用的粉浆浇注技术（slip casting）、凝胶注模成型技术（gelcasting）、直接凝固注模成型（Direct Coagulation Casting，DCC）等，经过科技工作者的研究也有望在硬质合金的成型方面进行应用。

（1）粉浆浇注。粉浆浇注是一种无压成型方法。在陶瓷工业中已应用200余年。1936年首先将其应用于金属粉末及碳化物、氮化物和硼化物的成型中。20世纪40年代开始在钨、钼、硬质合金和金属陶瓷等硬脆粉末的成型中应用。现在已用于制造纤维增强高温合金如钨合金纤维增强镍基高温合金，喷气发动机部件如涡轮叶片和燃气室零件等；可制备相对密度96%以上的高密度零件。其过程是：在室温下将陶瓷颗粒悬浮在液体中，然后浇注到多孔性模具中，利用毛细管力或外部压力通过使溶剂渗入多孔性模具中使粉末固结，最后从模具中取出生坯。粉浆浇注主要包括将金属粉末与水的悬浮液浇注到熟石膏模型中，模型具有与成型产品相反的形状，石膏模型能吸收悬浮液中的水分。浆料的黏度应相当低，以便容易地浇注到模型中。生坯应具有足够高的硬度，使之从模型中脱出后能保持其形状。图9-1为金属粉末粉浆浇注的示意图。

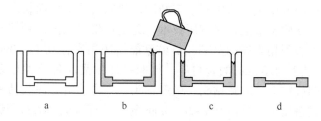

图 9-1　金属粉末的粉浆浇注示意图

a—组装模具；b—粉浆浇注；c—吸收粉浆中的水；d—从模具中取出并修整过的制品生坯

（2）凝胶注模成型。首先将陶瓷粉料分散于含有有机单体和交联剂的水溶液或非水溶液中，制备出低黏度高固相体积分数的浓悬浮体（>50%），然后加入引发剂和催化剂，将悬浮体注入非孔的模具中，在一定的温度条件下，引发有机单体聚合形成三维网络凝胶结构，从而导致浆料原位凝固成型为坯体，坯体脱模经干燥后强度很高，可进行机加工。

目前最为成熟且应用最为广泛的是丙烯酰胺水基体系，它适用于大多数陶瓷粉料，已成功地进行了 Al_2O_3、Si_3N_4、SiAlON、SiC、SiO_2、ZrO_2 等多种陶瓷的 Gel-casting，并取得了较好的效果。

（3）直接凝固注模成型。在高固相体积分数的浓悬浮体中引入生物酶，通过控制酶（Enzyme）对底物（Substrate）的催化分解反应即可改变浆料的 pH 值，移动至等电点或增加反离子浓度压缩双电层，从而消除陶瓷颗粒之间的静电斥力，通过颗粒之间的范德华吸引力形成网络结构达到悬浮体直接凝固的目的。料浆注入非多孔模具（与传统注浆成型用的石膏模具不同）后通过温度改变引发酶催化反应，从而改变浆料 pH 值至等电点或增加反离子浓度，实现液态悬浮体向固态坯体的转化。凝固时间取决于酶的浓度和模具内浆料温度，固化时间可从几分钟到几小时。凝固的坯体经脱模，干燥，无需脱脂就可直接烧结。DCC 工艺流程如图 9-2 所示。

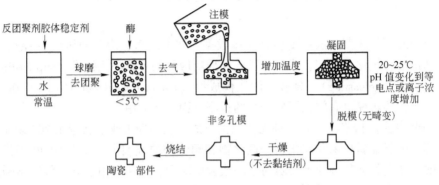

图 9-2　直接凝固成型工艺过程示意图

9.1　挤压成型

9.1.1　概述

挤压是将粉末与一定量的挤压成型剂组成的可塑性泥料，经挤压模腔，在一定的压力作用下通过挤压成型机孔口的模具（挤压嘴），形成具有一定形状的柱状或带状坯体的成型工艺。硬质合金挤压成型主要适用于生产断面形状和尺寸不变而长度远大于横截面尺寸的产品。近十年来，硬质合金混合料挤压技术，无论在挤压工艺还是挤压设备方面均取得了很大的进展，已发展到相当高的水平，目前已能挤压出直径 0.1~30mm、长达 3m 的棒材，外径 0.45mm、内径 0.02mm 的管材等。同时挤压制品品种日益增多，如板材、异性管材、整体铣刀、螺旋铣刀、麻花钻头、微型钻头、半月形空心深孔钻头等。日本东芝钨公司用半自动转盘式挤压机可挤压 0.2~0.35mm 的点阵打印机用的打印针。

挤压成型的特点：长度原则上不受限制，纵向密度比较均匀，生产过程连续性强，效率高，设备比较简单。一台挤压机只要更换模具，便可生产多种型材。

目前挤压产品主要应用于各类整体硬质合金工具，包括钻头、立铣刀、丝锥、铰刀、刮刀、旋转锉刀、木工刀具、切断刀、量具、螺旋铣刀、模具等等。随着微钻棒材钻径的减小和成本的降低，用于 PCB 工具的挤压棒材也在迅速增加。

硬质合金挤压工艺流程如图 9-3 所示。

图 9-3　硬质合金挤压生产工艺流程

9.1.2　基本原理

挤压时混合料在外力作用下的应力状态如图 9-4 所示。作用的外力是冲头对混合料的正压力，以及模壁对混合料的侧压力，同时还有混合料与模壁、冲头间因相对移动而产生的摩擦力。因此，在挤压过程中混合料的变形是两向压缩和一向向外挤出的拉伸变形。

摩擦力阻止混合料的流动。混合料在挤压料筒内的流动情况如图 9-5 所示。在挤压过程中，V_1 区内的混合料向挤压嘴内流动，而 V_2 区内的混合料则向上流入 V_1 区内；V_3 区内的混合料由于冲头的摩擦力作用，在挤压初期和中期不产生流动，只是在挤压后期流入 V_1 区内。V_1、V_2、V_3 三个区的大小和形状均取决于混合料的塑性和模具的结构。

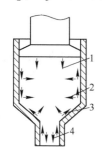

图 9-4　挤压时混合料的应力状态图

1—轴向压应力；2—径向压应力；

3—模壁摩擦力；4—拉应力

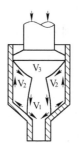

图 9-5　挤压时混合料的流动状态

与普通模压时的情况一样，挤压过程中，靠近冲头的混合料受力最大，随着远离冲头而逐渐减小。在挤压料筒的径向上，愈靠近模壁受力愈大，愈接近中心受力愈小，所以挤压时中心部位的混合料要比外层流动得快（称为超前现象），压坯中心的密度要比外层的小。

在混合料挤出时，由于挤压嘴壁的摩擦作用，超前现象更为严重，如图 9-6 所示。此时，流动快的中心部位的混合料便对流动慢的外层混合料产生一个作用力，力图加快外层混合料的流动速度；反过来，外层混合料也给中心部位的混合料以相反的力，力图减缓中心部位混合料的流动。这就使其产生两个方向相反的作用力，这种力叫附加内应力（若这种附加内应力仍存在于挤压好的毛坯中便形成了残留应力）。所以在毛坯的轴向上也就存在着两个方向相反的应力，如图 9-7 所示。

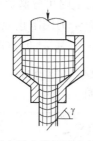

图 9-6　混合料在挤压嘴内的流动状态

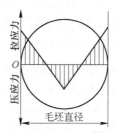

图 9-7　毛坯中的轴向附加应力

图 9-6 中的 γ 叫做剪切角。超前现象愈严重，剪切角愈大，剪切应力愈大。由于挤压毛坯中横向密度是不均匀的，所以在毛坯的直径方向上，亦存在着两个互相平衡的作用力，外层受拉应力，中心部位则受压应力。

附加内应力中的拉应力最有害处，它会助长裂纹的形成。例如，当毛坯的强度不足时，轴向拉应力往往会导致毛坯的横向裂纹。同理，剪应力也会导致毛坯的折断。因此，挤压后的毛坯通常要放置几天，以消除内应力。

9.1.3 挤压成型剂

成型剂赋予挤压料团所需的塑性和适当的料坯强度。

挤压成型剂是挤压工艺的关键要素。成型剂性能的好坏，对挤压生产的顺利进行和产品质量关系极大。

对挤压成型剂的要求：

（1）能润湿粉末并赋予粉末间一定的黏结力。采用分子量低的成分，或加入表面活性剂，均可显著降低成型剂对粉末的接触角，提高黏附性。但料团要达到一定的硬度和强度，则需要加入一定量的高分子物质。

（2）它本身及其分解产物无腐蚀性，无毒或低毒。

（3）成型剂各组分可溶于同一种溶剂。

（4）可在低温（<600℃）下脱除，无残留物。

常用成型剂的种类，综合国内外文献，挤压成型剂目前主要有下列四类：

（1）热塑性高分子化合物。如聚乙酸乙烯酯，聚乙烯醇，聚乙烯醇缩丁醛（PVB），聚乙烯（PE），聚丙烯（PP），聚苯乙烯（PS），聚甲醛（POM）等；

（2）石蜡及其改性物等；

（3）凝胶体系，如琼脂，黄原胶等；

（4）水基体系，主要有甲基纤维素（MC），羟丙基甲基纤维素（HPMC），羧甲基纤维素（CMC）等。

9.1.4 挤压嘴

设计挤压嘴时要考虑三个要素，即定径带长度，锥角大小和表面光洁度。挤压嘴一般采用硬质合金或高硬度工具钢制造。

（1）定径带长度 L。定径带长短根据挤压嘴孔径 d 大小而定，一般取 $L=(4\sim6)d$。

（2）锥角 α。当柱塞的轴向压应力 p 作用于挤压嘴的锥面上时可分解为两个应力，即垂直于锥面的应力 p_n 和平行于锥面的应力 p_t（见图9-8）。应力 p_n 力图阻止混合料流入定径带，而应力 p_t 则克服锥面的摩擦力而将混合料推入定径带内。p_n 与 p_t 的分配取决于 α 角。在实际工作中，锥角 α 通常在 45°~75° 之间选取，一般认为 60° 比较适宜（见图9-9）。但现在也有些公司在采用大吨位挤压机时，采用高达 120° 的锥角。

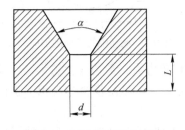

图9-8 定径带长度示意图

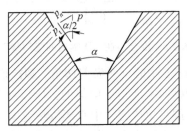

图9-9 锥角示意图

（3）挤压嘴的粗糙度。挤压嘴的粗糙度主要影响挤压时的摩擦力，要求小于 $0.2\mu m$。对于形状复杂的毛坯，粗糙度则要求更高。

9.1.5 挤压坯的干燥

挤压后的棒材需进行自然干燥和加热干燥。

自然干燥的主要目的是部分去除溶剂及松弛内应力。

加热干燥一般在电热干燥柜中进行。加热干燥的目的是除去溶剂或使某些种类的成型剂固化。

干燥时间长短与棒材直径有关。棒材直径越大，干燥时间越长。

干燥过程注意升温不能过快，时间不能太短，抽风阀不能开得太大。对大棒材尤其如此，否则由于溶剂挥发过快易产生裂纹。

在成型剂的溶剂为有机溶剂的情况下，干燥过程中要注意防爆，尤其在加热干燥过程中，干燥柜应有防爆设施。

9.1.6 挤压机的类型

挤压机有多种类型。

9.1.6.1 按挤压方式分类

（1）柱塞式挤压机。

优点：真空好，压力高，易清理，挤压坯密度高，成型剂加量少。

缺点：不能连续生产。

目前，绝大多数棒材生产厂家均采用柱塞式挤压（见图9-10）。

挤压机（见图9-11）主机采用 PLC 控制，无级调整，超压自动泄压，触摸屏或者手动控制面板。料缸可自动翻转，装料方便容量大，不藏料，易清洁；换模和换料高效快捷。由电脑设定棒材任意长度，可手动或者自动切断，感应器控制切断时间，不磨料、碰料。

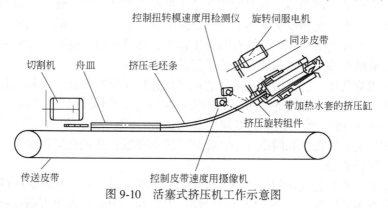

图 9-10　活塞式挤压机工作示意图

（2）螺旋式挤压机（见图9-12）。

优点：可连续生产，生产效率高。

缺点：真空度较差，压力较低，换牌号时清理较困难，成型剂加量多，挤压坯密度较低。

欧洲一些公司采用螺旋式挤压机。

图 9-11 一种柱塞式挤压机

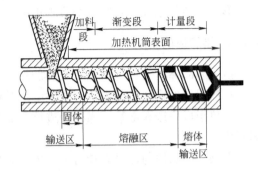

图 9-12 单螺杆挤压机示意图

9.1.6.2 按挤压时料筒及挤压嘴是否加热分类

（1）冷挤。挤压时料筒及挤压嘴不加热。主要适用于挤压时不需加热的成型剂体系，如水基成型剂类。

（2）热挤。挤压时料筒及挤压嘴需加热。主要是适用于挤压时需加热提高塑性的成型剂体系，如蜡基成型剂类。

随着光电控制技术，微处理机技术等先进技术在挤压机上的广泛应用，挤压机的自动化程度和生产效率日益提高。如采用多孔模技术，德国一家公司在挤压小棒材时，一次可挤压 9 根。采用空气垫技术，使小直径高精度螺旋孔棒的挤压成为可能。采用双倾斜技术（料筒和柱塞可分别倾斜），使加料操作更加方便。

9.1.7 硬质合金双螺旋孔棒挤压机理

随着机械加工工业的不断发展，对高速铣削工具及刀具的加工精度和使用周期有更高的要求；由于钻削高温材料时，塑性变形抗力大，钻头所承受的切削力大，钻头刃带刀面和切削接触间的单位压力也大，摩擦系数高；切削热量也高，而合金的导热系数低，刀刃很快被粘焊，涂层被剥落变钝；高温增加了钻头材料的扩散磨损，使钻头材料变脆，合金成分和材料成分产生强化相使钻头的磨损和破损加快，加工精度下降。内带冷却液的螺旋孔棒的诞生，很大程度上抑制了刀具在高速工作中，热量不断升高引起刀具在加工中的早期磨损失效，有效提高了加工精度，延长了刀具使用寿命。

所谓的内螺旋孔棒，就是沿螺旋刀具的韧带部分成螺旋冷却孔，刀具工作时，内孔可通冷却液，达到降低加工温度的作用；冷却孔角度和钻头刀具刃带角度同步，目前较为普遍的是 45°、30°和 15°；使用最多的常规刀具的螺旋冷却孔角度为 30°。冷却孔间距和孔径的设计也较为重要，孔径孔间距太小，冷却效果不理想；孔径孔间距太大，刀具刃壁太薄，强度小，容易破损。

目前，世界上双螺旋孔棒的生产技术有两种：外螺旋挤压方式和内螺旋挤压方式。

所谓的外螺旋挤压方式，是在模具设计制造上，利用阴模口模带有螺纹槽，强行将挤出的流体物料变向，以旋转方式挤压出坯料；冷却孔芯杆制造也和模具螺纹槽的旋转方向同步进行，整个过程的挤压坯料以旋转方式完成；应注意的是：模具模口的螺纹槽旋转的角度及方向一定和芯杆的扭转角度及方向同步，否则，将导致产品的几何尺寸参数超差，甚至可能出现冷却孔孔偏和孔裂纹。此技术对模具设计要求较为复杂，挤压方法基本和普通挤压方法无多大差别；是目前国内外使用较多的一种挤压技术。

在挤压缸内的料团受到活塞施加的压力进入挤压缸盖里，料团塑变流动进入固定的挤压嘴及螺旋孔心杆组件里，形成带双直内孔的毛坯条，当毛坯条在轴向压力的作用下以速度 v 流入扭转嘴时，扭转嘴在旋转伺服电机、同步带传动、连接件、压紧及传递弹簧片的驱动下以速度 w 旋转，并通过摩擦力带动毛坯条及其直内孔作整体扭转，从而形成内冷却液螺旋孔。

挤压速度为 v，挤压坯条扭转的速度为 w，螺旋角为 ϕ，挤压坯条的直径为 d（即近似为挤压嘴的内径）的关系：

$$w = 2v\tan\phi/d \tag{9-1}$$

所谓的内螺旋挤压方式：是利用双螺旋挤压机的特殊结构，将芯杆延伸至挤压螺杆，利用螺杆带动芯杆旋转，达到螺旋作用；此工艺模具设计较为简单，但对挤压参数要求严格：挤压时流体的挤出速度和芯杆旋转的转速成固定不变的比例，否则，将导致产品的几何参数无法达到要求；整个挤压过程流体的运动状态和挤压其他棒类无区别。由于此技术的难度很大，目前世界上只有德国康纳公司可以生产。双螺旋孔棒料剖面见图9-13。

图 9-13　硬质合金双螺旋孔棒料剖面

9.2　注射成型

9.2.1　概述

粉末注射成型（Powder Injection Molding，PIM）是传统粉末冶金与现代塑料注射成型工艺相结合的一门新型零件成型技术，通过注塑机加热、塑化、加压使掺入成型剂的可压料间歇式注射到闭合模具的模腔、冷却成型的方法。其特点是可直接压成其他成型方法不能或难以生产的各种复杂形状的压坯，材料利用率较高，生产成本较低。

PIM 通常采用硬质合金混合料与高分子聚合物为基体的黏结剂，将其加热混合成均匀的掺胶混合料，经制粒制成注射料。注射料在注射成型机内加热塑化的状态下，具有良好的流变性能，在压力下注入形状十分复杂的模腔。注射料在模腔内固化成生坯，从模腔中脱出生坯，采用化学和加热分解等方法将生坯中的黏结剂脱除。然后高温烧结致密化成零件，达到对形状、尺寸、物理、力学和使用性能等的要求。一般不需要或只需要进行少量的后续加工。其主要步骤及设备图解如图9-14所示。

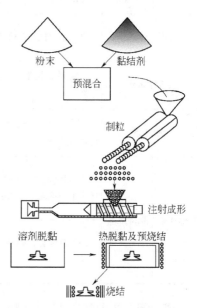

图 9-14　PIM 主要步骤及设备图解

PIM 的最理想应用如图 9-15 所示。

PIM 的优势：（1）形成最终几何形状、尺寸的能力；（2）表面状态好；（3）尺寸精度高；（4）形状复杂；（5）利用计算机模拟；（6）自动化程度高；（7）量产。

图 9-15　PIM 最理想应用

9.2.2　成型剂

成型剂使粉末均匀装填成所需形状并且使这种形状一直保持到烧结开始。因而，尽管成型剂不决定最终的化学成分，但是它会直接影响工艺能否成功。不同的粉末注射成型工艺，主要是成型剂成分和脱胶技术不同。

成型剂是注射成型的核心技术。根据主要组元的性质可以把成型剂分成热塑性体系、热固性体系、凝胶体系和水溶性体系。热塑性体系几乎可以用于任何种类的粉末。其优点是：流动性好，固体填充量高，混合时间短，工艺成熟而易于控制，其可压料可重复使用。表 9-1 列出了用于粉末注射成型的成型剂及其各自的优缺点。

表 9-1　各种黏结剂体系及其优缺点

体　系		优　点	缺　点
热塑性体系	蜡基系	黏度低，注射范围宽，成本低，粉末装载量高，适合生产厚度小于 8mm 和粗糙度好的零件	混料时易产生挥发，易产生相分离，注射料性能不稳定，保形性差
	油基系	黏度低，注射范围宽	易产生相分离，成型坯强度低
	塑基系	成型坯强度好，保形性好	粉末装载量稍低，脱脂慢
热固性体系		温度稳定性好，尺寸精度高	混合困难，反应副产物导致产品多孔，脱脂困难
水溶性体系		不需要有机溶剂，适合于生产截面小的零件	粉末装载量低，注射范围窄，易变形，烧结体密度很低时不适合
凝胶体系		水易于蒸发，脱脂速率快，无需特殊设备，适合生产厚的产品	成型坯强度低，易变形，注射范围窄
特殊体系	聚烯醛基	成型坯强度高，保形性好，脱脂速率快，适合生产截面小于 40mm 的零件	黏度高，需专门设备，存在酸处理问题
		注射范围宽，脱脂速率快，适合生产厚的产品	属反应型黏结剂

成型剂的两个基本功能是增强粉末流动性和赋予压坯适当的强度，成型剂必须满足表 9-2 所列的要求。

表 9-2　注射成型工艺对成型剂的要求

成型温度下黏度低于 10Pa·s	价格低，易获取
成型过程下黏度随温度变化小	安全，无环境污染
冷却后坚固且稳定	贮藏寿命长，不吸潮且无挥发组分
分子小可填充颗粒间隙	循环加热不变质（可重复使用）
接触角小且粉末黏附良好	润滑性好
对颗粒具有毛细吸力	强度高
与粉末不发生化学反应	热传导性高
特性不同的多组分	线膨胀系数低
分解产物无腐蚀性，无毒	可溶于普通溶剂
灰分量低，金属含量低	链长度短，无方向性
分解温度高于混料和成型温度	

某些成型剂的基本物理性能见表 9-3。

表 9-3　某些成型剂的基本物理性能

材　料	$\eta_0/\text{Pa·s}$	$E/\text{kJ·mol}^{-1}$	T_0/K	熔点/℃
石　蜡	0.009	4.4	373	60
巴西棕榈蜡	0.021	12.3	383	84
聚乙烯蜡	0.81	19.0	383	>100
聚乙烯	420	33.0	503	140~200
硬脂酸	0.007	—	383	74

　　粉末注射成型常用的蜡基成型剂与硬质合金粉末之间的润湿性差，因此，有必要向体系中添加适量的表面活性剂，以降低黏结剂——粉末界面间的表面张力。注射成型可用的表面活性剂有：聚丙烯酸铵，邻苯二甲酸二丁酯，鱼油，亚麻油，硬脂酸锂，甘油酸酯，烯烃磺酸盐，硬脂酸。

　　在硬质合金混合料注射成型中，常选用硬脂酸作为表面活性剂。

　　粉末注射成型常用的成型剂配方见表 9-4。

表 9-4　常用的成型剂配方

成型剂	配　方
1 号	69% PW, 20%PP, 10%CW, 1%SA
2 号	69% PW, 10% CW, 20% EVA, 1%SA
3 号	69% PW, 20% PE, 10% CW, 1%SA
4 号	69% PW, 10% CW, 20% PB, 1%SA
5 号	68% PW, 1% CW, 10%EVA, 10%HDPE, 1%SA
6 号	25% PP, 75% 花生油
7 号	45% PS, 5% PE, 45% 植物油, 5%SA

成型剂	配 方
8 号	72% PS，15% PP，10% PE，3%SA
9 号	47% PMMA，53% 磷脂酸
10 号	70% PW，20% 微晶蜡，10%丁酮

注：PS：聚苯乙烯；PW：石蜡；PP：聚丙烯；CW：巴西棕榈蜡；SA：硬脂酸；PE：聚乙烯；EVA：乙烯-乙酸
乙烯共聚物；HDPE：高密度聚乙烯；PMMA：聚甲基丙烯酸甲酯；PB：聚丁烯。

9.2.3 可压料的混炼和制粒

掺有成型剂并经鉴定合格的混合料称为可压料。

9.2.3.1 混炼

混炼是将金属粉末与成型剂混合以得到注射料（可压料）的过程。与注射料有关的混炼过程本质上是非常难于分析的，这牵连到黏结剂和粉末加入的方式和顺序、混炼温度、混炼装置的特性、混炼机制的热力学和动力学等多种因素。这个工序目前一直停留在依靠经验摸索的水平上，最终评价混炼工艺好坏的一个主要指标是所得到的可压料的均匀性和一致性。混炼这个工序很重要。

A 混炼方法

可压料混炼常用的两种方法是：将粉末和成型剂预先干混后放入混料机中加热；或是将成型剂在混料机中加热，然后将粉末加入到熔化的成型剂中。后一种混炼方法更常用。首先将高熔点的成型剂组元加入到混炼设备中，加热使其熔化，然后加入低熔点组元，最后分批加入粉末。先加低熔点组元，再加高熔点组元效果会更好。还有一种方法是在高熔点组元加入后，先加粉末再加低熔点组元。

混炼最好在真空中进行，以充分除去混合料中的气体。另外。好的混炼要求各部分同等地得到剪切，因此，许多高剪切速率的混料装置用于 PIM 注射料的制备，其中包括双行星混料机、单螺杆挤出机、活塞挤出机、双螺杆挤出机、双偏心轮混料机、Z 型叶片混料机等。其中，双螺杆挤出机的设计是最成功的，这是由于在其中混合料能够得到高的剪切速率，在高温下停留的时间又短。但是，制造费用高，实际生产中经常使用双行星混料机。混炼的目的是使粉末颗粒被成型剂均匀包裹，以提高可压料的流动性，从而获得各向同性的坯块密度和强度。

B 可压料设计标准

固体粉末与黏结剂之间的比例适当是决定以后注射成型等一系列过程成败的关键，设计可压料时应考虑到注射成型的难易与对最终尺寸控制的精度，如果黏结剂太多，颗粒间不能充分接触，脱粘时变形严重，甚至导致塌陷。如果黏结剂太少，注射料的黏度高，容易生成空隙，给注射带来困难，同时脱粘后空隙会导致产品开裂。黏结剂加入的标准应该是使粉末颗粒间点接触，粉末颗粒在没有外界压力的情况下黏在一起，中间的空隙全部被黏结剂填充，而实际生产中一般是粉末比标准量稍少。

C 注射料均匀性评价

理想的注射料是指注射料的各个部分具有相同含量的粉末。在实际生产中，对注射料进行质量评价，一般最需要考虑的是可压料的均匀性。这可以通过对注射料的各个部分进行抽样，通过测量其某一物理化学参数的变化进行数理统计来反映均匀性。一般常用的评估注射料均匀性的方法分为以下三种：

（1）测量混料过程中混炼设备扭矩的变化来反映注射料的均匀性。在混料过程中，随着大量粉末逐渐均匀分散到黏结剂之中，设备的扭矩逐渐降低，当扭矩减小到最低且趋于稳定时，可认定此时注射料已混合均匀。采用此种方法评估注射料的均匀性，无法对均匀性标准进行量化，且无法比较不同注射料体系均匀性的高低。

（2）通过对注射料不同部位进行抽样，测量样品密度的变化，用样品密度的均方差来反映注射料的均匀性。

（3）通过对注射料不同部位进行抽样，测量样品黏度的变化，用样品黏度的均方差来反映注射料的均匀性。

9.2.3.2　制粒

制粒有两个目的，其一是制得易于运输的粉末和黏结剂的颗粒，以便能自动装入到注射成型机中，另一个目的是将回收料返回到注射成型机。回收料包括：浇口料、流道料和成型时的废品（在脱脂前）。制造小零件时，PIM 能够循环利用回收料是其经济上的主要优点，因为零件的质量只占注射量 10% 左右。利用回收料是 PIM 经济方面的很重要的一点。

9.2.4　注射模具

粉末注射成型的一个重要优点是它能制造单轴向刚性模压制不能生产的形状复杂产品，因此粉末注射成型需要设计形状复杂的模具。模具的关键是具有成型坯形状的型腔。要将它的尺寸放大到能补偿烧结时的收缩。模具结构中还有其他部件，用来开合模、脱出成型坯、移动镶块、冷却成型坯、布置浇口和流道定位。

9.2.4.1　注射模具的结构

注射成型模具结构与所成型的制品及所用注射机的型式密切相关。就是成型同一制品，由于制品在模具内的相对位置不同，也会使模具结构有较大的差异，但注射模具的基本组成是类似的（见图 9-16）。根据注射成型模具的功能，可以分为如下七部分：

（1）型腔、型芯部分。注射模具均设有型腔（又称凹模）和型芯（又称凸模）部分。而且，一般将型腔部件设置在定模一方，型芯部件设置在动模一方。

（2）浇注系统。浇注系统是注射机射出的熔体流往模腔的通道。其主要作用为：1）在注射、保压过程中输送熔体和传递压力。2）贮存熔体前锋冷料。浇注系统一般由主流道、分流道、浇口和冷料四部分组成。

（3）顶出系统（又称脱模机构）。有的在开模过程中顶出制品，有的在开模后顶出制品，这与所用的注射机和模具上设置的顶出系统类型有关。

（4）动、定模导向定位系统。为确保每次运动的准确性，模具上均设有导向和定位机构。有的模具导向和定位共用一个机构，有的模具采用导柱、导套导向，斜面定位机构等。

（5）侧抽芯系统。对于具有侧孔、侧凹制品的注射成型，模具上设置侧抽芯系统。常用的侧抽芯有人工抽芯、机械抽芯、液压抽芯和气动抽芯等。

（6）模具温度调节系统。模具加热常采用电热元件实现。模具冷却是在模具上合适的地方开设冷却孔，冷却介质一般为普通水。需强力冷却时，则用冷冻水。

（7）模具安装系统。模具安装部件有两个作用：1）可靠地将模具安装在注射机的固定模板和移动模板上；2）利用安装部件调节模具厚度，使模具能适合所用注射机要求的厚度范围。

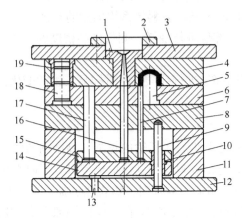

图 9-16　典型注射模具图

1—定位圈；2—导柱；3—定位模板；4—导套；5—动模型板；6—垫板；7—支承块；
8—复位杆；9—动模固定板；10—顶杆固定板；11—顶杆垫板；12—顶杆导柱；
13—顶板导套；14—支承钉；15—螺钉；16—定位销；17—顶杆；
18—浇口拉料杆；19—凸模（模芯）

9.2.4.2　注射模具类型

按照注射模具结构特征将模具分为如下六个类型：

（1）标准模具（二板式模具）：两个半模，一个分型面，一个开模方向，靠重力脱模，顶出靠推杆和推管。

（2）推板模具：结构类似于标准模具，但有推板顶出。

（3）滑块模具：结构类似于标准模具，增设了斜导柱和滑块，以增加侧向运动。

（4）瓣合模具：结构类似于标准模具，但这种结构带有成型外侧凸凹或者外螺纹的块。

（5）脱螺纹模具：螺纹成型芯靠机械启动，旋转退出。

（6）三板式模具：两个分型面中间板由锁链或定距拉杆启动两级分型。

9.2.5　注射工艺

注射成型过程可以简单地描述为：加热注射料至熔化温度，然后将熔体注入模腔中冷却，从而得到所需形状的成型坯。

在注射成型过程中，温度和压力是变化的。为了将注射料送入模具型腔中，通常是首先使注射料在加热的成型机注射枪内熔化，使用一个往复运动的螺杆来聚集、均匀化及加压混合料。螺杆向前推进，将一股熔融注射料注入模具腔中。

9.2.5.1 粉末装载量

粉末装载量为粉末在可压料中所占的体积分数。注射成型粉末装载量一般在45%~60%之间，在实际生产中应尽量提高。

9.2.5.2 注射成型的基本工艺参数

注射成型的工艺参数依赖于粉末的特性、成型剂的组成、可压料的黏度、模具设计和成型机的工作状况。

在注射成型中，温度和压力的控制是两个最关键的环节。压力、温度、模具结构一起决定了剪切速率。同样，温度和剪切速率支配着注射成型过程的结果。喷管中注射料的温度必须足够高，使材料在充满模具型腔之前不会冷凝而且平稳流动。尽管对注射料的最大黏度没有明确规定，但最好是在注射料被加热后黏度低于100Pa·s时成型。为了防止与模壁接触的注射料因快冷而带来开裂的问题，可能需要加热模具。模具温度必须低于注射料软化点。

注射成型的基本工艺参数为：料筒温度100~200℃；喷嘴温度80~200℃；模具温度20~100℃；螺杆转动速率35~70r/min；注射压力15~30MPa；保压压力0~130MPa；充模时间0.2~35s；保压时间2~60s；冷却时间18~45s；注射成型周期8~360s。

喷嘴温度通常比模具温度要高一些，而模具温度通常在35~40℃之间。喷嘴温度太高则会造成注射料黏度低于所需的黏度，使注射料在两次成型的间隔中从喷嘴流失。这个问题可通过移动喷嘴和紧靠已充满的模具，在下一次过程开始之前塑化加料来解决。高的压力对成型坯密度的提高影响较小，在高压下，尽管成型坯密度只有很小程度的增大，但是成型剂分离和渗入分模线内的可能性却增大；压力过大会在浇口处产生应力，导致成型坯变形。合适的注射速度可使模具型腔充填均匀。高的注射速度可能会由于喷射造成缺陷。

9.2.5.3 主要注射参数对注射坯单重的影响

（1）注射温度（料筒温度）对注射坯单重的影响见图9-17。

（2）注射压力对注射坯单重的影响见图9-18。

（3）保压压力对注射坯单重的影响见图9-19。

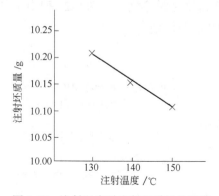

图9-17　注射温度对注射坯质量的影响

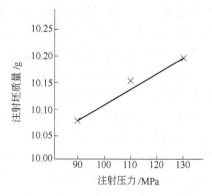

图9-18　注射压力对注射坯质量的影响

9.2.6　注射设备

注射成型过程是用注射成型机来实现的。注射成型机有许多种，最普通的是往复螺杆式、液压柱塞式和气压式三种。它们在性能上有很大区别，但其基本作用均为两个：加热注射料，使其达到熔化状态；对熔融注射料施加高压，使其射出而充满模具型腔。

螺杆式注射成型机最大的特点是用一个螺杆同时进行预塑化和注射。它具有计量性好，预塑化均一，成型速度快，注射压力损失小，制品品质稳定等优点。正是由于这些优点，螺杆式注射成型机在生产中获得了广泛应用。

注射成型机一般由注射元件、合模元件、液压元件和电子电器元件四大单元组成。除此之外，有储存供给可压料的料斗；有决定注射压力和注射速度的液压螺杆；还有位于加热螺杆的前端，由混炼的原料注入模具的喷嘴。注射成型机的结构示于图9-20。

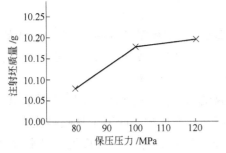

图 9-19　保压压力对注射坯质量的影响

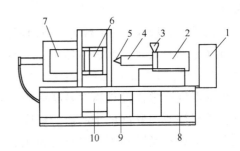

图 9-20　卧式注射机结构图

1—计算机控制系统；2—马达；3—储料筒；4—料筒；
5—喷嘴；6—模具；7—合模与脱模控制系统；
8—液压系统；9—控制台；10—收集柜

9.2.7　成型剂脱除

9.2.7.1　原理简介

注射成型后，注射坯需除去成型剂。烧结前成型剂脱除不当会导致成型坯开裂。在不破坏粉末颗粒的情况下脱除成型剂是需要技巧的，它必须经过许多细小的步骤来实现。现已有六种脱脂技术，它们都分别包括在溶剂法脱除和热法脱除之中，图9-21列出了其分类。在实际应用中，经常联合使用这六种技术以加快脱脂周期。

成型坯的孔隙结构，成型剂的化学性质，脱脂条件和过程周期之间复杂的相互作用决定了成型剂脱除速率和脱脂后成型坯的状况。脱脂的一个关键是利用多组元的成型剂体系，这样可以经多个步骤来逐步脱脂，从而在脱除成型剂的一个组元后，剩下足够多的组元来保持粉末颗粒在其适当位置和坯体的强度。

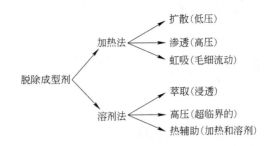

图 9-21　以加热法或溶剂法为基础的六种主要脱脂方法

9.2.7.2 脱脂方式的选择

成型剂的设计和选择决定了脱脂方法。脱脂的目标是在不出现缺陷和变形的情况下，尽量缩短脱脂时间，并保证将脱脂生坯的化学成分控制在许可范围内。针对不同的成型剂出现了多种脱脂方法，表9-5是这些脱脂方法的比较。但在实际生产中脱脂过程往往比较复杂，需要综合利用两种甚至更多的脱脂方法。

表9-5 各种脱脂方法的比较

脱脂方式	优 点	缺 点
热脱脂	工艺简单，成本低，投资低，无环境污染	脱脂速率慢，易产生缺陷，适合于小件
溶剂脱脂	脱脂速率较快，脱脂时间缩短	工艺复杂，对环境和人体有害，存在变形
催化脱脂	脱脂速率快，无变形，可生产较厚的零件	需要专门设备，分解气体有毒，存在酸处理问题
虹吸脱脂	脱脂时间短	有变形，虹吸粉污染样品

最通常的方案是将零件浸在溶剂中溶解掉一些成型剂，剩余一些聚合物保持颗粒位置及强度以利于运输，在烧结前再排除。较新的成型剂体系是水溶性的，溶剂是水。发展较快的是催化脱脂，由于脱脂速率快，可与烧结相结合连续进行，在连续脱脂−烧结炉内完成。溶剂和催化脱脂可保证最佳尺寸控制，因为在成型剂排除过程中注射成型坯保持坚硬。这些方法的脱脂速率通常为 $1 \sim 2mm/h$。

9.2.7.3 脱脂过程中缺陷的避免

除了成型剂的脱除，脱脂时还必须控制工艺以尽量避免缺陷的产生及变形。表9-6列出了脱脂缺陷的种类及其产生的原因，并给出了可能的修复措施。

表9-6 脱脂缺陷的种类、原因及可能的修复措施

缺陷类型	原 因	可能的修复措施
鼓泡	内部气体	降低加热速率，增加粉末纯度
	溶剂残留	降低溶剂脱脂温度
	气体残留	混料时适当除气和注射过程中适当排气
空心	聚合物分离	选择较多的可溶性聚合物
	粉末分离	降低粉末装载量
	聚合物结晶	增加无定型聚合物
裂纹	模线	调整模具
	颗粒重排	增加粉末装载量
扭曲	加热不均	增加相容性介质
	聚合物应力松弛	使用短链聚合物
碳含量高	聚合物污染	降低升温速率，延长低温时保温时间，加大保护气氛流量
	不正确的聚合物脱除	调整气氛，增加气氛流速

9.2.7.4 烧结产品的质量控制

如果对烧结过程控制不当就会产生各种缺陷。这些缺陷大多是与尺寸控制不良的产品与烧结气氛之间的不良反应有关。烧结问题出现导致的一个最主要直接的后果是使产品的尺寸发生变化，影响产品的最终尺寸精度。表9-7总结了一些烧结问题和可能的解决方法。

表 9-7　一些烧结缺陷的来源及补救措施

缺　陷	来　源	补　救　措　施
不均匀收缩	重力	减少坯体的重力影响
	成型	消除成型过程中的两相分离
鼓泡	升温速率太快	降低升温速率
裂纹	气氛	改变烧结气氛，减少表面复合物的生成
	升温速率太快	降低升温速率
缺碳	过分氧化	粉体氧含量太高，需要增加含碳添加剂
	气氛	减少气氛泄漏
扭曲	液相含量太多	降低烧结温度
	重力	关键部位减少重力影响

9.3　冷等静压

等静压是利用高压液体介质的静压力使粉末料在各个方向同时均衡受压的一种方法。为此，弹性模具是必需的。通常传递压力的介质是油或水溶液，因而也称水静压或液静压。等静压技术起源于 20 世纪初叶，为粉末冶金注入了新的活力，它克服了传统的机械模压成型方法的缺陷和局限性，没有钢模压制时粉末与模壁的摩擦，因而能够实现均匀的成型。冷等静压技术广泛用来制作尺寸大、形状复杂、性能要求高的硬质合金轧辊，人造金刚石用顶锤，硬质合金刀具等。还广泛用来成型长径比大的其他粉体材料。

9.3.1　冷等静压制的工作原理

冷等静压技术（Isostatic Pressing Technology）的工作原理是在密闭的容器中放入被压制的工件压坯，压坯的外表面覆盖着弹性的模具，在温室条件下，向容器内充入高压液体，在压力缸内施加可高达 600MPa 的超高压，压坯受到各向均匀压力的作用，沿压制方向均匀地收缩，达到预定压力并保持一定时间后，压坯被均匀致密。卸掉压力，取出压坯，去掉模具，即可获得被均匀致密的压坯。压坯便于机械加工，在烧结时收缩均匀、提高力学性能。

按冷等静压机的结构形式可分湿袋式（或称"自由模"式）和干袋式（或称"固定模"式）两种。

干袋法冷等静压机是将高压工作缸体分成上下两个部分，在两个缸口上分别装上半个厚壁弹性模具。工作时，上、下两个高压缸闭合，上下模合拢，粉料从加料口加入，封闭加料口后，即可升压。经保压、泄压、开启高压缸，压坯会自动滑到料槽。它是利用厚壁弹性材料作压力传递介质，施力于压坯。干袋式冷等静压机省略了装模、脱模等工序，因而提高了生产效率。它在成型纺锤形、柱形、环形、浅盘形等小型压坯方面，有独到之处，一次可压出 5 ~ 10 个坯体。干袋法冷等静压原理见图 9-22a，由美国 SIMAC 公司生产的干袋法冷等静压机见图 9-22b。

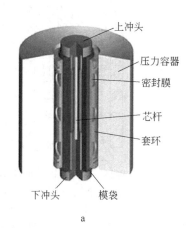

图 9-22 干袋式冷等静压机

a—干袋式冷等静压原理图；b—美国 SIMAC 公司生产干袋式冷等静压机

干袋式等静压机和普通等静压机的区别在于它隔着干袋接受等静压机高压腔工作介质的压力，通常是把模具固定安装在干袋里（或干袋直接作为模具），干袋的唇边紧贴高压腔的内壁和高压腔形成密闭的空间，高压腔的工作介质可以直接加压在干袋表面上，通过干袋把压力传递到橡胶模具周围，在模腔里填充待压的粉料，高压腔里的工作介质升压即可压出所需要的工件。严格来讲干袋式等静压机是一种准等静压机，即粉料各向受力并不是完全相等，但对于薄壁筒状、薄壁碟状等粉料成型并无影响，因此在国外得到极大的推广。

干袋法的优点是粉末体远离压力介质，对粉末体污染可以消除并且形状可以复杂，可以实现高度自动化，生产效率高，产品质量稳定，适合大批量工业化生产。

湿袋法冷等静压的应用更为广泛。模具在压机外进行组装和填充粉末，抽真空并密封后放入高压缸中，直接与液体介质接触。成型后，将模具从高压缸内取出，进行脱模等工艺操作。由于这种成型模具直接与压力介质接触，而又不是被固定在高压缸内，故又称湿袋模或自由模。干袋压制和湿袋压制原理的比较见图 9-23。

湿袋法的优点是可以成型尺寸较大但形状简单的粉末产品。

对于湿袋装置，也可分成单介质和双介质两种。

双介质冷等静压制工艺即在高压容器内放入两个模具，将粉末料充入到第一个模具中与上盖固定，将这个充满粉末料的模具，放入第二个弹性模具中，在内模具的外壁和外模具的内壁形成一个腔体，在腔体内充入介质，通常为不会对粉末体产生污染的液体，将这两个模具放置到高压容器内，固定好关闭上盖，从容器的上端盖和下端盖处充入高压液体，高压液体向第二个模具均匀试压，压力通过第二个模具传递到第二个模具和第一个模具所形成的腔体中的液压介质上，液压介质获得压力后又均匀地将压力传递到一个弹性模具上，这时模具内的粉末料即被压制成型，如图 9-24 所示。

双介质的结构特点是防止粉末体受到压力介质污染。

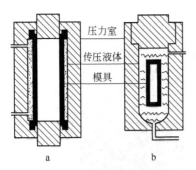

图 9-23　干袋压制和湿袋压制的比较

a—干袋压制；b—湿袋压制

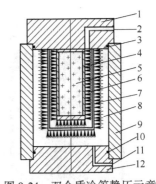

图 9-24　双介质冷等静压示意图

1—上塞（上盖）；2—压力介质 1 出入口；

3—高压密封组件；4—包套 1；5—粉末体；6—压力介质 1；

7—包套 2；8—压力介质 2；9—高压容器；10—高压密封

组件；11—压力介质 2 出入口；12—下塞（下盖）

9.3.2　压力介质

冷等静压制成型所选用的介质可以分为液压油、浮化液、纯净水等。在选择介质时应考虑工作压力，介质的黏度以及黏度增加的条件，介质的腐蚀程度，介质的可压缩性，凝固的边界条件，是否容易获得以及价格等因素。

湿式单介质冷等静压所用的压力介质，在冷等静压成型后，可以附在包套的外表，取出来之后，应该用清水冲洗包套的外表面，以免对环境造成污染。因为有些介质为了防腐蚀加入了许多的添加剂，这些添加剂对环境均有污染。

双介质冷等静压工艺在选用介质的过程中，即要考虑到介质对粉末的污染程度，又要考虑到工作压力、黏度等。

9.3.3　冷等静压特点

与普通模压成型相比，冷等静压成型工艺的基本优点是坯体密度分布较均匀。由此派生出一系列的其他优点，如：

（1）坯体密度较高，一般要比单向和双向模压成型高 5%~15%。

（2）能够制作长径比很大，或尺寸较大，或形状复杂的坯体。

（3）坯体强度高，可以直接进行搬运和机械加工。

（4）粉末成型体的密度均匀，坯体内应力小，减少了坯体开裂、分层等缺陷；烧结后的粉末制品变形小。

（5）一般不需要在粉料中添加润滑剂或成型剂，或只加入少许即可。这样既减少了对制品的污染，又简化了制造工艺。

（6）复合粉末体成型成为可能。对于不同的材料粉体，可以采用分层充装的工艺。冷等静压工艺方法使两种以上的材料成型成为可能。

与普通模压相比，它的缺点是：

（1）压坯的尺寸精度和表面粗糙度都较低，需经机械加工最终成型，粉末收率低。

（2）工艺过程较复杂，生产效率较低。

（3）所用橡胶和塑料模具的使用寿命要短得多。

（4）设备投资和生产费用都较高。

9.3.4　包套及模具的制作

在冷等静压工艺中，包套结构设计、材料的选择是十分关键的。

冷等静压技术从实验研究发展到现在的生产规模，不仅冷等静压装备已经过多次变革和更新换代，而且冷等静压的包套和模具技术也在不断地更新，不断地改进。冷等静压的模具包套设计和制作是冷等静压工艺技术中十分重要的环节。

根据冷等静压装置的形式，包套模具也可分为湿式包套模具（见图 9-25）和干式包套模具（见图 9-26）两大类型。

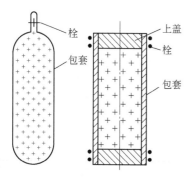

图 9-25　湿法单介质包套形式

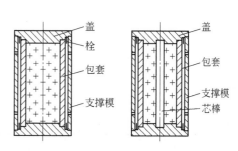

图 9-26　干式冷等静压包套

所谓软模，通常是指由弹性材料（如橡胶、塑料）制成的塑性包套、塑性端塞和模垫。这种软模在冷等静压成型过程中，既起型模作用，又是将液静压力传递给粉体的介质。

软模的制作一般分以下三个步骤：

（1）首先确定待压物料冷等静压成型的基本数据。利用现成的或易得的小型包套模具进行冷等静压成型的小型试验，以确定待压物料在拟定的装料方式下所达到的充填密度、成型时的压缩比、压力与压坯的密度及强度等性能的关系，以及压坯烧结后所达到的收缩比和性能。

（2）确定软模的基本尺寸。根据第一步所得的试验数据，再加上成型后各工序所留的加工余量及尺寸公差等，就可以进行软模的形位尺寸为 1∶1 的试验性设计。通过实测结果，再进行校核设计。通过一次或多次的反复校核设计，直到成型的压坯在形状、尺寸、压坯性能等方面均达到要求为止。

（3）进行生产用模具的设计和制作。这一步是在第二步的基础上进行的，内容包括：

1）选择合适的软模材料；塑性包套材料应该具备以下特点：①与压力介质和被压物料具有稳定的化学相容性；②耐磨性能好；③抗撕裂强度高；④弹性好，具有适宜的泊松系数；⑤容易制备。

选择包套材料时，包套制作的难度、制作成本及使用寿命也应该作为重要因素进行考虑。有关包套的制作、成本和使用寿命的对比见表 9-8～表 9-10。

表 9-8 包套制作难易程度的比较

工艺方法名称	所需设备的复杂性增加趋势
浸渍法 浇注法 模压法	↓

表 9-9 包套制作成本的比较

成本分类	所用材料或工艺方法	成本增加趋势
材料成本	聚氯乙烯 天然橡胶 氯丁橡胶 聚氨酯	↓
模具成本	浸渍法 浇注法 模压法	↓
辅助设备成本	浸渍法 浇注法 模压法	↓

表 9-10 包套使用寿命的比较

包套所用材料	寿命下降趋势
聚氨酯 氯丁橡胶 天然橡胶 天然橡胶（乳胶） 聚氯乙烯	↓

目前常用的弹性材料主要有天然橡胶（乳胶）、合成橡胶（氯丁橡胶、硅橡胶）、聚氯乙烯（PVC）和聚氨酯。其中，天然橡胶（乳胶）和氯丁橡胶材料一般多用于制作湿袋法等静压工艺用的包套模具，而聚氨酯和聚氯乙烯则主要用于制备干袋法等静压工艺的包套模具。

2）根据第二步确定的尺寸进行金属阳模或阴模芯的设计、制作。

3）软模制作。热塑性软性树脂是目前制作模具的主要材料。对软模软硬程度的要求可通过调节增塑剂的成分及含量来确定。国内目前通用的配方见表9-11。

表 9-11 塑料包套原料配方

原料名称	份数（质量分数）	作用
聚氯乙烯树脂	100	基体
苯二甲酸二辛酯	100	增塑剂
三盐基硫酸铅	3~5	稳定剂
硬脂酸	0.3	润滑剂

软模制作的工艺程序为：先将三盐基硫酸铅、硬脂酸、聚氯乙烯树脂等粉末混合均匀，然后将混合料倒入苯二甲酸二辛酯（苯二甲酸二丁酯）的溶液中搅拌成料浆，再将金属阳模或阴模置于电烘箱中预热至 140~170℃。根据阳模或阴模的尺寸来确定预热时间，一般小型模具的预热时间为 3~5min，大件的预热恒温时间可扩大到 20~30min。然后，把料浆倒入阴模芯中或阳模浸入料浆中进行搪塑或浸渍至所需要的厚度。若塑料层太薄，可把金属模再放入电烘箱中加热至 160℃，进行第二次浸渍。随后，将黏附了料浆的金属模芯放入电烘箱中在 160~180℃温度下保温 1~1.5h 进行塑化处理，塑化完成后取出放入冷水中冷却或自然冷却，最后将塑料模从金属模上剥下来供使用。

9.3.5 模芯

采用冷等静压技术成型压坯内孔时必须借助于刚性模件——模芯。等静压用模芯一般由金属材料制成，并应满足如下要求：

（1）材料应有足够的强度、硬度和刚性。

（2）长径比大的模芯，其上下要有一定的锥度，一般为 1°~2°。

（3）模芯表面要有较高的粗糙度。

（4）应尽量采用实心模芯。压制大型中空压坯时，为了操作（模具的搬运、装卸和脱模等）简便，一般采用带中心孔的模芯。设计时要注意到保证压制过程中液体介质能进入模芯的中心孔（见图 9-27）。

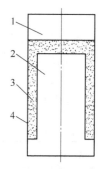

图 9-27 模芯示意图
1—密封塞；2—芯模；
3—粉料；4—橡胶包套

9.3.6 压坯形状和尺寸的控制

通过正确的模具设计，选择合适的工艺条件和正确的操作方法，可以使冷等静压压坯的尺寸公差达到最小的范围。

湿袋式工艺所得压坯的形状、尺寸一般不易控制。多数压坯都留有一定的加工余量，经机加工才能达到所要求的形状和尺寸。

以成型小型压坯而著称的干袋式工艺，由于只有径向压缩作用，所以其尺寸比较容易控制在较小的公差范围内。

冷等静压压坯的表面粗糙度，主要受粉末团粒的粗细、硬度以及模具表面粗糙度和硬度的控制。压坯表面粗糙度与成型压力的大小并无明显关系。

9.3.7 装模和压制

对于湿式冷等静压在将粉末充入到设计好的模具之前，应将包套进行彻底的清洗吹干，充入粉末后进行振实排气和密封。在将充满粉末的模具包套放入到容器之前应将包套的外表面进行再次的清洗，以免污染物将液体介质污染。

将充满粉末的模具放入到冷等静压的高压容器内，调整好模具，密闭上盖，将预先设计的工艺曲线输入到控制系统的控制曲线上，包括快速充液排气，高压升压时间和速度、最高压力，保压时间以及泄压速度等。按动工作按钮，整个压制工艺自动完成。

9.3.8   冷等静压机

经过几十年的不断发展，等静压设备的设计、制造均逐步进入了较成熟的阶段，形成了冷、温、热等静压设备全面开花，技术规格齐全的发展局面，对于湿式冷等静压装置又分为大型、小型、生产用、简易研究用等几种类型。由于干式冷等静压装置只是针对中小型粉末体的快速成型致密化，因此，干式冷等静压装置只有中、小型结构形式。

湿式冷等静压装置最基本的构成为：（1）高压容器及框架；（2）高压供液系统；（3）压力管线；（4）控制系统；（5）辅助机构等几大系统。

设备本体结构可分化为螺纹式、框架式和预应力缠绕式三大类。预应力钢丝缠绕式结构的高压缸体和框架均采用预应力钢丝缠绕方式，避免了应力集中，使其有极长的使用寿命，是目前最安全、最可靠的结构。较以上两种结构形式，其高压缸直径可达最大，满足工业大制品压制的要求。目前最大的冷等静压机直径已达 $\phi2500$mm。预应力钢丝缠绕式结构的缺点是技术难度高，制造成本较高。

可根据用户的不同需求设计、制造各种型号的冷等静压机。冷等静压机的主要技术参数是高压腔直径、高度、最大工作压强，见表9-12。冷等静压机的高压工作缸直径最大可达1m，其中小缸径最高压力可达400MPa。

表9-12   冷等静压机规格型号

项 目	LDJ100	LDJ200	LDJ300	LDJ400	LDJ500	LDJ600	LDJ700	LDJ800
高压腔直径/mm	100	200	300	400	500	600	700	800
高压腔高度/mm	300，400，500，600，800，1000，1500，2000，2500，3000							
最大工作压强/MPa	300				250			

不同的用户对冷等静压机的需求也各不相同，如何选择适合自身要求的冷等静压机，需重点考虑以下几点：

（1）压制缸容积尺寸的选择：冷等静压机压制缸为一筒状容器，其装料直径和高度尺寸的选择尤为关键；装料尺寸必需大于单个压制产品压坯（含模具）的最大尺寸，综合考虑直径方向单层压坯（含模具）的摆放形式、数量和生产效率、压坯吊篮空间、地坑或地面安装方式，见图9-28和图9-29。

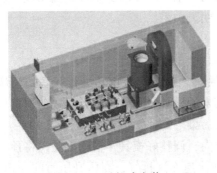

图9-28   地坑式安装

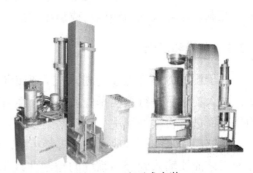

图9-29   地面式安装

（2）最高工作压力的选择：选择设备的最高工作压力，应高于产品工作压力 20 ~ 50MPa 为宜。

（3）满足压制工艺的要求，标准压制曲线见图 9-30。

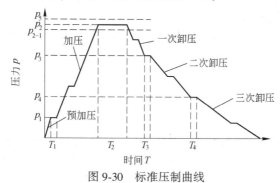

图 9-30　标准压制曲线

9.4　机械加工成型

9.4.1　概述

由于形状复杂，普通模压法不能成型的制品，如各种直齿和螺纹齿铣刀、麻花钻、螺纹工具、成型车刀、复杂型腔的模体等异型制品，可以由机械加工成型。有时候，产品形状虽不复杂，但批量太小，或交货期太短，为降低生产成本，或缩短生产周期，往往也采用这种机械加工成型法。

机械加工成型的生产流程如图 9-31 所示。

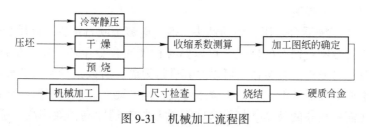

图 9-31　机械加工流程图

机械加工成型方法还有另外一种工艺：物料直接等静压后再进行机械加工，这种生产工艺在现有的设备加工条件下，产生的返回料较多，成本较高。

9.4.2　压坯的预处理和加工工艺

（1）冷等静压。PEG 压制的压坯，可以将其等静压后进行加工，但通常只适于磨削、外圆车削、切片等简单的加工。冷等静压的压力一般为 100 ~ 200MPa。

（2）干燥。橡胶、石蜡成型剂的压坯，可以将其干燥后再进行加工，一般将要加工的压坯放入干燥柜中干燥 2 ~ 7 天，干燥的时间长短根据毛坯尺寸确定。这种干燥工艺适合各种加工，但干燥时间长，导致生产周期长。

（3）预烧。预烧是目前使用最多的一种。先将压坯脱胶，然后进行预烧。冷等静压的橡胶毛坯脱胶后无需预烧，可以直接进行加工。预烧的温度一般为 600 ~ 800℃，一般高钴合金预烧温度比低钴合金低。预烧工艺适合各种成型剂压制的压坯，同时适合加工形状复杂的产品，但是该种方式对预烧工艺控制提出了较高的要求。

压坯经过以上几种方式处理以后，强度有较大的提高，但加工时仍然要小心谨慎，轻夹轻放，防止夹裂和掉边掉角。

总之，加工用的压坯首先必须保证各部位收缩的基本一致，也就是压坯的密度相对均匀，最后是压坯的实际尺寸和图纸要求的压坯尺寸基本接近，这样可节约物料，降低成本。

（4）加工前的准备。测算处理后的毛坯收缩系数，考虑修正值，确定压坯的加工尺寸，绘制加工图纸。

（5）加工。根据绘制的加工图纸，对压坯进行各种机械加工，达到加工图纸的精度要求。压坯机械加工用的机床可以分为通用的金属加工机床和硬质合金压坯机械加工专用机床。

硬质合金压坯加工过程中粉尘较大，必须配备收尘系统，加工前必须开启收尘装置。

（6）产品的半检。加工后的产品可能还存在毛刺等缺陷，要去毛刺；然后对加工的产品进行尺寸测量，看是否符合图纸要求。如果某一型号为批量生产，应该加工一到两件产品进行试烧后，再进行大批量生产。

9.4.3　刀具及磨轮

（1）车刀。车刀为金刚石或立方氮化硼车刀，刀杆为 45 号钢，刀具前角一般可以设计为 0°，后角为 15°～30°；因为半成品毛坯脆性大，外圆车刀刀尖一般带有 R2～R5 的圆弧，以防车削过程中产生掉边掉角。一般情况下，金刚石和立方氮化硼车刀不要刃磨。如果刀具出现崩刃，只能报废。

（2）钻头。加工硬质合金压坯用的钻头一般有电镀金刚石钻头、硬质合金钻头、焊接金刚石钻头。电镀金刚石钻头的优点是可以钻各种硬质合金压坯，缺点是钻削效率不高，钻头钻穿产品时容易崩边。合金钻头可以对其进行刃磨，所以这种钻头比较锋利，钻削效率比较高，成本相对较低，但这种钻头容易磨损，经常要对其进行刃磨，所以加工精度不高，而且刃磨还需要很高的技术。焊接金刚石钻头加工精度高，效率高，适合批量钻削，但是这种钻头制造成本高。

（3）砂轮。硬质合金压坯加工砂轮可分为切片和平磨砂轮两种。

切片一般用作下料，如将一块大产品分割成几块小产品。切片又可分成两种，金刚石树脂切片和电镀金刚石切片。金刚石树脂切片的优点是耐磨，但金刚石树脂切片在加工产品时，若用力大，切片容易产生裂纹。电镀金刚石切片优点是安全可靠，但是切片不耐磨。

平磨砂轮绝大多数为金刚石树脂砂轮，用来修磨压坯平面尺寸。

不管是切片还是平磨砂轮，其粒度一般在 60～120 目（250～120μm）之间，具体要根据硬质合金半成品压坯的粘刀性选择。

10 硬质合金烧结基本理论

硬质合金烧结的目的是使多孔的粉末压坯变为具有一定组织结构和性能的致密合金；在不同成分组成的硬质合金粉末混合料压坯，烧结可得到完全或近似于相图所表示的组织结构。烧结是硬质合金生产的最后一个关键环节，合金的结构和性能固然取决于烧结之前的许多工艺因素，烧结工艺对其仍然有着重大的，甚至是决定性的影响。硬质合金的烧结过程比较复杂，既有物理变化，也有化学反应，但主要是物理过程，烧结体致密化，碳化物晶粒长大，黏结相成分的变化以及合金显微结构的形成，还有氧化物的还原、气体的逸出、物质的迁移等。

10.1 相图与合金的相组成

相：合金中具有相同化学成分与物理性质并以界面相互分开的均匀部分。

相图（phase diagram）：也称相平衡状态图，是用来表示相平衡系统的组成与一些参数之间关系的一种图。表达在平衡条件下环境约束（如温度、压力）、组分、稳定相态及相组成之间关系的几何图形。

10.1.1 W-C-Co 三元状态图

合金的性能决定于其组织结构，组织结构又决定于化学成分。为了了解合金结构、相组成与温度及成分之间的关系，必须借助于 W-C-Co 三元状态图的等温截面及其有关的重要垂直截面。W-C-Co 三元状态图在凝固温度下的等温截面如图 7-11 所示。

WC-Co 合金有三种可能的相组成：WC $+\gamma+\eta$、WC $+\gamma$、WC $+\gamma+C$。

从图 7-11 可以看出，整个三元状态图被狭窄的两相区 $\gamma+WC$ 分为两个基本区域：在它的富碳方面是三相区 $\gamma+WC+C$，在它的贫碳方面是三相区 $\gamma+WC+\eta$ 和（沿 Co+C 线的）狭窄的两相区 $\gamma+C$。

系统内以 η_1、η_2 和 K 相表示的三个（Co-C-W）化合物决定着 $\gamma+WC$ 两相区下面各相区的位置和特性。其中 η_1 相和 η_2 相具有面心立方晶格，而 K 相则为六方晶格。

η_1 相包括分子式为 CO_3W_3C、Co_2W_4C 和 Co_3W_6C 的三元化合物，相区较宽，并与 WC 及 γ 相平衡（浓度三角形中的 $\gamma+WC+\eta_1$ 三相区）。

η_2 相含碳量更低，其成分大约相当于分子式 Co_6W_6C，相区较小。

K 相则与 η_1 及 η_2 相不同，其分子式为 $Co_3W_9C_4$、$Co_3W_{10}C_4$、$Co_2W_8C_3$（其中钨原子占多数）。

上述三个三元碳化物中，只有 η_1 相具有实际意义，因为通常工业合金缺碳时都会出现 η_1 相。如果按 Co_3W_3C 计算，其成分为：$w(W) = 74.8\%$、$w(Co) = 23.6\%$、$w(C) = 1.6\%$，晶格常数为 $1.1026 \sim 1.1241nm$，维氏硬度为 1050×10^5 Pa，无磁性、脆性大，能为 $K_3Fe(CN)_6$ 侵蚀，并在金相磨片上呈橙黄色或黑色。

平衡结晶时在 Co-WC-C-Co 区域的 Co-C 线附近有一个三元共晶 γ+WC+C（$w(W)$=22%~24%、$w(Co)$=73%~75%、$w(C)$=2.3%~2.4%），共晶温度为 1300℃。

在这个三元系状态图中，γ+WC 两相区对通过 Co-WC 线截面的相对位置，特别是它的宽度，对于确定 WC-Co 合金的原料碳化钨的技术条件具有重要的实际意义，因为合金的含碳量只有在这个两相区的范围内波动时才不会出现其他的相。如果超出了这个范围，即含碳量过高或过低，则都会相应地出现石墨相或 η 相。

10.1.2   WC-Co 伪二元相图

图 10-1 是 W-C-Co 三元相图中的伪二元截面。所以称伪，是因 WC 并非单质，而是化合物。此图表明，在 1340℃ 左右，WC 与 Co 形成二元共晶。共晶线之下为 WC+γ 两相区。线的上方大部分为液相区。有两个二相区，既 WC+L，γ+L，左边为一个单相区（γ）。通常认为，在室温下钴不溶于碳化钨中，而碳化钨在钴中的溶解度小于 1%。图 10-1 表明，在出现液相以前，碳化钨在钴中的溶解度随温度的升高而增大：1000℃ 时至少为 4%，而达到共晶温度（不超过 1340℃）时则为 20% 左右。达到共晶温度以后，烧结体开始出现共晶成分的液相。达到烧结温度（如 1400℃）并在该温度下保温时，烧结体由液相和剩余的碳化钨固相组成。冷却时，

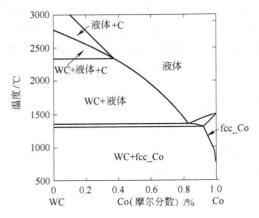

图 10-1   W-C-Co 相图中的 WC-Co 伪二元截面

首先从液相中析出碳化钨，并在达到共晶温度后形成 WC+γ 二元共晶，最后得到 WC+γ 两相组织的合金。

10.1.3   通过碳角的垂直切面

图 10-2 为 WC-C-Co 三元相图通过碳角垂直切面的一部分。有两个二相区：WC+γ 及 WC+L。五个三相区：WC+γ+C、WC+γ+η、WC+L+C、WC+γ+L 和 WC+L+η。

我们知道，要获得两相组织，碳量变化允许范围是很窄的（对大多数常用合金来说，此值<0.1%）。由图 10-2 可见，三相区 WC+液相+η 仅仅部分地伸展到 WC+γ 的两相区上面，使得本来就很窄的两相区在此温度下变得更窄，其含碳量（以碳化钨计）不低于 6.06%。这表明，相当于碳化钨含碳量为 6.12%~6.06% 的合金冷却时才能得到两相组织（γ+WC）；含碳量为 6.00%~6.06% 的合

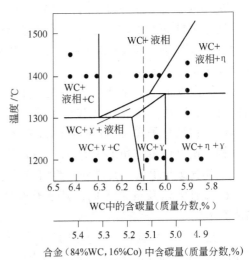

图 10-2   WC-C-Co 系状态图（含钴 16% 时）
通过碳角的垂直截面的一部分

金，在 1350~1300℃ 之间的平衡状态同样可得到 γ+WC 两相组织，而从 1357℃ 以上迅速冷却时可能出现 η 相。表明 η 相的出现与冷却速度有关。也就是说，在此温度下，稍一不慎，就会产生 η 相。而 η 相的晶粒一旦形成，就不容易消失，导致合金性能下降。也就是说，只有在碳化钨含碳量为 6.00%~6.06% 这样狭窄的范围内，η 相的出现才与冷却速度有关，然而这未被其他人证实。事实上 η 相是稳定的。

在实际生产过程中，碳量控制的目标是使 WC-Co 合金达到最佳使用性能，通常认为 WC-Co 合金的最佳碳量控制区为 ±0.03%。

10.1.4 Ti-W-C 三元相图

关于 WC-TiC-Co 伪三元系，一般认为 TiC-WC-Co 合金有四种可能的相组成：β+γ、WC+β+γ、WC+β+γ+η 和 WC+β+γ+C。

图 10-3 为 Ti-W-C 三元相图。对我们而言，有实际意义的是中间那条横线（TiC-WC 连线）及其周边区域。三个二相区（Ti，W）C+WC、（Ti，W）C+C 和（Ti，W）C+W$_2$C；一个单相区（Ti，W）C，两个三相区、（Ti，W）C+WC+W$_2$C 及（Ti，W）C+WC+C。与 W-C-Co 三元系相比，这类合金的相组成及相区位置、大小对碳的敏感性不大，并且这种敏感性随合金中 Ti 含量的提高而降低，WC-TiC-10Co 合金三相区宽度与 WC-10Co 合金二相区宽度的比较见表 10-1。实践证明，对 YT15 合金而言，即使 TiC-WC 复式碳化物的总碳含量比理论值低 20% 左右，当用合成橡胶成型剂并在氢气中烧结时，也不会出 η 相。而在 YT30 合金中，则更低的总碳未见出现 η 相。只有 YT5 合金在比较严重缺碳时才有 η 相出现。这主要是由于 TiC-WC 相在（Ti，W）C$_{0.90}$~（Ti，W）C$_{0.99}$ 范围内为单相成分，有一个含碳量范围相当宽的均相区（见图 10-3）的缘故。而且 TiC-WC 固溶体中的含钛量越高，合金的两相（或三相）区的碳量范围越宽。

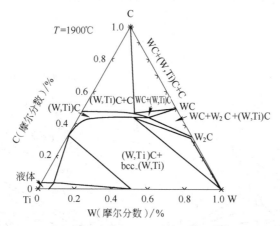

图 10-3 Ti-W-C 三元系 1900℃ 下等温截面上各相区的位置

表 10-1 WC-TiC-10Co 合金三相区宽度与 WC-10Co 合金二相区宽度的比较

合金类别	二相区宽度(碳的质量分数)/%	三相区宽度(碳的质量分数)/%			
含 TiC 量（质量分数）/%	0	6	11	17	25
WC-10Co	0.17±0.01				
WC-TiC-10Co		0.41±0.05	0.53±0.05	0.68±0.08	0.8±0.08

WC-TiC-Co 合金的含碳量变化不太大时，虽然相组成不变，但合金性能会变。所以商业 WC-TiC-Co 合金控制的碳量变化范围仍然是很窄的。

10.1.5 WC-Ni、WC-Fe 合金

WC-Ni、WC-Fe 合金的烧结过程与 WC-Co 合金类似。但由于不同的黏结金属与碳化物基体之间相互作用的物理特性不同，使其烧结过程具有某些特点，主要体现在：烧结体出现液相的温度、黏结金属对碳化物的润湿能力及黏结金属与碳化物之间的相互溶解度等。

10.1.5.1 WC-Ni 合金

W-C-Ni 三元系（见图 10-4）与 W-C-Co 三元系相类似，只是两者的二元共晶线和三元共晶点有所不同，通常前者比后者高 50～100℃。因此，WC-Ni 合金的烧结温度要比 WC-Co 合金稍高。

碳化钨在镍中的溶解度比在钴中的高，前者在 12%～20% 的范围内变化，而后者则为 10%～15%。当黏结金属及碳的含量相同时，在同一温度下 WC-Ni 合金的液相数量比 WC-Co 合金的大，重结晶速度相应提高，故在保证合金孔隙度最低的最低烧结温度下所得到的 WC-Ni 合金，其碳化钨晶粒比相应的 WC-Co 合金的要粗。如果采用与 WC-Co 合金正常烧结相同的烧结规范，则 WC-Ni 合金具有较高的孔隙度。

在 W-C-Ni 三元系中，WC+γ′（钨、碳、镍的固溶体）两相区的宽度（含碳量范围）比 W-C-Co 中 WC+γ 的两相区大，更易得到 WC+γ′ 两相合金。这一点已为实践所证明。

镍对碳化钨的润湿性，在真空中与钴一样，润湿角等于零。

10.1.5.2 WC-Fe 合金

从 W-C-Fe 三元系状态图在 1000℃ 下的等温截面（见图 10-5）来看，它与 W-C-Co 系相似。

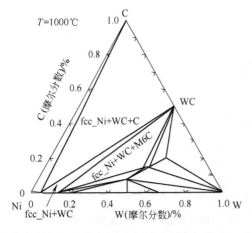

图 10-4 W-C-Ni 系状态图的等温截面

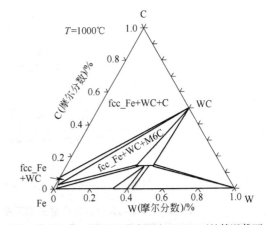

图 10-5 W-C-Fe 三元系状态图在 1000℃ 下的等温截面

实践证明，WC-Fe 合金的烧结温度比相同钴含量（在 3%～20% 的范围内）的 WC-Co 合金大约要高 60℃。

在以铁作黏结剂时，突出的问题是两相区宽度较窄，很难得到 WC+γ″（钨、碳、铁

的固溶体，即图 10-6 中的 γ）两相合金，其至在同一试样中也可能一部分是 WC+γ″+η，而另一部分则是 WC+γ″+C。

WC-Fe 合金虽然要在较高的温度下烧结，然而所得合金的碳化钨晶粒度却并不比在较低温度下烧结的 WC-Co 合金粗，而且也较难出现个别粗大的碳化钨晶粒。显然，这是由于碳化钨在铁中的溶解度较小所致。

10.1.5.3 WC-Fe/Ni 合金

在以铁镍合金作黏结剂时，烧结温度约比 WC-Co 合金高 20～30℃。此时，WC+γ 两相区的总碳范围随黏结剂中铁含量的增加而减小（见图 10-6）。

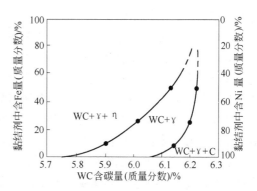

图 10-6 WC+10Fe-Ni 合金的相组成与铁和镍的比例及碳化钨含碳量的关系

10.2 烧结过程及组织演变

粉末冶金的烧结，根据成分、温度、时间等因素的不同，可分成四种类型：均质粉末的固相烧结，非均质粉末的固相烧结、短暂液相烧结和长时液相烧结。硬质合金属于第四种。因为它在实际等温烧结的整个时间内都有液体存在。为了解硬质合金液相烧结过程的主要变化，以最简单的 WC-Co 系为例，来讨论材料烧结过程中的演变、收缩、迁移机理和相应的溶解-析出过程、颗粒重排过程。硬质合金整个烧结过程大致可分为四个阶段。

10.2.1 脱蜡预烧阶段

此阶段为室温至 800℃，在此阶段中烧结体发生如下变化：

（1）成型剂的脱除。烧结初期随着温度的升高，成型剂逐渐热裂解（如橡胶）或汽化（如石蜡），并排出烧结体，与此同时，成型剂或多或少会使烧结体增碳。

（2）粉末表面氧化物还原。当在 800℃ 以下的氢气中烧结时，氢气可以还原钴和钨的氧化物。真空烧结时，碳在这个温度下的还原作用还不强烈。

（3）粉末颗粒相互之间的状态发生变化。在这个温度下，粉末颗粒间的接触应力逐渐消除，黏结金属粉末开始产生回复和再结晶，颗粒开始表面扩散，压块强度有所提高。

在此阶段中，碳化钨向钴中的扩散过程还不活跃，只进行表面扩散。此时在钴粉颗粒之间的接触区域产生某些"焊接"，而彼此接触的碳化钨颗粒间亦可产生很微弱的连接。烧结体在此温度下的线收缩为 0.8% 左右，强度增加不大，仅可满足机械加工的需要。

实际生产中，如果仅以脱胶为目的，用石蜡和 PEG 作成型剂，500℃ 以下就可以完成，用橡胶作成型剂 650℃ 以下就可以完成；要对压坯进行半成品加工就要加热到 800℃，也将这一阶段叫做"预烧"。

这个过程主要的作用是成型剂脱除。不同的成型剂在加热时的行为是不一样的。石蜡的沸点通常超过 370℃，加热时完全变为碳氢化合物气体。合成橡胶没有沸点，加热时发生裂解。如，由丁二烯聚合的橡胶，在有接触剂存在时，在 250～500℃ 范围内裂解成氢、甲烷等碳氢化合物气体和碳。因此，合成橡胶与石蜡不同，裂解时必然在烧结体内残留一部分碳。成型剂形成的各种碳氢化合物气体进入炉内，其中大部分被氢气带走，而小部分则可能随炉气进入烧结体。

进入烧结体的碳氢化合物气体是否分解，并给烧结体增碳，取决于它们在气相中的实际浓度是否超过其在该温度下的平衡浓度。若超过其在该温度下的平衡浓度，则会分解出碳。碳氢化合物气体在其分解反应中的平衡浓度仅仅决定于温度，并通常随着温度的升高而降低。而碳氢化合物在炉气中的实际浓度则首先取决于成型剂变为气体的裂解温度。如果它们变为气体的温度较低，则在分解反应中的平衡浓度较高，因而合金增碳的可能性较小。反之，在一定的限度内它们变为气体的温度愈高，则导致合金增碳的可能性愈大。

实践证明，丁钠合成橡胶在300℃左右的温度下开始裂解，由于烧结体的温度滞后于炉温，所以橡胶实际上大约要到600℃以上的温度才能完全裂解；石蜡要到400℃以上的温度才能完全汽化。升温速度愈快，成型剂在可能裂化（或汽化）的较低温度下实际裂化（或汽化）的相对数愈小，因而要到更高的温度才能排尽。这样，碳氢化合物气体的实际浓度便越易超过（甚至大大超过）它在同一温度下的平衡浓度，因而分解愈多，使烧结体增碳也愈多。反之，升温速度愈慢，碳氢化合物气体便分解愈少，甚至可能不分解。因此，升温速度是关键因素。在适当的工艺条件（主要是升温速度）下，可以使橡胶给烧结体少增碳，也可以使石蜡不给烧结体增碳。

10.2.2　固相烧结阶段

此阶段为800℃至共晶温度，所谓共晶温度是指缓慢升温时，烧结体中开始出现共晶液相的温度，对于WC-Co合金，在平衡烧结时的共晶温度为1340℃。

在出现液相之前的温度下，除了继续上一阶段所发生的过程外，烧结体中的某些固相反应加剧，扩散速度增加，颗粒塑性流动加强，使烧结出现明显的收缩。

扩散可分为三种基本类型：表面扩散、晶界扩散与体积扩散。最容易进行的是表面扩散，因为它是发生在相邻原子间。体积扩散大约发生在750℃。这些过程的进行，使系统的能量下降；据热力学第二定律，所有自发进行的过程，本质上都要达到最小自由能状态。随着温度的升高，越来越多的WC和可利用的游离碳在Co中溶解。大约在1300℃出现液体，二元共晶的熔点是1315℃，而W-C-Co三元共晶在1280℃已经熔化。更多的WC进入熔体中，直到共晶成分达到时为止。

10.2.3　液相烧结阶段

此阶段为共晶温度至烧结温度，随着碳化钨向固相钴中扩散，以及钴相颗粒间焊接作用的加强，烧结体在此阶段发生激烈的收缩，并在液相出现后由于黏性流动的加强，收缩过程迅速完成。碳化物晶粒长大并形成骨架，从而奠定了合金的基本组织结构。

WC-Co伪二元系状态图（见图10-7）是W-C-Co三元系的垂直截面，工业WC-Co合金都是过共晶合金，如图10-7中Ⅰ、Ⅱ、Ⅲ所示成分的合金。

10.2.3.1　WC-Co合金的平衡烧结过程

当混合料纯度极高，并达到理想的均匀程度，而且烧结时升温极其缓慢，就可以认为烧结体处于平衡烧结状态。

例如成分为Ⅲ的烧结体，在缓慢升温过程中，WC慢慢溶解到钴中形成γ固溶体，其溶解度随温度的升高而增大，γ固溶体成分沿 $a''a'$ 线变化，当温度升到共晶温度1340℃

时，固溶体成分达到 a' 点，烧结体内开始出现共晶成分液相，同时，WC 不断向 γ 固溶体中溶解，成分达到 a' 的固溶体数量不断增加，液相数量也随之增加。在共晶温度下保持足够长的时间后，所有 γ 固溶体的成分都达到 a' 点并转变成 d 点成分的液相。此时，在烧结体内形成未溶解的固相 WC 与 d 点成分液相的相平衡。继续缓慢升温时，则 WC 继续向液相中溶解，液相成分沿 dc 线变化，液相数量不断增加。当温度达到1400℃时，液相成分为 c 点。液相成分达到 c 点后，系统达到新的平衡状态，此时烧结体由成分 c 点的液相和剩余的碳化钨相组成。在烧结温度（1450℃）下继续保温时，除碳化钨晶粒长大外，按状态图来说，不会发生成分和相的变化。

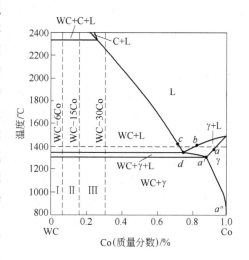

图 10-7　WC-Co 伪二元系状态图

此时烧结体内液相的数量可以按杠杆定律算出：对含碳化钨94%、85%和70%的合金（在图10-7中分别以虚线 Ⅰ、Ⅱ 和 Ⅲ 表示），分别约为 11.99%、28.36%、52.03%（质量分数）。

10.2.3.2　WC-Co 合金的不平衡烧结过程

由于混合料很难达到理想的均匀程度，而且烧结过程的升温速度较快，因此，实际的烧结过程为不平衡烧结过程。情况复杂得多。

首先，在不平衡烧结过程中，当压块升温达到共晶温度之前，固溶体的成分不符合 $a''a'$ 线，而是滞后于 $a''a'$ 线的变化。同时，烧结体在共晶温度下并不保温，在稍高于共晶温度时钴既未完全形成 γ 固溶体，并且，γ 固溶体的成分也达不到 a' 点，因而不可能完全进入液相。只有在继续升温时，由于碳化钨继续向液相中溶解，后者才以不同的成分（沿 dc 线）在不同的温度下进入液相。与此同时，WC 也继续向液相中溶解。当温度达到烧结温度（1400℃）时，液相的成分不是 c 点，而是 bc 线上的某一点。同时，还有大量的钴和碳化钨含量小于 a 点的 γ 固溶体。如果在烧结温度下保温（通常如此），则碳化钨继续同时向 γ 固溶体和液相中溶解，使 γ 固溶体的成分逐渐全部达到 a 点，并沿 ab 线变化，在达到 b 点时进入液相，而液相的成分则沿 bc 线变化。当液相成分达到 c 点时，系统的相平衡建立。如果保温时间不够，则烧结过程可能在没有建立相平衡时结束，因而碳化钨的晶粒长大也不显著。但由于烧结体中有大量未溶于钴中的碳化钨晶粒可作为现成的结晶中心，所以无论是从液相中析出的碳化钨，还是在共晶温度下凝固的碳化钨，都不可能单独生成晶核。

综上所述，不平衡烧结过程有如下特点：

（1）由于热滞后现象，只有在共晶温度以上才会出现液相。

（2）在烧结体内各小区域里出现液相的时间是不同的。

（3）未经足够长的保温时间，烧结体各部位液相的成分是不同的。

其次，烧结体的原始组成通常不符合图10-7，即不是 WC+Co，而可能是 WC+Co+C 或

WC+W$_2$C+Co+C（这是生产中最常见的），如果烧结体由 WC+Co+C 组成，则首先出现的液相共晶成分是三元共晶 WC+γ+C（而不是二元共晶 WC+γ），共晶温度是 1280~1300℃（而不是 1340℃左右）。如果烧结体的实际组成为 WC+W$_2$C+Co+C，则可能于更低的温度（1225~1270℃）下出现组成为 γ+η+C 的介稳三元共晶液相。但是，在一定条件下（如游离碳足够并与相应的反应物接触良好等），则 η 相、W$_2$C 和 W 在这一阶段均可补充碳化而转变为 WC（或 WC+γ）。在这样的情况下，也可能不形成介稳的三元共晶液相 γ+η+C，或者少量形成之后又消失。

如果烧结在惰性介质中进行，则在烧结温度下烧结体的含碳量不会发生变化，其平衡相组成仅仅决定于烧结体的原始组成。但是烧结介质往往不是惰性的，因此烧结体的含碳量将随保温时间的延长而或多或少地发生变化：或者增加，或者减少，从而导致液相成分的变化，甚至形成新相（η 相或石墨），或者改变新相的数量。烧结体凝固之前的相组成，决定于其最终含碳量：碳量不足，则为 WC+η+液相；碳量过剩，则为 WC+C+液相；碳适量，则为 WC+液相。

10.2.4 冷却阶段

此阶段为烧结温度至室温，在这一阶段，合金的组织和黏结相成分随冷却条件的不同而产生某些变化。冷却后，得到最终组织结构的合金。

如果整个冷却过程处于平衡状态的话，则成分符合图 10-7。烧结体冷却时，应该首先从液相中析出碳化钨，待降到共晶温度后形成 WC+γ 二元共晶。因此，合金的组织应该是：原始 WC+从液相中析出的 WC+共晶（WC+γ）。实际合金的组织总是 WC+γ，而与冷却速度无关。然而冷却速度可能影响到合金 γ 相的成分（与烧结体的最终含碳量有关），从而影响到合金的性能。

如果烧结体的成分不符合图 10-7，当碳量过剩时，同时还有石墨从液相中析出，并由于形成三元共晶 WC+γ+石墨而凝固；碳量不足时，则同时有 η 相析出，并在形成三元共晶 WC+γ+η 时完全凝固。合金的组织和性质主要决定于前两个阶段烧结的结果，而冷却速度的影响较小。冷却速度主要影响合金 γ 相的成分、特别是合金表面的状态。图 10-8 就是随炉冷却和快速冷却的比较，随炉冷却，合金表面明显富钴，而快速冷却表面富钴情况就减少很多。

a   b

图 10-8 冷却速度对合金表面富钴的影响

a—快速冷却；b—随炉冷却

关于 WC-TiC-Co 合金的烧结过程，一般认为与 WC-Co 合金的烧结基本类似。其主要区别表现在液相的成分，出现液相的温度和所得合金组织的不同。例如，对两相的 WC-TiC-Co 合金而言，无游离碳存在时，在 1360~1380℃ 形成 Co +(TiC-WC) 二元共晶；若有游离碳存在，则在 1260~1270℃ 形成 Co+(TiC-WC)+C 三元共晶。而三相的 WC-TiC-Co 合金，除受含碳量的影响外，还与烧结体原始组元中的 TiC-WC 固溶体的成分有关：对烧结温度而言，若原始固溶体的碳化钨含量是过饱和的，则 WC 会从其中析出，并形成窄长的结晶；相反，若原始固溶体的 WC 含量是未饱和的，则在超过与其溶解度相适应的温度以后，碳化钨将向固溶体晶粒内扩散。

10.3　硬质合金烧结过程致密化

10.3.1　致密化机理

烧结体的致密化，是烧结过程最突出的变化，实际的致密化机理决定于过程的具体条件。硬质合金的烧结，属于液相烧结。虽然扩散过程和物理-化学反应过程对硬质合金烧结体的致密化都具有一定的实际意义，但起决定作用的是流动过程。因为：

（1）即使含钴 25%~30% 的合金，实际的烧结温度通常都不能低于出现液相的温度（1340℃），而且，收缩的完成通常发生在出现液相以后的很短时间。

（2）碳化钨可以被钴完全湿润，在烧结温度下碳化钨颗粒的流动阻力很小。

（3）实际的烧结温度随黏结金属含量的降低而提高。

（4）加压烧结（热压、热等静压）可以大大强化致密化过程（通常于烧结温度下保温几分钟即可）。

因此，烧结体的致密化机理可以分为固相烧结和液相烧结两个过程来讨论。

10.3.1.1　固相烧结时的扩散与塑性流动

烧结体出现液相之前，由于 WC 在 Co 中的最大溶解度约为 20% 左右，所以随着温度的升高，扩散过程显然是相当活跃的。扩散的动力是粉末颗粒表面能的降低，以及烧结体内各组元的浓度差。

由于温度升高，粉末颗粒表面的原子更加活化或激化。当温度达到大约 400~500℃ 以后，黏结金属便开始表面自扩散，并随着温度的升高进行体积自扩散，在碳化钨颗粒周围逐步形成黏结金属的空间网。此外，当温度达到大约 800~900℃ 时，碳化钨颗粒的接触处便开始表面自扩散，使其本身接触逐渐加强。同时，它与黏结金属之间进行表面扩散，因而使其互相靠拢，于是烧结体发生收缩。这就是压坯在 700℃ 以上烧结后强度就有一定的提高，而在 800℃ 左右烧结后就有 0.8% 左右的线收缩的原因。

但是，烧结体在 1000℃ 左右的收缩只占总收缩量的 4% 左右。只有继续升高温度时，一方面由于扩散系数随温度的升高而增大，因而扩散过程加速；同时，由于塑性流动越来越显著，所以烧结体在固相烧结时的收缩速度随温度的升高而迅速提高。

众所周知，粉末颗粒表面的原子分子的排列并不是严格有序的，因此，即使在常温下它们也具有相当明显的流动性质。粉末颗粒越细，温度越高，它们的这种流体性质越明显，因而硬度与强度越低。当温度接近其熔点时，屈服点很低，因而在很小的外力下便产生塑性流动。黏结相的熔点比碳化物低得多，所以最先产生塑性流动。黏结金属的流动

（变形）会改变粉末颗粒之间的接触状况，使碳化物颗粒产生移动而靠拢；同时，由于黏结金属表面张力的作用，烧结体在 1200℃ 以上固相烧结时便发生相当大的收缩。

10.3.1.2　液相烧结时的重排、溶解-析出与界面结构的形成

烧结体出现液相以后的致密化过程，可分为三个阶段：重排、溶解析出与界面结构的形成。在实际烧结过程中，这三个阶段是互相重叠的（见图 10-9）。

（1）重排。各个碳化物颗粒表面都有薄薄的一层液相，它像润滑剂一样，使碳化物间的摩擦阻力急剧下降。由于表面张力的作用，液体力图降低气-液表面的自由能，使孔隙的大小和数量逐渐减少，从而引起碳化物颗粒向更加紧密的方向移动，重新做致密的排列，即重排。

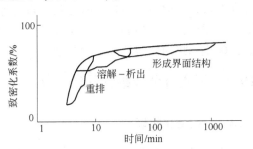

图 10-9　液相烧结阶段的致密化过程

由高度分散的碳化物颗粒和液相组成的系统，液相的分布和烧结的动力在很大的程度上取决于相间的界面能或表面能（σ）。因此，引起碳化物颗粒重排的必要前提是：$\sigma_{固液} < 1/2\sigma_{固固}$，即碳化物颗粒的接触不会产生聚合，并向与液相的接触转变，使碳化物颗粒的接触点出现液相层；后者像润滑剂一样，剧烈地降低碳化物颗粒之间的摩擦，减少它们之间的阻塞，加速碳化物颗粒的移动。

（2）溶解-析出。碳化物颗粒之间的接触点由于有液体表面张力所引起的压力存在，化学位较高，因而在液相中的溶解度比同一颗粒的其他部位要高；结果，接触点优先溶解，并在其他部位析出。接触点溶解之后，两个碳化物颗粒中心的距离便缩短，于是烧结体发生收缩。当然，这个过程只有在液体能够通向接触点时才发生。

（3）界面结构的形成。这一阶段烧结的动力是烧结体力图降低碳化物的晶界能及相界能，在形成界面结构时碳化物的晶界能（$\sigma_{固固}$）小于固液之间的相界能（$\sigma_{固液}$），即：$1/2\sigma_{固固} < \sigma_{固液}$。

合金的 WC 与 γ 相间的界面结构可能由不同的原因形成：少数碳化物晶粒在溶解-析出过程中长大时，由于其生成方向必须符合结晶学的取向，因而使相邻的碳化物聚合，或者形成，或者增加晶间接触；重排过程中形成的晶间接触点在继续烧结时也会互相黏着。可见，这三个阶段是不能截然分开的。

10.3.2　影响致密化过程的因素

凡是影响烧结体内液相的毛细管压力和碳化物颗粒流动阻力的各种因素，都影响烧结体的致密化速度。主要有：

（1）液-固相间的润湿角。液体的毛细管压力随其对碳化物颗粒润湿角的降低而提高，因而液相填充小孔的能力随其对固相的润湿性的改善而提高。所以，当钴量相同时，WC-TiC-Co 混合料压坯烧结时致密化较 WC-Co 困难。

（2）液相的数量。当液相数量不超过 50% 时，毛细管压力随液相数量的增加而提高，同时，碳化物颗粒的流动阻力则随其增加而降低。凡是增加液相数量的各种因素，如：含钴量的增加、含碳量的适当增加、烧结温度的提高等，都会提高烧结体的收缩速度。因

此，低钴混合料压坯烧结时通常需要更高的烧结温度，或在烧结温度下保温更长的时间，收缩才能完成。

（3）烧结体的含碳量。烧结体的含碳量，会影响液相的数量，更主要的是会影响出现液相的温度。含碳量较高的烧结体钴相熔点较低，在出现液相之前的同一温度下塑性较好，具有较大的流动速度，而且，愈接近出现液相的温度，流动过程所起的作用愈大。

从图 10-2 中可以看出，对含钴量为 16% 的 WC-Co 合金而言，当烧结体内的含碳量相当于碳化钨含碳 6.3% 时，钴完全转变为液相的温度为 1300℃；而当含碳量降低到相当于碳化钨的理论含量（6.12%），则钴完全转变为液相的温度升高到 1340℃；如果含碳量由相当于碳化钨含碳量的 6.12% 降到 6.00%，则开始出现液相的温度升高近 60℃（由 1300℃升到 1357℃），且由于包晶熔化形成 η 相，此时使 η 相中的钴（随 η 相一道）完全转变为液相的温度升高到 1400℃；如果烧结体内的含碳量降到相当于碳化钨含碳 5.90%，即合金的稳定结构为 WC+γ+η 时，虽然游离钴转变为液相的温度不变，但 η 相中的钴完全转变为液相则要到 1500℃；而且，这个转变温度将随烧结体含碳量的降低而继续升高。可见，在一定的范围内，烧结体出现液相的温度随其含碳量的提高而降低，因而含碳量较高的可以在较低的温度下收缩好。或者，对一定的烧结温度而言，收缩速度将随含碳量的降低而降低。

当烧结体内有游离碳存在时，会产生不利影响，即：使液相对碳化物的润湿性变差；但如果数量不大，则上述有利影响超过其不利影响。

（4）原始碳化物颗粒的大小。碳化物颗粒愈细，烧结体内单个孔的尺寸愈小，而液体的毛细管压力与孔的半径成反比；同时，两个碳化物颗粒的中心距随其颗粒的减小而缩短，因而细颗粒粉末烧结时彼此易于靠拢；此外，比表面积越大的粉末，其固相扩散速度和液相出现以后的溶解-析出速度也越大；因此，含钴量不超过 6% 的细晶粒 WC-Co 合金的烧结温度允许比同一牌号的中晶粒合金的烧结温度低 50℃左右。但是，当烧结体的含钴量显著提高（到 25%~30%）以后，由于这时本来就具有较高的收缩速度，而通常的烧结温度也不能低于 1350℃，所以细晶粒和中晶粒合金烧结温度的差别就不大了。

（5）黏结金属与碳化物混合的均匀程度。黏结金属与碳化物混合不均匀时，烧结体内的某些局部区域便无黏结金属，流动阻力较大，而且，只有在高得多的毛细管压力下才有液相填充这种区域，因而收缩速度降低。如果这种不均匀性比较严重，毛细管压力不够，则烧结体在通常的条件下便不能完全致密，如同干磨的混合料压坯烧结后那样。同样，由于用复合粉末法制备的混合料中的黏结金属与碳化物混合得非常均匀，所以烧结温度显著降低。

（6）烧结时间。烧结体的致密程度随烧结时间的延长而提高，但其致密化速度却随烧结时间的延长而降低。因此，过分地延长烧结时间并无多大的实际意义。

（7）烧结过程的活化。活化烧结目前已在固相烧结中得到成功的应用。例如，SPS 烧结、微波烧结等。有的是通过添加微量元素，或者通入一定的气氛实现活化烧结过程。

10.4 黏结相的成分与结构

10.4.1 WC-Co 合金

在 W-C-Co 三元系状态图的钴角有一个单相区——γ 相区（见图 7-11），该相是钨、碳与钴的固溶体，也是实际的 WC-Co 合金的黏结相，因而具有重要的意义。

图 7-11 表明，γ 相固溶体的成分决定于合金的含碳量，且其中的含钨量随合金含碳量的降低而提高。当合金的含碳量处于 γ+WC 两相区与 γ+WC+η 三相区的边界上时，γ 相中含钨量最高；当合金中出现石墨痕迹而含碳量正好处于 Co-WC 截面上，即正好符合碳化钨的理论碳量（6.12%）时，γ 相中含钨量最低，且与其中的含碳量保持同样的原子比。有人认为，此时 γ 相中的含钨量降低 1/2 到 3/5。但是，有人根据对 WC-10Co 的合金进行的研究，认为此时钨在钴（γ）相中的溶解度降低 4/5（见图 10-10）。

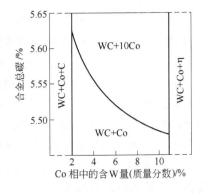

图 10-10　钴相成分与合金含碳量的关系
（合金成分：WC-10Co）

　　γ 相的成分与合金烧结过程的冷却速度有关，钨在钴相中的浓度在慢冷时较低，快冷时较高。因为冷却速度太快时钨来不及析出到平衡浓度。但当合金中有游离石墨存在时，钴相中的含钨量实际上与冷却速度无关。此外，从表 10-2 中可以看出，烧结温度愈高，液相中钨的浓度愈高，因而在同一冷却速度下钴相中钨的浓度也愈高。这点已为钴相晶格常数测定的结果所证实。

表 10-2　冷却速度对 WC-Co 合金钴相成分的影响

合金成分		烧结温度/℃	1000℃以上的冷却速度/℃·min⁻¹	钴基固溶体中含钨量/%	钴基固溶体的晶格常数/0.1nm
化学成分	相组成				
97WC-3Co	WC+γ	1500	100	3.3	—
			10	2.19	—
94WC-6Co	WC+γ	1470	100	1.92	3.578
			10	0.7~1.0	3.561
92WC-8Co	WC+γ	1470	100	1.23~1.13	3.558
			10	1.08	3.556
85WC-15Co	WC+γ	1460	100	1.41~1.50	3.565
			10	0.89	3.554

10.4.2　WC-TiC-Co 合金

固溶体（TiC-WC）在钴中的溶解度随温度及固溶体中碳化钨含量的提高而增大，但随固溶体含碳量的提高而降低，而且，固溶体中的碳化钨含量愈高，其含碳量的影响就愈大。在 TiC:WC=3:1 的固溶体中，含碳量的影响便不明显。

当碳含量较低时，固溶体在钴中的溶解度也与冷却速度及烧结温度有关。

有人认为常温下 TiC-WC 固溶体于钴中的溶解度小于 1%，当 TiC:WC=1:1 时为 0.2%，TiC:WC=1:3 时为 0.6%。

关于 TiC-WC+WC+Co 三相合金的黏结相成分，资料很少。有人认为，此时钨于钴中的溶解度和 WC-Co 合金一样，与碳含量成反比；而钛于钴中的溶解度很小，且与其含碳量无关（见表 10-3）。

表 10-3 15TiC-WC+WC+10Co 三相合金中钨和钛在钴中的溶解度

低碳合金/%		高碳合金/%	
W	Ti	W	Ti
6.4	0.05	0.7	0.05

10.4.3 黏结相的结构与晶型转变

金属钴属于同素异构多晶型金属。现已确定，它有两种结晶形态：α-Co，面心方立结构（fcc），在高温下处于稳定状态。ε-Co，密排六方结构（hcp），在室温下处于稳定状态。在室温稳定的 ε-Co 经高温会转变成 α-Co，反之，高温稳定的 α-Co 冷却时会转变成 ε-Co。其转变温度一般认为在 360～490℃之间（纯 Co 的转变温度为 417℃）。在硬质合金中，由于 Co 相中溶解有 W 和 C 的原子，这些溶质原子会使 Co 相的转变温度升高。

面心立方的 α-Co 有 12 个滑移面，密排六方结构的 ε-Co 只有 3 个滑移面。当合金受外力作用产生形变时，滑移面多的晶体，能较多地吸收应变能和松弛应力，以及协调两相的应变状态，因而具有较好的塑性与韧性。

根据金属学原理，多晶型转变与位错的扩展有关，位错的扩展宽度又与晶体的层错能有关，而层错能的大小与溶质原子的偏聚有关，溶质原子偏聚可升高晶体的层错能，因而降低层错的厚度。在硬质合金中，钴相中溶有很多的 W 和 C，而且可以看到，在一定的范围内，温度愈高，溶质原子的浓度愈大。通常认为在室温下，碳化钨在钴中的固溶度小于 1%，而在 1000℃时至少为 4%，而达到共晶温度 1340℃ 时为 20% 左右。高浓度的溶质原子偏聚在钴相内的位错上，可以有效地升高层错能，从而减少层错宽度，抑制 Co 的多晶型转变，增加钴相中 α-Co 含量，提高合金韧性。

在烧结温度下，硬质合金中的钴相为面心立方的 α-Co，如果能将其从 1000℃ 左右的高温快速冷却到 300℃ 以下，使其来不及转变为脆性的 ε-Co 就已降到了转变温度以下，就能将高温相——面心立方的 α-Co 保留到室温，提高合金的综合性能。冷却速度愈快，室温组织中 α-Co 的含量就愈高，对合金的性能愈有利。这就是我们通常所说的热处理工艺。相反，如果让合金缓慢冷却，最终得到的黏结相室温组织则为脆性的 ε-Co，对合金性能不利。

10.4.4 黏结相成分、结构对合金性能的影响

硬质合金中黏结相成分、结构对合金性能有重大影响。黏结相的成分主要是指 W、Ti、C 含量，其次是添加剂，如 Ta、Nb、稀土元素等。

10.4.4.1 黏结相中 W 含量对合金抗弯强度的影响

对高钴合金来说，其强度随 W 含量增加而提高；而对低钴合金却相反。这是由于高钴合金的钴相被 W 固溶强化后，提高了合金的塑性变形抗力，从而使强度提高；而低钴合金本来就较脆，钴相被 W 固溶强化后，反而降低了合金强度。耐磨性与 W 含量的关系，应该由黏结相的性能来解释，W 含量越高，钴被强化越多，耐磨性也就越高；合金有少量 η 相并不妨碍使用时的耐磨性，但 η 相量多时，合金较脆，容易产生崩刃或折断，使合金工具损坏。

硬质合金的生产技术已经发展到这样的程度，除了控制合金的组织结构外，还控制黏结相的 W 含量。图 10-11 的 I、II、III 区分别表示在不同用途的合金中，黏结相 W 含量的大致范围。第 I 区主要是矿山工具类合金，第 II 区用于一般切削和一般用途的合金，第 III 区表示特殊切削（如铣削）用途的合金。控制黏结相 W 含量需要碳量的准确测量以及严密的工艺过程控制。

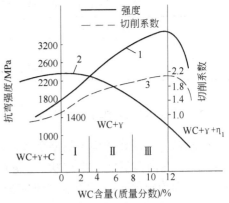

图 10-11　黏结相成分对合金性能的影响
1—WC-20Co；2—WC-6Co；3—WC-8Co

随 W 含量增加，γ 相中溶入 W 越多，固溶强化越明显，韧性和抗弯强度增加，增加到一定程度后又下降。当出现 η 相时，η 相使合金韧性下降，两者抵消后，前者占优势，韧性提高，后者占优势，韧性降低。

冷却速度增加，钴相中 W 含量的增加，能提高钴相的强度，从而提高合金的抗弯强度。但是，过高的冷却速度会使合金处于较高的应力状态，增加了加工过程中产生裂纹的倾向，有的甚至在冷却过程中就会产生裂纹，因此，制定合适的热处理工艺非常关键，不但要使合金得到所要求的组织和成分，还要尽量降低由于快冷所产生的应力。

10.4.4.2　黏结相中 W 含量对合金硬度的影响

加 W 合金的硬度比不加 W 合金高，其高温硬度提高得更加明显，室温下提高 0.4～0.7HRA。800℃时提高 65～150HV。因 W 的熔点（3400℃）比 Co 的熔点（1495℃）高很多，W 的熔入能提高 Co 相的熔点，因而提高硬度，特别是高温硬度。

10.4.4.3　W 在黏结相中的分布

在 γ 相中，距界面距离越近，W 浓度越高，γ 相强度和硬度增加。1/2 平均自由程处，W 浓度最小，γ 相强度、硬度最低。在合金中 γ 相平均自由程（λ）越小，γ 相中 W 的浓度越大，γ 相强度和硬度越大。低钴超细合金中，γ 相平均自由程小，γ 相中 W 浓度高，合金能同时获得较好的强度、硬度和耐磨蚀性。

10.5　晶粒长大及其控制

10.5.1　WC-Co 合金

在致密化过程完成以后，WC-Co 烧结体组织转变的基本特点是碳化钨晶粒的长大。

10.5.1.1　碳化钨晶粒长大的机理

烧结冷却阶段从液相中析出的碳化钨必然会在那些未被溶解的碳化钨晶粒上结晶，从而使后者长大，但由于在烧结温度下碳化钨溶解于液相中的数量不大，这个过程不会使碳化钨晶粒尺寸显著增大。因此，碳化钨的晶粒长大主要是在烧结保温阶段部分 WC 不断溶解和析出所引起的。

在碳化钨于液相中的溶解度达到饱和以后的整个保温时间内，碳化钨总是等速地溶解和析出。这个过程就叫碳化钨通过液相的重结晶。在通过液相重结晶过程中，那些尺寸较小（表面能较高）或点阵不平衡（晶格能较高）的晶粒优先溶解，直到消失，并在那些尺寸较大或具有平衡点阵的晶粒上析出（结晶），这是一个不可逆的过程，因此，重结晶的结果是使碳化钨晶粒长大。不同碳化钨晶粒的表面能和晶格能的这种差异，便是烧结过程中的碳化钨晶粒长大的动力；碳化钨晶粒间的能量差愈大，具有高能量的碳化钨晶粒愈多，则能量低的碳化钨晶粒长大愈严重。而少数有着平衡点阵的粗大晶粒则突出地长大。如果具备充分的条件，则尺寸最小和点阵不平衡的晶粒可以完全消失，从而得到尺寸比较均一的粗晶粒合金。

合金的碳化钨晶粒平均尺寸随湿磨时间的延长而减小。然而，碳化钨晶粒在烧结过程中长大的倾向则随混合料湿磨时间的延长而增大。因此，当湿磨超过一定的时间以后，合金中碳化钨晶粒尺寸的分散性和平均尺寸则总是随湿磨时间的延长而增大。

10.5.1.2 影响碳化钨晶粒长大的因素

A 重结晶速度

碳化钨通过液相重结晶的速度与液相的数量有关。烧结体内液相所占的比例愈大，碳化钨在液相中溶解的绝对量愈多，其晶粒长大的速度便愈高。

而影响液相数量的主要因素是：烧结温度、含钴量和含碳量。

其他条件相同时，烧结体的液相数量随烧结温度的提高而增加。因此，烧结时碳化钨晶粒长大的倾向随烧结温度的提高而增大。而且，碳化钨分子的扩散速度亦随温度的升高而增大，于是又加快了重结晶速度。

液相的数量随烧结体含钴量的提高而增加；碳化钨晶粒尺寸分布的分散性随合金含钴量的提高而增大。

烧结体的液相数量随含碳量的提高而增加，烧结体内保持液相的时间随含碳量的提高而延长，合金中碳化钨晶粒的平均尺寸随原始碳化钨总碳含量的提高而增大。

B 重结晶时间

保温（重结晶）时间愈长，碳化钨晶粒长大愈严重。如图 10-12 所示，合金含钴量为 16%，原始碳化钨颗粒平均尺寸为 1.33μm。

C 重结晶阻力

往合金中加入元素周期表第五族的难熔金属钒、铌、钽的碳化物，可以阻止碳化钨晶粒不均匀长大。

这些碳化物添加剂对合金组织的良好影响，还突出地表现在它可以降低后者对某些工艺条件及含碳量的敏感性。一方面，当合金中含有少量的碳化物添加剂时，即使烧结温度发生较大的波动，也不会使合金的碳化钨晶粒产生显著的变化。另一方面，少量的碳

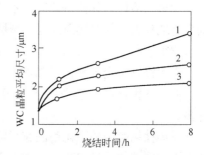

图 10-12　烧结时间对合金的碳化钨晶粒平均尺寸的影响

原始碳化钨总碳含量为：1—6.14%；
2—6.04%；3—5.84%

化物添加剂还会降低合金中碳化钨晶粒长大的倾向对其含碳量的敏感性。此外，少量的碳化物添加剂也会降低合金组织对湿磨时间的敏感性。

10.5.2　WC-TiC-Co 合金

10.5.2.1　TiC-WC+γ 两相合金

TiC-WC 固溶体在钴中的溶解度比碳化钨小得多，所以它在烧结过程中的长大主要不

是由于通过液相的重结晶，而是聚集再结晶。因此，对 TiC-WC+γ 两相合金而言，固溶体的晶粒长大具有如下特点：

（1）与碳化钨不同，长大的结果没有那样明显的不均一性。

（2）对工业合金而言，固溶体的晶粒长大与烧结体的液相数量无关。液相数量的增加固然可以加速固溶体通过液相重结晶的过程，却又妨碍它们彼此聚集，所以固溶体烧结时，液相数量由 0.7% 增加到 7% 也并不影响其晶粒的长大。

（3）这种合金的固溶体晶粒长大主要决定于烧结温度和烧结时间。

（4）合金的晶粒大小与碳化钛在混合料中存在的形式有关：如果以 TiC +WC 的形式存在，则由于在两种碳化物形成单相固溶体之前碳化钨将妨碍固溶体晶粒长大，因而所得合金的晶粒较细；如果以预制的 TiC-WC 固溶体形式存在，则所得合金的晶粒较粗。

10.5.2.2　TiC-WC+WC+γ 三相合金

在烧结 TiC-WC+WC+γ 三相合金的过程中，碳化钨和固溶体（TiC-WC）可以互相制约，彼此阻碍其晶粒长大。例如，在同样工艺条件下烧结由同一粉末原料配成的组分为 TiC-WC+Co、WC+Co 和 TiC-WC+WC+Co 的三种混合料时，结果前两种合金中固溶体和碳化钨的晶粒尺寸都分别比第三种合金中相应的晶粒尺寸大。

可以预料，对这种合金而言，影响固溶体晶粒长大的因素除了与上述两相合金一样外，还应考虑到两种碳化物相的相对数量和原始粉末的粒度。碳化钨晶粒阻止固溶体晶粒长大主要是由于机械隔离作用。因此，在其他条件相同时，原始碳化钨粉或合金的碳化钨晶粒愈细，所得合金的固溶体晶粒也越细。同时，合金中固溶体的相对含量越少，它本身的长大也越困难。

如果固溶体与其他组元混合不匀，使其本身存在着较多的接触，则烧结时其晶粒会特别显著地长大。如果适当地延长湿磨时间，则主要使固溶体的晶粒细化，而对碳化钨晶粒的影响很小。

影响钨钴合金的碳化钨晶粒长大的各种因素都会影响钨钛钴合金中碳化钨晶粒的长大。但是在钨钛钴合金中由于固溶体（TiC-WC）的存在，各种因素所起的作用都要小得多。

对钨钛钴合金的碳化钨晶粒影响最大的，是 TiC-WC 固溶体的成分。对烧结温度而言，如果原始固溶体是过饱和的，则由于碳化钨从固溶体内析出而促使它本身长大；如果原始固溶体是未饱和的，则由于碳化钨继续向其中溶解而妨碍它本身长大；而以 TiC+WC+Co 作为烧结组元时，则所得合金的两种碳化物相的晶粒都较细。当然，固溶体的晶粒还与碳化钛的原始晶粒有关。

往 WC-TiC-Co 合金中加入碳化钽（碳化铌）添加剂时，后者也进入固溶体。因此，碳化钽（碳化铌）添加剂对碳化钨晶粒长大的阻止作用比在 WC-Co 合金中小得多。在这种情况下，碳化钽（碳化铌）的加量通常不应小于 4%，否则难以产生显著的效果。

10.5.3　硬质合金的晶粒度控制

晶粒度控制必须从原料粉末抓起，还原、碳化、湿磨、烧结四大工序一起考虑，才能获得所需的合金晶粒度和性能。

10.5.3.1 还原和碳化

还原中 W 粉颗粒的长大，普遍认为是氧化钨蒸汽和气态水合物 $WO_2(OH)_2$ 被 H_2 还原生成的 W 粉沉积在先被还原的 W 核上而使 W 颗粒长大。通过控制温度、时间、氢流量及方向、装舟量等工艺因素，减少气态水合物而得到细 W 粉，促进生成氧化钨蒸汽和气态水合物得到粗 W 粉。

W 粉碳化是通过碳原子向 W 颗粒内部扩散，温度再升高、时间再延长，颗粒合并、边界减小、颗粒长大。采用不同的 W 粉、控制不同的碳化温度和时间，可得到各种不同粒度的 WC 粉。同一 W 粉，采用较高碳化温度和较长时间，可获得结晶较完全的 WC 颗粒。

10.5.3.2 湿磨过程和混合料的粒度

各种粒度的 WC，随着湿磨时间的延长，大体上经历相同的过程——粒度急剧下降，缓慢变小，最后基本不变。湿磨时间延长，WC 微粉增加，烧结不均匀长大的现象也加剧。混合料中 WC 粒度分布越宽，合金晶粒不均匀长大的程度越大。因此，尽可能缩小混合料中 WC 粒度的分布范围，是获取均匀合金的关键。

混合料通常都有一个粒度分布范围，混合料 WC 粒度分布愈宽，粗细 WC 分布越悬殊，烧结后的合金存在愈粗的 WC 晶粒，越易形成不均匀合金。粗 WC 粉制成的混合料，混杂重磨料，因其 WC 粒度分布宽，烧结中晶粒长大特别敏感，最易形成不均匀合金。

混合料的 WC 粒度及其分布，控制着烧结合金的结构。混合料粒度越细，烧结中晶粒长大的倾向就越大。

10.5.3.3 烧结温度和烧结时间

温度越高，溶解和扩散速率就越快，被一定量的 Co 溶解的 WC 就越多，即细 WC 向粗 WC 迁移的速度加快。过高的烧结温度易产生异常的晶粒长大。

在较低温度下延长烧结时间，同样可以使晶粒长大。可见烧结温度和时间可以互补。通过调整温度或时间可以获得相同的 WC 晶粒度。

烧结温度对碳化钨晶粒长大的影响如图 10-13 所示。

平均粒度增大时，晶粒长大迅速下降，平均粒度为 3μm 或 3μm 以上时，晶粒长大对烧结温度不大敏感，在很宽的烧结温度范围内，其粒度或机械性能变化很小。

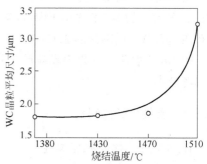

图 10-13 烧结温度对碳化钨
晶粒平均尺寸的影响
（合金成分为 WC+8%Co，
WC 总碳含量为 5.90%）

10.5.3.4 钴含量和碳含量

液相的数量随烧结体含钴量的提高而增加。不同含钴量的烧结体在 1400℃下液相的大致数量为：

烧结体的含钴量（质量分数/%）	6	15	20
液相数量（质量分数/%）	9.7	24.1	31.9

因此，在同样的烧结温度和时间下，合金中 WC 平均晶粒度随 Co 含量增加而增加。

合金中碳化钨晶粒的平均尺寸随原始碳化钨总碳含量的提高而增大（见图10-14）。这主要是由于：烧结体的液相数量随含碳量的提高而增加，烧结体内保持液相的时间随含碳量的提高而延长的缘故。

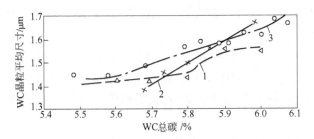

图 10-14   合金含碳量对碳化钨晶粒平均尺寸的影响
1—YG25；2—YG6X；3—YG8

烧结时出现液相的温度，在 WC+γ+C 区域为最低（1300℃）。在此相区内，出现液相的温度不随碳量变化而变化；在 WC+γ 相区内，出现液相的温度，随碳量的减少而增加；在 WC+γ+η 相区内，出现液相的温度最高，在此相区内，出现液相的温度也不随碳量变化而变化。Co 相完全转变成液相的温度，低碳合金比高碳合金高，WC 总碳从 6.12% 降到 6.0%，Co 相完全转变成液相的温度上升约 60℃（1340~1400℃）。当出现 WC+γ+η 相时，Co 相全部转为液相的温度进一步升高，如 WC 总碳从 6.0% 降到 5.9%，Co 相完全转变成液相的温度上升 100℃（1400~1500℃）。合金的 Co 还有一部分为固态 η 相，烧结体中液相总量相对就少了。要使 η 相全部转为液相，必须提高烧结温度，或延长烧结时间。

烧结时，过量的碳使合金中的液相出现较早和较多。相当于提高烧结温度和延长烧结时间，使 WC 晶粒长大。缺碳时，相当于在较低的温度和较短的时间下烧结，同时 γ 相含 W 增多，烧结中抑制 WC 溶解-析出，抑制 WC 长大，因此，WC 晶粒较细。

缺碳制品在较低温度下形成的 η 相，在烧结时发生渗碳反应（$W_3Co_3C+2C \rightarrow 3WC+3Co$），分解出的 WC 沉积在周围的 WC 上而长大成三角形的粗大 WC 晶粒，分解出的 Co 分布在粗大 WC 周围而形成 Co 池。

图 10-15 表明，碳化钨晶粒尺寸分布的分散性随合金含钴量的提高而增大，而以纯碳化钨者最小。

10.5.4   晶粒生长抑制剂

10.5.4.1   抑制机理概述

关于抑制机理，主要有两种理论。第一种理论认为，在烧结初期，晶粒长大抑制剂优先在液态钴中溶解，使 WC 在 Co 中的溶解度减小，从而阻碍 WC 的重结晶。例如，YG6，含钴6%，加入0.2%的 TaC，就能防止晶粒长大，添加更多的 TaC，不再明显地降低晶粒长大。在烧结温度下，TaC 在钴中的饱和溶解度约为3%。在6%的钴中加入0.2%的 TaC，相当于 TaC 在 Co 中的溶解度为3.33%，刚好生成 TaC 在钴中的饱和溶液，从而阻碍 WC 的重结晶。加更多的 TaC，已不再在 Co 中溶解，其抑制晶粒长大的作用也就不明显。第二种理论认为，在湿磨时，TaC 被研附在 WC 颗粒表面，使 WC 被 TaC 单分子包覆。这种单分子层阻止毗邻的 WC 晶体一起长大，即凝聚机理受到抑制。可以算出包覆晶粒度为 1μm 的全部 WC 所需的 TaC 量，大约为 WC 质量的 0.25%，恰好与第一种理论得出的数值一致。

10.5.4.2 抑制剂的种类与抑制效果

用作晶粒长大抑制剂的物质通常是：碳化钒（VC）、碳化铪（HfC）、碳化锆（ZrC）、碳化钛（TiC）、碳化钽（TaC）、碳化铌（NbC）、碳化铬（Cr_3C_2）和碳化钼（Mo_2C）等。

合金中 WC 的平均晶粒度与抑制剂添加量的关系如图 10-16 所示。从图 10-16 可知，当添加量达到液相中的饱和溶解度时，抑制晶粒长大的效果，大体上按 VC> Mo_2C >Cr_3C_2>NbC>TaC>TiC>ZrC ≈ HfC 排列。添加碳化物在液相中的溶解度愈大，其抑制晶粒长大的效果就愈好。超过饱和溶解度的抑制剂加

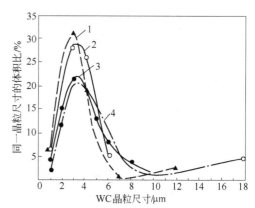

图 10-15 合金中碳化钨晶粒的尺寸分布
与其含钴量的关系

（烧结温度 1450℃，保温 1h）

1—99%WC+1%Co；2—WC；3—94%WC+6%Co；
4—80%WC+20%Co

量，对 WC 晶粒长大没有抑制作用。当抑制剂加量低于在液相中的饱和量时，抑制 WC 晶粒长大的效果，大体上按 VC>NbC>TaC>TiC>Mo_2C >Cr_3C_2>ZrC ≈ HfC 排列。可见 VC 的抑制效果最好。

通常用来作抑制剂的主要有 TaC、NbC、VC 和 Cr_3C_2。而不是 Mo_2C。因为 Mo_2C 要加到 8%（质量分数）才有效果。此时析出 Mo_2C 相（与 WC 的固溶体）显著变粗，强度显著下降。也就是说，在选用抑制剂时，还要考虑该抑制剂析出相的形态，避免强度下降。

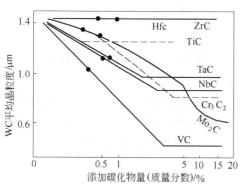

图 10-16 添加碳化物含量（相对于 Co 含量）
对在 1400℃下烧结 1h 的 YG20 合金中
WC 平均晶粒度的影响

碳化钽含量对合金的碳化钨晶粒平均尺寸的影响如图 10-17 所示。碳化钽含量不变时碳化钒含量对合金中碳化钨晶粒平均尺寸的影响如图 10-18 所示。

从图 10-16 可以看出，往 WC-Co 合金中加 1% 的 TaC 或 0.5% 的 VC，就可以明显地阻碍 WC 晶粒长大。如果同时加入少量的 TaC 和 VC，则对 WC 晶粒长大的阻碍作用尤为显著（见图 10-18）。

实践证明，最有效的晶粒长大抑制剂是 VC 与 Cr_3C_2 的适量配合。

这些碳化物添加剂对合金组织的良好影响，还突出地表现在它可以降低后者对某些工艺条件（如球磨时间）及含碳量的敏感性。

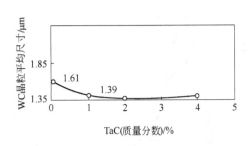

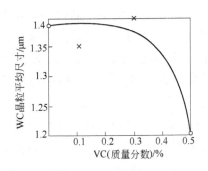

图 10-17　碳化钽含量对 YG6x 合金碳化钨
晶粒平均尺寸的影响

图 10-18　碳化钒含量对 YA6 合金碳化钨
晶粒平均尺寸的影响

10.5.4.3　影响抑制效果的因素

影响抑制效果的因素主要有合金总碳量、相分布均匀程度和抑制剂的粒度。

WC 晶粒长大对合金总碳含量非常敏感：高碳量会增加 WC 的长大趋势（即使有 VC 也不行）。故严格控碳十分必要，在保证合金相成分处于两相区的前提下，碳量不宜过高，否则会显著影响抑制剂的抑制效果。

粉末压坯中，相的分布（WC、Co 和抑制剂）越均匀，烧结时物料迁移后的分布就越均匀，因而 WC 晶粒长大（抑制生长）也越均匀。抑制剂分布不均，会造成局部 WC 晶粒长大。

抑制剂的粒度，影响其抑制作用；粒度越小，分散越好，其抑制作用也就越大。粗大的抑制剂，抑制作用就很小，一般控制在 $0.5 \sim 2\mu m$。

此外，对 TiC-WC-Co 合金而言，影响 WC 晶粒长大的主要因素是 TiC-WC 固溶体的成分。抑制剂对 WC 晶粒长大的阻碍作用比在 WC-Co 合金中小得多，而且往 TiC-WC-Co 合金中添加抑制剂时，抑制剂也会进入固溶体，因此，抑制剂的添加量通常不应小于 4%，否则难以产生显著效果。

10.6　硬质合金结构模型与强度理论

为什么硬质合金的强度比其每个组元高？强度与成分、结构间有什么关系？怎样才能提高强度性能？它究竟能提到多高？为了回答这些问题，便出现了各种颗粒强化复合材料结构模型与强度理论。

10.6.1　结构模型——界面结构，连续与非连续的统一体

关于钨钴硬质合金的结构模型，我们认为是一种界面结构，是部分连续的碳化钨骨架与部分连续的 γ-Co 网的对立统一，也即连续与非连续的统一体。它既不是完全连续的 WC 骨架及贯穿于骨架空隙中的连续 γ-Co 网，也不是单个碳化钨晶粒完全被钴层包围分隔开的弥散结构模型。这种连续与非连续统一体的结构特征的直接证据，从日常的金相观察中可以得到，既可见到碳化钨晶粒之间的直接接触，又可见到钴的彼此联结及对碳化钨的包围分割。

10.6.2 强度理论——界面强化理论

按照这样一种结构模型和基本矛盾的分析，对硬质合金的强度特性可以作出合乎逻辑的解释。既然硬质合金是硬质相与黏结相之间、连续与非连续的对立统一，那么碳化钨相（就 WC-Co 两相合金而言）与钴相之间界面性质、联结强度，碳化钨晶界的性质、联结强度，以及碳化钨晶体和钴相晶粒本身的成分、结构等必将影响硬质合金的强度性能。结构参数中的连续性和平均自由程，分别反映了 WC/WC 晶界特性和 WC/Co 相界特性，它们的综合作用基本上决定了合金的抗弯强度。从日常的切削刀具和矿山工具所用刀片破坏以后所作金相观察中可知，细晶粒合金（刀具材料，<2μm）裂纹走向大多是沿着 WC-Co 相界面通过的；而粗晶粒合金（矿山工具，2~4μm）大多是穿晶断裂。这种现象表明，随着碳化钨晶粒的增粗，合金的断裂特性发生了质的变化，裂纹由钴相移到了碳化钨相。我们知道，破坏总是在较弱相中发生的。因此，可以肯定，细晶合金中，黏结相是弱者，粗晶合金中，碳化钨相是弱者。这种强弱的消长转化，既取决于晶界和相界的联结性质，也取决于碳化钨晶粒和钴相本身的特性。当晶界、相界联结强度和碳化钨晶粒本身强度相等时，合金应该达到最大强度。强度曲线上极大值出现的解释便是如此。一方面，碳化钨晶体强度是随其尺寸增大而下降的。据报道，碳化钨很高的弹性模量表明有很强的原子结合力和联结强度。有人估计，碳化钨晶体的内部强度大约是弹性模量的 1/20。对于 WC-Co 合金，随着钴含量的下降，用外推法推算，趋近纯碳化钨时，WC-Co 合金的强度值，根据断裂统计规律，预计可得到的最大抗弯断裂强度在 4900MPa 以上。然而，实测的烧结碳化钨压块的断裂强度只有 700MPa，远远低于理论强度。其原因就在于实际材料中，由于存在杂质、位错和应力集中等缺陷，当外力达到其理论强度的某一分数时，就因裂纹或变形而发生破坏。现已实测到，WC-Co 合金中，当应力超过 1500MPa 时，碳化钨晶体就开始滑移。此外，碳化钨压块很难致密化，就是说存在很多结构缺陷，即使高温、高压下也是如此。碳化钨晶粒尺寸越大，其内部结构缺陷就越多，强度就越低。另一方面，钴黏结剂的性质，既受溶质的影响，又受冷却时薄膜内钴由面心立方晶格向密排六方晶格转变的部分抑制的影响。现已测知，WC-Co 合金中黏结相的成分，因碳含量不同而在下列范围内波动：$w(W) = 3\% \sim 11\%$，$w(C) = 0.2\% \sim 0.5\%$，其余为钴。黏结相虽然很薄，但其内部结构和成分的分布并不均一，在钴相晶界上和晶粒内部，钴的含量相差颇大。与此相应，其显微硬度等性质也相差颇大。同时黏结相成分、结构和晶粒大小（钴层厚度）在冷却时也要产生变化。这些因素都或多或少影响了它的强度。因此，这两方面（碳化钨相和钴相）都对合金的强度产生影响，既对立，又统一，并在一定的条件下发生转化。这就使裂纹的传播也跟着发生变化，而出现上述现象。

10.6.3 铃木寿的新强度理论及超细合金的发展

强度表征材料抵抗断裂的能力。根据格里菲斯—欧罗万理论，断裂源的缺陷尺寸越小，材料的抗断强度越大。铃木寿在此理论的基础上，结合大量的观测和试验资料，建立了新的硬质合金强度解析理论，使之从过去的定性分析推进到了定量分析阶段。他指出：

（1）硬质合金的强度是由一个在断口上能观察到的、位置适当的缺陷所决定的。

（2）就断裂强度与缺陷的关系而言，孔隙、Co 池和 WC 粗晶三种缺陷所起的作用是等效的，它们的尺寸越小，强度就越大。两者存在如下的直线关系

$$\sigma_d^{-1} = 0.0012 + 0.026\sqrt{a}$$

式中，σ_d 为断裂应力；a 为缺陷尺寸。

（3）当缺陷尺寸趋近于基体的平均粒度时（即接近于无缺陷的理想结构时），WC-10Co合金的理论强度应为 8000MPa 左右。林宏尔用"强度解析法"进一步研究了碳化物粒度和黏结相对合金强度的影响。他指出：当没有组织缺陷时，合金的抗弯强度是 WC 平均粒度与钴的平均自由程的函数。

铃木的新强度理论为硬质合金的发展开辟了新的局面，为超细合金的发展指明了方向和奠定了基础。日本的住友电气公司、东芝钨公司等在此理论指导下，率先成功研制并生产出双高性能超细合金。随后瑞典、美国等国家的双高牌号也相继问世。在世界范围内迅速出现超细合金的研究热潮。目前，世界上超细合金的研制与生产，日本一直处于领先地位。其次是瑞典、美国。如：日本住友电气公司生产的 AF1 超细合金，原料 WC 粒度 <0.5μm，含 Co 量 12%。HRA = 93，强度 σ = 5000MPa，为最高水平。已有报道说，用气相沉积法制得的 d_{WC} = 0.1μm 的多晶 WC 的理论强度可达 9810MPa。这些研究结果已将硬质合金的质量（主要是强度）推进到了一个崭新水平。

10.6.4　减少结构缺陷是提高合金强度的关键

8000MPa 的合金强度 σ_0 是一种理论强度，由于合金内存在着各种样式的缺陷，使得合金的实际强度要比 σ_0 低许多。

最早对缺陷给强度带来影响的认识是一般的孔隙度理论，即

$$\sigma = \sigma_0 \exp(-bp) \tag{10-1}$$

式中，p 为孔隙度；b 为系数。

铃木寿—林宏尔学派所建立的缺陷理论是对合金缺陷认识的一大进步。

实际上正常的合金内部存在着两类缺陷。

（1）微结构缺陷，即铃木寿—林宏尔学派所发现的断裂源内的孔隙、粗大碳化钨以及钴池等，这些缺陷支配着合金的抗弯强度 σ_b。

（2）亚结构缺陷，这类缺陷除影响着合金的抗弯强度外，还影响着合金的基质强度 σ_i。在硬质合金生产中只要仔细地控制并改善制作工艺，减少（或消除）孔隙与钴池这两类缺陷是不难的。但对于粗大的碳化钨，即使是采用热等静压等强化的致密手段也难以克服。

粗大碳化钨对于一般细晶与中等晶粒的合金当然是一种异常，但对于粗晶粒硬质合金来说，却是有着较大的出现几率。大量的断口观察与分析表明，这些粗大的碳化钨不一定都是合金的断裂源。即使它们出现在最大张力面与受力中心的近处也不一定成为合金的断裂源。

进一步的观察发现：合金中粗大碳化钨有两类，一类是表面结晶、发育不完整，且其内部有缺陷，这类缺陷称为亚结构缺陷。另一类是表面结晶发育完善且其内部没有缺陷。在目前的实际生产水平下，内部没有缺陷外部结晶发育又完善的粗大碳化钨数量极少，大多数粗大碳化钨晶粒表面及内部都多少地存在着亚结构缺陷，这些亚结构缺陷就成为粗碳

化钨晶粒的断裂源。

　　许多研究者均发现碳化钨晶粒在应力的作用下，会产生沿某滑移面富集的高密度位错，这些位错聚集为滑移与扩展创造了条件。因而可使碳化钨晶粒发生明显的形变。图 10-19 为断口扫描电镜照片。照片上显示出在断裂处一对粗大碳化钨的断裂面，在碳化钨晶粒断裂面上可以清楚地看到，作为晶粒断裂源的亚结构孔隙以及沿孔隙向外放射状的断裂纹路。这种情况与铃木寿—林宏尔学派所见到的硬质合金宏观断口的形态完全一致。这里也清楚地显示了粗大碳化钨之所以成为硬质合金的断裂源，是因为它本身存在着造成碳化钨晶粒断裂的亚断源——亚结构孔洞。

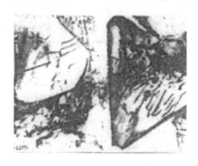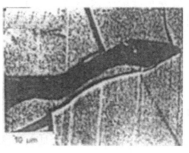

图 10-19　硬质合金断口断源内的粗大碳化钨晶粒

　　研究者还发现，同样是粗大的碳化钨，但并不构成合金的断裂源，其原因是其内部不存在亚断源的亚结构孔隙。图 10-20 所示的碳化钨晶粒断裂面上可清楚看到，放射状断裂纹路的交点移向晶粒的表面。即在碳化钨晶粒表面上的微小缺陷，在受力时将形成裂纹并向内扩展。与内部有缺陷的碳化钨相比，这种碳化钨晶粒的断裂要难得多，因此它并不构成合金的断裂源。

图 10-20　内部无明显亚结构孔隙的碳化钨晶粒的断裂纹路

　　由此可以得出一个结论：要制造高强韧性粗晶粒度的硬质合金，就应制造出内部亚结构缺陷少（最好没有亚结构缺陷），且表面结晶发育完整的碳化钨晶粒。

　　合金内部的亚结构缺陷除上述的碳化钨晶粒内部残存的缺陷外，还有异种原子进入界面，扰乱了界面的正常结合、降低界面结合强度以及造成界面附近有害杂质的聚集（如非金属化合物在界面附近或 γ 相内聚集）。界面亚结构缺陷与界面增长率成比例地增长，即随着碳化物晶粒减少，界面缺陷亦将增多，工艺控制变得更为困难。

　　学习硬质合金强度理论，了解硬质合金内部的显微缺陷，是研究、设计、开发高性能硬质合金材料的基础。在准确控碳的前提下，研究各种缺陷产生的原因及消除的工艺措施是提高合金强度的又一关键。

11 硬质合金烧结设备和烧结工艺

目前硬质合金生产烧结设备应用最多最广的主要是脱蜡-烧结一体炉，低压烧结炉正在不断地推广应用，单纯的真空烧结炉也越来越少，氢气保护烧结炉将被逐渐淘汰。SPS烧结、微波烧结等先进烧结技术正在工业化应用研究过程中。德国 PVA TePla AG 公司、ALD 公司、日本岛津公司是硬质合金烧结炉制造的优秀代表；国内湘潭新大公司、株洲迪远公司也有非常好的表现。

11.1 氢气烧结

11.1.1 烧结工艺

烧结介质包括气体介质和固体介质（填料）两类。气体介质通常采用氩气、氢气、氮气、氢气和氮气的混合气体（由液氨分解而得）。常用的固体介质有石墨粒、金属氧化物；通常是氧化铝（Al_2O_3）粉末和炭黑的混合物。氧化铝的主要优点是：化学性质较稳定，在烧结温度下不与烧结体、石墨舟皿及氢气反应；熔点较高，较难黏结。在氢气烧结过程中，介质会导致合金含碳量的变化，从而严重地影响合金的组织和性能。

按照还原反应的热力学数据，在烧结温度下，钴、钨、钼、铁、镍等元素的氧化物是能够被氢还原的，但铬、钛、钽、铌等元素的氧化物不能被氢还原，只能在较高的温度下由碳还原。

氢气烧结气氛反应比较复杂，会导致烧结体增碳或者脱碳。增碳反应有成型剂产生的碳氢化合物气体的分解、一氧化碳分解；脱碳反应是水和碳、碳化钨、碳化钛的反应、碳和氢气的反应（钴有加速碳与氢之间反应的触媒作用）。还有氢气和碳的脱氧反应、增氮反应等。可见，在氢气连续烧结过程中烧结体总是同时存在增碳反应和脱碳反应。其他条件相同时，合金的含碳量取决于这两种反应的总和，其数量与成型剂的种类、加量、升温速度、氢气流量及其含水量、舟皿的石墨质量及其与烧结体的隔离状况等因素关系密切。

指定烧结工艺时应考虑已经讨论过的各种因素，如，烧结体的化学成分、成型剂的种类、烧结介质和原始粉末的粒度等，根据对合金的金相组织，物理力学性能，特别是使用特性的要求，由试验确定。氢气连续烧结时通常只改变两个参数，即烧结温度和推舟速度。

生产实践表明，烧结温度在相当宽的范围内变化，都能使合金有足够的密度，但是合金晶粒度和性能波动较大。因此，应当以合金的使用性能为主要依据来确定其最佳烧结温度。例如，对模具、耐磨零件及精加工用的切削工具，要求合金有较高的耐磨性，则应选取矫顽磁力出现极大值的烧结温度。对于地质钻探和采掘工具、冲击负荷较大的切削工具以及高钴合金，要求合金具有较高的强度，则可适当地采用较高的烧结温度。

为了在烧结温度下能达到平衡状态，并有充分的组织转变时间，通常需保温 1~2h。

但是，烧结时间还受其他因素的影响，如制品大小就是一个重要因素。有人推荐用式（11-1）计算不同厚度制品所需的烧结时间。

$$\tau = A\frac{G\delta}{F} \tag{11-1}$$

式中，τ 为烧结时间，h；A 为由合金牌号和炉子构造试验所确定的系数；G 为制品单重，g；δ 为制品厚度，cm；F 为制品全表面积，cm^2。由此可见，将尺寸相差很大的制品置于同一舟皿中，采用同一烧结制度是不合适的。

11.1.2 氢气连续烧结炉

（1）主体结构。氢气连续烧结炉的主体结构如图 11-1 所示，一般的氢气烧结炉有二带温区。

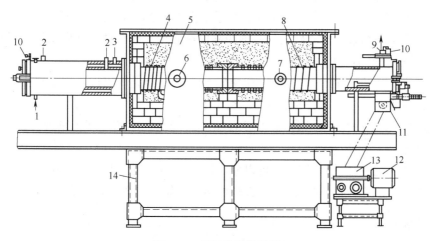

图 11-1　氢气连续烧结炉

1—冷却水进口；2—氢气进口；3—冷却水出口；4—钼丝；5—炉壳；6—高温测温计；7—热电偶；8—镍铬片；9—氢气出口；10—点火装置；11—推舟装置；12—马达；13—减速器；14—炉架

（2）舟皿推进机构。舟皿推进机构是由电机、减速机、链轮、链条及炉头推进机构组成的。

（3）供电系统。供电系统由电气控制柜、变压器、温控器及各种仪表组成。

氢气烧结炉根据几带温度区域、升温速度、极限温度以及炉膛的大小设计变压器的功率。通常有二带和三带供电区两种炉子。

（4）炉温测量及监控系统。在炉管外靠近炉管的位置，安装有测温热电偶，测量出来的温度即时反馈到控制柜，可以对炉内温度进行检测和控制。

（5）炉管及电阻丝。氢气烧结炉加热丝通常低温区用镍铬丝，高温区用钼丝。镍铬丝或钼丝均匀地缠绕在炉管外。炉管材料：通常低温区采用耐热钢管，高温区为刚玉管。为防止钼丝氧化，必须通氢气保护，断电冷却一般会造成钼丝断裂。

11.2　真空烧结

炉内压力为负压的条件下进行的烧结称为真空烧结。有间歇式真空烧结，也有连续式真空烧结。连续式真空烧结因为炉子比较复杂，真空度不好保障，没有办法通入气体，烧结工艺曲线不好调整等，应用的很少。间歇式真空烧结有专门的真空烧结炉，配置配套的脱蜡炉；也有脱蜡-烧结一体炉。目前主流真空烧结是脱蜡（成型剂）和真空烧结在同一炉内一次完成的一体炉。

11.2.1　真空烧结的优越性

（1）在真空烧结条件下，易于控制合金的含碳量。在烧结温度下，炉内压力只有几十帕（Pa），甚至更低，O_2、N_2、H_2 和 H_2O 分子极少，许多反应均可忽略，介质的影响很小。只要严格控制脱蜡过程，合金的碳含量在真空烧结过程的变化极小，性能及组织相当稳定。

（2）在真空烧结条件下，可提高硬质合金的纯度。真空烧结有利于金属氧化物还原；整个烧结周期不用开炉门，无空气进入，几乎不会发生 N_2、O_2 参加的反应。

（3）在真空烧结条件下，硬质相表面吸附的杂质少，改善钴对硬质相的润湿性，提高合金，特别是含 TiC 合金的强度。

（4）在真空烧结条件下，工艺操作简便。由于真空烧结时可以不用填料，这不仅简化了操作，还可避免填料对烧结体表面的不利作用。

（5）脱蜡-烧结一体化，可以减少产品氧化，降低控碳的难度；减少设备占地面积，降低劳动强度。

（6）多气氛脱蜡-烧结一体化，可以分温度段分别控制温度、气氛和炉内压力，可实现任何温度下的等温烧结（保温），完成多种功能，如，梯度合金烧结。

11.2.2　脱蜡炉

在硬质合金制造工艺中，都要在混合料粉末中掺入成型剂，如石蜡、橡胶、PEG 等，特别是挤压成型和注射成型，成型剂的含量比较高。脱胶炉（也称脱脂炉或脱蜡炉）就是专门用于脱除成型剂的电炉，独立的脱胶炉已逐步减少，但一些制品在最终烧结前需要半加工，大制品或成型含量高的挤压或注射成型制品脱脂时间长，或为了提高压力烧结炉的利用率，专门的脱蜡预烧炉仍然有用武之地。

生产硬质合金的脱蜡炉为间歇式。按结构分为立式和卧式炉型；按脱除方式分为 H_2 脱脂、低压载气脱脂或真空脱脂。氢气脱胶预烧炉因其脱蜡效率高、适合各种成型剂，而使用较普遍。

卧式炉型采用内圆外方的结构，是采用耐热不锈钢做圆形内胆，方形外炉壳里衬氧化铝纤维保温层，镍铬电阻丝悬挂于内胆外侧和底部，通常水平方向分三个区，对于大型炉膛或要求温度均匀性极高时也采用 9 个温区（两侧和底部水平方向各三个温区）。炉胆前端单开门，热电偶从后端插入炉胆，排蜡管从后端中下部引出。采用 H_2 脱胶时，H_2 带胶蒸汽经排蜡管至收蜡罐，大部分胶液留在罐里，其余同 H_2 直接点火燃烧。采用真空或低压载气脱蜡时，需采用高效收蜡罐收集大于 97% 的石蜡，以防止成型剂损坏真空泵，也有采用水环式真空泵（可以抽出各种成型剂，但真空度低于 4000Pa）。为了加快冷却速度，配有外冷风机，将室内空气鼓入炉胆，热气从顶部排气管排出室外。

温度均匀性和气氛均匀性是否良好，是衡量脱蜡炉功能的主要指标。株洲迪远公司为提高炉内气氛的均匀性开发设计了专门的气路控制结构（迪远专利），见图 11-2 和图 11-3。

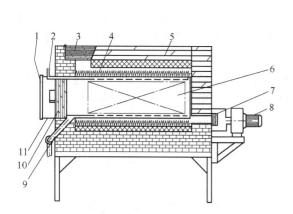

图 11-2 卧式脱蜡炉示意图

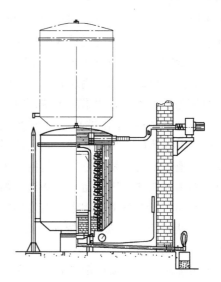

图 11-3 立式（钟罩式）脱蜡炉结构简图

1—炉门；2—进载气管道；3—排风门；4—发热体；

5—保温材料；6—装压坯区；7—冷却进风门；

8—风机；9—排成型剂管道；10—内炉门；

11—金属炉胆

11.2.3 间歇式真空烧结炉

通用真空炉的结构如图 11-4 所示。

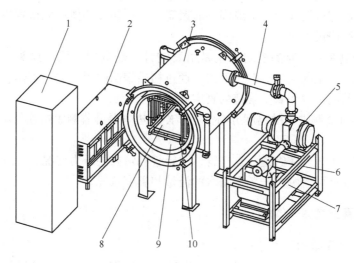

图 11-4 真空烧结炉示意图

1—电控柜；2—变压器；3—炉体；4—主真空管；5—罗茨泵；6—电磁阀；7—机械泵；

8—承料板；9—保温层；10—发热体

真空炉由炉体、真空系统、供电系统、监测控制系统、冷却水系统等部分构成。

（1）炉体。炉体由炉壳、炉胆、炉门和支架组成。普通真空烧结炉炉壳有卧式和立式结构两种，大型的生产设备现在都采用卧式结构。炉壳通常采用普通碳钢，内壁也有使用不锈钢的。炉壳和炉门均设计成双层夹壁水冷结构，夹层厚度为 20~30mm 之间。炉门采用机械锁紧方式，采用 O 型密封条密封。

在炉壳上根据不同的用途开孔：进电柱孔、热电偶孔、主真空孔、观测孔等。其中进电柱的开孔处法兰面必须采用不锈钢材料，以免产生涡流，使此处局部温度过高。根据用户对炉内有效装料空间的需求来设计炉壳的尺寸。

炉胆由隔热层、加热元件、石墨均温箱等部分组成。炉胆为方形，隔热层通常由软碳毡或复合硬毡组成。其中复合硬毡内外表面层均为柔性石墨纸，以免成型剂对保温层污染而影响隔热性能和使用寿命；石墨纸表面光亮，对辐射热的反射能力强，能大大提高炉温的均匀性和产品在升温过程中的温度跟随性。

（2）真空系统。真空系统通常由机械泵，罗茨泵，真空管道，主真空阀，旁通阀，真空探头和炉壳构成。

采用旋片式机械泵或滑阀式机械泵均可。旁通阀可采用开闭式电磁阀或可控制流量大小的调节阀。极限真空度一般要求达到 1 Pa。泄漏率以停泵后 12h 真空度变化表示，单位为 Pa/h。

（3）供电系统。供电系统由变压器、电缆、进电柱、炉内石墨发热体及电器控制柜组成。

通常变压器的使用功率为额定功率的 60%~70%。如：装料区域为 640mm×450mm×1200mm 的卧式圆筒炉型，变压器的功率 360kW。通常分三带加热，每带的功率均为 120kW。

电缆可采用普通硬铜芯电缆或铜芯水冷软电缆。

炉内石墨发热体可设计成方形或圆形的鼠笼式。石墨发热体可以根据发热功率的大小设计成不同的直径或尺寸。

（4）监测控制系统。监测控制系统是由真空计、热电偶、压力探头、安全阀、流量计、温度计组成，产生的信号反馈至 PLC，通过初始编制的程序进行工作。

真空计分别监测炉内和真空管道的真空度。

WRe 热电偶可监测炉内的温度分布情况，K 型热电偶可监测脱蜡管的温度情况和冷却水的温度情况。

安全阀可监测工艺气体管道、真空管、脱蜡管和炉内的压力状况。

流量计、温度计可监测炉子各支路水的流量和温度状况。

11.2.4　多气氛真空烧结一体炉

11.2.4.1　设备结构

多气氛真空烧结一体炉与普通真空烧结炉外观差别不大，主要是增加了工艺气体系统、成型剂脱除系统、产品快速冷却系统；但炉子的性能和功能发生了质的变化，见图11-5。

（1）工艺气体系统。工艺气体包括 H_2、Ar、CH_4、CO、He、N_2 等，根据产品烧结工艺设定的程序分别按时通入炉内，并自动控制各种气体的压力和流量。很多采用高档精密的计量仪表，如气体质量流量计，可实现对通入气体量的精准控制。一般情况下，气源控

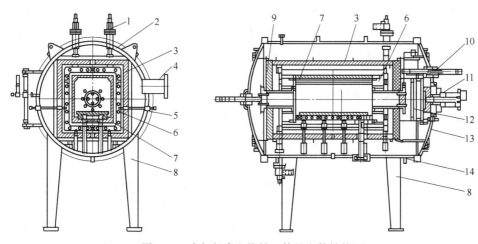

图 11-5　多气氛真空烧结一体炉主体结构图

1—电极；2—烧结炉体；3—保温层；4—抽真空口；5—热电偶；6—发热元件；7—石墨马弗；8—炉脚；
9—保温门；10—气缸；11—快冷风机；12—冷却器；13—炉门；14—烧结炉体

制在 0.11~0.22MPa 左右，氮气、氩气流量设定在 0.1~0.35m³/h，氢气流量设定在 3~6m³/h 之间。

（2）成型剂脱除系统。发热体内设石墨箱内胆，支承在炉体内的支承板上，两端设有内胆门（盖），由压缩空气通过气缸、活塞杆驱动。内胆下部开有小口，由石墨管与外部连通。脱胶时，内胆盖由气缸驱动将内胆封闭，并采用真空和负压载气脱胶工艺，载气流向为炉膛→内胆→收蜡系统→真空排气系统。从产品中排除的成型剂蒸汽随载气从下部抽出，经收蜡装置分离出成型剂后，余气被真空泵抽出排至大气。

成型剂的排出由于采用了上述工艺方式，在炉内不会接触冷的表面，不会在炉内积存，也不会污染保温层和发热体。发热体设置在内胆与保温层之间。由于产品外部有内胆，可避免受到发热体的直接辐射，炉内内胆为石墨体，导热性好。这两者的作用大大提高了气氛和温度的均匀性，有利于保证产品质量。

氢气成型剂脱除系统结构通常由脱蜡管+脱成型剂主阀+成型剂捕集罐+阀门+点火器组成。捕集罐采用双层夹壁结构，夹壁内通热水；也有捕集罐外加装电加热丝对其进行加热，使成型剂尽量收集到捕集罐内。氢气正压脱胶部分成型剂通过点火烧掉。

若烧结过程是由程序控制的，则最好兼有氢气微正压脱蜡和惰性气体 Ar 或 N₂ 保护的负压脱蜡。

（3）产品快速冷却系统。根据炉子设计的不同，冷却系统分为自然冷却与快速冷却两种。快速冷却是在 900℃ 以下打开保温门，通过特制的风机、散热器和散热孔，使炉内气体形成对流，达到快速冷却的目的。

11.2.4.2　设备功能

实现对硬质合金的微正压氢气脱蜡、载气负压脱蜡，真空烧结和分压气氛控制烧结，惰性气体炉内强制循环快速冷却；PLC、触摸屏（PC）控制实现整个工艺过程的实时动态监控，电脑对温度、压力、真空度等参数保存，安全可靠的报警连锁。设备功能及设备描述如下：

（1）通氢气正压脱蜡。在氢气正压脱蜡中，气体通过炉门渗透进入内胆，作为承载气体将成型剂带出内胆，进入收蜡器。在此过程中，马弗外的压力比马弗内高 $0.2×10^2Pa$，压力差使蜡蒸气不会进入加热区。同时也不会进入隔热层外，玷污炉壁。连续微正压氢气流动，带燃烧装置。

（2）氮气负压脱蜡，收蜡率不小于 96%。负压脱蜡时，抽真空直接连到脱蜡管上，在脱蜡阶段，内胆关闭，形成一个几乎气密性的空间，由于马弗的气密性强，其外部压力比内部高几个毫巴。在触摸屏上显示压差（外微压）。

（3）普通真空烧结。

（4）分压烧结：压力维持范围 $(10~100)×10^2Pa$ 之间；可控制钴相挥发。

（5）快冷：温度降至 1000~800℃ 时，启动快冷风扇，压力在 25~20kPa 范围内控制。

（6）带空调的电源控制柜防尘设计，整个设备采用 12 寸 TFT 液晶触摸屏和电脑控制，具有现场报警、实时监控的功能，并可实时显示设备目前处在何种工作状态下，并且具有正负压检漏功能。

（7）设备仪表以时间为坐标，可编制 30 条以上温控曲线（总段数不超过 300 段的多组程序），带有 8 组可在程序中选用的 PID 参数，以适用不同温度段的要求，从而保证平滑的升温曲线和良好的温度跟随性。

（8）可根据需要在程序中设置 8 种不同的控制事件信号，以便进行不同的控制操作，大大地提高了设备的可靠性，降低了工人的劳动强度。

（9）控制系统：可视化界面，PLC 加触摸屏（PC）可实现设备参数和工艺参数的设定，烧结工艺程序的编制、报警显示、故障自诊断、现场动态显示各工艺过程；主要工艺参数由电脑记录，记录时间长达一年；实现各种安全连锁，保证氢气在各种工况下绝对安全。操作界面见图 11-6，工艺参数和设备运行状态一目了然。

（10）温度和工艺控制，由 PLC+触摸屏进行控制，停电后重启时，可选手动模式升温，达到设定温度后，可切换程序继续运行。退出运行程序后，可重新设定中断点继续运行。

（11）工控电脑，在控制柜上用于记录炉内温度、炉壁温度、炉内压力、炉内真空度等（28 个点），也可用作历史数据查询，远程诊断工作平台，触摸屏的备用操作系统，一旦触摸屏发生故障可采用工控电脑取代触摸屏来控制。

（12）在用户授权的情况下，如设备出现故障，制备制造厂家技术人员可对故障设备进行远程诊断。

（13）水系统：冷热水闭路循环，水流量开关实现缺水报警。

11.2.5 烧结曲线及过程控制

图 11-7 为一条简单、典型的硬质合金烧结曲线，也就是在烧结的不同温度区间内采用不同的炉内气氛和压力，是最合理的烧结工艺。要实现这种烧结工艺，采用连续真空烧结炉是非常困难的。

按工艺指令将烧结全过程的温度、时间、炉内气氛及压力等工艺参数编成计算机程序，输入电脑进行自动控制，并将全过程的参数在直角坐标的记录纸上形象地表现出来的

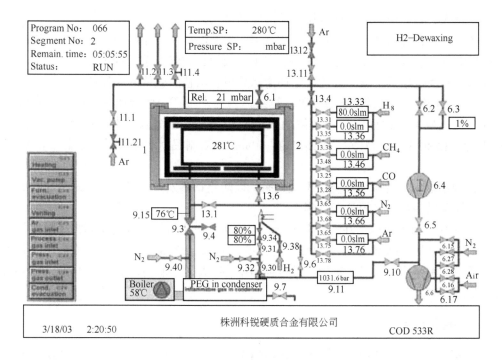

图 11-6 PVA 炉的控制操作界面

曲线，叫做烧结曲线。

（1）开炉操作。开炉前要按工艺要求进行必要的准备。如检查炉子冷却水是否畅通，水温是否正常。检查生产指令卡上所标明的生产工艺路线和烧结类型，校对牌号、型号与实物是否一致等。检查并擦净炉门密封圈并在"O"型圈上涂上一层薄薄的真空脂。按要求调定工艺参数，或者按某条预设的烧结曲线执行。炉子的检漏、脱胶在通入氢气前要先通入氮气，一般情况下炉子都能自动进行。

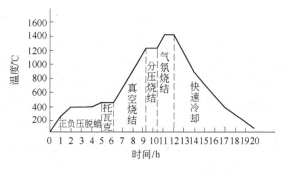

图 11-7 切削刀片真空烧结工艺曲线

（2）脱除成型剂。这里所说的成型剂是指石蜡和 PEG，不包括合成橡胶类成型剂。

脱胶过程的基本要求是，既要使成型剂排除干净，又不能使合金增碳，甚至起皮。要做到这些，关键是要设置合适的升温速度、保温平台、保温时间和气体流量，要设置好这些参数必须考虑成型剂的种类、制品大小尺寸、炉内的气氛状况等。

首先是依据使用成型剂的种类，根据成型剂的热裂解特性（TG-DSC）曲线来制定脱胶工艺。

其次是产品尺寸，从制品中心到表面的距离越大，温差越大，要使制品中心的蜡完全脱除所需要的时间就越长；同时，由于比表面积随制品体积的增大而减小，在同样温度下，接近制品表面处的碳氢化合物的浓度就越高，因而越容易使制品增碳或起皮。因此，制品尺寸越大，其升温速度应该越慢，保温时间越长。

再次，炉内石墨部件的质量及其清洁状态。石墨部件应采用高质量的石墨，以减少与氢气的反应界面。成型剂在脱除过程中会有少量吸附在炉膛内壁及碳毡上。这会使炉气中的碳含量增高使烧结体增碳。因此要定期清除炉膛及碳毡上残留的成型剂。

（3）固相烧结。在固相烧结阶段，烧结体内尚未被还原的金属氧化物可与碳发生还原反应，甚至发生碳化反应。烧结体的成分分析表明，上述反应在 1100℃ 以上激烈地向右进行，因此在 1000℃ 左右保温 30~60min（依制品大小而定）能让氧化物充分还原。

（4）液相烧结。此阶段真空度不宜太高，以防止钴蒸发损失过多，最好是通入少量氩气使炉内气氛保持在一定的负压范围。

（5）冷却。为了获得良好的合金性能，冷却速度应尽量快。因此我们将冷却过程大体分为两个阶段，从烧结温度到 1000℃ 左右为第一阶段，自然冷却。从 1000℃ 开始通入氩气，打开冷却阀与冷却风机，对炉料进行强制循环冷却，一直冷却到低于 100℃ 出炉为止，为第二阶段。

11.2.6　烧结炉控片

工业生产所用的烧结炉容积较大，在烧结全过程中不同部位的温度和气氛组成不可能在任一时间都完全一样。这就会造成产品质量的差异。这些差异在金相组织上和合金结构上分别表现为碳化物的晶粒度和黏结相成分的变化，在物理性能上则表现为矫顽磁力和钴磁变化。为了保证同一炉不同部位的和不同炉的产品质量的相对均一性，往每一炉有代表性的特定部位分别放上若干特制的样品与生产料同炉烧结。出炉后测定每一块检验样品的钴磁和矫顽磁力。这些检验样品习惯上叫做控制片。很显然，这些控制块的性能代表了每一炉内不同部位的产品的性能。各控制片的被测性能波动在合格范围内，就说明这一炉产品的性能是均一的。因此，这一炉产品才算合格。

对控制片的要求是：确定一个与所烧产品的化学成分和金相组织相差不太大的牌号作为控制块牌号，选择一批合格料压制成固定型号。

11.3　低压烧结

11.3.1　低压烧结的优越性

在致密化过程完成以后增加一个在烧结温度下加压保温的过程，称为气压烧结。所以叫气压烧结是因为压力是靠气体，通常是氩气传递的。压力一般为 1~10MPa。这个压力范围比热等静压要低很多，所以也称低压烧结。

美国超高温公司曾证明，如果在硬质合金的烧结温度下直接施加压力，则可在比烧结制品热等静压时低得多的压力下闭合硬质合金的内部孔隙，从而不仅能消除残留孔隙，而且可使"钴池"降到最低程度，甚至完全消失。在这种情况下，只有 1.7~7.0 MPa 的压力就能使孔隙闭合。

美国罗杰斯工具厂用细晶粒 WC-6Co 和粗晶粒 WC-11Co 硬质合金在不同压力下进行气压烧结的试验证明，对于细晶粒 WC-6Co 合金而言，在烧结温度下施加 2~21MPa 的压力就能使其抗弯强度达到原来热等静压时的水平。而对于粗晶粒合金 WC-11Co 合金来说，在烧结温度下施加 1MPa 的压力就足以使其抗弯强度优于在 1380℃和 103MPa 下热等静压得到的材料。

气压烧结对提高 WC-Co 硬质合金物理力学性能有着极其有利的影响，日本岛津公司通过对 WC-7Co、WC-10Co、WC-17Co 三种不同成分的硬质合金在真空、1MPa、6MPa 等三种情况下可以烧结，结果见图 11-8~图 11-11。试验结果表明，以往 6~10MPa 的压力为必要的合金，用 1MPa 的低压烧结也可以获得同等的效果，特别是对中、粗颗粒，钴含量在 10%以上的合金。

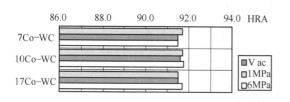

图 11-8　烧结压力对不同成分硬度的影响

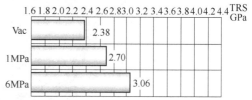

图 11-9　烧结压力对 WC-7Co 抗弯强度影响

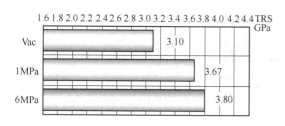

图 11-10　烧结压力对 WC-10Co 抗弯强度影响

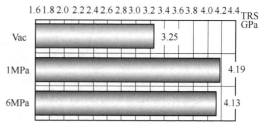

图 11-11　烧结压力对 WC-17Co 抗弯强度影响

因此，低压烧结的优点是：（1）降低硬质合金的孔隙度，特别是对低钴和细硬质合金的影响更加明显，如 YG3X 细颗粒牌号；（2）促进塑形流动，减少钴池；使晶粒重排，提高硬质合金的性能，特别是对于超细晶粒合金的烧结非常有必要。

11.3.2　低压烧结炉

11.3.2.1　基本设计和结构

低压烧结炉的基本结构与一体真空烧结炉相同。它们之间的差别主要是由于炉体是受压容器（压力小于或等于 10MPa）引起的。现将其与一体真空炉的主要区别简述为：

（1）在总体结构上增加了加压系统和泄压装置及整个高压系统，包括炉体及相关的管道和阀门的多重安全保护装置，包括多重机械安全保护和多重自动控制保护。

（2）炉壳结构上有着重大的差别。炉壳根据国家 JB4732—1995《钢制压力容器分析设计标准》制造，同时符合国家对压力容器和锅炉炉体生产许可的要求，符合《压力容器安全技术监察规程》99 版条款。卧式设计，双层壁水套结构；材料：压力容器用钢材；设计运行次数：6000 炉次压力循环。

炉体由以下接口和连接件组成：2 个炉门，分别在前后的位置，炉门铰链连接，液压驱动开关。2套压力容器的卡锁，用于锁定炉体和炉门，液压驱动；2套滑销，气动驱动合上卡口环后，滑销插入齿之间的空隙处从而锁住了卡环、炉体和炉门。1套液压驱动装置，用于驱动卡锁装置。1个截止阀（结构为单缸气动）；真空和压力密封，安装在真空室和真空管道之间。低压烧结炉的结构和布局如图 11-12 和图 11-13 所示。

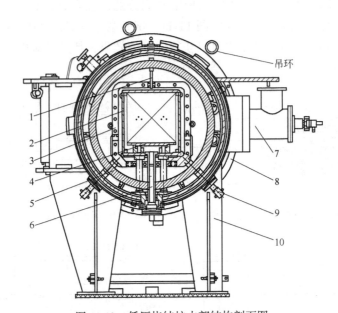

图 11-12 低压烧结炉内部结构剖面图

1—热电偶；2—石墨马弗；3—石墨发热体；4—承料台；5—保温层；6—脱蜡管；7—高压隔离阀；
8—烧结炉体；9—电极；10—炉脚

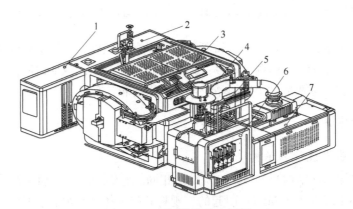

图 11-13 低压烧结炉布局图

1—控制柜；2—变压器；3—炉体；4—点火装置；5—脱蜡系统；6—气体汇流牌；7—真空系统

11.3.2.2 烧结炉功能

低压烧结炉的功能与脱蜡烧结一体炉的大部分功能是一样的，不同的是压力烧结，在硬质合金的液相烧结的保温阶段通入 Ar 气，作为压力烧结介质，通入的时间和压力的大小是可以通过程序改变的；其次，在冷却阶段，快冷是高压气体自然冷却。另外，安全保证等级高，硬件和软件连锁可防止在人工或自动操作时因运行故障而导致对炉子的损坏。

11.3.2.3 安全操作

开炉操作首先要进行低压检漏及抽真空检漏过程。检漏合格后才能开始下一步操作。如果是氢气正压脱胶，在通入氢气前要先通入氮气。在真空烧结完成后通入高压氩气进行压力烧结。保温保压设定时间完成后，进入冷却阶段的炉子自然冷却，随着炉温下降，压力也下降。当炉温降到 1000~800℃ 时，两个保温门打开，进入快冷。当炉温降到出炉温度时，炉子自动放气到 0.02MPa 以下。

11.4 梯度硬质合金的制备

由表及里不同部位呈现规律性功能差异的合金，叫功能梯度硬质合金。这种功能差异是由合金组元成分的梯度分布引起的，因而常常伴随着合金组织结构的梯度变化。

11.4.1 基本原理

在适宜的炉内气氛中，于适当的高温处理时，硬质合金组元会与环境（炉气）发生渗碳、渗氮、脱碳、脱氮反应，并由此造成合金表面与内部成分和组织的差异，因而形成功能差异。

WC-TiC(TaC)-TiN-Co 合金于真空下烧结时，溶解于液相中的氮通过液相扩散从试样表面逸出，由于 N 与 Ti 的亲和力远大于 N 与 W 的亲和力，造成表面层 Ti 往内部迁移。这一过程的继续进行便使试样表面液相中的 W，C 浓度升高，结果便形成了表面脱 β 层（不含 TiC-WC 相）。不含氮的 WC-TiC-Co 合金在含氮或（和）含碳（如 CH_4）气氛中加热时则发生相反的化学反应和物质迁移，结果形成了表面富 β 层。如果这类合金配制的含碳量高于化学计算量，然后在微脱碳气氛中处理，也可得到表面为脱 β 层的合金。后面这两种不含氮的合金的处理温度都是约 1250℃，也就是烧结后的冷却阶段。

配制含碳量低于化学计算量的 WC-Co 合金在渗碳气氛（如 CH_4）中烧结，可以生产出表面贫钴富碳（WC+γ）而内部贫碳富钴（WC+γ+η）的合金。配制含碳量高于化学计算量的 WC-Co 合金在微脱碳气氛（如 CO_2）中烧结，则得到表面富钴少碳（WC+γ）而内部少钴余碳（WC+γ+C）的合金。

造成上述结果的主要原因：一方面，Ti 和 N_2 的亲和力远大于 W 与 N_2 的亲和力，是 Ti 原子往内部迁移的动力；另一方面，Co 原子具有厌碳性，造成在碳气氛下钴往内部迁移的动力。

11.4.2 两种主要梯度组织合金的组织特征及用途

11.4.2.1 通过受控碳扩散制取功能梯度硬质合金

这主要应用于 WC-Co 合金凿岩钻齿。为此，首先生产缺碳的 η 相均匀分布的 WC-Co 合金球齿，也就是均匀分布的 WC+γ+η 三相合金球齿，然后将这种合金进行渗碳处理。这时合金表面的 η 相（例如 W_3Co_3C）便会与炉气中的碳发生下述反应：

$$W_3Co_3C+2C \Longrightarrow 3WC+3Co \tag{11-2}$$

这就造成了合金表面的 γ 相含量高于内层和中心；同时 γ 相中含碳量也随之增加。因此，γ 相含量的提高及其中含碳量的增加使得它们都向合金内层扩散。结果，合金的含钴量及含碳量便由表及心形成了三种不同的成分。如果合金的钴含量为 6%，球齿的直径为10mm，经过适当的渗碳处理后，可以得到厚度为 2mm 的无 η 相的表面层和直径为 6mm的含有弥散分布 η 相的中心区这样的梯度组织称为合金球齿。其表面层的含钴量约为4.8%，中心区的外围（紧接表层）的钴含量达 10.1%，而含 η 相中心区的钴含量则接近合金名义含钴量 6%。这种球齿内钨和钴沿直径的分布示于图 11-14a。

调整渗碳处理的温度和时间可以制取所需钴分布梯度的硬质合金。而渗碳时间则取决于温度和制品尺寸。如果有充分的渗碳时间，则可以得到 η 相完全消除，而钴仍然是梯度分布的合金（见图 11-14b）。可以看到，球齿中心的钨、钴相对含量正好与图 11-14a 所示相反。而且，钴从表面到中心的分布虽然也分成三个阶梯，但却是一直增加的。这种球齿同样具有较好的耐磨性和较高的使用寿命。

上述两种结构的球齿有一点是相同的，那就是表层的钴含量低于公称值。因此，它们表层的耐磨性会高于具有均一化学成分的传统合金。但是实践证明，这种球齿使用性能提高的效果是不能单纯用硬度提高即耐磨性提高来解释的。因为表层硬度相同的传统合金使用性能都较差。

这类梯度组织合金不单用于凿岩钻齿，也可用作耐磨零件，如拉伸模等。

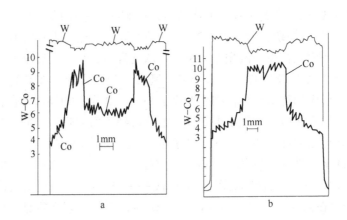

图 11-14　缺碳合金球齿渗碳处理后钨、钴沿直径的分布示意图

混合料的碳含量、碳气氛浓度、处理温度与时间、制品大小、装炉量等因素都会影响梯度结构的表层厚度。

11.4.2.2　通过受控氮扩散制取功能梯度硬质合金

作为涂层硬质合金可转位刀片的基体，通常都含有 TiC。要想制得具有不含 β（TiC-WC）相的表面层（脱 β 层）的合金，通常要加入百分之几的 TiN 或者 Ti（CN）。将这种组分的压块在真空下烧结，便可以得到表面是 WC+γ 两相组织（脱 β 层），内部是α（WC）+β+γ 三相组织的合金。图 11-15 显示，α+β+γ 三相区按其化学成分又分为两层：化学成分符合配制要求的标准（或名义）成分的中心层；处于脱 β 层和中心层之间的钛含量高于而钴含量低于名义成分的中间层。

含氮的硬质合金压坯在真空中烧结并缓慢冷却即可获得脱 β 层的硬质合金。硬质合金含氮的方式可以有多种，如：配制硬质合金混合料时添加 TiN、TaN 等单质氮化物或采用（W，Ti）CN、（W，Ti，Ta）CN 等固溶体；或不含氮的硬质合金压坯在低温烧结时导入少量的氮气。

这种工艺研究得比较深入，已为一般生产厂家所应用。作为工艺的应用，研究的注意力主要集中在脱 β 层的厚度 x 上，并且已经发现其具有如下规律：

（1）x 与烧结（脱氮）时间的平方根成正比；

（2）x 随烧结温度的提高而加大；

（3）x 随真空度的提高而加大；

（4）x 与 γ 相所占体积比的平方根成正比；

（5）x 随合金含碳量的提高而增大；

（6）x 随 β 固溶体含量的增加而减少，当固溶体含量达到 80% 时，x 等于零；

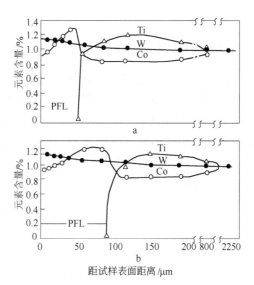

图 11-15 WC-5.0β-5.0TiN-Co 合金中
W、Ti、Co 含量与距试样表面距离的关系
（含量以试样中心含量为基准）

（7）x 与合金中 TiN 含量呈曲线关系：首先 x 随 TiN 含量的增加而加大，但在 TiN 含量为 1% 时出现拐点。

影响脱 β 层厚度的因素是多方面、复杂的，根据各公司的牌号和使用原料的状况都有自己的控制方法。

11.5 热压

11.5.1 概述

热压是压制和烧结同时进行的过程。在外压下烧结，可使烧结过程迅速完成，烧结温度也较普通烧结低，也就是活化烧结方法，因而碳化物晶粒的长大程度比普通烧结的要小得多，同时也更加致密。在烧结温度下加压，所需压力比室温小得多，只有几个兆帕。

由于在烧结温度下加压，通常不存在压力传递困难的问题。生产形状相当复杂的制品，压模只用一次，不存在脱模难的问题。

其缺点是，通常一次只能生产一件，压模使用次数少，因而劳动生产率低，成本高，不宜用于生产批量大的产品。同时，由于手工操作，质量难以稳定；表面粗糙，加工量太大，会增加成本。如今，冷压成型及烧结工艺已相当完善，所以热压已极少使用。但在粉末冶金陶瓷材料的制备中还有不少应用。

在硬质合金生产中有电阻加热和感应加热两种。电阻加热是利用石墨压模和粉末作为发热体，在压模的上，下冲头上加压，同时经过上下冲头通以低压大电流，使物料达到所需的温度。感应加热则是利用中频感应线圈使其中的压模和物料产生涡流而发热，达到所需的热压温度。

11.5.2　压模材料及其设计原则

（1）压模材料的选择。热压温度都在 1400℃ 以上，因此要求压模材料应该有较高的热强度，良好的导电性，不污染制品，气孔少，而且要有好的加工性能。目前，只有石墨比较符合要求（见表 11-1）。应根据压模各部位的工作特点，选用质量不同的石墨。经定向处理的石墨压模部件（如芯轴，内套、压环等），使用寿命较长。石墨模表面渗硅，可提高抗氧化性能，减少石墨的氧化损失，提高模具的使用寿命。使用氮化硼涂料，可以使制品从石墨模中顺利脱出。

表 11-1　石墨材料的性能

石墨的种类	抗压强度 /MPa	比电阻 /Ω·mm²·m⁻¹	孔隙度 /%	密度 /g·cm⁻³
人造电极石墨	15.3～30.6	8～14	27～23	1.5～1.7
人造细粒电极石墨	20.4	16～25	20～25	1.5
人造致密石墨	35.7	10～28	16～20	1.7
φ300 高纯石墨	46.3	—	—	1.81
方块高纯石墨	73.1	—	—	1.86

（2）压模的强度。石墨模的强度计算与冷压时钢压模计算方法类似。热压时的压制压力只有 7～12MPa，从表 11-1 的数值来看，石墨压模的尺寸无须太大就能满足这一要求。此外，由于在 2500℃ 温度以下石墨的强度随着温度的升高而增大，在烧结温度下石墨压模的强度会更好。通常取模套外径 D 约等于内径 D 的 2 倍，无须计算。模套厚度不宜过大。在特殊情况下，可用外部加固的办法增大模套的强度。

（3）压模的温度分布。在冲头直接导电的情况下，两端冲头温度较高，模套中间温度较低，由于压模各部位温度与截面积成反比，因此，为了提高模套中间的温度，在设计时应考虑在保证模套强度的情况下，尽量减少中间部分的截面积。

（4）尺寸的确定。热压时，制品表面不可避免地产生渗碳层。渗碳层的厚度与热压温度、制品的含钴量有关。含钴量高，渗碳层就厚，如 YG15 渗碳层可达 2mm，而 YG8 合金只有 0.5～1.0mm 厚；热压温度增高，渗碳层厚度也会增加。但如采用优质石墨或定向石墨，渗碳层则较薄。为了保证产品质量，渗碳层将被磨掉。设计压模时应根据产品的质量及公差要求，考虑一定的加工余量。

与普通模压不同，与加压方向垂直的模腔截面尺寸就是合金（而不是压坯）的尺寸。

11.5.3　工艺

热压所用的混合料不需添加成型剂。为保证热压制品获得良好的组织，必须保证混合料的碳含量接近理论值，一般为 6.12%±0.03%，才能保证合金内部不出现 η 相或石墨。

制品单重与冷压一样需按公式计算。当用公式计算制品体积有困难时，可用测量法测定，即用量杯量出与所压制品等体积的细金属粒子或塑料粒子的体积即可。在这里，损耗系数主要是考虑钴损耗，对于钴含量低于11%的合金，其损耗系数为1.02，而对于钴含量大于15%的合金，其损耗系数为1.03。

压制前将物料装入模腔内，应注意装料均匀，以保证制品密度均匀一致。为了减少压制时的热损失，在石墨模套上应包上2~5mm厚的石棉袋或石棉布。

单位压制压力随钴含量的提高而降低，热压温度亦随钴含量的提高而稍有下降。热压的升温、保温时间则随着制品尺寸的增大而增加，冷却时间也一样。

热压温度的控制是比较复杂的。对于直热式电阻加热过程来说，压块的实际温度高于压模外壁温度，一般模壁温度要低150℃左右。对于中频感应加热的热压过程来说，开始时制品温度高于模壁温度，在10min后基本接近。

要获得优质的制品，必须使压制压力与温度密切配合，否则会产生裂纹、变形或其他缺陷。

表11-2可以作为直热式热压操作时的参考。对于感应加热过程，除模壁温度一项有所不同外，其余差别不大。

表11-2 直热式热压各阶段的工艺参数及其特征

压制阶段	模壁温度/℃	制品温度/℃	压力占总压力/%	特 征	对材料质量的影响和易发生的问题	操作中应注意的事项
1	室温	室温	30~50	压紧混合料	超过初压力，气体难以逸出，会导致制品出现气孔，分层	保持初步压紧压力
2	700~800	850~950	保压前略有增加	略有收缩，塑性流动开始	加压过急易把压模压裂	缓慢加压
3	800~1100	950~650	约70	收缩较激烈	应及时加大压力，否则会因自由收缩而造成废品	温度与压力应配合好
4	1100~680	650~1430	约90	收缩最激烈	易产生环状或纵向裂纹及其他缺陷	当压力滞后时，应降低加热功率
5	680~1340	1430~1450	100	制品较致密，收缩减慢	模套易压裂	保持压力不超过规定范围
6	1340~1150	1450~1300	保压	制品高度与密度达到要求	如不保压就断电，或降温太快，制品易变形和产生内部裂纹	保压后断电，分阶段降温
7	1150~800	1300~700	撤压			撤压，卸模，并放入保温箱内冷却

11.5.4 电阻加热热压机

电阻加热的热压机与一般压力机的不同点在于：它担负加热任务；其加热速度较慢，且压力易于保持。电阻加热的热压原理如图11-16所示。利用压模及制品作电阻元件，将电流直接通往石墨压模及制品两端，在变压器前端设调压变压器，以控制加热温度。

一般说来各种类型的液压机均可改装成电阻加热的热压机，其中主要是需要增加一些加热设备。

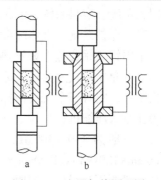

图11-16 电阻加热原理图

11.6 热等静压

热等静压（HIP）技术是在高温下将高压气体均匀地作用于粉末坯体或制品上。在高温高压的均匀压力作用下，使粉末体固结，均匀收缩，完成烧结工艺，达到100%的理论密度。热等静压1955年起源于美国巴蒂尔研究所，当时是为了解决核燃料的包套问题。热等静压用于工业生产是从硬质合金开始的，那就是1967年美国肯纳金属公司所安装的第一台年产50t的热等静压机。HIP技术可消除其缩孔、空洞、裂纹等。因此，HIP技术已成为粉末冶金固结、致密化处理的一种有效的、迅速发展的先进工艺技术。据报道，1983年全世界171台热等静压机中有55台是用于硬质合金工业的。硬质合金工业曾经是热等静压机的最大应用领域。

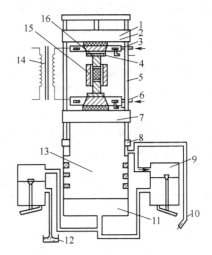

图 11-17 40t 油压式热压机

1—上横梁；2—石棉水泥板；3—铜导电板；
4—石墨垫板；5—立柱；6—冷却水；7—中横梁；
8—下横梁；9—电磁逆流阀；10—接柱塞泵；
11—压缸；12—油箱；13—活塞；14—降压变压器；
15—石墨压模；16—石墨锥体

11.6.1 热等静压的工作原理

HIP的工作原理（如图11-18所示）是在密闭的高压容器内放置一个加热装置和隔热装置，经冷成型的粉末零件制品，放置到高压容器内。关闭高压容器，向高压容器充入高压气体，通常有Ar或N_2，达到一定初始压力后，启动升温系统，给加热系统通电，容器内温度升高，此刻高压容器内的气体随着温度的升高而膨胀，压力也会继续上升，当达到加热制品要求的温度后，停止继续加热，进入保持温度阶段，这时压力也会停止上升保持一定的压力，这时粉末制品在高温高压的作用下内部组织结构发生变化，制品内部的孔隙缩小并消除，粉末制品在高温高压下完成烧结致密化过程。

11.6.2 热等静压设备

HIP装置主要是由高压容器和承力框架、加热系统、隔热系统、冷却系统、供气及气体回收系统、装料系统、液压系统、真空系统、供电系统、控制系统、测温系统、气动系统、安全保护系统、气体纯度分析系统以及快速冷却系统和辅助系统组成。

采用钼或钼合金作为发热体，适用于1000～1500℃的HIP处理。当HIP温度不高于1400℃，介质形式为氩气、氮气或Ar+N_2，可选用双铂铑热电偶。气体压缩机为高压气体发生装置，它有三个主要指标：进气压力、排气压力和排量。气体压缩机可分为两种：一种为柱塞式压缩机；另外一种为膜片式压缩机。对于应用于金属材料的热等静压装备其工作压力一般为140～200MPa，工作温度在1250～1500℃，工作室尺寸的范围很宽，为$\phi100mm\times120mm～\phi2000mm\times4000mm$，乃至更大，这种类型的热等静压装备的发热、隔热材料一般选用金属材料制成。

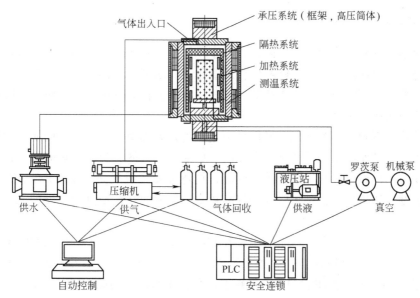

气体出入口　承压系统（框架，高压筒体）
隔热系统
加热系统
测温系统

压缩机　气体回收　液压站　罗茨泵　机械泵
供水　供气　供液　真空
自动控制　PLC　安全连锁

图 11-18　热等静压的工作原理和设备的构成

11.6.3　热等静压工艺参数的选择

热等静压的工艺参数包括工作温度、工作压力、升温速率、升压速率、保温时间、保压时间、降温速率、出料温度等，其中尤以工作温度、工作压力及保温、保压时间为重要控制参数。

保温温度是保证产品获得优良质量的关键因素，主要根据粉末的熔点而确定。单相纯粉末的保温温度 $T = 0.5 \sim 0.7 T_{熔点}$。几种不同元素的混合物粉末的保温温度应选在粉末主要元素的熔点与其他元素的最低熔点之间。如果是液相烧结，其保温温度小于基本元素的熔点，而大于共晶熔点。另外，对产品的最终组织结构、密度、强度等方面的控制也是决定保温温度的因素。

保压压力一般是根据所处理材料在高温下变形的难易程度来决定的。容易变形的材料所需压力可低些，而难变形的材料所需的压力应高一些。保压压力的选择与粉末的成分、形状和粒度有关。

保压时间根据压坯或工件的大小和成分而定。对于大型的压坯制作，为了充分压实烧透，需要较长的保温保压时间。

升温升压的速率应适当控制，在不影响粉末的致密化过程中，为了提高效率，可以适当加快。一旦进入粉末致密化过程，升温升压速率太快不利于致密化过程的充分进行，同时还可能损坏炉内加热元件和热屏蔽元件。

降温降压速率对于某些粉末冶金产品，出于对组织性能的要求，需要快一些。而对于一些大型工件，降温降压却不能太快，以防止由温差应力引起的制品开裂。当完全完成 HIP 致密化工艺后，在不影响制品性能的条件下，可以加快降温速度，这样，可以大大提高 HIP 装置的使用功率。

出炉温度以压坯或工件，以及炉内的元件不产生氧化为宜。

11. 6. 4　热等静压处理硬质合金

除了化学成分和碳化物晶粒以外，孔隙度和钴相分布状态是影响硬质合金性能的重要因素。在烧结体出现液相后，可能某些金属氧化物的还原反应仍在进行。这些反应所产生的气体难以逸出，便在合金中形成孔隙。另外，含钴量较低时压块内的较大空隙可能不能完全被钴填充而保留于合金中。

与机械热压不同，热等静压在硬质合金生产中并无成型功能，只是硬质合金的一个烧结后处理过程。其作用是降低合金的孔隙度。如果工艺条件适当，经热等静压处理后的硬质合金，其金相组织中很难发现孔隙。因此，抗弯强度一般提高 10% ~ 30%。含钴较低的硬质合金强度提高较多，含钴量较高的提高较少。最大的好处是抗弯强度的波动范围大大缩小。

热等静压处理硬质合金一般采用 100MPa 的压力，温度略高于硬质合金的 WC-Co 伪二元共晶温度，也就是 1350℃ 左右。处理高钴合金可适当地低一点，低钴合金可适当地高一些，但不超过 1400℃。要注意的是，烧结温度要比正常烧结的低一些。一般将炉内压力升到 28 ~ 30MPa 后升温，然后炉内的压力随温度的升高而升高。当炉内达到要求的温度时正好升到要求的压力。为此，炉内升温前的压力必须根据工艺要求的最高温度按理想气体状态方程式计算确定。升到较低的压力后升温，所用升压泵的功率和价格要低得多。

热等静压设备价格昂贵，投资相对太大。而且，由于很难找到一种在烧结温度下不熔化又能产生塑性变形，且不与硬质合金的组成物发生物理、化学反应的包套材料，只能将硬质合金混合粉按通常工艺压制、烧结后进行热等静压。在原有生产工艺之外增加一个烧结后处理过程和一套昂贵的装置，不但投资成本提高，劳动生产率降低，生产成本提高。结果，产品价格显著提高。这严重限制了它的应用范围。对普通产品而言，只有当孔隙度不合格时才用它处理。

11. 7　放电等离子烧结和微波烧结

11. 7. 1　放电等离子烧结

放电等离子烧结（Spark Plasma Sintering, SPS），也称为"脉冲通电法"或"脉冲通电加压烧结法"，SPS 融等离子活化、热压、电阻加热为一体，因而具有升温速度快、烧结时间短、晶粒均匀、有利于控制烧结体的细微结构、获得的材料致密度高、性能好等特点，是一种快速、低温、节能、环保的材料制备新技术。

该技术利用脉冲能、放电脉冲压力和焦耳热产生的瞬时高温场来实现烧结过程，对于实现优质高效、低耗低成本的材料制备具有重要意义，在纳米材料、复合材料等的制备中显示了极大的优越性，现已应用于金属、陶瓷、复合材料以及纳米块体材料、非晶块体材料、梯度材料等功能材料的制备，特别是成为制备纳米块体材料的有效手段。

11. 7. 1. 1　放电等离子烧结技术的原理

SPS 烧结机理目前还没有达成较为统一的认识，一般认为：SPS 过程除具有热压烧结的焦耳热和加压造成的塑性变形促进烧结过程外，还在粉末颗粒间产生直流脉冲电压，并有效利用了粉体颗粒间放电产生的自发热作用。施加直流开关脉冲电流作用是 SPS 特有的现象，见图 11-19。

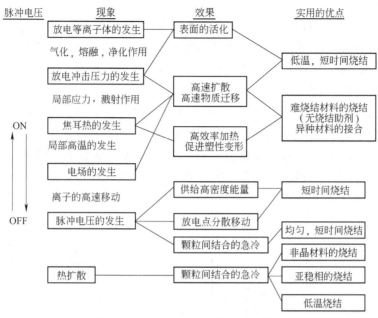

图 11-19 ON-OFF 直流脉冲通电效应

（1）ON-OFF 直流脉冲通电效应，由于脉冲放电产生的放电冲击波以及电子、离子在电场中反方向的高速流动，可使粉末吸附的气体逸散，粉末表面的初始氧化膜在一定程度上被击穿，使粉末得以净化、活化。

（2）由于脉冲是瞬间、断续、高频率发生，在粉末颗粒未接触部位产生的放电热，以及粉末颗粒接触部位产生的焦耳热，都大大促进了粉末颗粒原子的扩散，其扩散系数比通常热压条件下的要大得多，从而达到粉末烧结的快速化。

（3）ON-OFF 快速脉冲的加入，使粉末内的放电部位及焦耳发热部件，都会快速移动，使粉末的烧结能够均匀化。

在 SPS 过程中，颗粒之间放电时，会瞬时产生高达几千度至 1 万度的局部高温，在颗粒表面引起蒸发和熔化，在颗粒接触点形成颈部，由于热量立即从发热中心传递到颗粒表面和向四周扩散，颈部快速冷却而使蒸汽压低于其他部位。气相物质凝聚在颈部形成高于普通烧结方法的蒸发–凝固传递是 SPS 过程的另一个重要特点。晶粒受脉冲电流加热和垂直单向压力的作用，体扩散、晶界扩散都得到加强，加速了烧结致密化过程，因此用较低的温度和比较短的时间可得到高质量的烧结体。SPS 过程可以看做是颗粒放电、导电加热和加压综合作用的结果。

11.7.1.2 放电等离子烧结优点

SPS 是在粉末颗粒间隙直接施加脉冲状的电能，将瞬间产生的高温等离子体（放电等离子体）的高能量有效地利用与热扩散与电场扩散，由此，能够在从低温到 2000℃ 以上的高温范围，在比传统烧结温度低 200～500℃ 的情况下，在 5～20min（包含升温与保温时间）内完成"烧结"或"烧结结合"，是近年来实用化的新型烧结技术。可以根据对象材料的物性与所希望的材料处理条件，在数十兆帕水准的较低压力下，在 1000～2500℃ 的高温下进行放电等离子体烧结，也可以在数百到一千兆帕的高压下，与短时间内，在低温下进行放电等离子烧结。

放电等离子烧结融等离子活化、热压、电阻加热为一体，升温速度快、烧结时间短、烧结温度低、晶粒均匀、有利于控制烧结体的细微结构、获得材料的致密度高，并且有着操作简单、再现性高、安全可靠、节省空间、节省能源及成本低等优点。

11.7.1.3 SPS 的基本结构和设备

SPS 的基本结构如图 11-20 所示。标准的 SPS 装置由以下部分构成：具有烧结纵向加压结构的 SPS 烧结机本体、具有内部水冷的特殊机构、水冷真空室、真空、大气、氩气等气氛控制结构、真空排气装置、特殊直流脉冲烧结电源、冷却水控制单元、位置检测机构、变化率检测机构、温度检测装置、压力显示装置、各种互锁安全装置，以及对上述装置进行集中控制的操作控制盘。

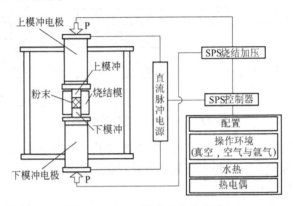

图 11-20 SPS 设备的基本结构

11.7.1.4 SPS 技术在硬质合金制造领域的应用

为了发挥 SPS 法的特征，制造出不同于市售超硬制品的材料，开发出了不含或少含黏结相的超细颗粒及颗粒配合的超硬材料。

利用 SPS 法将新成分的超硬粉 GX（商品名）制备成球阀阀座。烧结体的硬度 HV3 达 2500，高于一般工具用超硬 G2 的硬度 HV3 为 1600~1650。在高压泵、喷嘴、离心分离机等耐磨零件的多个领域，都有广阔的应用前景。

超硬异型拉丝模是以超细超硬粉末为原材料，由 SPS 法制得的微孔分散的特殊微细结构，使其拉丝寿命与历来的拉丝模相比，在苛刻条件下，提高 3.5 倍，在通常条件下提高 12 倍，性能得到大幅度提高。

利用高能球磨，放电等离子体烧结制备超细 WC-10Co 硬质合金的研究表明，SPS 过程可分为三个阶段：初期以扩散和蒸发凝聚为主要机理，中期以塑性变形为主，后期以塑性流动和扩散蠕变为主。通过与添加晶粒长大抑制剂的共同作用，使烧结样品的晶粒尺寸小于 350nm，硬度为 93.9HRA，断裂韧性为 16.34MPa·m$^{1/2}$，获得了较好的综合性能。

采用放电等离子体烧结制备了金刚石颗粒（平均粒径为 12μm、25μm 及 50μm）为 20%体积分数弥散分布的 WC-10Co（质量分数）硬质合金，烧结体的相对密度可达98%。弥散金刚石颗粒基本保持了高硬度，当金刚石的粒度为 50μm 时，胎体的冲击韧性高达 17.8MPa·m$^{1/2}$。

作者采用喷雾干燥制粒、流态化床化学转化法生产的 WC-6Co 复合粉作为原料，球磨后复合粉的颗粒形貌见图 11-21。SPS 烧结在清华大学新型陶瓷与精细工艺国家重点实验室的 SPS-1050 上进行，烧结工艺为：升温速率 200℃/min，烧结压力 50 MPa，保温 6 min。烧结后合金组织结构见图 11-22。合金的性能和真空烧结和低压烧结进行的对比见表 11-3。真空烧结 1410℃，保温 60min；低压烧结 1410℃，保温 60min，气压 6MPa。

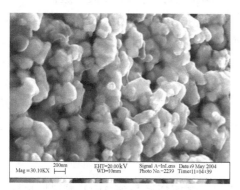

图 11-21 球磨后复合粉的颗粒形貌

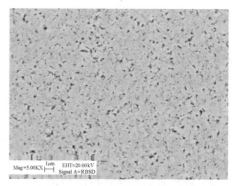

图 11-22 1140℃SPS 烧结合金组织

表 11-3 SPS 烧结过程合金性能的变化及与真空烧结和低压烧结的比较

烧结温度/℃	$D/g \cdot cm^{-3}$	COM（质量分数）（Co）/%	Hc /kA·m^{-1}	HV$_{30}$	TRS /MPa	K_{IC} /MPa·m$^{1/2}$
1100	14.89	3.80	28.00	2070	2880	8.96
1140	15.03	3.80	26.30	1989	3010	9.56
1170	14.98	3.90	25.30	1870	3210	10.96
1200	15.93	4.10	23.70	1718	3070	10.69
真空	14.82	3.70	22.80	1680	2380	9.64
低压烧结	14.98	3.70	24.10	1720	2920	10.37

试验结果表明：合金压坯在 800℃开始收缩，1000℃开始快速收缩，1100℃可以获得比较致密的合金，在 1140~1170℃，烧结压力 50MPa 的条件下，获得的综合性能最好。低压烧结也可以获得比较好的性能；而真空烧结，合金孔隙比较高，合金晶粒不均匀，性能较差。

SPS 技术除利用传统的热压烧结，通过通电产生的焦耳热和加压造成的塑性变形来实现致密化以外，放电脉冲在未接触的 WC 粉体颗粒间放电产生等离子体，活化 WC 颗粒表面，对颗粒表面的氧化物进行清洁，促进表面原子的蒸发和熔化，引起烧结颈长大；体扩散、晶界扩散都得到加强，由蒸发-凝聚引起的物质迁移比普通烧结中要强得多。还没有形成完整的液相烧结过程，即溶解-析出过程，WC 晶粒也没有充分的长大，就完成了烧结过程。由于在较低的温度和比较短的时间得到高致密的烧结体，WC 晶粒还没有完全形成多边形的形状合金，晶粒细小、组织均匀。这可能就是 SPS 烧结合金在硬度和断裂韧度方面优于其他两种烧结方法的原因。

11.7.2 微波烧结

微波烧结（microwave sintering）是利用微波具有的特殊波段与材料的基本细微结构耦

合产生热量，材料的介质损耗使其材料整体加热至烧结温度，从而实现致密化的方法。材料的微波烧结开始于 20 世纪 60 年代中期，90 年代后期进入产业化阶段，首先应用陶瓷材料烧结。

11.7.2.1　微波烧结机理探讨

（1）材料中的电磁能量耗散。对物料施加高频电磁波后，高频电磁波穿透物料并被物料吸收、物料分子获得微波能量，即产生分子能级跃迁和偶极子转向极化，高速运动的动能（24.5 亿次/s 或 9.15 亿次/s）转化成热能从而实现加热。材料对微波能量的吸收（或耗散）待达到一定的温度，可引发燃烧合成或烧结。其本质是将微波电磁能转变成热能，通过空间或媒介以电磁波的形式传递能量。

（2）微波促进材料烧结的机制。微波烧结技术是利用微波电磁场与材料的细微结构耦合而产生的热量使材料快速均匀的无梯度整体加热到烧结温度实现致密化，减少气孔、孔洞、微裂纹等缺陷。微波烧结可降低烧结活化能、增强扩散动力和扩散速率，从而实现迅速烧结。

微波烧结是一种活化烧结过程，可促进原子扩散。微波烧结高纯 Al_2O_3 表观活化能 E_a 仅为 170kJ/mol，而在常规电阻加热烧结中 $E_a = 575$kJ/mol。微波场具有增强离子电导的效应。认为高频电场能促进晶粒表层带电空位的迁移，使晶粒产生类似于扩散蠕动的塑性变形，促进了烧结的进行。在烧结颈形成区域受高度聚焦电场的作用还可能使局部区域电离，电离引起的加速度传质过程是微波促进烧结的根本原因。

由于微波有较强的穿透能力，它能深入到样品内部，使样品中心温度迅速升高达到着火点并引发燃烧合成。

目前对于微波烧结机理的探讨，主要从物理与化学的对比方面进行探讨，如密度、晶粒尺寸、活化能、扩散系数、晶粒表面能、晶体内能等，到目前为止还没有一种理论能解释微波的烧结机理。有人认为微波场作用于表面颗粒，产生附加应力，促使空位及间隙离子运动，产生了致密化。有人认为微波烧结与微波辐射、表面离子、内部缺陷所产生的共振耦合或非线性低频声子的散射有关。有人认为：初期高电场致使气隙内部放电活化界面，中后期微波选择性加热，共同促进微波烧结。

11.7.2.2　微波烧结的技术特点

（1）微波与材料直接耦合，导致整体加热：由于微波的体积加热，得以实现材料中大区域的零梯度均匀加热，使材料内部热应力减少，从而减少开裂、变形倾向。同时由于微波能被材料直接吸收而转化为热能，所以，能量利用率极高，比常规烧结节能 80% 左右。

（2）微波烧结升温速度快，烧结时间短：某些材料在温度高于临界温度后，其损耗因子迅速增大，导致升温极快，最大升温速度达到 50～100℃/min。另外，微波的存在降低了活化能，加快了材料的烧结进程，烧结温度降低，缩短了烧结时间。

（3）微波可对物相进行选择性加热：由于不同的材料、不同的物相对微波的吸收存在差异，因此，可以通过选择性加热或选择性化学反应获得新材料和新结构，从而制备出具有新型微观结构和优良性能的材料。还可以通过添加吸波物相来控制加热区域，也可利用强吸收材料来预热微波透明材料，利用混合加热烧结低损耗材料。此外，微波烧结易于控制、安全、无污染。

但微波烧结也体现出了传统烧结不曾有的缺点：加热设备复杂、需特殊设计、成本高；同时，由于不同介质吸收微波的能力及微波耦合不同，出现了微波可吸收材料，半吸收材料，不吸收材料等，选择性加热使得微波透过材料不能烧结，同时出现热斑现象。

11.7.2.3 微波烧结炉设备

微波烧结设备由微波加热系统、真空系统、炉体、承料系统、控制系统等组成。图11-23为一典型微波烧结设备工作原理图。

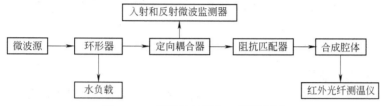

图 11-23 微波烧结设备工作原理图

微波加热系统由多个微波单元构成，每一个单元的器件为：磁控管+微波专用高压变压器+高压电容+高压硅堆+轴流风扇。微波加热腔体有多种形式，通常可分为行波加热器、多模炉式加热器、单模谐振腔式加热器等3种。而多模腔微波炉具有微波场分布和加热均匀等单模腔微波炉不可比拟的优点，而且可以烧结大尺寸、高损耗的材料，所以多模腔烧结炉将成为微波烧结工业化生产的主要设备之一。

国内目前微波工业炉制造商主要有长沙隆泰微波热工有限公司（MBS 系列微波高温箱式炉）、沈阳金属所（MFM-863 系列）、上海博奥微波能设备有限公司（BA-12KW 系列）等。美国 Dennis Tool 工具公司微波高温连续式硬质合金烧结设备，主要烧结硬质合金刀具产品。加拿大的 Indexable Tool 公司用微波烧结氮化硅陶瓷刀具。

11.7.2.4 微波烧结的应用

微波烧结在陶瓷粉体的制备、硬质合金和金属陶瓷制备、陶瓷涂层的制备、功能陶瓷材料的制备等领域有着广泛的应用，如溶胶凝胶-微波烧结法、微波加热-自蔓延高温合成法、微波水热法、微波连接技术、微波溶解技术、微波干燥技术等。微波烧结作为一种新型的快速烧结方法，能快速且较低温度下达到或超过常规高温、长时间烧结所达到的效果。解决了常压烧结密度低、热压烧结只能烧结形状简单物品的问题，在节能、高效方面有巨大潜力。

A 陶瓷粉体的制备

有人用微波合成纳米碳化钛粉体。选用乙炔炭黑、纳米金红石型二氧化钛，不能在真空条件下进行，必须在氩气保护下进行，这样可以在较宽的温度范围内合成出纳米级的碳化钛粉体，而且工艺过程也容易控制。微波合成纳米碳化钛的合成温度宜在 1200~1300℃之间，合成时间宜在 90min 以内。从升温曲线来看，当合成温度在 900℃以后，升温不能过快，以避免热点的出现。用常规合成法合成碳化钛粉体的合成温度要高于微波合成法合成碳化钛的温度（100℃以上）。用微波合成纳米碳化钛粉体并不遵循一般动力学原理，即反应物质的活性越高反应越容易进行。图 11-24 为微波合成碳化钛粉体的透射电镜照片。

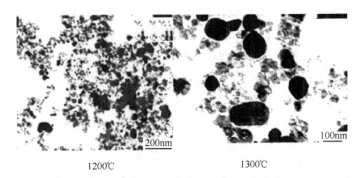

图 11-24 微波合成碳化钛粉体的透射电镜照片

B 硬质合金和金属陶瓷制备

WC-Co 类硬质合金具有良好的微波适应性，烧结过程中，在低温区起作用的损耗方式主要是极化豫驰损耗、磁损耗占主导地位，而在高温区合金对微波能的吸收主要是以介电损耗和电导损耗的形式为主。辅助料的添加 0.4%VC 和 0.2%Cr_3C_2（质量分数）合金性能最好；使用真空微波烧结，对合金的性能有明显提高。采用多模腔微波烧结 WC-8Co，1400℃下烧结，不用保温，密度可达 14.71g/cm^3，HRA 达 90.3，组织结构均匀。

采用微波烧结技术可以制备出晶粒细小、组织均匀、性能优异的超细金属陶瓷。随着烧结温度的升高，超细金属陶瓷的收缩率、致密度、抗弯强度和硬度均先增大后减小，在1500℃时出现极大值；超细金属陶瓷合适的微波烧结工艺为 1500℃保温 30min，此时其抗弯强度和硬度值分别为 1547MPa 和 90.6HRA，与常规烧结相比分别提高了 24.0% 和 0.7%。

表 11-4 普通烧结与微波烧结 WC-Co 特征对比

项 目	微 波	传 统
温度/℃	1300	1450
烧结周期时间/h	1.5	12~24
烧结时间 /min	10	60
相对密度/%	99.0	99.7
平均晶粒度/μm	0.6	2
抗弯强度/MPa	1800	1700
硬度 HRA	93	91

微波烧结 W-Ni-Fe 合金与普通烧结相比，缩短 75%的时间，抑制了 W 颗粒的长大。WC-Fe 系钢结硬质合金在一定范围内随烧结温度的升高，试样的相对密度明显增大，加入稀土可明显细化晶粒，提高硬度。

目前已知适合微波工艺的陶瓷材料有氮或碳化物：TiN、AlN、VN、Si_3N_4、TiC、SiC、WC、VC、B_4C、TiCN、BN；硼化物：TiB_2、ZrB_2；氧化物：ZrO_2、TiO_2、ZnO、CeO_2 等等。到目前为止也仅有 Al_2O_3、ZnO、WC/Co、V_2O_5 等陶瓷材料实现了小规模工业化生产。虽然对于实现微波技术在陶瓷材料的工业化生产目前还有许多困难，但微波烧结工艺具有传统烧结工艺无法比拟的优势，势必成为推动微波烧结技术工业化发展的动力。

11.8 硬质合金烧结废品

凡是不能返回生产的中间工序处理的不合格产品就是废品。它们只能作为废合金（料）回收。硬质合金废品的种类较多。这里只说比较常见而成因比较清楚的工艺废品。

11.8.1 起皮

硬质合金表面出现通过棱的裂纹，或者龟裂或翘起一层壳，严重时则呈鱼鳞式的小薄皮或爆裂（如同鞭炮爆炸后的爆花），这类废品叫做"起皮"。

起皮是由于活性的钴粉末的接触作用使含碳气体渗入在烧结体内的渗碳反应，通常是特定的部位分解出游离碳，使该部位被游离碳阻隔为各自收缩的两部分，形成裂纹。严重时爆裂。

在通常工艺条件下，要避免产生起皮，关键是控制炉气中碳氢化合物的气体实际浓度在任何温度下都低于其平衡浓度，因而不在烧结体内分解并残留碳，要做到这一点，成型剂的种类及用量、装炉量、烧结体的尺寸、氢气流量等四个方面必须考虑。真空烧结时主要是控制400℃（石蜡成型剂）或500℃（合成橡胶类成型剂）以下的升温速度及在该温度下的保温时间。

11.8.2 变形与翘曲

变形和翘曲都是指得到的合金（形位公差）与压块的形状不一样。产生变形的原因有二：

（1）压坯的相对密度不一。密度小的部位，例如焊接切削刀片带后角的刃口，收缩系数较大，因而所得合金在该方向的线尺寸较小。

（2）不同部位的含碳量不均一。含碳量较高的部位出现液相的温度较低，冷却时后于其他含碳量较低的部位。先冷却的部位冷却收缩时所产生的空位可以由尚未凝固的部位的物质通过黏性流动来填充。依此类推。碳量最高的部位最后冷却收缩时所产生的空位无以填充，只有凹进，像铸件的缩孔一样被保留下来。

实践证明，凡是使同一烧结体不同部位的含碳量差异提高的因素都会增大弯曲的倾向。常见的有如下几种：

（1）烧结体于舟皿内的相对位置。靠近舟皿壁的烧结体，其与舟皿壁平行的两个面接触炉气的机会和成分不同，其间就会产生含碳量差异，因而容易出现弯曲。

（2）烧结体的尺寸。烧结体的尺寸越大，不同部位的这种碳量差异就可能越大，变形就可能越大。

如能将烧结体与炉气接触的机会降到最小，也就是烧结体不同部位的碳量差降到最小，如：密封盖舟皿，增大烧结体与舟皿壁的距离和/或增加舟皿最上层填料的厚度，都有利于减少弯曲的倾向性。将圆棒烧结体置于内经等于或稍大于成品尺寸的两个半圆石墨槽之间烧结。

（3）氢气流量。氢气流量越大，上述差异就越大。

（4）压坯含氧量的均一性。压坯局部氧化时会造成局部失碳。

11.8.3 孔洞

硬质合金内的孔隙或孔洞是难以完全避免的。金相检验标准将孔隙分为 A 类孔、B 类孔和 25μm 以上的大孔。由于很难区分它们各自的成因，这里通称为孔洞。其成因可大致归纳为以下四方面：

（1）有生成气体的化学反应。烧结体出现液相以后有生成气体的化学反应，例如，氧化物的还原反应。这种条件下生成的气体，如果其压力不足以克服液相的阻力而从烧结体内逸出，便在合金内形成孔洞。因为有些氧化物，例如钛的氧化物，只有到高温下才能被碳还原。还有的氧化物，例如碳化钨和钴的混合料的氧化结块，虽然在较低温度下可以被氢还原，但由于它们相当致密，在出现液相时未完全被还原。

（2）有不为液相湿润的杂质存在。某些固相杂质，例如，三氧化二铝，氧化钙等，由于不（或不完全）为液相所湿润，在金相试片研磨的过程中脱落，金相检验就是孔洞。这种孔内有时保留着原先的杂质。

（3）烧结体内的大孔不能被完全填充。由于料粒太干，高温时有些料粒成为一个更小的单元自行收缩，便留下不能被完全填充的孔洞（习称"未压好"）；或者，小段（片）的铜丝、铁屑等熔化并分散以后留下的大孔。

（4）黏结金属与碳化物混合不匀。这样，有的微小区域没有黏结金属，其临近区域的黏结金属的毛细管力不及或液相数量不够，便在合金内留下孔洞。

11.8.4 其他不符合产品质量标准的废品

其他不符合产品质量标准的废品包括密度或者钴磁或者矫顽磁力超出标准范围，硬度和抗弯强度低于产品标准，组织结构中出现渗碳或者脱碳、夹粗或者夹细、组织不均匀或钴池等等，这些缺陷废品在第 2 章的硬质合金性能和组织结构表征和第 6 章的混合料制备及质量控制内容中都要细述。

按照现代科学的硬质合金生产控制方法和先进的生产设备，上述产品缺陷废品出现的几率可以大大的降低，有些甚至不会出现。

11.9 硬质合金烧结后处理

烧结后处理包括：

（1）改善合金黏结相的结构和表面成分为目的所进行的加工，例如，热处理、涂层、渗碳及脱碳处理、深冷或其他处理等，以改善合金的性能。

（2）由于现行生产工艺在形状、尺寸精度和表面粗糙度方面达不到要求所要进行的加工，如热整形、研磨和钝化。

（3）为矫正制品缺陷所进行的加工。如：尺寸和形位公差或表面不合格，需要进行研磨加工；长条（棒、板）形位公差（弯曲度）不合格，需要进行矫正返烧；金相组织不合格，如孔隙不合格可以进行热等静压等。

11.9.1 研磨

硬质合金的研磨加工主要在以下三种情况是需要的，即：提高尺寸精度；缩小形位公差，例如：降低弯曲度，提高平面度，修正角度等；提高表面粗糙度。

外形简单的制品，如焊接刀（钎）片、长条薄片及棒材等，通常采用平面磨、无心磨即可达到要求。在这些情况下可采用绿色碳化硅砂轮或金刚石砂轮。表面粗糙度要求不高时采用粒度较粗（例如，60 目（250μm））的磨轮，否则应采用粒度更细的磨轮。

要求比较严格、加工又比较复杂的产品（如数控刀片）的研磨，它通常需要专用磨床。

11.9.1.1　砂轮

常用的分为金刚石砂轮和立方氮化硼砂轮。

金刚石是世界上最硬的物质，人造金刚石砂轮使用寿命长，成本低，成型砂轮容易修整，加工的工件尺寸精度高，表面粗糙度低。

立方氮化硼（PCBN）的硬度仅次于金刚石，它具有很好的化学稳定性，磨削性能好，磨削力小，较低的磨削温度，加工精度高，耐用度好，较高的生产效率，较低加工成本。

结合剂分为：树脂结合剂（代号：B）、陶瓷结合剂（代号：V）和金属结合剂（代号：M）。结合剂要根据加工的材质和精度来选择。加工硬质合金材质时，选择树脂结合剂。对超硬材料 CBN 和 PCD 加工时，一定要选择陶瓷结合剂。

金刚石砂轮的浓度是每单位立方厘米体积所含金刚石的克拉数。25%为：1.1ct；50%为：2.2ct；75%为：3.3ct；100%为：4.4ct；125%为：5.5ct；150%为：6.6ct；200%为：8.8ct（1ct=0.2g）。

11.9.1.2　金刚石砂轮的选用

选择砂轮时要考虑磨料种类、粒度、浓度及结合剂等因素。

粗加工时，砂轮的粒度为 100～150 目（100～154μm），浓度为 100%。

半精加工时，砂轮的粒度为 180～240 目（63～90μm），浓度为 75%。

精加工时，砂轮的粒度为 280～320 目（45～55μm），浓度为 100%。精加工如果还要提高粗糙度就要降低浓度，如：75%、50%、25%等。

11.9.1.3　金刚石砂轮磨削加工

（1）选择好砂轮粒度、砂轮线速度、磨削进给速度、调整好冷却水流量可加工出极好的表面粗糙度，如 $Ra0.12$。

（2）磨削加工数控刀片端面，可以根据刀片的材质来调节线速度，生产效率高，加工成本低，加工品种转换快。

（3）金刚石砂轮磨损、堵塞时修整快，在一台机床上要加工不同的材质，可以快速更换合适的粒度、浓度的砂轮。

使用时注意：每个砂轮应配专用法兰盘并进行校正，使径向跳动不超过 0.03mm；使用前要进行静平衡；树脂结合剂磨具存放不要超过一年，否则树脂会老化；搬运和存放时不要碰撞。

（4）磨削液。磨削液分油基磨削液和水基磨削液两种。磨削液必须符合润滑性好、冷却性好、防锈性好和湿润性好等要求。

（5）可转位刀片磨削加工流程。毛坯→端面加工→超声波清洗→检查→周边加工→超声波清洗→检查→倒棱、开槽加工→超声波清洗→检查→刃口处理→超声波清洗→成品检查。

（6）端面磨削加工。端面加工可分为研磨和砂轮磨削两种。

将立方氮化硼粉 40%、煤油 40%、20
号机油配制成研磨液。用粒度为 180 目
（80μm）的立方氮化硼粉配制的磨削液，选
择好机床的磨削参数，可以一步加工到合格
产品，勿须经粗磨再精磨。研磨的原理见图
11-25。

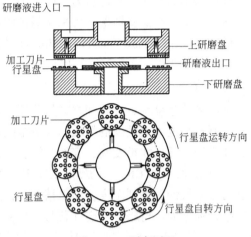

图 11-25   研磨原理

砂轮磨削可选用的机床种类较多，常用
的如：平面磨床、工具磨床、各种专用磨床
等，用不同种类机床加工端面只是采用不同
夹具而已。砂轮磨削时，砂轮线速度、磨削
深度、工件速度、纵向进给速度都要适当的
控制，以保证加工质量和加工效率。

（7）周边磨削。用于周边磨削的机床，
有手动操作的、半自动的和全自动的。加工精度取决于机床精度和工装夹具的精度。现在
用得最多的机床有平面磨床、工具磨床、各种专用磨床等。主要根据刀片的精度要求和机
床的刚性和精度来选择机床。夹具是否合理，对磨削效率和加工精度也有重要影响。

数控机床的磨削效率和精度主要取决于所编程序是否和理。

（8）成型磨削。磨成外形较为复杂的非单一平（曲）面的加工过程，称为成型磨削。
如：成型磨削梳刀，成型磨削槽型。

将砂轮工作面修整出与工件形面完全吻合的型面，用此砂轮磨削刀片，得到所需形状
的刀片。成型磨削加工是磨削加工中难度较大的磨削。

11.9.2   刃口钝化

切削加工中具有决定意义的是刀具——工件接触区内进行的过程。除了后角、前角和
断屑槽形状等设计时已确定的刀具结构参数外，对刀具的寿命和切削效果起重大作用的是
刀具切削刃与工件接触的横断面约为 0.3~1mm 大小的接触区。

刀具经过磨削加工后，切削刃上会出现缺陷，磨得锋利的切削刃，实际（放大）是锯
齿形，这对硬质合金可转位刀片涂层的结合强度和耐磨性有很大的影响。同时，这些缺陷
会引起切削过程不稳定，影响加工表面质量，降低刀具使用寿命。

切削刃表面通常会产生以下缺陷：毛边、刃区微缺口、残余应力以及刃区表面的钴浸
出。因此，刃口钝化是十分必要的。

在刀具制造业中，把刀具比较锋利、有锯齿状、不够光滑的刃口加工成特定的光滑的
形状。这个加工过程一般称为"刃口圆化"或"钝化"。刀具或刀片在精磨之后，有时需
对刃口进行钝化，其名称目前国内外尚不统一，有称"刃口钝化"、"刃口强化"、"刃口
珩磨"、"刃口准备"或"ER 处理"。

钝化按原理可分为机械、化学、电化学、磨料、热加工、电磁等多种工艺方法，例如
毛刷机珩磨法、振动磨料珩磨法、喷砂强化法、高速粒子轰击法等。目前市场上应用比较
广泛的为毛刷法和喷砂法。钝化前和钝化后效果对比见图 11-26。

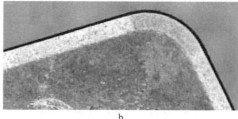

图 11-26　钝化前和钝化后效果对比

a—刃口钝化前；b—刃口钝化后

11.9.2.1　毛刷法

采用齿轮减速电子调速电机传动的行星机构，使刀片自转并公转，由高速旋转的含磨料尼龙盘刷磨削而均匀地钝化刀片刃口，使其峰值减少或消除，达到圆滑平整，既锋利坚固又耐用的目的。这种方法设备简单，也能钝化各种类型刀片。毛刷钝化原理见图 11-27。

尼龙刷钝化法得到广泛应用，它成本低，自动化程度高。调整机床的工艺参数可以改变钝化的过程和效果。主要工艺参数钝化时间、毛刷的压入深度、旋转速度对所达到的钝圆半径有很大影响。钝化时必须采用冷却润滑剂进行有效冷却。

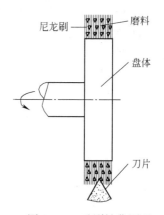

图 11-27　毛刷钝化原理

11.9.2.2　喷砂法

一般采用液体喷砂机。喷砂机使压缩空气带着磨料流从喷枪喷出，磨粒以一定的冲击力射向刀片刃口，从而使刃口倒圆。精度要求高，不经刃磨就供使用的可转位刀片可采用喷砂法进行钝化处理。喷砂钝化原理见图 11-28。

通过磨液泵将搅拌均匀的磨液（磨料和水的混合液）输送到喷枪内。压缩空气作为磨液的加速动力，通过输气管进入喷枪，在喷枪内，压缩空气对进入喷枪的磨液加速，并经喷嘴射出，喷射到被加工表面达到预期的加工目的。

喷砂机通过电气控制系统实现全自动喷砂，可以自动调节喷砂角度、喷砂时间、喷砂距离、反吹时间、喷枪的运动、工作台的转速等。

11.9.2.3　毛刷法和喷砂法的差别

毛刷钝化适合于大多数产品的钝化，但受产品结构影响大，刷线接触不到的特殊部位刃口得不到均匀钝化。

喷砂钝化在一定条件下可以完成所有产品的钝化，流体磨料可以很好地进入到刀片的各个部位，使刀片得到均匀钝化。

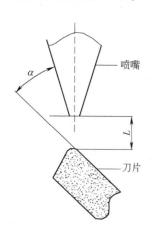

图 11-28　喷砂钝化原理

钝圆刃口的形状和尺寸，视刀具使用时的要求而定。

11.9.3　返烧

返烧是指对弯曲变形制品以及渗、脱碳制品和孔隙超标制品进行再烧结的处理方式。

（1）渗、脱碳制品的返烧。渗碳返烧通常采用经高温煅烧后的石墨粒或石墨粒与 Al_2O_3 粉的混合物作为介质，在氢气保护下进行返烧。

脱碳返烧通常采用经过高温煅烧后的 Al_2O_3 粉或 Al_2O_3 粉与细 W 粉的混合物作为介质，在氢气保护下进行返烧。

（2）孔隙度超标返烧。烧结制品孔隙度（不大于 $25\mu m$ 的孔）超标，可采用气压烧结炉在 10MPa 左右的压力下进行加压烧结处理。烧结温度应低于制品最初烧结温度 20℃ 左右。采用热等静压在更高的压力下处理更为有效。

（3）矫直。通过加压的方式在略高于共晶温度下采用氢气保护或真空状态下进行返烧。根据制品矫正情况可调节加压重量或者提高矫正温度，但矫正温度不应高于制品最初的烧结温度。

12 废硬质合金的回收利用

12.1 概述

硬质合金自 1923 年问世以来被广泛应用于切削工具、地质矿山工具、金属成型工具及耐磨耐腐蚀的零部件等，由于其用途不断扩大，故产量亦在逐年增加，特别是近十年的高速发展。目前，我国国内硬质合金的总产量接近 3 万吨，占世界硬质合金产量的一半以上。现阶段世界各国不仅重视硬质合金生产和技术的进步，亦十分重视废旧硬质合金的回收利用工作，许多国家把硬质合金废料作为宝贵的第二资源，以解决原料的来源及降低硬质合金生产成本，并取得显著成效。美国钨废料的回收量已占到总用量的 25% ~ 35%，与国外相比较，我国还存在很大差距，我国虽是钨资源大国，但钨的储藏量和可采量也在日益减少，因此，对钨资源的合理利用和回收已成为越来越紧迫的课题。

如何使致密而坚硬的合金组织得以分解，重新使硬质相与黏结金属分离开来是回收利用废旧硬质合金工艺所要解决的第一步，也是关键的一步。对于硬质合金的解体，许多研究者采取了不同的思路，回收利用工艺路线也各不相同。对于这些工艺的评价，很难选择哪一种更合理、更经济、更值得推广应用。因为工艺路线选择的基本原则就是再生制品的质量要高，工艺流程要简捷，回收成本低，对环境不会产生二次污染，劳动条件要清洁安全。

目前，已有的回收利用工艺主要有几大类，一是所谓的高温处理法，其中有：硝石熔融法、空气氧化烧结法、通氧煅烧法等；二是机械破碎法，其中有：冷碎粉碎法、热碎粉碎法、锌熔法等；三是化学处理法，其中有金属多价盐处理法、氯化法、磷酸浸出法、盐酸处理法等；四是电化学法，有以碱作电介质、以盐酸或硫酸、硝酸作电介质的不同工艺路线；还有用通高压氧、以氨水或胺溶液浸取法；羰基化合物法和水蒸气升华三氧化钨的分解法等等。在近年来的硬质合金回收利用实践过程中，由于对环境保护的要求日益严格，一些回收工艺由于会带来污染而停止使用。目前应用比较广泛的是机械破碎法、锌熔法和电化学电解法。

现将国内外使用的几种废旧硬质合金回收再生工艺作一简单介绍，我国现阶段采用的主要回收再生工艺，如锌熔法、电解法；有发展前景的回收再生工艺，如高温处理法，作比较详细的介绍。

12.1.1 硝石法

硝石法就是废硬质合金和硝石（或芒硝）在 900 ~ 1200℃ 温度下熔融生成可溶性钨酸钠，将冷熔块粉碎后用水浸出，钨以 Na_2WO_4 形态进入溶液，再按通用方法从溶液中制取 APT 或 WO_3；钴留在浸出渣中进行回收，其主要化学反应为：

$$2WC + 4NaNO_3 + 3O_2 \xrightarrow{\hspace{1cm}} 2Na_2WO_4 + 2CO \uparrow + 4NO_2 \uparrow \tag{12-1}$$

每吨硬质合金消耗硝石用量为 1.5t，温度 900~1200℃，由合金至 APT 的回收率约为 94%。硝石法应用较早，适应性广，投资省，产品易浸出，反应速度快，但缺点是流程长，回收率低，成本高，劳动条件差，生产中会产生大量腐蚀性气体 NO_2 和 NO 污染环境。

12.1.2　氯化法

在一定条件下，氯气与废硬质合金发生反应。合金中的 WC、Co、Ni 等全部会转化为挥发性的化合物。然后，可用分级冷凝法捕集回收。20 世纪 70 年代，美、日、苏、英、法、瑞典、捷克斯洛伐克等国都广泛研究这种回收硬质合金制品的方法。氯化法最大的问题是反应过程中反应物会生成一层致密的碳膜，阻碍反应的继续进行。日本采用混入氧气或含氧气的氯化法。由于氧的引入，碳膜即被氧化成一氧化碳或二氧化碳，钨则变成氯氧化物（$WOCl_4$、WO_2Cl_2）。而且未反应的废硬质合金始终会以新鲜表面状态暴露于氯气中。因此，氯化反应不仅始终能以相同的反应速度进行到底，而且反应速度要比仅用氯气法高 3~4 倍。同时，由于增加了碳的燃烧热，使单位时间的平均放热量增大了 5~8 倍，所以只要在反应开始时将物料加热至 750℃，反应就能继续进行，而无需不断加热。此外，不论是易挥发的氯化物或较难以挥发的 $CoCl_2$、$NiCl_2$ 等氯化物，都会被一氧化碳、二氧化碳、氯气等废气带至炉外，并由炉外捕集器分别捕集，从而达到回收各种有用金属的目的。

俄罗斯的有关专家们采用通入氧气氧化和用氢还原氧化物的方法进行氯化回收。对单一金属残料或无需除杂处理时，两个过程可同时进行，这对纯钨和硬质合金残料再生处理是十分有用的。硬质合金残料经过分级、破碎和净化除掉污物后，在氧或含氧气体中氧化，耗尽碳，形成疏松易碎的氧化物，然后用氢气还原，再用氯气活化净化，这样提取的钨和钴纯度达 97% 以上。

12.1.3　氧化还原碳化法

该法的实质是将废硬质合金在 900℃ 空气中氧化，使物料体积增大 4~6 倍，成为松散易碎物，经过粉碎后得到 WO_3 与 $CoWO_4$ 复合氧化物，复合氧化物还原后得到金属钨和钴的复合粉末，配碳后在钴的熔点（1495℃）下碳化得 WC+Co 粉末，直接用于生产硬质合金。本工艺曾在乌兹别克热强金属公司完成了工业试验。

$$4WC+2Co+11O_2 === 2WO_3+2CoWO_4+4CO_2 \uparrow \qquad (12\text{-}2)$$

$$4WC+2TiC+2Co+15O_2 === 2WO_3+2CoWO_4+2TiO_2+6CO_2 \uparrow \qquad (12\text{-}3)$$

捷克专利：（1）在一个回转炉里使固态硬质合金废品在空气中氧化，同时自动研磨废品已氧化的表面。用此技术一步制成了细 WO_3 粉末和其他金属氧化物，其粒度小于 40μm。（2）用硫酸和盐酸溶解焙烧的三氧化钨。这使三氧化钨转化成钨酸，同时所有其他酸溶性金属也被浸出。（3）用氨水介质对原始钨酸（含有 Ti、Ta 和 Nb 的氧化物）进行碱浸。（4）钨酸铵溶液被过滤、浓缩和结晶成最终的仲钨酸铵（APT）。此工艺的产率为 90%。这种工艺的两大优点是简单和能处理不同种类的废料（含钨固体、粉尘和矿泥）。这是 1971 年使用这种技术成功的原因。

12.1.4　硫酸钠熔融法

该法是使废硬质合金在 900~1000℃ 温度下与硫酸钠反应形成钨酸钠熔融体，冷却后再热水浸出，得到钨酸钠溶液和钴渣。其化学反应为：

$$WC+Na_2SO_4+2O_2 =\!=\!= Na_2WO_4+SO_2\uparrow+CO_2\uparrow \tag{12-4}$$

$$Co+SO_2 =\!=\!= CoS+O_2\uparrow \tag{12-5}$$

该法主要优点是适应范围广，生产能力强。不足之处是生产过程中有一定的二氧化硫气体逸出，造成环境污染。

12.1.5 破碎法

机械破碎法是一种最为简单的废硬质合金回收方法。它不改变硬质合金废料的化学组成，也无须对钨和钴进行分离，只需在对硬质合金废料作表面清洁处理后，进行机械破碎和球磨，即可得到与硬质合金废料的化学组成几乎相同（除铁含量有所增加和碳含量有所减少外）的硬质合金混合料。

对于一些含钴量不高的硬质合金来说，由于强度相对较低，可以用手工或机械的办法破碎到一定细度后再装入湿磨机中研磨一段时间，达到一定的粒度后用于再制备硬质合金。这种方法工艺简单、流程短、能耗低、不污染环境，但往往在硬质合金手工破碎时，会由于工具的金属材料碎屑带入破碎料中产生污染。此外，由于含钴量较高的硬质合金不易破碎，机械破碎法受到很大限制；成分复杂的硬质合金混合料用此法也很难保证再生产品的质量。

采用急冷法进行破碎：先将废旧硬质合金在马弗炉内加热到800℃以上立即放入水中急冷，致使硬质合金发生崩裂，然后进入机械破碎过程。这种方法在20世纪90年代曾在河北省清河等地得到普及，全县共有几十家大小不等的再生利用厂用此法回收并再制硬质合金，再制硬质合金年产量逾千吨，总产值3亿元以上，成为当地的支柱产业之一。

著名的"冷流法"是机械破碎法的成功代表，利用空气从喷嘴中喷出因膨胀冷却来防止物料氧化的机械喷流装置。然而，这一方法需要较大的投资，不是一般小生产厂家所能企求的。

俄罗斯学者推出了一种利用简单机械破碎法回收硬质合金的工艺。这一回收硬质合金的工艺基于利用一种新型的强力破碎机——锥形惯性破碎机。该工艺只需采用破碎和细磨，不需经过任何化学处理，就能高质量地回收利用废硬质合金。以处理人工合成人造金刚石用废顶锤的YG6为例，先将废料顶锤在锥形惯性破碎机进行破碎，得到用于制作硬质合金的原料。破碎法生产的混合料粉末建议加入1%~2%的钴粉，促进粉末的成型和烧结致密化。

目前，破碎法仍有一定的发展空间，采用比较先进清洁、高效的破碎设备处理废旧硬质合金。

12.2 锌熔法处理硬质合金

12.2.1 锌熔法的基本原理

锌熔法处理硬质合金的机理是基于锌与硬质合金中的黏结相金属（钴、镍）在900℃时，可以形成低熔点合金（896℃时Co在Zn中的溶解度可达27%），使黏结金属从硬质合金中分离出来，与锌形成锌-钴固溶体合金液，从而破坏了硬质合金的结构，致密合金变成松散状态的硬质相骨架。由于锌不会与各种难熔合金金属的碳化物发生化学反应，再利用在一定的温度下锌的蒸气压远远大于钴的蒸气压，使锌蒸发出来予以回收再利用（925℃）。因此，锌熔法获得的碳化物粉末较好地保持了原有特性。经过锌熔过程后，钴或镍被萃取到锌熔体中、蒸馏锌以后钴和碳化物保留，锌回收后继续用于再生过程。

传统锌熔炉炉是立式真空炉。系统在真空、分压气氛直到略低于大气压下运行。锌熔法设备组成见图 12-1，炉子主体结构见图 12-2。

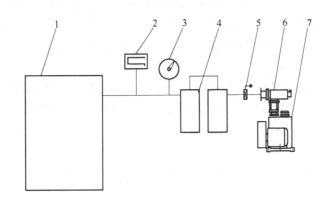

图 12-1　锌熔法设备组成

1—炉体；2—麦氏真空计；3—真空压力表；4—过滤罐；5—手动蝶阀；

6—电磁真空充气阀；7—真空泵

炉子分为两个部分：下部分是加热区，废合金和锌一起装在石墨坩埚 A 里加热到 900℃，锌融化后与废合金中的钴化合形成锌-钴二元金属溶液。保温适当时间后（视产品大小、钴含量、是否压力烧结制品等因素而定），温度继续升高到 950℃，锌-钴二元金属溶液中的锌将挥发，通过收锌坩埚的中心孔，碰到较冷的坩盖 D 后冷凝成液体，掉进收锌坩埚的 C 槽里。随炉冷却后 C 部位的锌溶液凝结成固态，在下一炉时将收锌坩埚上下掉头，升温后固态锌融化自动掉入料坩埚 A 里。

炉子额定功率 50kVA，单炉装炉量 80~100kg，每炉次约 40h。

使用者在使用过程中，考虑节能和提高效率，炉膛内部结构都有些改进，形成不同的特点。

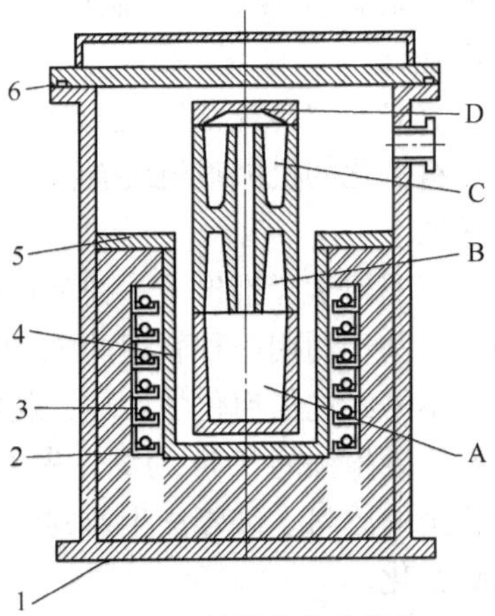

图 12-2　锌熔炉主体结构

1—炉壳体；2—炉砖；

3—加热丝；4—金属炉胆；

5—金属环板；6—炉盖密封圈

12.2.2　锌熔法工艺流程

废旧硬质合金与锌块按照 1:(1~2) 的比例共同装入烧结熔融坩埚中，抽真空，送电升温至 900~1000℃，保温一定的时间后进行真空提取锌，冷却后将海绵状的钴粉和碳化钨团块卸出，经球磨、破碎、过筛、分析，调整成分，重新制作硬质合金。也可以将锌熔料重新酸溶、提纯、分离碳化钨和钴，其工艺流程如图 12-3 所示。

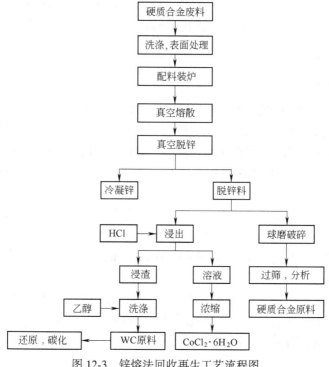

图 12-3 锌熔法回收再生工艺流程图

锌熔工艺：锌纯度要求大于 99.5%，锌与合金的比为 2∶1；熔散温度为 900~920℃，真空度 0~1.33kPa，时间为 10~12h；真空蒸锌温度为 910~950℃，时间 2~3h，真空度 0~1.33kPa。得到含 $w(Zn) \leqslant 0.8\%$ 且疏松易碎的炉料。炉料也可采用盐酸浸出工艺流程，浸液净化后浓缩结晶产出氯化钴，浸渣 WC 可返回硬质合金厂做原料，Co 回收率达 97%。

为了防止料的氧化，升温前应先抽真空到 100Pa；继续抽真空，升温到 320℃，停止抽真空，送入氮气或氩气（含钛的合金只能用氩气）到约 50000Pa，一直升温到 900℃保温开始锌熔过程。锌熔结束后开始收锌，升温到 950℃保温，开真空泵，小开阀门 5，慢抽真空约 3h，然后开大阀门抽到极限真空。

在温度和时间不变的条件下，将锌与合金的比降为 1.5 时，合金片熔散情况即变坏，约有 50% 合金片未能熔散。故锌与合金的比小于 2 是不合适的，原因：

（1）由于 $CoZn_4$ 合金相的生成，必须消耗理论量的金属锌；

（2）在操作温度下合金相 $CoZn_4$ 与 WC 均为固相，除提高温度增强热扩散外，保证足够熔融金属锌量对熔散也是重要的；

（3）废硬质合金片为高密度硬块，在金属锌熔化之后仍然保持原形，锌与合金的比太小，锌液不能完全覆盖合金片，不利于熔散。熔散温度的选择要综合考虑熔散速度和蒸锌量。蒸锌温度低，蒸锌后的炉料仍有少部分的硬芯返料。只有熔散温度达到 $CoZn_4$ 合金相熔点和低于锌沸点，才可以保证合金片 100% 的熔散无返料。2~3h 的真空脱锌可使炉料残锌量降至 1% 以下。提高蒸锌温度，残锌量会更低，有利于下一步浸出分离钴。蒸锌条件对控制最终炉料残锌量是有效的，但炉料的熔散情况和可粉碎性主要取决于熔散过程。真空度对熔散和蒸锌都有重要的影响，真空度不够，锌会过早氧化挥发并使最终炉料缺碳。由于合金的熔散是在无搅拌的条件下进行的，合金相与熔融锌之间的扩散是过程的控制步骤。

为降低炉料残锌量，进行了二次脱锌试验，时间 2h 的条件下，炉料含 Zn 可以达到 0.04%。

12.2.3　锌熔法的主要特点

锌熔法是 20 世纪 50 年代由英国人发明的，其后，美国对这一工艺进行了改进和设备上的完善，70 年代后在许多国家得到了普及，在我国，许多回收利用废旧硬质合金的厂家都掌握了这种方法。其主要优点是工艺简单、流程短、设备简单、投资小，成本低，特别适合于处理含钴量低于 10% 的废硬质合金，适用于小型企业利用废旧硬质合金再制合金。

但这种工艺也存在一些不利的方面，首先，混合料中残留的锌含量较高，在锌熔过程和收锌的过程中，设备是否合理一是对锌的回收效率有影响；其次，在整个工艺过程中电耗较大，每吨硬质合金耗电高的约 6000~12000kW·h；此外，环境保护问题，锌的逸出会对操作者有一定的影响。

由于当前我国 WC-Co 合金具有粗、中、细三种碳化钨晶粒结构，P 类合金的含钛量大致分为低钛、中钛和高钛三种类型，回收时最好严格分开，以免造成不同大小的碳化钨晶粒或者含钛不同锌熔混合料相互混杂。

12.2.4　锌熔技术的发展

传统锌熔炉的单产量小、能耗高、锌残留量较大、设备维修保养难度大。株洲迪远硬质合金工业炉有限公司采用专利技术成功研发了新型锌熔炉，并在工作原理和设备结构等方面做了创新性的改进，可大幅度降低能耗、提高产能和产品质量。单台产能由传统锌熔炉的 15t/a 提高到 180 t/a 以上，能耗由传统锌熔炉的 7kW·h/kg 降低到不足 3.0 kW·h/kg，锌残留量由传统锌熔炉的 $200×10^{-6}$ 降低到小于 $80×10^{-6}$，回收料利用价值大大提高；锌的回收率大于 98.5%；设备自动化程度高、清洁度高、运行稳定可靠。该新型锌熔炉的成功研发将对废残硬质合金的高效—清洁—循环利用起到积极示范作用。大型卧式锌熔炉的结构原理见图 12-4；炉子额定功率 450kV·A，单炉产量 1t，每炉次约 35h。

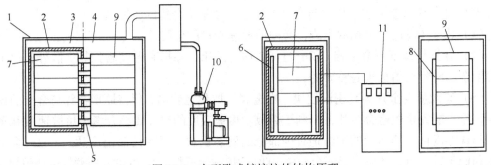

图 12-4　大型卧式锌熔炉的结构原理

1—炉壳体；2—隔热保温箱体；3—加热室；4—冷却室；5—通道；6—加热器；7—锌熔舟；8—冷却器；

9—回收舟；10—真空获得系统；11—控制系统

12.3 电化学法

电化学法主要包括电解法以及由电解法发展而成的电解电析法和电渗析电解法。

12.3.1 电解法原理

电解法是将废硬质合金直接放进以酸（盐酸、硫酸、硝酸等）为电解质的电解槽中，通电电解，电解过程中合金中的 Co 变成 Co^{2+} 进入溶液，失去黏结金属钴的 WC 变成疏松的合金，含钴的溶液经草酸氨沉淀，煅烧还原后制得钴粉，WC 经球磨破碎或再适当处理（破碎后补碳重新碳化）后可直接用于硬质合金的生产。

电解电析法是在电解过程中，氢的析出电位比钴的析出电位正，氢气优先在阴极析出。随着 Co^{2+} 浓度的升高，氢离子的减少，阴极在析出氢气的同时也析出金属钴。电解系统就成为了以废合金为阳极，$CoCl_2$ 为电解质，在阴极上析出纯钴的电解精炼过程。

电渗析电解法是在电解过程中加入阳离子交换膜，将电解槽分成阳极区和阴极区。阳离子交换膜是一种对离子具有选择透过性的功能高分子材料制成的薄膜，即只允许溶液中阳离子透过，而不允许阴离子透过，这样电解后的 Co^{2+} 透过阳极膜进入阴极室而阴极室中的 OH^- 由于阳膜的阻碍而聚集使 pH 值升高，因而在阴极区得到 $Co(OH)_2$ 沉淀。电解电析法和电渗析电解法与电解法相比，都缩短了钴回收的工艺流程，提高了钴的回收率。

12.3.2 电解法的工艺流程

电解法的工艺流程比较简单，先将废硬质合金上的铜、铁等焊接件敲掉，在稀硝酸中浸泡除去铁、焊铜、油污等杂质，水洗后装筐。若以硫酸溶液作电解质，以金属钛板作不溶性电极，三块钛板串联布置，电解槽中放入两个插有阳极钛板装好初步破碎废硬质合金的多孔塑料筐，另一端插入阴极钛板，通低压直流电进行电解，其装置如图 12-5 所示。图中铁板 A 及钛板 B 的右侧为阳极，铁板 C 及钛板 B 的左侧为阴极。

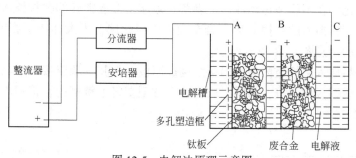

图 12-5 电解法原理示意图

废硬质合金便在阳极选择性的进行溶解，黏结相钴进入溶液，成为 $CoSO_4$ 溶液，而硬质相 WC 不溶，形成骨架或鳞片。废硬质合金经充分电解后，将固、液两种组分分离，再分别进行回收。分离后，沉淀组分为碳化钨、先用稀硝酸洗涤，除去可能存在的未反应完全的金属钴或杂质。再用 1% 稀 NaOH 溶液洗涤沉淀，并中和所带的酸，然后用 70~80℃ 热的去离子水洗涤沉淀 3~4 次，加热干燥，用硬质合金球磨，磨碎后在氢气氛的电阻炉中，于 900~1000℃（根据颗粒大小）进行还原，推舟速度为 15min/舟。还原后，取样分析，总碳量过低可补加碳后进行碳化（1500~1600℃），其回收率约为 94%~96%。

在分离出来的粗 $CoSO_4$ 溶液中先加氨水调整 pH 值为 3.5~4.5，加双氧水氧化，过滤除去铁等杂质。Fe^{3+} 水解沉淀 $Fe(OH)_3$ 的 pH 值为 2.3~3，而 Fe^{2+} 开始水解的 pH 值为 5.5~7，所以要除去 Fe^{2+} 必须加入适量的氨水和双氧水将其氧化沉淀。然后与草酸铵作用，沉淀出草酸钴，草酸钴经干燥、煅烧、过筛及氢还原，再过筛就得到成品金属钴粉。前后洗涤用的稀硝酸经多次使用还能回收金属钴，金属钴的回收率约为 92%~94%。

12.3.3 阳极钝化

在阳极溶解过程中，电极电位愈正，金属的溶解速率愈大。但电位增至一定值后，溶解速率减小，即电极电流密度超过某一临界值，便出现电极电位的突跃，这种现象称为阳极钝化。硬质合金废料电解过程，由于电流密度超过某一临界值，电流会消耗在进行某些新的电极过程，如 O_2、Cl_2 的析出，使硬质合金中的钴溶解过程减慢，甚至停止溶解，出现钝化。产生钝化原因可能在合金表面上有新的成相层，如氧化物薄膜或某些金属盐的固相薄膜，它使金属面与溶液机械隔开而使合金钝化；或在合金表面或部分表面上生成氧或含氧粒子的吸附层，大大降低电化学反应的速度。要使钝化的硬质合金活化，就要创造破坏钝化层的条件。加入某些活性离子、改变溶液的 pH 值、控制好电化学溶解工艺条件等，避免阳极析出 O_2 和 Cl_2 而使合金氧化。

在电解过程中，电解速度不仅与废硬质合金牌号有关，还与废硬质合金装料松紧程度、阳极接触面积及电解质导电性有关。为提高电解速度，在装料时，要细心的将其紧密接触，电解过程中还要经常用一塑料棒捣实，增加导电性，提高电流密度。为增大阳极接触面积，采用经常清筐，使电解过程中破裂下来的 WC 片及时去除，避免影响导电性。

为了解决硬质合金废料电解过程的阳极钝化问题，在实践中有些厂家发现，以较大的电流密度来避免阳极钝化，适当提高电介质的温度有助于单位电流密度的增加，从而提高电流效率。许多厂家还设计了动态电解的装置，常用的有旋转鼓型阳极。在阳极不断地旋转中，疏松的碳化钨在不停地运动冲击下剥落并被撞击形成细碎的颗粒掉入溶液中，新鲜表面暴露出来，旋转撞击的摩擦破坏了合金表面的氧化膜，大大加快了废料的电解过程。转鼓型电解装置的示意图如图 12-6 所示。

硬质合金废料放入阳极鼓内与钽箔接触构成阳极，在其一端连接一小马达使其以不同的速度旋转，不锈钢板作阴极，将阴、阳极置于方型塑料电解槽内，接通电源，其电解装置连接图见图 12-7。

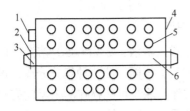

图 12-6 阳极鼓结构示意图

1—进料门；2—铜片；3—石墨；
4—钽箔；5—小块；6—钽棒

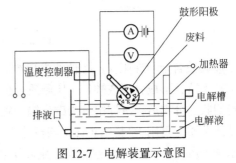

图 12-7 电解装置示意图

12.3.4 影响电解过程的主要因素

12.3.4.1 槽电压和电流密度

影响电解过程的主要因素有槽电压、电流密度、电解液的浓度及温度、添加剂等。电解时,我们只希望使 Co 变成 Co^{2+},当阳极电位超过氧的析出电位时,阳极上就会有氧气析出,而氧气的析出是应该避免的,它不但消耗电能,降低电流效率,而且它的强氧化作用会使 WC(碳化钨)发生氧化,生成难溶化合物 WO_3,钨的氧化物导电能力差,将导致阳极钝化,使电解槽的电流密度下降,引起槽电压升高,电压一旦升高,O_2 就更容易析出,WC 也更容易被氧化,从而使电流密度下降更多,并形成恶性循环,最终导致电解效率很低。所以,电解时,防止 WC 的氧化是一个关键,这可以从调节槽电压的大小来加以控制,槽电压过高,会使阳极析出 O_2,导致 WC 氧化;若槽电压过低,电流密度也低,电容效率就低;一般槽电压应控制在 $1.5\sim2V$ 的范围内,阳极电流密度 $400A/m^2$,此时电解过程可顺利进行。当钴接近完全溶解时,应将电压适当调低,以免电流密度下降。

12.3.4.2 酸的种类及浓度

盐酸是一种较好的电解介质,随着电解过程的进行,HCl 的浓度逐渐下降,电解质溶液的导电性逐渐下降,电流效率显著降低。为保持一定的电解速度,在电解过程中必须定期补加 HCl,维持溶液酸度不致过低。但电解液中 Co^{2+} 浓度足够高时,则宁肯降低电流效率,也要进行到低酸度为止,这样可减少处理 $CoCl_2$ 溶液时试剂消耗量。

最佳工艺条件是:槽电压小于 2V,HCl 初始浓度小于 $2mol/L$,极距 $2\sim4cm$ 为宜。在生产中应严格控制槽电压,防止氯气析出,因其存在着 $2Cl^- \Longrightarrow Cl_2 + 2e$ 的副反应,且 Cl^- 离子浓度极高,当达到氯气的析出电位时,反应较易发生。氯气的氧化性也极强,可导致 WC 的氧化而使反应钝化,电流迅速衰减,影响电解的进行。同时,酸雾过大,既污染了环境,又腐蚀了设备,是生产上不允许的。因此,硫酸作电解质比盐酸更好。

电解质硫酸的浓度也是影响电流效率的一个重要因素,浓度过高,较易腐蚀设备,浓度过低,则电流效率下降。电解质使用一段时间后,杂质增多,应定期更换。硫酸的消耗极少,每个生产周期只需补充少量硫酸,其浓度可通过调整 pH 值来控制。

用硝酸法处理废硬质合金,废气氮氧化物是有害气体,特别是其形成的亚硝酸盐具有较强的致癌作用,任意排放会严重污染环境,必须加以转化,要设计对废气氮氧化物的处理方法。

在小规模回收中,用水环式真空泵将氮氧化物泵出,通入 $20\%\sim30\%$ NaOH 溶液中,并且在密封的反应容器中插入电极,通低压直流电电解水,将产生的氢气导出,氧气留在体系中作为氧化剂,O_2 极易将 NO 氧化成 NO_2,在碱性条件下 O_2 也能将亚硝酸钠氧化成硝酸盐。在较大规模的回收中,用水环式真空泵泵出的氮氧化物和空气一起直接送入铂钯铑催化氨氧化法制硝酸的装置中制取硝酸。

电解时,还应注意电解液的循环流动、消除浓差极化导致的电流效率下降。在三种电解工艺中,采用 HCl 溶液的溶解效果最佳,它在单位时间内溶解钴的数量是(H_3PO_4 + HCl)溶液的 2.2 倍,是(H_2SO_4 + HCl)溶液的 4.2 倍。

电解液温度 $60\sim80℃$ 为宜。

12.3.4.3　废硬质合金钴含量

对于低钴（8%）合金废料，阳极中含钴量越少，越容易引起阳极钝化。这是因为钴溶出后残留 WC 包裹在电极表面，使阳极活性表面减少，阳极电位升高，发生不利的副反应而使阳极电流效率下降，并且阻碍钴继续溶解，导致槽电压上升，电解液温度升高，甚至发生显著阳极钝化现象。为解决这一问题，除应选用含钴量较高的阳极外，可应定期将废合金取出滚动研磨，去除表面黏附的 WC，暴露出新的活性表面，钴的电化学溶解又能顺利进行，电流效率也将回升，并保持极低的槽电压、电能消耗和电解液温度。所以低钴合金不宜用电解法处理。

12.3.5　影响电解 WC 质量的因素分析

影响电解产品 WC 质量的因素主要是杂质含量。

（1）Sn、Cu 杂质偏高的主要原因是电解前没有清洗干净废硬质合金表面的杂质。因为，硬质合金刀头在使用中，绝大多数是用铜焊条（片）焊在工件上的，有的铜焊条（片）含大量的铜和部分锡。在电解钴的条件下，Cu、Sn 不能进入盐酸溶液中，而以粉状落入槽底，一起进入 WC 中，致使 WC 产品中的 Cu，Sn 杂质含量超标。为此，在酸洗废硬质合金时，必须将表面的焊铜等杂质洗掉。酸洗时，采用 1：1 的硝酸浸泡，表面则有如下反应。

$$3Cu+8HNO_3(稀) \Longrightarrow 3Cu(NO_3)_2+2NO+4H_2O \tag{12-6}$$

因 Sn 与 Cu 在废硬质合金表面呈合金状态，因而在酸洗去铜时，锡也随之去掉了。

（2）Al、Si 杂质含量偏高的原因是：1）水质有问题。废硬质合金酸洗后，必须用清水冲洗掉杂质，最后用蒸馏水清洗一遍。2）工序场环境卫生不洁。采取相应措施予以克服。

（3）Fe、Ti、Mn、Cr 等杂质含量偏高的原因是：1）硬质合金在使用时，绝大多数焊接在钢件上使用，在回收废硬质合金时，因方法不一，难免带入钢件残余，而这些钢件中含有 Fe，Ni、Ti、Mn、Cr 等元素。这些钢件残余若酸洗不掉，电解时又溶解不完就存在 WC 中。2）电解后的 WC 片，必须球磨才能使用。一般研磨球是硬质合金，球磨机是 1Cr18Ni9Ti 不锈钢板，WC 中 Fe、Cr、Ni、Ti 等元素偏高的主要原因是不锈钢衬板磨损大造成的。

（4）含氧量和游离碳偏高的 WC，用于制造硬质合金是不允许的。为降低含氧量和游离碳，采取了在一定温度下进行氢气脱氧处理。

（5）电解产品 WC 中含微量钴对硬质合金影响不很大。但过高了，会以硬质合金微粒存在，若作硬质合金原料用，在烧结时因收缩比不同而形成孔洞，相当于杂质存在。因此，我们在生产中应严格控制含钴量在 0.05% 以下，特别是用于制造无磁硬质合金，电解产品 WC 中含微量钴必须经过酸洗处理。

12.3.6　回收碳化钨的性能

顶锤回收的纯净碳化钨碎块，经过球磨破碎后，过 80 目（180μm）筛，做粒度组成及分布检测，并与原生碳化钨进行比较。回收的碳化钨颗粒较细，1~2μm 占 59.7%，平均粒径 1.54μm，分布范围较窄，呈单峰分布曲线。而平均粒度为 14.2μm 的原生碳化钨颗粒一般分布范围较宽，且呈多峰分布曲线。但球磨以后，两种合金混合料的碳化钨的粒度组成和平均粒径非常接近。前者 $0.5\sim1.0\mu m$ 占 83%，平均粒径 $0.4\mu m$；后者 $0.5\sim1.0\mu m$ 占 81.3%，平均粒径 $0.41\mu m$。两者均为单峰分布曲线。

实验表明，通过控制湿磨时间和球料比，可把两种粗细不同碳化钨，调整到基本相同的粒度。

两种碳化钨的形貌照片比较，发现两种粉末的颗粒形貌相差很大。对回收的碳化钨而言，有完整的结晶外形，基本上是由完整的单颗粒组成，形状多为棱角圆滑的三角形和长条形，且颗粒比较均匀。对原生的碳化钨而言. 多为不规则的大颗粒聚集团粒，晶粒之间的界面不清晰，且无完整的结晶外形。由此得知，废残硬质合金中的碳化钨晶粒，经过电解分离被完整地保存下来，其结构更加完整（因为经过烧结过程中的溶解-析出作用过程），内部缺陷亦较少。这一特征，无疑有益于制取性能优良的矿用硬质合金。

用回收的碳化钨配制的 WC-10Co 合金的抗弯强度、冲击韧性值以及抗多次冲击性能均可与含钴相同的原生碳化钨合金相媲美。同时有迹象表明，合金的断裂韧性比原生碳化钨的合金还略胜一筹，这是值得引起注意的。耐磨性试验表明，回收的碳化钨合金的相对耐磨性略高于原生碳化钨的合金 YG10C。

通过断口观察和比较，得知回收的碳化钨合金形成断裂源的缺陷种类主要是孔隙和夹杂，与原生碳化钨的 YG10C 合金基本相同。没有观察到由粗大碳化钨及其聚集体所形成的断裂源。并且，回收碳化钨合金的组织结构，比原生的碳化钨合金晶界清晰、晶粒分布比较均匀，邻接度低。原生碳化钨的 YG10C 合金除混有少量粗大的碳化钨晶粒外，晶界比较模糊，组织结构不均匀，邻接度亦较高。

12.4 高温处理法

12.4.1 高温处理法原理

硬质合金高温处理工艺是一种新的硬质合金回收再生技术。该工艺是将硬质合金在高温下复烧处理，使之结构疏松、晶粒进一步长大，再通过合理的机械破碎，可得到用于制取粗晶硬质合金的优质粉末。利用这种合金粉末生产的硬质合金其性能完全能够达到甚至超过正常的合金产品。高温处理回收工艺为废残硬质合金的再生利用和粗晶硬质合金的生产提供了新的方法和途径。

12.4.2 高温处理废旧硬质合金工艺

高温处理硬质合金是在特制的高温炉内，将废合金经保护性气体，在 1800℃ 以上进行高温处理后，作为黏结金属的钴等将液化沸腾，合金变形，体积明显膨胀，合金结构变为疏松多孔的蜂窝状，坚硬的合金就变得极易破碎加工。在高温处理过程中，合金中出现大量的液相，原子的扩散加剧，WC 的溶解—析出作用增强，WC 的晶粒迅速长大，合金的晶粒度可从 $1\sim2\mu m$ 长大到几十甚至百微米以上，且 WC 在再结晶过程中，晶粒结构上的缺陷得以消除，WC 晶形结构更完整。同时，高温处理后原先所含的微量其他金属和非金属杂质以及有害杂质被清除出去。

合金的晶粒度随高温处理温度的升高而迅速增大，而在处理温度一定时，处理时间的延长对合金晶粒度的增大作用不明显，高温处理后合金晶粒度随处理温度和保温时间的变化见图 12-8。由此可见，高温处理工艺控制的关键是控制处理的温度。但处理温度也不是越高越好，如果处理温度过高，一是影响高温设备的使用寿命；二是造成合金中液相过多，Co 相挥发增大，WC 骨架坍塌，使合金与舟皿融为一体，难以清理、破碎。一般将高温处理工艺控制在 2000℃左右，保温 2h 为宜。

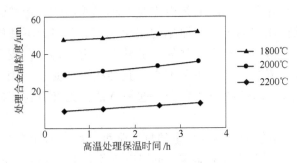

图 12-8　高温处理后合金晶粒度随工艺参数的变化

12.4.3　高温法特点和再生硬质合金性能

这种再生混合料适合于再制晶粒较粗、含钴量较高的硬质合金。对于晶粒较细、含钴量低的硬质合金种类，不仅在高温处理时的温度要提高，以便于使废旧硬质合金有足够的应力产生膨胀疏松，而且在制取中细晶粒的硬质合金时，相应要改变混合料的制备和烧结工艺。将高温处理后的合金经初步破碎后，装入球磨机中进行球磨破碎。物料一般须破碎到−180 目（80μm）才适于再生利用。高温处理后得到的回收合金粉用于粗晶硬质合金的生产是比较理想的。试验结果表明，高温处理后得到的回收合金粉制备的硬质合金，其物理力学性能与原生粉末制备的合金相当，但合金晶粒度增大 1μm，凿岩球齿、冷镦模的使用寿命提高 20%。

高温处理法具有工艺流程短，设备配套简单，回收的硬质合金混合料比较清洁，对环境的污染程度小，回收率较高的特点，但这一工艺能耗较高，在高温过程中有一部分钴会流失等，最大的问题是回收的混合料只宜制作粗大碳化物晶粒的合金。目前一些工业发达国家如日本、瑞典的一些厂家仍使用该法处理废旧硬质合金。

12.5　酸溶法

12.5.1　动态浸出法

12.5.1.1　酸浸法原理

所谓的酸浸，就是利用酸与合金中的钴发生反应，使钴以离子形式进入溶液，而合金中的碳化钨不发生作用，反应后以骨架或自行破碎成鳞片形式，从而达到分离的目的。常用的酸为硝酸、硫酸（浓）、磷酸。

目前一般采用的是磷酸浸出，磷酸动态浸出工艺流程见图 12-9。利用磷酸的弱酸性和强络合性，一方面可降低对设备的腐蚀，在处理过程中不易挥发，无废气逸出，生产情况较好。另一方面，磷酸对金属钴的溶浸速度较快，浸出过程无需加温加压。磷酸根离子可与钴离子形成稳定的可溶性的配位离子，从而促使废合金中的钴溶解于磷酸溶液中，使碳化钨粉分散。该法通常是在研磨条件下进行的，以有利于钴与磷酸接触，加速反应。磷酸浸出时碳化钨的回收率一般可达到98%左右，钴回收率达92.4%左右，每吨合金耗酸0.5t，耗电2000kW·h，碳化钨中往往含氧较高。

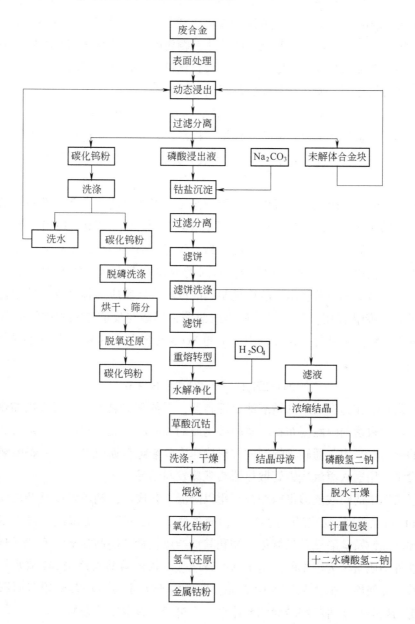

图 12-9 磷酸动态浸出工艺流程

12.5.1.2 动态浸出设备和过程控制

单独用磷酸浸出时，浸出效率低。对该方法进行改进，采用动态浸出法，在磷酸浸出过程中，通过选择合适的磷酸溶液浓度、在浸取液中添加适量的 H_2O_2 或硝酸后，以及采用振荡法操作，浸出速度大大提高，可进一步提高钴的浸出率，钴的浸出率最高可达 99.7%。

采用圆柱形浸出筒作为硬质合金废料的滚动浸出装置，圆筒横卧，筒体壁上开一个进出料口，筒内壁贴衬聚乙烯塑料板，筒体材料为普通碳钢，筒的有效容积为 280L，以转速 40r/min 滚动浸出，传动方式可用齿轮或皮带轮传动，每批投料量为 170kg 硬质合金。浸出介质溶出合金表面的钴后，其周围的碳化钨颗粒因失去了黏接相而疏松硬脆，经过滚筒的转动而使合金废料相互撞击摩擦，使表层碳化钨脱离合金主体而沉入溶液；新鲜表面上的钴与介质继续作用，循环往复完成废料的解体过程。

浸出介质为 20%~40% 的工业磷酸水溶液，浸出前加入少量硝酸。完成一次溶浸过程后，从筒内倾倒出浆料和未解体的合金残块，捞出块料以后的浆料经自然沉降后分出上清液，湿浆料再经离心分离得到滤液再与上清液合并，滤饼洗涤烘干后即为待处理的碳化钨粉。

在含有少量硝酸的磷酸水溶液中，硝酸的作用可以看成两个方面，其一，硝酸对钴的溶解，其二，硝酸在钴的浸出过程中起到了氧化-催化作用。实验发现当硝酸加入后，硬质合金解体进程明显加快。但若硝酸浓度太高，则有一部分碳化钨也被溶入介质中。而且在硝酸加入量太大以后，筒内反应剧烈，密封的容器中有大量气体产生，且筒内温度升高，压力增大，易造成料液喷出，故应控制硝酸浓度。从反应历程来看，硝酸在浸出过程中只起到了氧化-催化作用，若无气体逸出或泄漏，硝酸在反应之初和终了时其在溶液中的浓度将基本恒定。其催化氧化过程中产生的 NO 又被氧化成 NO_3^-，故此形成了一种循环过程。

$$NO+2H_2O \Longrightarrow NO_3^- +4H^+ +3e \tag{12-7}$$

用耐酸陶瓷缸作为浸出后的钴溶液处理容器，石英管加热器或蒸汽直接加热。净化和蒸发浓缩，用较致密的耐酸滤布在不锈耐酸钢质的离心甩干机中实现浸出浆料的碳化钨粉与浸出液的分离。采用普通碳钢焊制的方形槽作为磷酸综合回收产品——磷酸氢二钠盐的浓缩蒸发设备，用通入蒸汽或钢管散热器实现蒸发与结晶。

为使浸出液中的磷酸能够得以综合利用以降低工艺成本，利用钴以及杂质元素在酸性介质中因 pH 值上升形成难溶化合物特点，通过调节 pH 值使钴等沉淀下来。滤饼的主体是磷酸钴和碳酸钴及磷酸铁及三氧化二铁和其他杂质元素的磷酸盐等。实验发现，在磷酸体系中除铁等杂质是极为困难的。由于钴的磷酸盐和铁的磷酸盐用调 pH 值水解的办法几乎难以奏效。即使能够把铁从溶液中除去，但也由于沉淀物中夹杂钴较多而影响钴的回收。故确定用硫酸将滤饼溶解转为硫酸体系，再进行水解除铁等杂质。

利用浓硫酸及稀硝酸作为浸出剂处理废硬质合金，回收金属钴和碳化钨的方法。其基本原理及化学反应为：

$$Co+2H_2SO_4 \Longrightarrow CoSO_4 + SO_2\uparrow + 2H_2O \tag{12-8}$$

$$3Co+8HNO_3 \Longrightarrow 3Co(NO_3)_2 +2NO + 4H_2O \tag{12-9}$$

12.5.2 废钨钛钴硬质合金中有价金属的回收

12.5.2.1 回收的基本原理和工艺流程

钴溶于浓盐酸中，生成二价的盐酸钴盐。碳化钛中的钛与金属钛的性质相似，能溶于热的浓盐酸中得到 $TiCl_3$。加热可加速反应。

$$Co+2HCl（浓）=\!=\!=CoCl_2+H_2\uparrow \tag{12-10}$$

$$2Ti+6HCl（浓）=\!=\!=2TiCl_3+3H_2\uparrow \tag{12-11}$$

碳化钨与钨的性质相似，不溶于盐酸。反应后钛和钴溶于盐酸中，不溶的碳化钨成为骨架或自行炸裂成为碎片。反应数小时后，观察废合金的炸裂程度。可基本判断反应是否完全，待合金中的钛和钴完全溶解后，固液分离，可进一步回收金属。从废钨钛钴合金回收有价金属的工艺流程见图 12-10。

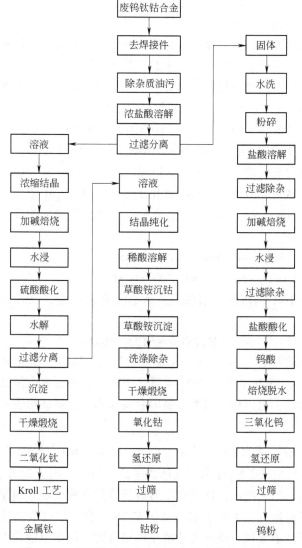

图 12-10 从废钨钛钴合金回收有价金属的工艺流程

12.5.2.2 钨的回收

废钨钛钴合金用热浓盐酸将钛和钴溶解，分离出来的沉淀为碳化钨。将碳化钨沉淀粉碎球磨至 95% 能过 120 目（120μm）筛网的粉料，再用热的浓盐酸浸泡 30min，溶去未完全反应的钛和钴，过滤分离。酸溶液经多次使用后，当其 pH 值为 2~4 时，回收钛和钴。但由于废钨钛钴硬质合金中 TiC 的 Ti 被酸溶解后，碳还留在 WC 骨架中，使其碳含量大大超标，因此，不能直接制取碳化钨。沉淀经干燥后，与足量碳酸钠和适量的硝石（3%）混合，硝石增加氧化能力，装舟在马弗炉中于 750~950℃ 的温度下烧结 2h，生成的钨酸钠烧结块经颚式破碎机破碎后，在棒磨机湿磨下用水浸出 2~3h，过滤除杂（实际中几乎无残渣），得钨酸钠溶液。向溶液中加入理论计算量 2.5~3 倍的盐酸，析出钨酸。将钨酸在 450~500℃ 的温度下焙烧脱水，生成三氧化钨。

12.5.2.3 钛的回收

废钨钛钴合金经热浓盐酸溶解后，分离出来的酸性溶液为钛和钴的混合盐酸盐溶液，当溶液酸浓度高时，可继续用于处理废合金。当溶液的酸度下降至 pH = 2~4 后。对溶液进行浓缩结晶，得到钛和钴的混合盐酸盐。将盐酸盐与足量的碳酸钠和适量的硝石（3%）混合，在约 700~800℃ 的温度下焙烧，其中的三氯化钛转化为钛酸钠。烧结块经颚式破碎机破碎后，用水浸出，得到钛酸盐和钴（Ⅱ）盐的混合溶液，然后用足量的硫酸酸化，调节 pH 值至 1~2，得硫酸钛和硫酸钛酰及硫酸钴的混合溶液。

$$Na_2TiO_3 + 3H_2SO_4 = Ti(SO_4)_2 + Na_2SO_4 + 3H_2O \qquad (12-12)$$

$$Na_2TiO_3 + 2H_2SO_4 = TiOSO_4 + Na_2SO_4 + 2H_2O \qquad (12-13)$$

烧结时部分钴氧化成三价，由于 $Co(OH)_3$ 沉淀生成的 pH 值为 0.5，故 Co^{3+} 生成钴渣。过滤分离后，溶液加氨水和双氧水。Fe^{2+} 氧化成 Fe^{3+}，调节 pH 值为 3，生成 $Fe(OH)_3$ 沉淀，可分离出杂质铁沉淀，调节溶液 pH 值至 5~7，硫酸钛和硫酸钛酰水解，析出偏钛酸的沉淀。

$$Ti(SO_4)_2 + H_2O = TiOSO_4 + H_2SO_4 \qquad (12-14)$$

$$TiOSO_4 + 2H_2O = H_2TiO_3 + H_2SO_4 \qquad (12-15)$$

过滤得到偏钛酸 H_2TiO_3 沉淀，用热去离子水洗涤 3~4 遍，洗去杂离子，煅烧脱水得到 TiO_2。

$$H_2TiO_3 = TiO_2 + H_2O \qquad (12-16)$$

金属钛在高温下能与 O_2、N_2、H_2、S 及卤素作用，所以二氧化钛不能用氢气还原生成金属钛，但可以采用 Kroll 工艺（$TiCl_4$ 金属热还原法）还原得金属钛。Kroll 工艺还原制得的海绵状金属可铸锭，也可粉碎球磨，制取金属钛粉，金属钛粉也可制取碳化钛。

12.5.2.4 钴的回收

沉淀出偏钛酸后的溶液含 Co^{2+}、Na^+、Cl^{-1}、NO_3^-、SO_4^{2-} 等离子，由于 $Co(OH)_2$ 沉淀生成的 pH 值约为 7.5，而该 pH 值下其他离子难以沉淀。因此调节 pH>8，使钴沉淀析出，洗涤除杂后，然后加入硝酸，使其完全溶解后滤除杂质，加入过量草酸铵，钴生成草酸钴沉淀，过滤得草酸钴，用去离子水洗涤沉淀 3~4 遍，除去杂质离子，母液中的钴可沉淀至微量。如果母液中含铁，铁会与草酸生成络合物，留于母液而不会进入草酸钴中。

本章介绍了在国内外使用过和正在使用的十几种废旧硬质合金的回收再生方法，在近年来的硬质合金回收利用实践过程中，由于对环境保护的要求日益严格，一些回收工艺由于会带来污染而停止使用。目前应用比较广泛的是机械破碎法、锌熔法和电化学电解法。一般认为锌熔法的成本低，回收的物料含有一定的残锌，适用于 Co 含量小于 10% 的废旧硬质合金；电化学电解法一般适用于 Co 含量大于 10% 的废旧硬质合金，且回收物料的氧含量较高；机械破碎法回收的物料中易混入杂质等。但是，采用何种废旧硬质合金的回收再生方法，成本、投资、环境影响等方面是主要考虑的因素。现有回收再生的方法有待进一步完善，新的节能、高效的回收方法，特别是设备有待开发。实践证明，机械破碎法与高温热处理工艺相结合、电化学法与破碎工艺相结合的方法，无论从技术、环保或是成本上考虑都对废旧硬质合金具有很好的回收效果，是目前废旧硬质合金回收再生技术发展的主要研究方向。

参 考 文 献

[1] 周书助. 超细 Ti（CN）基金属陶瓷粉末成形性能及刀具材料的研究 [D]. 长沙：中南大学，2006.

[2] 周书助. 高性能 Ti（CN）基金属陶瓷刀具材料及表面物理涂层的研究 [D]. 北京：清华大学，2006.

[3] 冯端. 金属物理学 [M]. 北京：科学出版社，2000.

[4] 洪广言. 无机固体化学 [M]. 北京：科学出版社，2002.

[5] 李文超. 冶金与材料物理化学 [M]. 北京：冶金工业出版社，2001.

[6] 章晓中. 电子显微分析 [M]. 北京：清华大学出版社，2006.

[7] 龚江宏. 压痕微开裂及其在陶瓷材料力学行为研究中的应用 [D]. 北京：清华大学，1993.

[8] 张开. 高分子界面科学 [M]. 北京：中国石化出版社 [M]. 1997.

[9] 赵国玺. 表面活性剂物理化学 [M]. 北京：北京大学出版社，1991.

[10] 沈钟，王果庭. 胶体与表面化学 [M]. 北京：化学工业出版社，1997.

[11] 李玲. 表面活性剂与超细技术 [M]. 北京：化学工业出版社，2004，141~179.

[12] 严瑞瑄. 水溶性高分子 [M]. 北京：化学工业出版社，1998.

[13] 陈旭东，许家瑞. 高分子表面改性剂的分子设计 [J]. 功能高分子学报，1998，11（4）：550.

[14] 时伯军. 几种新型改性蜡的性能和与应用 [J]. 精细石油化工，1998，1：44.

[15] 朱敏，王强. 弹性体的改性技术 [J]. 合成橡胶工业，1990，13（4）.

[16] 李红英，金关泰. 苯乙烯类热塑性弹性体热熔压敏胶的研究进展 [J]. 石化技术与应用，2001，19（3）：183~186.

[17] 黎樵燊. 超细硬质合金粉末压制过程的研究 [J]. 粉末冶金技术，1999，17（3）.

[18] 铃木寿. 硬质合金与烧结硬质材料 [J]. 基础和应用，丸善株式会社，1986，309~371.

[19] 毋伟，陈建峰，卢寿慈. 超细粉体表面修饰 [M]. 北京：化学工业出版社，1999.

[20] 周书助，彭卫珍，杜亨全. YF06 纳米硬质合金粉末压制性能的研究 [J]. 硬质合金，2004，21（3）：138~141.

[21] 周书助，彭卫珍. 硼热/碳热还原 TiO_2 合成高纯 TiB_2 粉末 [J]. 硬质合金，2004，21（1）：27~31.

[22] [日] 近角聪信，等，杨膺善，韩俊德译. 磁性体手册 [M]. 北京：冶金工业出版社，1984.

[23] 李伯藏，戴问民，陈笃行译. 金属电子论和游移电子磁性理论译文集 [M]. 北京：科学出版社，1985.

[24] 冶军编. 美国镍基高温合金 [M]. 北京：科学出版社，1975.

[25] 王国栋. 硬质合金生产原理 [M]. 北京：冶金工业出版社，1988.

[26] 韩凤麟，张荆门，曹勇家，等. 粉末冶金手册（上册）[M]. 北京：冶金工业出版社，2012.

[27] 韩凤麟，张荆门，曹勇家，等. 粉末冶金手册（下册）[M]. 北京：冶金工业出版社，2012.

[28] 李洪桂，羊建高，李昆. 钨冶金学 [M]. 长沙：中南大学出版社，2010.

[29] 韩凤麟，马福康，曹勇家. 中国材料工程大典：第14卷. 粉末冶金材料工程 [M]. 北京：化学工业出版社，2006.

[30] [美] R M German，曲选辉，等译，徐润泽审校. 粉末注射成形 [M]. 长沙：中南大学出版社，2001.

[31] 彭卫珍. 蓝钨物理性能对钨粉和碳化钨粉性能的影响 [J]. 硬质合金，2004，21（3）：142~148.

[32] Shuzhu Z, Weizheng P, Shechuan W, et al. Sintered Cermets' Structural Secrets Shown up by Coercive Forces [J]. Metal Powder Report, 2005, 60 (7-8): 26~31.

[33] 周书助, 谭锦灏, 胡茂中, 等. SPS 烧结 WC~5%Co 纳米复合粉硬质合金 [J]. 硬质合金, 2010, 27 (1): 14~17.

[34] 周书助, 罗成, 伍小波, 等. Ni/Ti (C, N) 包覆粉及其金属陶瓷的制备 [J]. 硬质合金, 2011, 28 (4): 206~211.

[35] 周书助, 伍小波, 高凌燕, 等. 陶瓷材料微波烧结研究进展与工业应用现状 [J]. 硬质合金, 2012, 29 (3): 174~181.

[36] Zouzhiqiang, Qianchunliang, Wuenxi, et al. H_2-Reduction Dynamics of different forms of Tungsten oxide [J]. RM&HM, 1988, 10: 57~60.

[37] Shimojima K, et al. Optimization Method for Functionally Gradient Materials Design [J]. Proc. of 14th Inter. Plansee Seminar' 97, 1997, Vol. 1: 413 ~ 426.

[38] Put S, Vleugels J, der Biset O. Functionally Graded WC~Co Hardmetals [J]. Proc. of 15th Inter. Plansee Seminar 2001, 2001, 2: 364 ~ 374.

[39] Hofmann G, et al. Production Plants for Dewaxing, Vacuum Sintering, and Pressure Sintering in a Combind Process [J]. Powder Metallurgy International, 1987, 19 (6): 35~37.

[40] 张荆门. 硬质合金工业的进展 [J]. 粉末冶金技术, 2002, 20 (3): 144~145.

[41] 萧玉麟. 钢结硬质合金 [M]. 北京: 冶金工业出版社. 1982.

[42] GB/T 5124.1—2008 硬质合金化学分析方法 总碳量的测定 重量法 [S].

[43] JB/T 6647—1993 碳化物中总碳含量的测定 气体容量法 [S].

[44] ISO 7624/4—1983 硬质合金——火焰原子吸收光谱法 [S].

[45] GB/T 4164—2008 金属粉末中可被氢还原氧含量的测定 [S].

[46] GB/T 4324.13—2008 钨化学分析法 钙量的测定 电感耦合等离子体原子发射光谱法 [S].

[47] Weibin Zhang, Yingbiao Peng et al., Experimental Investigation and Simulation of Gradient Zone Formation in WC-Ti(C, N)-TaC-NbC-Co Cemented Carbides, J. Phase Equilib. Diffus. , 2013, 34, 202~210.

[48] Petersson A, Agren J. Rearrangement and Pore Size Evolution During WC-Co Sintering Below the Eutectic Temperature [J]. Acta , Materialia, 2005, 53 (6): 1673~1683.

[49] Haglund S, Agren J. W Content in Co Binder During Sintering of WC-Co [J]. Acta Materialia, 1998, 46 (8): 2801~2807.

[50] 张俊熙, 周书助. 国外凿岩合金钻头材质 [M]. 中国钨业协会硬质合金分会, 2004.

[51] 张俊熙, 王和斌, 郑昌南, 用电溶法回收的碳化钨制取的矿用硬质合金的特性及其使用效果 [J]. 硬质合金, 1993, 10 (3): 133~141.

[52] 陈芃, 李海坤, 硬质合金高温处理回收工艺研究硬质合金 [J]. 2001, 18 (4): 201~203.

[53] 翟昕, 周长松, 苗兴军磷酸动态浸出法处理低钴类废硬质合金的研究 [J]. 稀有金属与硬质合金, 1996, 125, 1~6.

[54] 汤青云, 周德坤, 段冬平, 等. 废钨钛钴硬质合金中有价金属的回收 [J]. 中国有色冶金, 2006, 2, 45~47.

[55] 刘秀庆, 许素敏, 王开群, WC-Co 硬质合金废料的回收利用 [J]. 有色金属, 2003, 55 (3), 59~61.

[56] 欧文·保罗·比勒费尔德, 卢国普, 夏云. 一种锌熔炉: 200720004784 [P].

冶金工业出版社推荐图书

书　名	作　者	定价（元）
材料成形工艺学	宋仁伯	69.00
材料分析原理与应用	多树旺　谢东柏	69.00
材料加工冶金传输原理	宋仁伯	52.00
粉末冶金工艺及材料（第2版）	陈文革　王发展	55.00
复合材料（第2版）	尹洪峰　魏　剑	49.00
废旧锂离子电池再生利用新技术	董　鹏　孟　奇　张英杰	89.00
高温熔融金属遇水爆炸	王昌建　李满厚　沈致和　等	96.00
工程材料（第2版）	朱　敏	49.00
光学金相显微技术	葛利玲	35.00
金属功能材料	王新林	189.00
金属固态相变教程（第3版）	刘宗昌　计云萍　任慧平	39.00
金属热处理原理及工艺	刘宗昌　冯佃臣　李　涛	42.00
金属塑性成形理论（第2版）	徐　春　阳　辉　张　弛	49.00
金属学原理（第2版）	余永宁	160.00
金属压力加工原理（第2版）	魏立群	48.00
金属液态成形工艺设计	辛啟斌	36.00
耐火材料学（第2版）	李　楠　顾华志　赵惠忠	65.00
耐火材料与燃料燃烧（第2版）	陈　敏　王　楠　徐　磊	49.00
钛粉末近净成形技术	路　新	96.00
无机非金属材料科学基础（第2版）	马爱琼	64.00
先进碳基材料	邹建新　丁义超	69.00
现代冶金试验研究方法	杨少华	36.00
冶金电化学	翟玉春	47.00
冶金动力学	翟玉春	36.00
冶金工艺工程设计（第3版）	袁熙志　张国权	55.00
冶金热力学	翟玉春	55.00
冶金物理化学实验研究方法	厉　英	48.00
冶金与材料热力学（第2版）	李文超　李　钒	70.00
增材制造与航空应用	张嘉振	89.00
安全学原理（第2版）	金龙哲	35.00
锂离子电池高电压三元正极材料的合成与改性	王　丁	72.00